Biologie und Ethik

Herausgegeben von
Eve-Marie Engels

Philipp Reclam jun. Stuttgart

Universal-Bibliothek Nr. 9727
Alle Rechte vorbehalten
© 1999 Philipp Reclam jun. GmbH & Co., Stuttgart
Gesamtherstellung: Reclam, Ditzingen. Printed in Germany 1999
RECLAM und UNIVERSAL-BIBLIOTHEK sind eingetragene Marken
der Philipp Reclam jun. GmbH & Co., Stuttgart
ISBN 3-15-009727-4

Inhalt

Vorwort

Der vorliegende Sammelband ist aus der Ringvorlesung *Biologie und Ethik im 20. Jahrhundert* hervorgegangen, die ich im Sommersemester 1997 im Rahmen des Studium generale der Eberhard-Karls-Universität Tübingen in Verbindung mit dem Tübinger Zentrum für Ethik in den Wissenschaften organisiert und veranstaltet habe.

Schon ein Blick in die Tageszeitungen verdeutlicht, daß bioethische Fragestellungen keine rein akademische Angelegenheit sind, sondern eine breite Öffentlichkeit betreffen und berühren. Das Ziel dieser Vorlesungsreihe war es daher, auch die außerakademische Öffentlichkeit in den Dialog über aktuelle Fragestellungen der Bioethik mit einzubeziehen und die Gelegenheit zum Gespräch mit Referentinnen und Referenten zu eröffnen, die sich intensiv mit diesen Problemen auseinandergesetzt haben. Hierzu bot sich besonders die traditionsreiche Institution des Tübinger Studium generale an. Gleichzeitig diente die Vorlesungsreihe dazu, anläßlich meiner Berufung auf den Lehrstuhl für Ethik in den Biowissenschaften in der Fakultät für Biologie zum Sommersemester 1996 Arbeitsschwerpunkte des Lehrstuhls vorzustellen.

An dieser Stelle möchte ich ein Wort des Dankes an alle richten, die zum Gelingen der Vorlesungsreihe und des Buches beigetragen haben.

Dem Dekan der Fakultät für Biologie, Herrn Prof. Dr. Friedrich Schöffl, danke ich herzlich für seine freundlichen Begrüßungsworte anläßlich meiner Antrittsvorlesung, die zugleich die Einführung in die Vorlesungsreihe darstellte.

Ich danke allen Referentinnen und Referenten, die an dieser Veranstaltung teilgenommen haben und mit ihren Arbeiten in diesem Sammelband vertreten sind. Darüber hinaus danke ich jenen, die ich zusätzlich für eine Publikation gewinnen konnte.

Auch danke ich der Arbeitsgruppe Studium generale unter der Leitung des Prorektors Prof. Dr. Georg Wieland für die Aufnahme dieser Veranstaltung in ihr Programm, für Anregungen und finanzielle Unterstützung.

Meinen wissenschaftlichen Hilfskräften, insbesondere Frau Esme Winter, Herrn Jens Clausen und Frau Cathrin Nielsen, danke ich für ihre Hilfe beim Bibliographieren, Korrekturlesen und weiteren Arbeiten im Zusammenhang mit der Erstellung des Buchmanuskriptes. Nicht zuletzt danke ich meiner Sekretärin Frau Sigrun Ewald für ihre organisatorische Unterstützung und für ihre Geduld und Kompetenz bei der Erstellung der Druckvorlage.

Tübingen, im April 1998   *Eve-Marie Engels*

EVE-MARIE ENGELS

Natur- und Menschenbilder in der Bioethik des 20. Jahrhunderts

Zur Einführung

1. Einleitung

Die folgenden Ausführungen sollen dazu dienen, einen Einblick in wichtige Themenstellungen der Bioethik des 20. Jahrhunderts zu geben. Zu diesem Zweck habe ich ein Thema gewählt, das sowohl in allen Bereichsdisziplinen der Bioethik eine Rolle spielt, als auch die Möglichkeit bietet, über die in diesem Sammelband behandelbaren Fragestellungen hinauszugehen. In der Einleitung werde ich zunächst die Hintergründe für die Entstehung einer Bioethik in diesem Jahrhundert umreißen und diese in ihren verschiedenen Ausprägungen benennen. Im zweiten Abschnitt werde ich nach einem Rückblick in die philosophische Anthropologie dieses Jahrhunderts Bilder vom Menschen in seiner Beziehung zu anderen Lebewesen vorstellen, wie sie in heutigen bioethischen Ansätzen vertreten sind. Im dritten Abschnitt werden die in der Bioethik vorhandenen Bilder des Menschen von seiner eigenen Natur skizziert. Der vierte Abschnitt dient einer kurzen Vorstellung der Konzeption des Sammelbandes.

Der unmittelbare Anlaß für die Entstehung einer Bioethik in diesem Jahrhundert sind zum einen bestimmte negative und daher unerwünschte Folgeerscheinungen der spezifischen Weise menschlichen Lebens und Handelns im Zeitalter von Industrie und Technik, welche für Pflanzen und Tiere einschließlich des Menschen zu einer Existenzbedrohung geworden sind. Zum anderen haben bestimmte Innovationen in speziellen Disziplinen, insbesondere in Biologie und Medizin, die Notwendigkeit einer Bioethik hervorgerufen. So gewinnen auch bioethische Vorstellungen von der Natur und vom Menschen wesentlich ihre Konturen durch ihre Beziehung zur Biologie, sei es, daß bestimmte biologische Annahmen und Theorien von der Bioethik positiv aufgegriffen werden und in ihren Konsequenzen für unser Natur- und Menschenbild ausgeleuchtet werden, sei es, daß neue Technologien in Biowissenschaften und Medizin unsere kritische Reflexion auf ihre Chancen und Risiken für Mensch und Natur herausfordern. Meine Ausführungen über die Natur- und Menschenbilder in der Bioethik des 20. Jahrhunderts sind daher eingebettet in allgemeinere Überlegungen zur heutigen Biologie.

Die Biologie hat sich in unserem Jahrhundert unter den Naturwissenschaften zu einer *Leitwissenschaft* entwickelt. Die Ursprünge dieses Prozesses der Herausbildung der Biologie als Naturwissenschaft reichen spätestens bis in das 18. und 19. Jahrhundert zurück. In dieser Zeit entwickelt sich eine Biologie, die sich in ihren verschiedenen Disziplinen bei der Erklärung von Entstehung und Funktionsweise des Lebendigen um den Verzicht auf metaphysische und theologische Annahmen bemüht, *ohne* damit gleichzeitig zu einer *Unterdisziplin der Physik* zu werden. So wird am Ende des 18. Jahrhunderts und zu Beginn des 19. Jahrhunderts der Begriff der Biologie zur Bezeichnung einer eigenständigen Lehre von der lebendigen Natur geprägt.[1] Der Neukantianer Ernst Cassirer hat mehrfach auf die Rolle der Biologie des 19. Jahrhunderts für den Durchbruch des historischen Denkens in der Naturerkenntnis hingewiesen.

Das 19. Jahrhundert stellt nach Cassirer »die erste Begegnung und die erste prinzipielle Auseinandersetzung zwischen zwei großen Erkenntnisidealen dar. Das Ideal der mathematischen Naturwissenschaft, das das 17. Jahrhundert erfüllt und beherrscht hatte, steht nicht mehr allein. Seit Herder und seit der Romantik stellt sich ihm, immer energischer und bewußter, eine andere geistige Forschung und eine andere geistige Potenz entgegen. Zum ersten Male wird hier, von der Philosophie und von der Wissenschaft, der *Primat der historischen Erkenntnis* verkündet« (Cassirer 1973, S. 177).

Cassirer würdigt in diesem Zusammenhang vor allem die Darwinsche Theorie, da durch diese »und durch das immer weitere Vordringen des Darwinismus dem historischen Denken eine ganz andere *Stellung* im Ganzen der Naturerkenntnis eingeräumt wurde, als es je zuvor der Fall gewesen war« (Cassirer 1973, S. 178).

Eine der »bekanntesten Leistungen des Darwinismus in *erkenntniskritischer Hinsicht*«[2] besteht nach Cassirer darin, »daß er dem naturwissenschaftlichen Denken gewissermaßen eine neue *Dimension* der Betrachtung erschloß. Er zeigte, daß die naturwissenschaftliche und die historische *Begriffsbildung* einander keineswegs entgegengesetzt sind, sondern daß sie einander ergänzen und einander bedürfen« (Cassirer 1973, S. 179).

Eine, wenn nicht *die* besondere Leistung der Biologie sehe ich darin, in all der Vielfalt und Mannigfaltigkeit des Lebendigen dessen *Einheit* nachgewiesen zu haben. Dies geschah zum einen durch die Darwinsche Evolutions- und Abstammungstheorie und die hierfür relevanten Disziplinen, die den verwandtschaftlichen Zusammenhang von Organismengruppen aufdeckten, zum anderen durch Molekularbiologie und Genetik, die die Universalität des genetischen Codes zeigen konnten und damit auch auf der Ebene der genetischen Information die evolutionäre Zusammengehörigkeit der Organismen demonstrieren.[3] So werden molekularbiologische Methoden heute auch zur Rekonstruktion von Stammbäumen angewandt, um neben den traditionellen morphologischen und paläontologischen Methoden auch noch auf anderem Wege Verwandtschaftsverhältnisse zwischen Organismengruppen nachzuweisen. Daß der Mensch von nichtmenschlichen Lebewesen abstammt und mit der übrigen Tierwelt in einem verwandtschaftlichen Zusammenhang steht, wird heute nicht einmal mehr von der Kirche in Frage gestellt.

Diese Einheit des Lebendigen, wie sie sich im biologischen Paradigma darstellt, korrespondiert nun aber keineswegs mit einer Einheit der *Deutungen des Lebendigen* in *Wissenschaft*, *Alltag* und *Ethik*. Gerade die Bioethik mit ihrer Ausdifferenzierung der verschiedensten Bereichsethiken wie der ökologischen Ethik, Umweltethik, Tierethik, Gen-Ethik, Ethik der Reproduktionsbiologie und Transplantationsmedizin macht deutlich, daß wir keineswegs über ein einheitliches Natur- und Menschenbild verfügen. Denn die Aufteilung in verschiedene Bereichsethiken ist nicht etwa nur im Sinne einer Arbeitsteilung zu verstehen. Vielmehr können die in einem Bereich gewonnenen Ergebnisse, die als Lösung für die dort thematisierten Probleme angeboten werden, zu Konsequenzen führen, die in anderen Bereichsethiken problematisch, wenn nicht gar vollkommen unakzeptabel erscheinen. Hinzu kommt, daß auch *innerhalb* einer Bereichsethik und Disziplin unterschiedliche Bilder von ihrem jeweiligen Gegenstand existieren. Als Beispiele seien hier die unterschiedlichen Vorstellungen vom moralischen Status des Tieres in der Tierethik genannt sowie die Diskussionen über den moralischen Status menschlicher Embryonen, in denen die Schutzwürdigkeit des menschlichen Lebens von sehr unterschiedlichen Bestimmungen abhängig gemacht wird.[4]

Der Titel meines Beitrages mag daher zunächst einmal Verwunderung und möglicherweise eine gewisse Beunruhigung auslösen. Von der Ethik wird normalerweise erwartet, daß sie für unser Handeln allgemeinverbindliche Normen oder Richtlinien auf der Grundlage gemeinsamer Werte anzugeben vermag und in diesem Sinne als Orientierung dienen kann. Von einer Bioethik sollte man erwarten können, daß sie unserem Handeln und Verhalten gegenüber der lebendigen Natur einschließlich des Menschen eine eindeutige und feste Richtschnur geben kann. Aber wie ist dies möglich, wenn in der Bioethik nicht nur *ein* Natur- und Menschenbild, sondern mehrere oder gar zahlreiche unterschiedliche Vorstellungen über die Natur, den Menschen und sein Verhältnis zu seiner eigenen und der übrigen Natur existieren?

Die Bioethik im Sinne eines einheitlichen und allgemeinverbindlichen Lösungsansatzes für die Bewältigung der Probleme unserer wissenschaftlich-technischen Zivilisation gibt es zur Zeit tatsächlich noch nicht. Die Bioethik ist eine relativ junge *Interdisziplin*, deren Name nicht einmal dreißig Jahre alt ist.[5] Zwar waren die Biologie und das Verhältnis des Menschen zur Natur auch schon lange zuvor Gegenstand ethischer Betrachtungsweise, doch begannen erst zu Beginn der siebziger Jahre die Versuche, eine derartige Disziplin mit eigenem Namen zu gründen und zu institutionalisieren. »Bioethik« ist eine Übersetzung des 1971 von dem Onkologen van Rensselaer Potter geprägten Begriffs *bioethics*. Potter hatte dabei die Etablierung einer *neuen Disziplin* im Auge, einer »Überlebenswissenschaft« (»science of survival«), wie er sie nannte, die er als »Brücke in die Zukunft« verstanden wissen wollte. Der unmittelbare Anlaß hierfür waren die negativen Folgeerscheinungen der spezifischen Weise menschlichen Lebens und Handelns in unseren hochtechnisierten und industrialisierten Gesellschaften. Nach Potters Auffassung beinhaltet Bioethik daher eine langfristige, zukunftsorientierte Perspektive mit dem Ziel, das Überleben der Menschheit zu sichern. Bioethik sollte in einem dreifachen Sinne *global* sein, nämlich in bezug auf den *Gegenstand*, auf die *Thematik* und die *Disziplinen, Begriffe* und *in Anspruch genommenen Methoden*. Sie sollte also *erstens* eine *weltweite Ethik* sein und auf das Überleben und fortschreitende Wohlergehen der gesamten Menschheit in Harmonie mit der natürlichen Umwelt gerichtet sein, *zweitens* inhaltlich *alle relevanten ethischen Themen der Biowissenschaften (und der Medizin)* umfassen und *drittens* zur Bewältigung dieser Probleme *interdiszipli-när* und *methodenpluralistisch* ausgerichtet sein, d. h. sich gleicherweise der Methoden und Begriffe der Natur- und der Humanwissenschaften bedienen und die unfruchtbare Kluft zwischen ihnen überwinden. Potters Plädoyer für eine neue, interdisziplinäre Bioethik stellte eine *Pionierlei-stung* dar, die jedoch durch eine andere Strömung in den Schatten gestellt wurde. Noch im selben Jahr wurde der Be-griff *bioethics* am Kennedy Institute der Georgetown Uni-versity in Washington ebenfalls eingeführt, allerdings in ei-ner engeren Bedeutung.[6] Dort verstand man Bioethik im eingeschränkten Sinne der biomedizinischen Ethik, die Di-lemmata in konkrete Entscheidungssituationen zu lösen hat. Nach diesem Verständnis war Bioethik aber keine neue Disziplin, sondern ein spezieller Zweig der bereits existie-renden Ethik, die auf konkrete Konfliktsituationen ange-wandt werden sollte. Bioethik wurde damit nicht nur auf medizinische Ethik, sondern auch auf *angewandte Ethik* re-duziert. Obwohl sich die Bioethik im Laufe der letzten dreißig Jahre in eine Vielzahl von Bereichsdisziplinen aus-differenziert hat, wird der Begriff von vielen auch heute im-mer noch mit biomedizinischer Ethik im Sinne angewand-ter Ethik identifiziert.[7] Eines der Ziele dieses Sammelban-des besteht darin, dieser Einseitigkeit entgegenzuwirken.

Es gibt jedoch auch systematische Gründe für das derzei-tige Fehlen einer einheitlichen Bioethik. Ich möchte sie da-hingehend zusammenfassen, daß die Gründe und Ursachen, die den Entwurf und die Etablierung einer einheitlichen Bioethik erschweren, genau dieselben sind, die die Notwen-digkeit einer Bioethik allererst hervorgerufen haben. An-ders ausgedrückt: Hätte es ein einheitliches Natur- und Menschenbild von verpflichtendem Charakter gegeben, so wäre das Bedürfnis nach Bioethik gar nicht erst entstanden. Der Ruf nach einer Bioethik ist Ausdruck einer *Heterogeni-tät der Lebenswelt*, in der bereits unterschiedliche Natur- und Menschenbilder existieren oder einheitliche Natur- und

Menschenbilder nicht so fest verankert zu sein scheinen, daß sie von Verunsicherung frei wären. Die *Aufgaben der Bioethik* verstehe ich daher in einem *weiteren*, über den Aspekt der Anwendung hinausgehenden Sinn. Ein unverzichtbarer Bestandteil der Bioethik sind *anthropologische, naturphilosophische, wissenschafts-* und *philosophiehistorische Reflexionen* allgemeiner Art. Zu ihren wichtigsten Aufgaben gehört neben den anwendungsbezogenen Funktionen die *Reflexion auf die ethischen Implikationen unserer Bilder und Theorien über den Menschen und die Natur*, da bereits die Entwicklung bestimmter Technologien und die dadurch ermöglichten Eingriffe in die Natur bestimmte geschichtlich gewachsene Natur- und Menschenbilder voraussetzen. Und schließlich hat die Bioethik als Brücke zwischen Natur- und Humanwissenschaften auch die Ergebnisse der Einzelwissenschaften wahrzunehmen und zu berücksichtigen. Dies ist nicht nur in dem Sinne zu verstehen, daß die Einzelwissenschaften und die dadurch ermöglichten Technologien Objekte kritischer Reflexionen werden, sondern umgekehrt auch als ein Plädoyer zu deuten, das empirische Wissen über Mensch und Natur für bioethische Reflexionen fruchtbar zu machen.

Das Fehlen einer einheitlichen bioethischen Konzeption sollte *nicht* vorschnell als *Indiz* für die *Beliebigkeit von Natur- und Menschenbildern* und damit für einen Relativismus gedeutet werden. In den bioethischen Diskussionen der letzten Jahrzehnte haben sich bestimmte Positionen als unhaltbar und konsensunfähig herauskristallisiert. Es gibt rationale Beurteilungs- oder Bewertungsmaßstäbe, für die Aspekte verschiedenster Erfahrungsbereiche und Disziplinen relevant sind. Darüber hinaus wäre im einzelnen zu überprüfen, ob sich bei näherer Analyse der Argumente und Positionen nicht doch größere Übereinstimmungen zeigen, als dies auf den ersten Blick erscheinen mag.

2. Der Mensch und seine Stellung zur nichtmenschlichen Natur

Als Ausgangspunkt meiner Überlegungen zu den Natur- und Menschenbildern in der Bioethik des 20. Jahrhunderts werde ich an den altbekannten Topos von der *Sonderstellung des Menschen* in der Natur anknüpfen, der in der bioethischen Diskussion in Form der Bezeichnung »*Anthropozentrismus*« auftritt. Anthropozentrismus bedeutet im allgemeinen, daß der Mensch im Mittelpunkt steht, daß er sich durch besondere Qualitäten geistiger und moralischer Art auszeichnet und daß er deshalb eine privilegierte Position in der Natur einnimmt. Diese Anknüpfung liegt nahe, weil sich die ausgezeichnete Stellung des Menschen auf problematische Weise als januskÖpfig erwiesen hat und in unserem Jahrhundert zur Herausbildung *zweier Disziplinen* geführt hat, nämlich zum einen zur Entstehung einer *philosophischen Anthropologie*, wie sie sich in der ersten Hälfte dieses Jahrhunderts unter dem Einfluß von Max Scheler, Helmuth Plessner und Arnold Gehlen entwickelt hat, zum anderen einer *Bioethik* in der zweiten Hälfte dieses Jahrhunderts, welche in ihren verschiedenen Ausprägungen Gegenstand dieses Buches ist. Während die Väter der philosophischen Anthropologie, Max Scheler und Helmuth Plessner, eine Sonderstellung des Menschen im positiven Sinne reklamierten, tritt in der bioethischen Diskussion der destruktive Zug dieser Sonderstellung in den Vordergrund: der Mensch zeichnet sich auch im *negativen* Sinne gegenüber der Natur aus. In Ausübung seiner herausragenden intellektuellen und sprachlichen Fähigkeiten, die auch die Entwicklung von Technik ermöglichten, konnte er ein zerstörerisches Potential ungeahnten Ausmaßes entwickeln. Dadurch gefährdet er nicht nur sich selbst, sondern auch die gesamte übrige Natur. Buchtitel wie *Umweltproblem Mensch* (Kaufmann-Hayoz / Di Giulio 1996) und *Anthropologie der Umweltzerstörung* (Verbeek 1994; vgl. auch seinen Beitrag in diesem Band) verdeutlichen dies auf prägnante Weise.[8] Unsere gegenwärtigen Probleme werden häufig auf die Überbewertung und Selbstüberschätzung des Menschen zurückgeführt, der die Natur rücksichtslos seinen eigenen Interessen unterwerfe, ohne dabei die langfristigen Risiken für das Überleben der Menschheit und der Natur ins Auge zu fassen oder abschätzen zu können.

In einem kurzen Rückblick in die erste Hälfte dieses Jahrhunderts soll zunächst das Menschenbild der philosophischen Anthropologie vergegenwärtigt werden. Was waren die Motive für eine philosophische Anthropologie und wie stellt sich der Mensch in seinem Verhältnis zur Natur im Lichte dieser Disziplin dar?

a) Mensch und Natur in der philosophischen
   Anthropologie

Die *philosophische Anthropologie* ist von der Zielsetzung bestimmt, die *Sonderstellung des Menschen* in der Natur durch die Angabe bestimmter, nur den Menschen auszeichnender Wesensmerkmale, nachzuweisen. Bei Max Scheler, der neben Helmuth Plessner als der Begründer der philosophischen Anthropologie in diesem Jahrhundert gilt, ist der Ausgangspunkt dieser Zielsetzung die Beobachtung, daß wir *»eine einheitliche Idee vom Menschen«* nicht besitzen (Scheler 1966, S. 9). »Fragt man einen gebildeten Europäer«, so schreibt Max Scheler in seiner 1928 veröffentlichten Schrift *Die Stellung des Menschen im Kosmos*, »was er sich bei dem Worte ›Mensch‹ denke, so beginnen fast immer *drei* unter sich ganz unvereinbare Ideenkreise in seinem Kopf miteinander in Spannung zu treten« (Scheler ebd.). Scheler verweist hier auf das Menschenbild der jüdisch-christlichen Tradition, das des griechisch-antiken Gedankenkreises und das der modernen Naturwissenschaften, speziell der Evolutionstheorie und genetischen Psychologie. Diese drei Ideenkreise, die theologische, philosophische und naturwissenschaftliche Anthropologie, stehen nach Scheler beziehungslos nebeneinander. »Die immer wachsende Vielheit der Spezialwissenschaften, die sich mit dem Menschen beschäftigen, verdeckt, so wertvoll diese sein mögen, überdies weit mehr das Wesen des Menschen, als daß sie es erleuchtet.« (Scheler 1966, S. 9) Cassirer greift diesen Gedanken später in seinem 1944 im amerikanischen Exil veröffentlichten *Essay on Man*, einer Einführung in die Philosophie der Kultur, auf und betrachtet die Unversöhnlichkeit dieser Ideen vom Menschen als »eine innere Bedrohung für unser ethisches und kulturelles Leben insgesamt« (Cassirer 1990, S. 45), ohne aber den von Scheler vorgeschlagenen Lösungsweg mitzugehen.

Worin besteht dieser Weg? Betrachte man den Menschen als *homo naturalis* im Rahmen der biologischen Abstammungs- und Evolutionstheorie, die Scheler akzeptiert, so lasse sich kein Merkmal angeben, das es erlaube, dem Menschen gegenüber anderen Lebewesen eine ausgezeichnete Position einzuräumen (Scheler 1994a, S. 58). Scheler hält eine *biologische* Definition der Sonderstellung des Menschen für unmöglich, da der Mensch ein Ergebnis der Evolution sei und es zwischen ihm und den vormenschlichen Lebewesen nur graduelle Unterschiede gebe. Zwar entwirft er ein Stufenmodell des Organischen, in welchem Pflanze, Tier und Mensch in Abstufungen je spezifische Besonderheiten ihrer Organisation aufweisen, doch unterscheiden sich kognitive, psychische und körperliche Funktionen bei Tier und Mensch nach Scheler nicht so weit, daß wir dem Menschen aufgrund dessen eine Sonderstellung in der Natur einräumen können. »Tier und Mensch bilden in der Sache ein strenges Kontinuum, und eine auf bloße Natureigenschaften gegründete Scheidung von Mensch und Tier ist nur ein willkürlicher Einschnitt, den unser Verstand macht« (Scheler 1994a, S. 58). Biologische Kategorien erlauben nach Scheler deshalb keine Höherbewertung des Menschen gegenüber anderen Lebewesen, da alle Arten an ihre Umwelt angepaßt seien. Scheler argumentiert hier konsequenter als die Evolutionisten Ernst Haeckel und Herbert Spencer, denen er »albernen Hochmut« und Denkfehler vorwirft, wenn sie Evolution mit Fortschritt und Höherentwicklung identifizieren und den Menschen als das wertvollste Lebewesen aus diesem Prozeß hervorgehen lassen. Als *homo naturalis* habe sich der Mensch »also gar nicht aus der Tierwelt heraus ›entwickelt‹, sondern er *war* Tier, *ist* Tier und *wird* ewig Tier bleiben« (Scheler 1994a, S. 53).[9] Da Scheler aber an der Idee der Sonderstellung des Menschen festhält, muß er hierfür andere Kriterien angeben als rein biologische. An dieser Stelle macht er einen Sprung ins *Metaphysische*. Nicht durch die Steigerung psychischer oder intellektueller Funktionen gegenüber dem Tier erlangt der Mensch bei Scheler seine Sonderstellung, sondern durch ein neues Prinzip, das »*außerhalb* alles dessen, was wir ›Leben‹ im weitesten Sinne nennen können«, stehe. »Es ist ein allem und *jedem Leben überhaupt, auch dem Leben im Menschen entgegengesetztes Prinzip*: eine echte neue Wesenstatsache [...]« (Scheler 1966, S. 37 f.). Diese Idee vom Menschen heißt für ihn »Geist, Kultur und Religion« (Scheler 1994a, S. 54). Scheler umschreibt diese Sonderstellung auch mit dem Begriff der *Weltoffenheit* des Menschen, der anschließend eine zentrale Kategorie der philosophischen Anthropologie wird. Gemeint ist damit die Freiheit von natürlichen Instinkten und Trieben, dank derer der Mensch sein Leben in Selbstbestimmung gestalten kann und muß. Wie wir sehen, wird die Sonderstellung des Menschen bei Scheler allerdings mit einem *Dualismus* von Geist und Natur, von Person und Organismus erkauft.

»Da es *keinen* biologischen Wesensbegriff Mensch gibt, so liegt die einzige *Wesensgrenze* und die einzige in Frage kommende *Wertgrenze* zwischen den irdischen Wesen, die Leben an sich zeigen, überhaupt *nicht* zwischen Mensch und Tier, die vielmehr systematisch und genetisch einen kontinuierlichen Übergang darstellen, sondern sie liegt zwischen *Person* und *Organismus*, zwischen *Geistwesen* und *Lebewesen*. Damit ist wenigstens das Problem der ›Stellung des Menschen im All‹ – dem keine Ethik aus dem Wege gehen kann – klar umschrieben« (Scheler 1994b, S. 70).

Scheler postuliert damit eigentlich keine Sonderstellung des Menschen *in* der Natur, sondern vielmehr eine Gegenposition gegen alles Natürliche, d. h. gegen die äußere, nichtmenschliche Natur wie auch gegen die eigene Natur des Menschen. Sofern der Mensch als *Naturwesen* betrachtet wird, unterscheidet er sich qualitativ nicht von der übrigen Tierwelt, sofern er aber als *Geistwesen* definiert wird, kommt es selbst innerhalb des Menschen zu einer Spaltung zwischen Geist und Leben, Person und Organismus.

Die philosophischen Anthropologen Helmuth Plessner und Arnold Gehlen konnten sich mit Schelers metaphysischer Anthropologie nicht anfreunden. In seinem ebenfalls 1928 erschienenen Werk *Die Stufen des Organischen und der Mensch* formuliert der Philosoph und Zoologe Helmuth Plessner das »Gesetz der natürlichen Künstlichkeit« als eines der Grundgesetze der Anthropologie. Die Besonderheit der menschlichen Existenz, ihre »Exzentrizität«, besteht für Plessner darin, daß der Mensch nicht nur die Außenwelt erfährt und erlebt, sondern auch sein *eigenes* Erleben erlebt und zu sich selbst Stellung beziehen kann und muß. Anders als den übrigen Lebewesen ist dem Menschen die spezifische Weise der Realisation seiner Existenz nicht von Natur aus in die Wiege gelegt. Plessner bezeichnet den Menschen daher »von Natur halb« (Plessner 1965, S. 321). Der Mensch ist darauf angewiesen, Kultur zu schaffen, um sein Leben führen zu können. Die besondere Existenzform des Menschen ist also die der Ergänzungsbedürftigkeit (Plessner 1965, S. 316). Anders als bei Scheler ist der

Geist kein dem Leben entgegengesetztes Prinzip, sondern er realisiert sich in der Mitwelt als der Welt des Wir oder der Gemeinschaft von Personen. »So beruht der geistige Charakter der Person in der Wirform des eigenen Ichs« (Plessner 1965, S. 303), in der Mitwelt.[10] Nur durch sie kann der Mensch ein Bewußtsein seiner selbst entwickeln. Während Scheler mit der Geistigkeit des Menschen auch dessen vollkommene Weltoffenheit annimmt, hebt Plessner den *Zwittercharakter* der menschlichen Natur hervor. Gegen Schelers – und Gehlens – Annahme einer »prinzipiellen Weltoffenheit und Nichtgebundenheit des Menschen« wendet Plessner ein,

> »daß beim Menschen Umweltgebundenheit und Weltoffenheit kollidieren und nur im Verhältnis einer *nicht* zum Ausgleich zu bringenden gegenseitigen Verschränkung gelten, einer Möglichkeit, die durch seine zugleich tierische und nichttierische ›Natur‹ nahegelegt ist« (Plessner 1983, S. 80 f).

Eine scharfe Grenze zwischen natürlicher und künstlicher Anpassung gibt es für Plessner daher beim Menschen nicht (Plessner 1983, S. 82).

Auf andere Weise bemüht sich der junge Gehlen mit seinem anthropobiologischen Ansatz um die Überwindung des Schelerschen Stufenschemas und seines Dualismus. Für ihn ist die *Handlung* die zentrale Kategorie, die den Menschen auszeichnet. Da der Mensch nach Gehlen im Vergleich zu den übrigen Lebewesen in körperlicher Hinsicht und bezüglich seiner Instinktausstattung ein *Mängelwesen* ist, muß er die Mängelbedingungen seiner Existenz eigentätig in Chancen seiner Lebensfristung umarbeiten. Der Mensch ist daher von Natur aus ein *Kulturwesen*. Einen Naturmenschen im strengen Sinne gibt es für Gehlen nicht. Während aber Scheler und Plessner die Sonderstellung des Menschen im wesentlichen positiv bewerten, schneidet der Mensch beim frühen Gehlen im Vergleich zu den übrigen

Lebewesen schlecht ab, weil er von Natur aus stiefmütterlich behandelt worden sei.[11] Die Natur, wie sie sich in den Tieren und ihren reibungslosen, instinktiven Lebensvollzügen zeigt, ist für Gehlen ein Vorbild, an dem sich auch der Mensch aus Gründen der Existenzerhaltung zu orientieren hat. Feste Institutionen sollen als Kompensation für fehlende Instinkte dienen und dem Menschen ein von Reflexion entlastetes Leben ermöglichen.[12]

Das gemeinsame Merkmal dieser drei Positionen liegt in der Annahme, daß die Besonderheit des Menschen darin besteht, schon aus praktischen Gründen der Lebenserhaltung und -gestaltung kulturschöpferisch wirksam zu werden und daß es hierzu einer *Deutung seiner selbst* bedarf. In diesen Realisationsweisen von Kultur, welche Wissenschaft und Technik mit einschließen, manifestieren sich die Selbstdeutungen des Menschen, seine *Menschenbilder.* Der Mensch gestaltet jene Freiheitsspielräume, die die Natur offengelassen hat. Die Beantwortung der Frage, ob und wie er sich dabei an der inneren wie äußeren Natur zu orientieren hat, ja wie diese überhaupt angemessen zu beschreiben ist, macht gerade die Unterschiede zwischen den einzelnen Positionen aus.

Die Auseinandersetzung mit diesem *Doppelcharakter des Menschen* durchzieht die Geschichte der Anthropologie und ist nicht spezifisch für unser Jahrhundert. Sie prägt die Menschen- und Naturbilder der Philosophie der Aufklärung, des deutschen Idealismus und der Evolutionslehren des 19. Jahrhunderts. Sie hat einen wesentlichen Einfluß auf die politische Philosophie und die Ethik. Humes Unterscheidung zwischen natürlichen und künstlichen Tugenden, Kants Differenzierung zwischen der physiologischen und der pragmatischen Anthropologie seien hier nur als Beispiele genannt. Dabei ist der Begriff der *Natur* selbst und folglich auch der Begriff der *menschlichen Natur* bis heute vieldeutig geblieben. Ist das Natürliche das *Angeborene*? Umfaßt der Begriff der menschlichen Natur all dasjenige,

ohne das der Mensch nicht lebensfähig ist, also auch die
Kultur? Dann wäre der Mensch von Natur nicht halb, wie
Plessner meinte, da die Kultur zu seiner Natur mit dazuge-
hört. Oder ist die Natur das *Unabänderliche*, das *Schicksalhafte*, dasjenige, was immer wieder durchschlägt, so sehr
wir uns auch um eine Befreiung von bestimmten Zwängen
und Gebrechen bemühen? Ist die Natur das, was wir nicht
ändern *sollen*, was *tabu* ist und sich rächt, wenn wir Hand
daran legen? Oder ist Natur gerade das, was der Mensch im
Sinne der Gestaltung einer humanen Existenz auch in sich
selbst zu *überwinden* hat, um eine Metapher von Thomas
Henry Huxley zu verwenden, die Leiter, die er allzu gern
fortstoßen würde, nachdem er auf ihr emporgeklommen ist
(Huxley 1989, S. 110)?

b) Mensch und Natur in der heutigen Bioethik

Da als Ursache der Probleme unserer technisch-industriel-
len Zivilisation die anthropozentrische Einstellung des
Menschen betrachtet wird, in der die Natur nur unter dem
Aspekt ihrer Verwertbarkeit für menschliche Interessen und
Bedürfnisse erscheint, ist vor allem die Frage der Berechtigung des *Anthropozentrismus* eine zentrale Problemstellung
in der heutigen bioethischen Diskussion. Welche *ontologischen* und allgemein *theoretischen Voraussetzungen* rechtfertigen es heute, dem Menschen in dem Sinne eine Sonderstellung einzuräumen, daß nur er einen Eigenwert besitzen
soll, nur er Zweck an sich selbst sei, während die gesamte
übrige Natur nur als Mittel oder Instrument zur Erfüllung
menschlicher Bedürfnisse zu betrachten sei? Die Behandlung solcher bioethischen Fragen ist nicht möglich ohne
vorgängige Neubesinnung auf unser Menschen- und Naturbild.

Daher haben insbesondere *naturphilosophische* und *anthropologische* Überlegungen durch die neue Bioethik einen

Aufschwung erfahren.[13] Es wird in verstärktem Maße nach dem *ontologischen Status* der *Natur als Ganzer* sowie der *Tiere* und des *Menschen* und ihrem Verhältnis zueinander gefragt, wobei die theoretischen Kontexte oder Paradigmen, in die Mensch und Natur jeweils eingebettet sind, sehr unterschiedlich sein können. Naturteleologische, metaphysisch-theologische, rationalistische und naturwissenschaftliche Kontexte, wie die Abstammungs- und Evolutionstheorie, stecken jeweils unterschiedliche Rahmen ab, in denen Natur- und Menschenbilder ein je spezifisches Gepräge erhalten. Nicht immer werden jedoch die einzelnen Perspektiven konsequent eingehalten, so daß es zu Paradigmenkollisionen und -vermengungen kommen kann.

Da der Anthropozentrismus und die damit verbundene Annahme der Sonderstellung des Menschen für die Ursache unserer gegenwärtigen Problemsituation gehalten wird, ist ein Großteil der bioethischen Diskussion der Suche nach begründbaren Alternativen gewidmet. Hinsichtlich der Frage, wem unsere moralische Rücksichtnahme um seiner selbst willen gelten soll und wer also in diesem Sinne Mittelpunkt der ethischen Betrachtungsweise zu sein hat, stehen heute vier Positionen zur Diskussion. Diese sind erstens ein *gemäßigter Anthropozentrismus*, dem an der Erhaltung der Natur und ihrer Ressourcen um der Existenzsicherung der Menschheit willen gelegen ist, zweitens ein *Pathozentrismus*, der nicht nur dem Menschen, sondern allen *leidensfähigen Lebewesen* einen Eigenwert zuspricht und damit die Schutzwürdigkeit von Lebewesen von ihrer Leidensfähigkeit abhängig macht, drittens der *Biozentrismus*, der *allem Lebendigen*, vom Einzeller bis zum Menschen, einen Eigenwert zuschreibt und viertens der *Holismus*, der dieses Prinzip auch auf die unbelebte Natur anwendet.[14] Einzelne dieser Positionen werden in diesem Band ausführlich diskutiert.[15] Ich werde mich im folgenden kritisch mit zwei beliebten Standardargumenten auseinandersetzen, die in bioethischen Diskussionen immer wieder angeführt wer-

den: mit dem Argument der *Unvermeidbarkeit des Anthropozentrismus* und mit dem Einwand des *naturalistischen
Fehlschlusses*.

Das Argument der Unvermeidbarkeit
des Anthropozentrismus

Dieses Argument wird häufig auch zur Verteidigung des
Anthropozentrismus angeführt und besagt, daß der Anthropozentrismus aus *erkenntnistheoretischen* Gründen unvermeidbar sei. Da wir ja nur in menschlichen Kategorien
denken können, so lautet das Argument, stehen wir notwendigerweise bei all unserem Erkennen und Handeln
im Mittelpunkt. Dieses Argument wird auch angeführt, um die
Erkennbarkeit und Überprüfbarkeit der Leidensfähigkeit
von Tieren kritisch zu hinterfragen. Es tritt dann in Form
des *Anthropomorphismusvorwurfs* auf, der besagt, daß es
eine unzulässige Übertragung menschlicher Eigenschaften
auf Tiere sei, wenn wir ihnen Empfindungsfähigkeit zusprechen. Hierauf möchte ich folgendes erwidern: Zwar
können wir uns beim Erkenntnisprozeß nie ausblenden, da
eben wir es sind, die erkennen. Konsequent angewendet,
müßte der Anthropomorphismusvorwurf jedoch darauf
hinauslaufen, daß die objektive Erkenntnis und Beschreibung von allem Außermenschlichen, also auch unbelebter
Gegenstände, im Prinzip unmöglich ist und wir beim Erkennen immer nur unsere eigenen Eigenschaften beschreiben.[16] Dies würde sowohl die Alltags- als auch die wissenschaftliche Erkenntnis betreffen. Wir begegnen aber nicht
nur Bildern von uns selbst, wenn wir erkennen, sondern
auch der Natur in ihrer ganzen Widerständigkeit, was besonders augenfällig wird, wenn wir mit Krankheit, Gebrechen, ökologischen Krisen, Naturkatastrophen und Tod
konfrontiert werden. Der Anthropomorphismuseinwand,
der schon aus erkenntnistheoretischen Gründen problematisch ist, gewinnt daher in der Ethik zynische und gefährli-

che Züge. Er wird der Empfindungsfähigkeit anderer Lebewesen nicht gerecht und führt zu einer Unterschätzung der Naturmächte und ihrer Eigendynamik.

Auch aus der heutigen Biologie lassen sich gute Argumente gegen den Anthropozentrismus gewinnen. *Jede Tierart* nimmt gegenüber anderen Tierarten eine *Sonderstellung* ein, da sie sich von diesen unterscheidet. Je tiefer die Naturwissenschaften mit ihren Instrumenten in den Mikrokosmos vordringen, desto augenfälliger wird die Komplexität selbst kleinster Lebewesen. Schon Nietzsche warnte in seiner Schrift »Über Wahrheit und Lüge im außermoralischen Sinn« (1873) vor intellektuellem Hochmut und mahnte zur Bescheidenheit. »Könnten wir uns aber mit der Mücke verständigen, so würden wir vernehmen, daß auch sie mit diesem Pathos durch die Luft schwimmt und in sich das fliegende Zentrum dieser Welt fühlt« (Nietzsche 1973, S. 309). Hinzu kommt, daß die Evolution einen kontinuierlichen Zusammenhang darstellt und der Mensch mit den übrigen Lebewesen mehr oder weniger nah verwandt ist. Auch hieraus läßt sich ein starkes Argument gegen den Anthropomorphismuseinwand gewinnen. Wenn wir Tieren Empfindungs- und Erkenntnisfähigkeiten zusprechen, so stellt dies keine unzulässige Übertragung menschlicher Eigenschaften aufs Tierreich dar. Vielmehr verfügt umgekehrt der Mensch nur deshalb über Erkenntnis- und Empfindungsfähigkeit, weil er von vormenschlichen Lebewesen abstammt, die bereits mit kognitiven und emotionalen Fähigkeiten ausgestattet waren. Damit wird nicht behauptet, daß es sich hierbei im gesamten Tierreich um dieselben Fähigkeiten handelt. Dies wäre natürlich eine unzulässige Vereinfachung. Doch wie es in bezug auf die Entwicklung körperlicher Merkmale Homologie- und Analogiebildungen gibt, so sollte diese Möglichkeit in bezug auf Erkenntnis- und Empfindungsfähigkeiten nicht ausgeschlossen werden. Zudem hat die Verhaltensforschung bei unseren nächsten Verwandten, den Menschenaffen, auch im Bereich des Sozialverhaltens eine überwältigende Fülle differenzierter Verhaltensabläufe und -muster zutage gefördert, für welche die einfachste Erklärung das Vorhandensein höherer kognitiver Fähigkeiten ist. Aber auch bei entfernteren Verwandten des Menschen aus dem Tierreich sind größere Spielräume der Fähigkeit des Lernens auf der Grundlage individueller Erfahrung und Nachahmung entdeckt worden, als früher angenommen wurde. Hinzu kommt, daß nicht nur kognitive Fähigkeiten überlebensrelevant sind, sondern auch die Schmerzempfindung für den Organismus eine wichtige Funktion erfüllt, indem sie das Lebewesen vor Gefahren warnt. Der evolutionstheoretische Erklärungsrahmen stützt daher auch die Annahme der Empfindungs- und Schmerzfähigkeit als evolutionäre Anpassungen bei nichtmenschlichen Organismen. Diese Beispiele mögen hier genügen, die wichtige Funktion der Biowissenschaften für eine Neubesinnung des Menschen auf seine Stellung in der Natur und sein Verhältnis zu anderen Lebewesen zu zeigen. Hier könnten sich evolutionäre Ethologie und philosophische Anthropologie einander annähern. Plessner hob die Verschränkung von Umweltgebundenheit und Weltoffenheit beim Menschen hervor und rückte den Menschen damit, ob gewollt oder nicht, in die Nähe der Tiere. Die Verhaltensforschung betont heute in viel stärkerem Maße als zuvor die Flexibilität und Lernfähigkeit der Tiere und rückt sie damit in die Nähe des Menschen.

Der Einwand des naturalistischen Fehlschlusses

Gegen Kritiker des Anthropozentrismus wird vor allem in Diskussionen häufig der Einwand erhoben, daß die Zurückweisung des Anthropozentrismus zugunsten der Annahme, nicht nur dem Menschen, sondern auch Tieren und anderen Lebewesen komme ein inhärenter Wert zu, einen naturalistischen Fehlschluß beinhalte. Wenn wir, so lautet der Einwand, der Natur aufgrund bestimmter Eigenschaften wie Empfindungsfähigkeit, Komplexität, Alter, Biodiversität einen Wert in sich zuschreiben und daraus Normen für unser Handeln ableiten, begehen wir einen naturalistischen Fehlschluß. Hierauf ist folgendes zu erwidern: Es gibt keinen naturalistischen Fehlschluß *an sich*. Vielmehr ist die Berechtigung dieses Einwandes immer nur unter Berücksichtigung der jeweiligen ontologischen Voraussetzungen zu beurteilen, die im Spiel sind, und diese sind gerade heute diskussionsbedürftig. Verteidiger des Anthropozentrismus machen die für den Menschen beanspruchte Exklusivität einer inhärenten Werthaftigkeit von bestimmten Fähigkeiten wie Selbstbewußtsein, Sprach- und Moralfähigkeit abhängig. Zu fragen wäre hier jedoch, ob diese Argumentation nicht ebenfalls auf einem naturalistischen Fehlschluß beruht. Die gegenwärtige bioethische Diskussion um die Berechtigung nichtanthropozentrischer Positionen ist ein gutes Beispiel für das »Argument der offenen Frage«. Der simple Rückgriff auf eine Naturordnung, in der bestimmten Lebewesen ein inhärenter Wert zukommt, anderen dagegen nicht, ist eine Petitio principii, da die Sonderstellung des Menschen ja gerade zur Diskussion steht.[17]

Es ist sicherlich ein Verdienst der bioethischen Diskussionen der letzten Jahrzehnte, daß ein radikaler Anthropozentrismus, der sich über die Leidensfähigkeit nichtmenschlicher Lebewesen hinwegsetzt, heute kaum noch von jemandem vertreten wird oder zumindest keine Chance auf Konsensfähigkeit hat. Doch reicht die ethische Berücksichtigung *leidensfähiger Tiere* nicht aus, um darüber hinausgehende Zielsetzungen des *Naturschutzes* begründen zu können. Die Erhaltung von Arten, Biotopen, natürlicher Vielfalt der Tier- und Pflanzenwelt, tropischer Regenwälder usw. geht weit über pathozentrische Forderungen hinaus. Zur Begründung einer *biozentrischen* Position, die das Lebendige als solches als ein schützenswertes Gut verteidigen will, werden vielfältige Argumente angeführt.[18] Auch verschiedene Varianten metaphysischer Argumente spielen hier eine Rolle, sei es, daß *explizit* davon Gebrauch gemacht wird, sei es, daß es sich dabei um *implizite Hintergrundannahmen* handelt, die unterschwellig wirksam sind. Hierzu gehören sowohl naturteleologische als auch schöpfungstheologische Positionen. Häufig wird dies auch so ausgedrückt, daß der Mensch der Natur oder Gott »nicht ins Handwerk pfuschen« sollte. Interessanterweise stützt man sich zur Fundierung dieser Argumentation gern auf biologische Sachverhalte, wie die Selbstregulationsprozesse individueller Organismen oder die Evolution als ganze, die dabei als ein zielstrebig verlaufender Prozeß gedeutet wird. Derartige Interpretationen werden durch das biologische Paradigma selbst aber nicht abgestützt, und ich halte diese Argumente für den Ausdruck einer Vermischung unterschiedlicher Denkstile. Denn Selbstorganisationsphänomene werden in der Biologie heute ohne Rückgriff auf Finalursachen erklärt. Für ihre Beschreibung wurde der Begriff der *Teleonomie* eingeführt, um damit zum Ausdruck zu bringen, daß sich die sog. Zielstrebigkeit derartiger Prozesse im Rahmen von Systembedingungen rein kausal erklären läßt.[19] Und der revolutionäre Charakter der Darwinschen Evolutionstheorie besteht ja gerade in der Verabschiedung einer teleologischen Auffassung von der Natur. Die augenfällige Zweckmäßigkeit des Lebendigen wird hier nicht als das Resultat eines gütigen und weisen Gottes erklärt oder als das Ergebnis zielstrebig agierender Naturkräfte. Sie ist hauptsächlich das Ergebnis von blinder Variation, die ihr Ziel noch nicht im Auge hat, und natürlicher Selektion des unter den jeweiligen Lebensbedingungen am besten Angepaßten. Die Evolution als ganze ist insofern kontingent, zufällig, als es unter anderen Bedingungen zu ganz anderen Ergebnissen gekommen wäre. Darwin begründet seine Verwendung von Metaphern und die gelegentliche Personifizierung der Natur sprachökonomisch. Diese Formulierungen seien der Kürze halber vorzuziehen. Unter Natur verstehe er jedoch lediglich das Zusammenwirken und das Produkt vieler Naturgesetze und unter Naturgesetzen die von uns ermittelte Folge von Ereignissen. Darwins Naturbild ist realistischerweise ambivalent.[20] Neben der Harmonie zwischen Organismus und Umwelt hebt er auch die andere Seite der Natur hervor, die Kampf, Zerstörung, Leiden und Tod beinhaltet, ein Thema, das später auch von John Stuart Mill in seinem Essay *Nature* ausführlich behandelt wird. Diese Ambivalenz ist bereits eines der zentralen Themen in David Humes Dialogen über natürliche Religion, wo der Versuch, von der Harmonie der Natur auf die Güte und Weisheit Gottes zu schließen, mit dem Hinweis auf die Kehrseite der Natur entkräftet wird und damit der Prozeß einer Verabschiedung der Physikotheologie bereits eingeleitet wird.

Auch wenn wir also die *Natur* zum *Maßstab unseres Handelns* nehmen wollten, so müßten wir zunächst entscheiden, an *welchen* ihrer Eigenschaften und Züge wir uns dabei orientieren wollen, wofür es aber Kriterien bedürfte, die wir aus der Natur selbst nicht einfach ablesen können. Dieses Argument spielte auch bei dem Evolutionstheoretiker Thomas Henry Huxley eine zentrale Rolle und wurde dort angeführt, um die Idee einer evolutionären Ethik als angewandter Naturgeschichte ad absurdum zu führen.

Nicht zu verwechseln mit metaphysischen Konzepten der oben beschriebenen Art sind Argumente, die vor Eingriffen in die Natur unter Berufung auf deren *Systemcharakter* warnen. Die Natur setzt sich aus Systemen unterschiedlichster Art zusammen, deren Subsysteme, Teile und Elemente häufig minutiös aufeinander abgestimmt sind und so das Funktionieren des Ganzen ermöglichen. Veränderungen und Eingriffe in Teilsysteme der Natur können daher unvorhersehbare Auswirkungen im Großen haben.

Daneben gibt es noch eine Fülle anderer Argumente für einen umfassenden Naturschutz, die sich unter dem Begriff des *Respektes* oder der *Ehrfurcht* vor bestimmten *Eigenschaften der Natur* zusammenfassen lassen. So wird auf das hohe Alter von Tier- und Pflanzenarten verwiesen, die im Laufe von Millionen von Jahren allmählich entstanden sind und vom Menschen in kürzester Zeit ausgerottet werden, auf die Einmaligkeit von Arten, auf die Komplexität selbst kleinster Organismen, auf die Schönheit der Natur und den Wert der Biodiversität. Ich halte diese Argumente, sofern sie nicht auf Krankheitserreger wie Bazillen und Viren bezogen werden, im wesentlichen für berechtigt und denke auch nicht, daß es sich hierbei um naturalistische Fehlschlüsse handelt. Vielmehr wäre umgekehrt zu fragen, warum es selbstverständlich sein soll, die genannten Eigenschaften in anderen Kontexten als Qualitäten zu schätzen, ohne hier jemals mit analogen Einwänden konfrontiert zu werden. Bei Kunstwerken schätzen wir das Alter, die Einmaligkeit, die sorgfältige Arbeit am Detail, die Schönheit und die Vielfalt künstlerischer Ausdrucksformen, ohne hier einem Rechtfertigungsdruck oder gar dem Einwand des naturalistischen Fehlschlusses ausgesetzt zu werden. Daß das Interesse an der Erhaltung und Pflege der Natur eigens gerechtfertigt werden muß, während in Kunst und Mode alles mögliche zulässig ist, scheint mir ein Hinweis auf ein gestörtes Verhältnis zur Natur zu sein, in dem die Kunst als das Natürliche und die Natur als das Unnatürliche abschneidet.

Der Biozentrismus muß trotz seiner Akzentverschiebung vom Menschen auf die Natur *kein* menschen*feindlicher* Standpunkt sein. Ein konsequenter Biozentrismus betrachtet ja alle Organismen, also auch den Menschen, als Lebewesen, deren Lebensinteresse Berücksichtigung finden muß. Der Biozentrismus kann daher dem Menschen auch das Recht zusprechen, sich im Konfliktfall gegen andere Lebewesen zu behaupten. Allerdings wären hier noch Kriterien für die Abwägung und Hierarchisierung von Interessen aufzustellen, ein Problem, das meines Wissens noch nicht gelöst ist.

3. Der Mensch und seine Stellung zu seiner eigenen Natur

Zu Beginn meiner Ausführungen habe ich einen Blick auf das Menschenbild der philosophischen Anthropologie geworfen und den Doppelcharakter des Menschen als Natur- und Kulturwesen herausgestellt. Dieser Doppelcharakter begründet auch die *Geschichtlichkeit* des Menschen in einem *zweifachen Sinn*. Er stammt einerseits von nichtmenschlichen Vorfahren ab und gehört in diesem Sinne zur *Naturgeschichte*. Andererseits ist er eingebettet in kulturelle Zusammenhänge, Traditionen und damit in eine *Kulturgeschichte*. Diese Doppelnatur des Menschen war auch ein zentrales Thema der Darwinschen Anthropologie (Engels 1997). Selbst wenn wir mit ihm und der Evolutionstheorie einen nur graduellen Unterschied zwischen dem Menschen und nichtmenschlichen Lebewesen annehmen und von einer Verwurzelung des Menschen in der biogenetischen Evolution ausgehen, so ist doch bei keinem anderen Lebewesen die Rolle der Kultur und Kulturgeschichte so bedeutend wie beim Menschen. Durch die Kultur hat sich der Mensch zur Evolution, der er entsprungen ist, in Beziehung gesetzt. Die *biogenetische Evolution* bedeutet für den Menschen Fußangel und Sprungbrett zugleich; Fußangel deshalb, weil er durch seine Einbettung in eine Phylogenese und in die Evolution des Lebendigen insgesamt bestimmten Grenzen und sogar Zwängen, »constraints«, unterworfen ist; Sprungbrett deshalb, weil die Evolution mit dem Menschen ein Lebewesen hervorgebracht hat, das über Kompetenzen und Kapazitäten verfügt, die es ihm ermöglichen, sich in weit höherem Maße als andere Lebewesen von seiner Evolutionsgeschichte zu befreien, ja sich *gegen* seine eigene, innere und die äußere Natur zu stellen. Daher ist der Mensch ein *evolutionäres Zwitterwesen*. Trotz aller Dynamik, die die biogenetische Evolution nach heutiger Auffassung im Vergleich mit der älteren Vorstellung von der Konstanz der

Arten hat, wirkt sie im Vergleich mit der Geschwindigkeit der *kulturellen* Evolution nahezu statisch. Bei der Evolution des Menschen haben wir es daher mit *zwei Informationssystemen* zu tun, die sich hinsichtlich ihrer Träger und daher auch ihrer Übertragungs- bzw. Verbreitungsgeschwindigkeit erheblich voneinander unterscheiden. Der in der Soziobiologie vielfach verwendete Begriff der *Koevolution* besagt in erster Linie, daß sich biogenetische und kulturelle Evolution des Menschen auf harmonische Weise wechselseitig bedingen. Ökologische Krisen zeigen jedoch, daß sich kulturelle Fertigkeiten destruktiv auf Natur und Evolution auswirken können (vgl. den Beitrag von Bernhard Verbeek im vorliegenden Band).

Die These, daß der Mensch von Natur aus ein Kulturwesen ist, gewinnt nun durch die neuen Möglichkeiten der Reproduktionsmedizin und Gentechnik eine ungeahnte zusätzliche Bedeutung. Durch diese Techniken, die er als *Kulturwesen* hervorgebracht hat, wird es ihm in zunehmendem Maße möglich sein, auf der basalen Ebene der genetischen Information in die Natur einschließlich seiner eigenen, menschlichen Natur einzugreifen und diese gezielt zu verändern. Auch jener Bereich des Menschen, der ursprünglich keiner direkten Beeinflussung zugänglich war und der dem Menschen *vor* aller kulturellen Strukturierung oder Überformung in die Wiege gelegt war, wird dann seiner künstlichen Gestaltbarkeit zur Disposition stehen. Daß die genetische Manipulation von Embryonen heute nicht mehr als literarische Utopie, sondern als reale zukünftige Möglichkeit betrachtet wird, verdeutlicht das Bemühen um Regelungen in Form von standesethischen Richtlinien, Konventionen und Gesetzen. Der nichtkontrollierbare Rest der äußeren und inneren Natur erscheint dem Menschen nun als Freiheitsspielraum der Natur, der sich aus menschlicher Perspektive als schwer kalkulierbares Risiko darstellt.

Die Schelersche Differenzierung zwischen Organismus und Person oder Lebewesen und Geistwesen, die sich bereits am Ende des 17. Jahrhunderts bei John Locke auf eine in ihrer konkreten Ausführung erstaunlich aktuellen Weise vorweggenommen findet, hat durch die Erfolge der biologischen und biomedizinischen Techniken wie Intensivmedizin, Transplantations- und Reproduktionsmedizin sowie Gentechnik einen besonderen Anwendungsbezug erhalten. Denn es werden nun *einzelne Aspekte* des Menschen zunehmend in den Vordergrund gerückt und auf ihre Relevanz für die Bestimmung des Menschen im moralisch zu respektierenden Sinn hin befragt, um auf diese Weise Freiheitsspielräume und Grenzen unseres Umgangs mit diesen Techniken abzustecken. Schon allein die Vielzahl von Kriterien, die im Zusammenhang mit der Frage des moralischen Status menschlicher Embryonen angeführt und durchgespielt werden, verdeutlicht dies auf prägnante Weise. Die hier für die Statusbestimmung angeführten Merkmale werden auch in anderen Kontexten wieder relevant. So wird das Argument der *genetischen Identität* des Menschen im Kontext der Diskussion über das Klonen aufgegriffen, die Relevanz des *Gehirns* für die Identität im Kontext der Transplantationsmedizin und die Bedeutung anderer lebenswichtiger Organe für die menschliche Identität im Zusammenhang mit der Xenotransplantation. Der Mensch wird damit in eine Vielzahl von Einzelaspekten aufgesplittert, die je nach technischem Kontext sein besonderes Wesensmerkmal, seine Identität, begründen sollen. So ist z. B. in der vor kurzem wieder entfachten bioethischen Diskussion über die Frage der Legitimität des Klonens von Menschen das Argument angeführt worden, daß die Würde eines Individuums wesentlich von seiner genetischen Identität oder gar Integrität abhänge, weshalb sich Klonen verbiete. Als Einwand gegen das Klonen halte ich das angeführte Argument jedoch für wenig überzeugend. Denn auch eineiige Zwillinge, die auf natürlichem Wege geboren werden, verfügen über dieselbe genetische Identität, ohne daß wir dadurch ihre Menschenwürde tangiert sähen. Ein beliebtes

Argument gegen diesen Einwand beruft sich auf die Autorität der Natur und weist auf den prinzipiellen Unterschied zwischen künstlicher und natürlicher Zwillingsentstehung hin. Aber die Frage, ob und bis zu welchem Grade die menschliche Natur der Veränderung unterworfen werden darf, steht ja gerade zur Diskussion und kann daher nicht einfach unter Berufung auf Natur beantwortet werden. Das Klonen von Menschen verbietet sich meines Erachtens, weil mit der Absicht der Verdoppelung oder Vervielfachung eines Menschen nach einem bestimmten Muster der Wunsch nach einer Instrumentalisierung von Individuen verbunden ist, womit ihnen die Erfüllung ihrer individuellen Existenz vorenthalten werden soll und die Menschenwürde verletzt wird. Die Unantastbarkeit der Menschenwürde ist aber in unseren Gesellschaften ein Grundwert, und die Anerkennung des Menschen als Zweck an sich folglich eine konsensfähige Norm, die übrigens nicht dadurch bedroht werden kann, daß wir auch nichtmenschliche Lebewesen als Zwecke anerkennen, statt sie auf Mittel zu unserem Gebrauch zu reduzieren.

Diese Beispiele zeigen, daß in der Bioethik gegenüber der traditionellen philosophischen und theologischen Ethik eine interessante Verschiebung der Argumentationsebenen stattgefunden hat. Unter dem Eindruck der neuen technologischen Möglichkeiten gewinnt in bioethischen Diskussionen gerade der *naturwüchsige* Aspekt des Menschen eine besondere Bedeutung, während traditionellerweise seine geistige und kulturelle Dimension im Vordergrund stand. Dadurch kann der Eindruck entstehen, daß nicht nur Befürworter, sondern auch Kritiker dieser Techniken einen Reduktionismus vertreten, wie das Beispiel des Klonens zeigt. Die Aufsplitterung des Menschen in ontologisch und ethisch relevante Einzelaspekte und die Verabsolutierung dieser Aspekte je nach Kontext führt zu ethisch fragwürdigen Konsequenzen in anderen Bereichen und birgt die Gefahr einer Abwertung all jener Individuen in sich, die über den jeweils als relevant erachteten Aspekt nicht verfügen. Ich halte es daher für eine der dringlichsten Aufgaben unserer Zeit, zu einem ganzheitlichen Menschenbild zu finden, das den Menschen in der Vielfalt und im Reichtum seiner Realisationsmöglichkeiten respektiert. Die anläßlich neuer technologischer Möglichkeiten entfachten Diskussionen verdeutlichen die Einsicht der philosophischen Anthropologie, daß sich der Mensch durch seine Selbstdeutungen erst zu dem macht, was er ist. Wie weit wir mit unseren technischen Möglichkeiten auch in der Veränderung der menschlichen Natur zu gehen bereit sind, hängt von unserem Selbstbild ab. Doch sind derartige Entwürfe von Menschenbildern nicht beliebig, sondern durch bereits gemachte positive wie negative Erfahrungen im Laufe der Menschheitsgeschichte vorstrukturiert und in ihrem Spielraum eingeschränkt. Die häufig geforderte Kohärenz unserer Menschen- und Naturbilder allein genügt daher noch nicht, um bioethische Probleme zu lösen, da Kohärenz ein rein formales Kriterium ist.

4. Zum Aufbau des vorliegenden Sammelbandes

Bei der Konzeption der Vorlesungsreihe und des Sammelbandes war der Gedanke bestimmend, einige der wichtigsten Bereichsethiken der gegenwärtigen bioethischen Diskussion zu berücksichtigen und die sich dort stellenden Probleme aus unterschiedlichen Perspektiven beleuchten zu lassen. Der Schwerpunkt liegt dabei auf Problemen, die sich im Zusammenhang einer Ethik der Biowissenschaften stellen, wobei jedoch ein besonderer Reiz der Thematik darin besteht, daß sich sowohl die Grenzen zur Medizin als auch zum alltäglichen Umgang mit der lebendigen Natur als fließend erweisen. Technologien, die unsere ethische Reflexion herausfordern, in die Hoffnungen gesetzt werden oder die uns beunruhigen, liegen häufig gerade im Schnittpunkt der biologischen und medizinischen Wissenschaften, kreuzen unsere lebensweltlichen Intuitionen und provozieren uns, unsere Alltagsmoral auf ihre tiefverwurzelten Selbstverständlichkeiten hin abzuklopfen und sie einer argumentativen Überprüfung zu unterziehen.

Inhaltlich geht die Richtung von allgemeineren Fragen und Gegenständen zu spezielleren, d. h. von der Natur als ganzer über die Tiere zum Menschen und schließlich zur Frage der Personalität. Die behandelten Themenkomplexe sind daher Fragen der ökologischen Ethik (Dieter Birnbacher und Bernhard Verbeek), der Tierethik (Konrad Ott und Jean-Claude Wolf), ethische Problemstellungen im Kontext von Genomanalyse und Humangenetik (Carmen Kaminsky und Dietmar Mieth) sowie im Zusammenhang mit neuen Transplantationsformen (Elisabeth Hildt und Eve-Marie Engels), wobei mit der Hirngewebetransplantation bereits im Rahmen klinischer Studien erste Teilerfolge erzielt wurden, während sich die Xenotransplantation aus verschiedenen Gründen noch im Stadium der Grundlagenforschung befindet, jedoch bereits in zahlreichen Ländern eine intensive ethische Diskussion ausgelöst hat. Es gibt auch Themen, die sich wie ein roter Faden durch mehrere Bereichsethiken ziehen und in verschiedenen Kontexten gleicherweise relevant sind. Hierzu gehört die immer wieder anzutreffende Annahme, daß einige der neuen biologischen und medizinischen Technologien mit eugenischen Effekten verbunden sein werden, selbst wenn dies nicht die explizite Zielsetzung der beteiligten Wissenschaftler sein muß. Daher wird in einem historischen Beitrag (Thomas Junker und Sabine Paul) sowohl die Geschichte der Eugenik einschließlich ihres Begriffs rekonstruiert als auch die Frage diskutiert, ob und welche Beziehungen zwischen eugenischen Programmen und der heutigen Humangenetik bestehen. Auch der Personbegriff spielt in zahlreichen bioethischen Kontexten eine zentrale Rolle, insbesondere dort, wo die Frage nach dem Beginn und dem Ende des menschlichen Lebens relevant wird, aber auch in tierethischen Debatten im Zusammenhang mit der Frage nach dem moralischen Status von Tieren. Daher ist dieser Thematik ein eigener Beitrag gewidmet (Reiner Wimmer). Als letztes wird die Hirntodkonzeption einer kritischen Reflexion unterzogen. Stephan Rixen geht der Frage nach, ob die Hirntodkonzeption, welche zentraler Bestandteil des Transplantationsgesetzes ist, mit der Ethik des Grundgesetzes und seinem »offenen Menschenbild« vereinbar ist. Es sei daran erinnert, daß die Erfolge der Transplantationsmedizin nicht nur medizin- und technik*interne* Erfolge darstellen, sondern ganz entscheidend auf den Wechsel von der Herztoddefinition zur Hirntoddefinition zurückzuführen sind.

Ein wichtiges Ergebnis der Diskussionen im Bereich der ökologischen Ethik und der Tierethik ist die Beobachtung, daß ungeachtet der nicht zu leugnenden Differenzen in den zugrundeliegenden Ethikkonzeptionen, wie sie in den Beiträgen von Dieter Birnbacher, Jean-Claude Wolf, Konrad Ott und Eve-Marie Engels thematisiert werden, dennoch eine Konvergenz der verschiedenen Standpunkte und damit eine bedeutende Gemeinsamkeit zutage tritt, die auch praktisch wirksam wird: Die Instrumentalisierung nichtmenschlicher Lebewesen im Interesse des Menschen bedarf heutzutage zu ihrer Rechtfertigung eines enormen argumentativen Aufwandes. Nicht die Natur- und Tierschützer sind in die Begründungspflicht genommen, sondern diejenigen, die sich zum Speziesismus bekennen. Die seit den siebziger Jahren geführten bioethischen Diskussionen haben zu einer Sensibilisierung geführt, die bewirkt, daß nun bei der Diskussion über neue Technologien tier- und naturethischen Fragen ein entscheidendes Gewicht zukommt, wie das Beispiel der Xenotransplantation zeigt. Damit tritt aber auch die gesellschaftliche Bedeutung der Geisteswissenschaften hervor, welche durch die Beiträge von Carmen Kaminsky und Dietmar Mieth unterstrichen wird. Gerade die Interpretation naturwissenschaftlicher Daten durch Geistes- und

Sozialwissenschaften, Politik und Medien wird wesentlichen Einfluß auf die Bilder haben, die eine Gesellschaft vom Menschen und der übrigen Natur entwirft. Eine kritische Analyse der in bioethischen Diskussionen gebräuchlichen Argumente, welche verschiedene Argumentationsniveaus und -strategien unterscheidet, wie Dietmar Mieth dies am Beispiel der Humangenetik demonstriert, ist daher eine der wichtigsten Aufgaben der Geistes- und Humanwissenschaften.

Anmerkungen

1 Der Begriff »Biologie« wird 1797 von Theodor Georg August Roose gleich am Anfang seiner Vorrede zu seinem Werk (Roose 1797) eingeführt. »Biologie« zur Bezeichnung der Wissenschaft vom Lebendigen tritt somit zur selben Zeit auf, als viele Naturforscher und Mediziner die Notwendigkeit eines eigenen, nur für das Lebendige reservierten Kraftbegriffs sehen, da die in der Physik gängigen Kraftkonzeptionen zur Erklärung der spezifischen Vorgänge des Lebendigen nicht ausreichen. Gottfried Reinhold Treviranus nimmt den Begriff »Biologie« bereits 1802 in den Titel seines sechsbändigen Werkes auf (Treviranus 1802–22). Der Begriff der Lebenskraft erfüllte die Funktion eines methodologischen Instrumentes und sollte nicht als metaphysisches Konstrukt mißverstanden werden (Engels 1994). Vertreter der Lehre von der Lebenskraft waren keine metaphysischen, sondern *methodologische Vitalisten*.
2 Hervorhebung von E.-M. E.
3 Zur Allgemeingültigkeit des genetischen Codes trotz vereinzelter Abweichungen siehe Hennig 1995, S. 255 f.
4 Siehe Kaminsky 1998; Engels 1998.
5 Der Begriff »Bio-Ethik« zur Bezeichnung der »Annahme sittlicher Verpflichtungen nicht nur gegen den Menschen, sondern gegen alle Lebewesen« wird zwar bereits 1927 von Fritz Jahr in der Zeitschrift *Kosmos* verwendet, doch wird »Bioethik« erst seit den siebziger Jahren als Übersetzung des 1971 eingeführten amerikanischen Begriffs *bioethics* bei uns gebräuchlich.

6 Zu den verschiedenen Bedeutungen des Begriffs *bioethics* und den verschiedenen Konzeptionen von Bioethik siehe Reich 1994 und Reich 1995; siehe auch Potters Reflektionen über Bioethik und im Anschluß daran die Ankündigung der Gründung des Institute for Bioethics an der Georgetown University in der Zeitschrift *BioScience* 21 (1971), Heft 21.

7 Statt von angewandter Ethik sollte ohnehin besser von *anwendungsbezogener* oder *anwendungsorientierter* Ethik gesprochen werden (vgl. Engels 1999).

8 Die Janusköpfigkeit der menschlichen Rationalität wurde bekanntlich in anderem Kontext und bereits früher (1944) von Horkheimer und Adorno in ihrer *Dialektik der Aufklärung* ausführlich behandelt (Horkheimer/Adorno 1996).

9 Vgl. auch Scheler 1994b.

10 Siehe den Abschnitt »Außenwelt, Innenwelt, Mitwelt« in Kap. 7 von Plessners *Die Stufen des Organischen und der Mensch*.

11 Siehe als Überblick Gehlens Einführung in *Der Mensch* (Gehlen 1971, S. 9–85).

12 Zu Gehlens Theorie der Institutionen siehe *Urmensch und Spätkultur* und einzelne Artikel in der Aufsatzsammlung *Anthropologische Forschung*. In seinem Spätwerk *Moral und Hypermoral* von 1969 nimmt Gehlen eine Radikalisierung seiner Institutionslehre vor, indem er das »Ethos der Institutionen, einschließlich des Staates« (Gehlen 1973, S. 47 und Kap. 7 und 8) als eine von mehreren funktionell wie genetisch unabhängigen sozialregulativen Instanzen im Menschen betrachtet (Gehlen 1973, Vorwort).

13 Zur gegenwärtigen Naturphilosophie siehe u. a. Krebs 1997a; Meyer-Abich 1997; Schiemann 1996; Schwemmer 1991, auch wenn diese nicht alle in unmittelbarem Zusammenhang mit der Bioethik stehen.

14 Angelika Krebs unterscheidet unter Verweis auf Frankena und Meyer-Abich zwischen Anthropozentrismus und Physiozentrismus, wobei letzterer wiederum in Pathozentrismus, Biozentrismus und radikalen Physiozentrismus unterteilt wird (Krebs 1997b, S. 342). Zur Diskussion verschiedener Formen der Anthropozentrik siehe Höffe 1993.

15 Siehe die Beiträge von Dieter Birnbacher, Konrad Ott und Jean-Claude Wolf.

16 An dieser Stelle kann ich keine Diskussion über den Unterschied zwischen empirischer Realität und Ding an sich führen.

Daher möge der Hinweis genügen, daß ich mit objektiver Erkenntnis nicht die Erkenntnis des Dings an sich, sondern die Erkenntnis der von uns erfahrbaren Realität meine. Hier können wir durchaus zwischen Erkenntnis und Irrtum unterscheiden. In ihrem differenzierten Überblick über die naturethische Diskussion führt auch Angelika Krebs verschiedene Varianten des Anthropozentrismus an, darunter den epistemischen (begrifflichen, erkenntnistheoretischen oder methodologischen) Anthropozentrismus, der besagt, daß sich der Mensch die Welt nur in menschlichen Begriffen erschließen kann. Als Einwand gegen die Möglichkeit einer Unterscheidung zwischen Anthropozentrismus und Physiozentrismus in der Ethik läßt sie diesen epistemischen Anthropozentrismus jedoch nicht gelten (Krebs 1997b, S. 342 f.). Vgl. eine ähnliche Unterscheidung zwischen methodischem und inhaltlichem Anthropozentrismus im hiesigen Beitrag von Konrad Ott.

17 Zur Diskussion des naturalistischen Fehlschlusses siehe Engels 1993.
18 Vgl. hier wiederum Krebs 1997b.
19 Vgl. Mayr 1974.
20 Zu Darwins Naturauffassung siehe Engels 1997.

Literatur

Ach, Johann S. / Gaidt, Andreas: Herausforderung der Bioethik. Stuttgart-Bad Cannstatt 1993.

Callahan, Daniel: Bioethics. In: Encyclopedia of Bioethics. Bd. 1. Neubearb. Aufl. New York / London [u. a.] 1995. S. 247–256.

Cassirer, Ernst: Das Erkenntnisproblem in der Philosophie und Wissenschaft der neueren Zeit. Bd. 4: Von Hegels Tod bis zur Gegenwart (1832–1932). Darmstadt 1973. [1. engl. Aufl. New Haven 1950.]

– An Essay on Man. New Haven 1944. – Dt.: Versuch über den Menschen. Einführung in eine Philosophie der Kultur. 2. Aufl. Frankfurt a. M. 1990.

Engels, Eve-Marie: George Edward Moores Argument der »naturalistic fallacy« in seiner Relevanz für das Verhältnis von philosophischer Ethik und empirischen Wissenschaften. In: Lutz H. Eckensberger / Ulrich Gähde (Hrsg.): Ethische Norm und empirische Hypothese. Frankfurt a. M. 1993. S. 92–132.

Engels, Eve-Marie: Die Lebenskraft – metaphysisches Konstrukt oder methodologisches Instrument? Überlegungen zum Status von Lebenskräften in Biologie und Medizin im Deutschland des 18. Jahrhunderts. In: Kai Torsten Kanz (Hrsg.): Philosophie des Organischen in der Goethezeit. Stuttgart 1994. S. 127–152.

– Evolutionäre Ethik und Umweltmoral. In: Adrian Holderegger (Hrsg.): Ökologische Ethik als Orientierungswissenschaft. Freiburg (Schweiz) 1997. S. 169–191.

– Der moralische Status von Embryonen und Feten – Forschung, Diagnose, Schwangerschaftsabbruch. In: Marcus Düwell / Dietmar Mieth (Hrsg.): Ethik in der Humangenetik. Die neueren Entwicklungen der genetischen Frühdiagnostik aus ethischer Perspektive. Tübingen 1998. S. 271–301.

– Bioethik. Metzler Lexikon Religion. Stuttgart 1999.

Gehlen, Arnold: Der Mensch. Seine Natur und seine Stellung in der Welt. 9. Aufl. Frankfurt a. M. 1971. [¹1940.]

– Urmensch und Spätkultur. 2., neubearb. Aufl. Frankfurt a. M. / Bonn 1964. [¹1956.]

– Anthropologische Forschung. Hamburg 1972. [¹1961.]

– Moral und Hypermoral. Eine pluralistische Ethik. 3. Aufl. Frankfurt a. M. 1973. [¹1969.]

Hennig, Wolfgang: Genetik. Berlin / Heidelberg / New York 1995.

Höffe, Otfried: Animal morale. Über das Fundament einer ökologischen Politik. In: Zeitschrift für Rechtspolitik 26 (1993), Heft 10, S. 394–399.

Horkheimer, Max / Adorno, Theodor W.: Dialektik der Aufklärung. Frankfurt a. M. 1996. [1. Aufl. New York 1944 / Amsterdam 1947.]

Hume, David: Dialogues concerning Natural Religion [1779]. – Dt.: Dialoge über natürliche Religion. 6. Aufl. mit ergänzter Bibliographie. Hrsg. von Günter Gawlick. Hamburg 1993.

Huxley, Thomas Henry: Evolution and Ethics. The Romanes Lecture [1893]. In: James Paradis / George C. Williams (Hrsg.): T. H. Huxley's Evolution and Ethics. With New Essays on Its Victorian and Sociobiological Context. Princeton 1989.

Institute for Bioethics Established at Georgetown University. In: BioScience 21 (1971) S. 1090.

Jahr, Fritz: Bio=Ethik. In: Kosmos 24 (1927) S. 2–4.

Kaminsky, Carmen: Embryonen, Ethik und Verantwortung. Eine kritische Analyse der Statusdiskussion als Problemlösungsansatz angewandter Ethik. Tübingen 1998.

Kaufmann-Hayoz, Ruth / Di Giulio, Antonietta (Hrsg.): Umweltproblem Mensch. Bern/Stuttgart/Wien 1996.

Krebs, Angelika (Hrsg.): Naturethik. Grundtexte der gegenwärtigen tier- und ökoethischen Diskussion. Frankfurt a. M. 1997. [Zit. als: Krebs 1997a.]

– Naturethik im Überblick. In: A. K. (Hrsg.): Naturethik. S. 337–379. [Zit. als: Krebs 1997b.]

Mayr, Ernst: Teleological and Teleonomic. A New Analysis. In: Robert S. Cohen / Marx W. Wartofsky (Hrsg.): Boston Studies in the Philosophy of Science 8 (1974) S. 91–117.

Meyer-Abich, Klaus Michael: Praktische Naturphilosophie. München 1997.

Mill, John Stuart: Natur. In: J. St. M.: Drei Essays über Religion. Hrsg. von Dieter Birnbacher. Stuttgart 1984. S. 9–62. [1. engl. Aufl. Nature. Verfaßt zwischen 1850 und 1858. In: Three Essays on Religion. 1878. Reprint Bristol 1993.]

Nietzsche, Friedrich: Über Wahrheit und Lüge im außermoralischen Sinn [1873]. In: F. N.: Werke in drei Bänden. Bd. 3. Hrsg. von Karl Schlechta. 7. Aufl. München 1973. S. 309–322.

Plessner, Helmuth: Die Stufen des Organischen und der Mensch. 2., erw. Aufl. Berlin 1965. [¹1928.]

– Über das Welt-Umweltverhältnis des Menschen [1950]. In: H. P.: Gesammelte Schriften. Bd. 7: Conditio humana. Frankfurt a. M. 1983. S. 77–87.

Potter, van Rensselaer: Bioethics. In: BioScience 21 (1971) S. 1088. [Zit. als: Potter 1971a.]

– Bioethics. Bridge to the Future. Englewood Cliffs (N. J.) 1971. [Zit. als: Potter 1971b.]

– Global Bioethics. Building on the Leopold Ethics. East Lansing (Mich.) 1988.

Reich, Warren Thomas: The Word »Bioethics«: Its Birth and the Legacies of Those Who Shaped Its Meaning. In: Kennedy Institute of Ethics Journal 4 (1994), Heft 4, S. 319–355.

– The Word »Bioethics«: The Struggle Over Its Earliest Meanings. In: Kennedy Institute of Ethics Journal 5 (1995), Heft 1, S. 19–34.

Roose, Theodor Georg August: Grundzüge der Lehre von der Lebenskraft. Braunschweig 1797.

Scheler, Max: Die Stellung des Menschen im Kosmos. 7. Aufl. Bern 1966. [¹1928.]

– Zur Idee des Menschen [1915]. In: Schriften zur Anthropologie. Hrsg. von Martin Arndt. Stuttgart 1994. S. 27–61. [Zit. als: Scheler 1994a.]

– Materiale Wertethik und Eudaimonismus [1913–16]. In: Schriften zur Anthropologie. Hrsg. von Martin Arndt. Stuttgart 1994. S. 62–73. [Zit. als: Scheler 1994b.]

Schiemann, Gregor (Hrsg.): Was ist Natur? Klassische Texte zur Naturphilosophie. München 1996.

Schwemmer, Oswald (Hrsg.): Über Natur. 2. Aufl. Frankfurt a. M. 1991. [¹1987.]

Treviranus, Gottfried Reinhold: Biologie oder Philosophie der lebenden Natur für Naturforscher und Aerzte. 6 Bde. Göttingen 1802–22.

Verbeek, Bernhard: Anthropologie der Umweltzerstörung. 2., erw. Aufl. Darmstadt 1994. [¹1990.]

DIETER BIRNBACHER

Utilitarismus und ökologische Ethik: eine Mésalliance?

Zusammenfassung

Ökologische Ethik und Utilitarismus schließen sich für die meisten Umweltethiker unter methodischen und inhaltlichen Gesichtspunkten aus. Zumal die neuesten Strömungen der ökologischen Ethik lehnen für den Utilitarismus charakteristische Denkweisen wie die Übertragung ökonomischer Kategorien auf die Ethik, die Annahme der beliebigen Kommensurabilität von Werten, die subjektivistische Werttheorie und die Nicht-Anerkennung von Ganzheiten als eigenständigen Wertträgern ab. Im Gegenzug dazu argumentiert der vorliegende Beitrag für die Notwendigkeit einer Annäherung zwischen ökologischer Ethik und Utilitarismus in methodischer Hinsicht und für die Anerkenntnis des Bestehens großer Überlappungsbereiche zwischen utilitaristischen und ökozentrischen Wertannahmen, wie es innerhalb der ökologischen Ethik u. a. von Bryan Nortons »Konvergenzhypothese« behauptet wird. Gleichzeitig wird vor einem allzu utilitaristischen, d. h. zweckbezogenen Umgang mit umweltethischen Argumenten gewarnt.

1. Einleitung

Den historischen Begründern des Utilitarismus kann man nicht den Vorwurf machen, der heute vielfach der abendländischen Tradition der philosophischen Ethik gemacht wird: daß sie sich spät – allzu spät – den Belangen des Umwelt-, Tier- und Naturschutzes geöffnet hat. Die utilitaristischen

»Klassiker« haben in dieser Hinsicht eher eine Pionierrolle übernommen. Jeremy Bentham hat als einer der ersten die moralische Berücksichtigungswürdigkeit der empfindungsfähigen Tiere gegen die in unserem Kulturraum dominierende rein anthropozentrische Ethik zur Geltung gebracht; John Stuart Mill hat – im Dienste des langfristigen Naturerhalts – nicht weniger als ein »Nullwachstum« von Wirtschaft und Bevölkerung gefordert; und Henry Sidgwick hat als erster in einer langen Reihe utilitaristischer Philosophen-Ökonomen Kritik an der in wirtschaftspolitischen Planungen üblichen »Zukunfts-Diskontierung« geübt, die gegenwärtige Nutznießer gegenüber zukünftigen einseitig bevorzugt.

Dennoch schließen sich für viele in der Ökologiebewegung Engagierte und insbesondere für die meisten »ökologischen Ethiker« – bis auf wenige Ausnahmen (vgl. Wolf 1990) – ökologische Ethik und Utilitarismus wechselseitig aus, teilweise bereits aus *begrifflichen* Gründen. Für viele ist »ökologische Ethik« per definitionem eine »neue Ethik«, die wesentlich durch den Übergang von dem herkömmlich *anthropozentrischen* zu einem *biozentrischen* (oder »*ökozentrischen*«) Denken gekennzeichnet ist, in dem nichtmenschlichen Lebewesen, Biotopen, Ökosystemen, Tier- und Pflanzenarten und der Biosphäre als ganzer Selbstzweckcharakter, »Eigenwert« oder der Status eines (moralischen und/oder juridischen) Rechtssubjekts zugesprochen wird. Aber auch wenn sie nicht so weit gehen, zwischen ökologischer Ethik und Utilitarismus eine *begriffliche* Unvereinbarkeit zu konstruieren, so vertreten doch nahezu alle prominenten Autoren der ökologischen Ethik axiologische (werttheoretische) und normative (pflichttheoretische) Positionen, die mit dem Utilitarismus unvereinbar sind, und finden damit die insgesamt größere emotionale – wenn auch nicht immer die größere intellektuelle – Akzeptanz (vgl. Hargrove 1992, S. XI). Aus dieser Perspektive erscheint die Einbeziehung der empfindungsfähigen Tiere im Utilitarismus kaum mehr als eine marginale und letztlich zu vernachlässigende Korrektur des herkömmlichen Anthropozentrismus. Und in der Tat scheint sich die Stärke des Utilitarismus, neben den von unserem Handeln und Unterlassen betroffenen Menschen auch die davon betroffenen empfindungsfähigen Tiere zu berücksichtigen, zu verflüchtigen, sobald es nicht um das Leiden individueller Tiere, sondern um die Erhaltung des Bestands ganzer Tier- (und Pflanzen-)Arten, von Ökosystemen und Landschaften geht und der Utilitarist auf dieselben anthropozentrischen Begründungen verwiesen ist, auf die sich auch die herkömmlichen ethischen Ansätze beschränken.

Unüberbrückbar erscheint die Kluft zwischen Utilitarismus und ökologischer Ethik bereits in der ethischen Methodik. Der Utilitarismus strebt nach einer umfassenden *Rationalisierung* des ethischen Urteils, insbesondere dadurch, daß er Einzelfallbeurteilungen statt von vortheoretischen individuellen »Intuitionen« von einem so weit wie möglich objektivier- und nachprüfbaren Folgenkalkül abhängig macht. Im Gegensatz dazu hat sich die ökologische Ethik gerade der letzten Jahre immer unmißverständlicher in Richtung eines »ethischen Sentimentalismus« entwickelt, nach dem »Intuitionen«, Gefühle und spontane Reaktionen über ihre (auch vom Utilitarismus geschätzte) heuristische Bedeutung hinaus an die Stelle nüchterner Folgenabschätzungen treten und einen unmittelbaren Zugang zur ethischen Wahrheit eröffnen sollen. Ihre extremste Ausprägung hat diese Tendenz in der durch die Namen NAESS, DEVALL und SESSIONS bezeichneten »Tiefenökologie« (vgl. Devall 1997) gefunden, die es sich zum Programm gemacht hat, die expressiv-mimetische Funktion der ökologischen Ethik gegenüber ihrer argumentativen Funktion aufzuwerten und zum Teil auf Diskursivität ganz zu verzichten. Ähnlich wie die Naturphilosophie der deutschen Romantik will sie Vollzug jenes »unfolding of life« (Naess 1989, S. 91) sein, das sie für die Natur einklagt, und auf diese Weise Form und Inhalt der Philosophie zur Deckung bringen. Dem entspricht die weitgehend narrative und biographische Anlage der meisten tiefenökologischen Beiträge: Der Leser wird nicht mehr überzeugt, sondern »eingeladen«, die Bewertungen des jeweiligen Autors zu teilen – im Sinne des von dem Ökoethiker Rolston (1997, S. 244) zustimmend zitierten Satzes des Aristoteles, nach dem »das Urteil in der Wahrnehmung« liegt.

Ein weiterer methodischer Gegensatz liegt darin, daß der Utilitarismus charakteristischerweise *ökonomische* Denkkategorien in die Ethik einführt, während sich die ökologische Ethik von diesen gerade absetzt. Wesentlich für den Utilitarismus ist die Annahme, daß alle Werte miteinander kommensurabel sind (wenn auch nicht notwendig auf der Basis von Geldwerten) und daß unterschiedliche – materielle und immaterielle – Bedürfnisbefriedigungen idealiter zu einem zu maximierenden »Gesamtnutzen« verrechnet werden können. Charakteristisch für die ökologische Ethik ist dagegen die Betonung des Denkens in absoluten Wertqualitäten und ein entsprechender Vorbehalt gegen ein »Verrechnen« sowohl von Naturwerten gegen zivilisatorische Werte als auch von Naturwerten gegen Naturwerte: »Wird es dazu kommen, daß wir eines Tages zwischen dem Großen Dikkicht von Texas und dem Palo Verde Canyon auf der Grundlage von Punktwerten wählen müssen? Die Notwendigkeit, eine bestimmte Lebensgemeinschaft oder Art zu schützen, muß unabhängig von der Notwendigkeit beurteilt werden, irgendetwas anderes zu erhalten« (Ehrenfeld 1997, S. 168).

Ein weiterer grundlegender Differenzpunkt ist das in der ökologischen Ethik allenthalben anzutreffende Pathos der »Natürlichkeit«: Anthropogene Degenerationsprozesse in der Natur werden überwiegend negativ, naturgegebene auch bei gleicher Folgenqualität überwiegend positiv bewertet. Der Utilitarismus macht dagegen zwischen handelndem Eingreifen und Gewährenlassen der Natur in dieser

Hinsicht keinen ethischen Unterschied. Wenn eine Verpflichtung besteht, biologische Arten nicht auszurotten, dann besteht auch (vorbehaltlich übermäßigen Aufwands) eine Verpflichtung, natürliches Artensterben zu verhindern. Daß etwas »von Natur aus« geschieht, verleiht ihm keine wie immer geartete höhere Dignität. Seit seinen Anfängen ist es für den Utilitarismus kennzeichnend, daß er vor dem Seienden als solchen keinen Respekt hat – vor der Natürlichkeit der Natur ebensowenig wie vor dem Gang der Geschichte oder den historisch zufällig so und nicht anders gewordenen gesellschaftlichen Institutionen.

Die entscheidende *inhaltliche* Differenz liegt in der subjektivistischen, mit einer Anerkennung von »Eigenwerten« der Natur prinzipiell unvereinbaren utilitaristischen Axiologie. Für den Utilitaristen sind Werte begründet in Präferenzen. Ein Merkmal der Natur hat danach Wert nur insoweit, als es von einem (menschlichen oder tierischen) Bewußtsein als wertvoll *empfunden* wird. Nach der in der ökologischen Ethik überwiegend vertretenen Axiologie hat dagegen die Natur als ganze oder bestimmte ihrer Teilsysteme einen Wert unabhängig davon, ob es (menschliche oder tierische) Subjekte gibt, die sie oder ihre Teilsysteme positiv bewerten.[1] Genau hierin sehen die meisten ökologischen Ethiker die *differentia specifica* ihres Neuansatzes. Und für die meisten ist diese theoretische Innovation die entscheidende Bedingung für einen wirksamen Naturschutz: »Es gibt keinen echten Schutz für die Natur innerhalb des humanistischen Systems – schon die Idee ist in sich widersprüchlich« (Ehrenfeld 1997, S. 166).

2. Die Plausibilität einer utilitaristischen Basis

Man könnte sich mit dem Gegensatz von Utilitarismus und ökologischer Ethik zufriedengeben und feststellen, daß beide offenbar nicht zueinander kommen können. Dieser

Schluß wäre jedoch aus mindestens zwei Gründen voreilig. Erstens ist nicht ausgemacht, daß entgegen dem ersten Eindruck und dem vorherrschenden Verständnis es nicht doch eine Konvergenz zwischen utilitaristisch-anthropozentrischen und ökozentrischen Konzeptionen des Arten- und Landschaftsschutzes gibt (*Konvergenzhypothese*). Zweitens wäre eine Nicht-Konvergenz von Utilitarismus und ökologischer Ethik m. E. ein Problem nicht so sehr für den Utilitarismus als vielmehr für die ökologische Ethik. Denn es gibt Gründe, aus denen ein utilitaristisches Fundament der Ethik als ein besonders verläßliches und sicheres Fundament gelten muß.

Diese Gründe haben etwas mit dem für moralische Forderungen charakteristischen Anspruch auf Allgemeingültigkeit zu tun. Nicht nur moralische Normen (Handlungs- und Unterlassungsnormen), sondern auch die Wertannahmen, durch die diese begründet werden, erheben den Anspruch, von im Prinzip jedermann verstanden, eingesehen und akzeptiert zu werden. Nicht nur auf der Ebene der Normen, sondern bereits auf der Ebene der Werte (der Aussagen darüber, welche Güter erstrebenswert sind) besteht der *moral point of view* darin, aus einer überparteilichen und überpersönlichen Sicht zu urteilen, in der die unterschiedlichen interessen- und sympathiebedingten Einzelperspektiven gleichermaßen repräsentiert sind. Nur deshalb, weil wir, wenn wir moralisch urteilen, von einem solchen überpersönlichen Standpunkt urteilen, sind wir legitimiert, jedem anderen unser eigenes moralisches Urteil »anzusinnen« und die Forderung, daß der andere mit unserem Urteil übereinstimmt und entsprechend handelt, mehr sein zu lassen als Suggestion, autoritäre Geste oder Ausübung von Macht. Wer einen Sachverhalt für an sich gut und erstrebenswert beurteilt, sagt damit nicht, daß er ihn persönlich will, erstrebt oder eine wie immer geartete persönliche Vorliebe für ihn hat. Er sagt auch nicht, daß er ihn, gegen eine vorhandene Abneigung, erstreben oder schätzen sollte, weil es in seinem langfristigen Interesse (z. B. im Interesse seiner Gesundheit) liegt, ihn zu erstreben oder zu schätzen. Sondern er sagt, wie immer subjektiv gefärbt sein Urteil im einzelnen auch sein mag, daß er objektiv und kategorisch gut und erstrebenswert ist, gleichgültig, ob es mit seinem Interesse oder den Interessen bestimmter anderer zusammenstimmt. Zwar manifestiert sich auch in der axiologischen Bewertung eines Sachverhalts ein Interesse. Aber dieses Interesse ist in demselben Sinne »interesselos« wie das ästhetische Urteil nach der Theorie des »interesselosen Wohlgefallens«: Es ist Ausdruck nicht der konkreten eigenen Interessen, sondern eines überpersönlichen, von der eigenen konkreten Betroffenheit absehenden, verallgemeinerten Interesses.

Vieles spricht dafür, daß es nur einen Wert gibt, für den dieser Anspruch auf Allgemeingültigkeit zu Recht besteht, nämlich der Wert des Erlebens von subjektiv als positiv bewerteten Bewußtseinszuständen. Daß es grundsätzlich besser ist, daß jemand sich – seiner eigenen Einschätzung nach – besser als schlechter fühlt, ist eine elementare Wertannahme, die allen axiologischen Systemen in Vergangenheit und Gegenwart – ungeachtet ihrer sonstigen Differenzen – zugeschrieben werden kann. Während über den intrinsischen Wert von Tugend, Würde, Gerechtigkeit, Harmonie und Schönheit ein unauflöslicher Dissens besteht, ist die Annahme, daß das, was ein Subjekt an sich selbst und unabhängig von den Folgen als positiven Bewußtseinszustand empfindet, deshalb auch objektiv etwas Positives ist, gemeinsamer Besitz aller jemals vorgeschlagenen Axiologien.

Wenn das so ist – das soll hier nicht dogmatisch behauptet, aber zumindest plausibel gemacht werden –, läßt sich nur diese *abstrakte* und *minimalistische* Axiologie als ethisch relevant rechtfertigen. In einer solchen minimalistischen Axiologie kommen die von der ökologischen Ethik geforderten präferenzunabhängigen Eigenwerte der Natur aber gerade *nicht* vor. Zwar spricht nichts dagegen, in kon-

struktiver, rekonstruktiver oder heuristischer Absicht reich-
haltigere Axiologien zu entwickeln. Diese kann jedoch nicht
dieselben Verbindlichkeitsansprüche erheben. Sie explizie-
ren bestimmte axiologische Sichtweisen, verfügen aber über
keine Gründe oder Prinzipien, die auch diejenigen, die anderer Meinung sind, überzeugen können.

3. Divergenz oder Konvergenz?

Heißt das, daß sich die ökologische Ethik dem utilitaristi-
schen Paradigma annähern muß und nicht umgekehrt? –
Zumindest was die *methodischen* Differenzen zwischen
Utilitarismus und ökologischer Ethik anbelangt, sehe ich –
bei aller Sympathie für »ökologische Vielfalt« auch in der
Ethik – in der Tat einen gewissen Anpassungszwang: Die
Rationalität, die die utilitaristische Ethik auszeichnet, ist
auch für die ökologische Ethik unverzichtbar. Aufgabe der
Ethik kann nicht die narrative Darstellung und appellative
Verkündigung eines bestimmten moralischen Bekenntnisses
sein. Ethik ist vielmehr primär auf Argumentation und Begründung aus. Nur so, durch die Berufung auf die Vernunft,
ist die Beliebigkeit und Pluralität der individuellen Wertungen in Richtung eines begründeten Konsenses zu überwinden. Dieses Ziel eines begründeten Konsenses ist als regula-
tive Leitidee der Ethik jedoch schon deshalb unverzichtbar,
weil ein Anspruch auf Allgemeingültigkeit bereits in die Se-
mantik moralischer Aussagen »eingebaut« ist.

Noch in einer anderen Hinsicht kommt die ökologische
Ethik nicht daran vorbei, sich dem utilitaristischen Paradigma anzunähern – der Bereitschaft, ein gewisses Maß
»ökonomischer« Rationalität auch in der Ethik anzuerkennen. Keine Ethik kann auf *Güterabwägungen* verzichten –
auch eine Ethik nicht, die absolute Werte oder Gebote gelten läßt, da nicht auszuschließen ist, daß auch absolute
Werte oder Gebote kollidieren. Mag man auch den Wert des

menschlichen Lebens für unendlich oder die Wahrung der Menschenwürde für absolut vorrangig halten, bleibt es dem Ethiker dennoch nicht erspart, Kriterien für Situationen zu formulieren, in denen Leben gegen Leben oder Menschenwürde gegen Menschenwürde abgewogen werden muß. Naturschutzethiker erwecken des öfteren den Eindruck, sie könnten auf Güterabwägungen gänzlich verzichten, da Naturwerte ohnehin vor »humanistischen« Werten rangierten. Aber weder können sie ausschließen, daß auch Naturwerte miteinander in Konflikt kommen (z. B. Naturschutz- mit Tierschutzzielen, etwa wenn zur Vermeidung von übermäßigem Verbiß auf Winterfütterung verzichtet wird), noch kann man ihnen ernstlich unterstellen, daß sie Naturwerte in *jedem einzelnen Fall* vorgehen lassen wollen. Falls die Nutzbarmachung einer bisher unbewirtschafteten Fläche Menschen vor dem Hunger bewahrt, während die Erhaltung ausschließlich die sublimen Bedürfnisse einer kleinen Elite befriedigt, dürfte es auch für sie moralisch eine offene Frage sein, ob die Erhaltung Vorrang vor der Nutzung haben darf (vgl. McCloskey 1983, S. 36).

Um Güterabwägungen möglichst *umsichtig* und *systematisch* (unter Berücksichtigung *aller* in einer Entscheidungssituation betroffenen Werte) zu treffen, wird auch der ökologische Ethiker auf komparativ-quantitative Verfahren nicht verzichten können, wenn auch nicht notwendig in Form umfassender Monetarisierung. An quantitativ-ökonomischen Kategorien führt schlicht kein Weg vorbei: Jeder Wertkonflikt kann – unter ökonomischem Blickwinkel – als moralische *Nutzungskonkurrenz* aufgefaßt werden, jede moralische Konfliktlösung als eine *Allokation* moralischer Ressourcen nach bestimmten Optimierungsgesichtspunkten. Auch eine Ethik, die ihre Normen auf dem Begriff der *moralischen Rechte* aufbaut, kommt nicht umhin, quantitativen Abstufungen Raum zu geben, z. B. so, daß die Verletzung einer größeren Zahl von Rechten oder die Verletzung eines bestimmten Rechts bei mehr Personen bedenklicher ist als die Verletzung einer kleineren Zahl von Rechten bzw. die Verletzung eines Rechts bei weniger Personen. Zwar gilt für den Ethiker wie für den Richter: »judex non calculat«. Aber ein förmliches »Kalkulieren« ist von den nach-Benthamitischen Vertretern des Utilitarismus schon aus praktischen Erwägungen nicht mehr gefordert worden. Was das utilitaristische Ideal des Kalküls erfordert, ist nichts anderes als eine möglichst umfassende, systematische und dem jeweiligen axiologischen Gewicht der betroffenen positiven und negativen Güter gerecht werdende Folgenabwägung. So verstanden ist das »Kalkulieren« überhaupt keine spezifisch utilitaristische, sondern eine Forderung, die für alle ethischen Systeme gilt, die ihre Normsetzung in irgendeiner Weise (und nicht notwendig ausschließlich) an den Handlungsfolgen orientieren.

Eine weitere Hinsicht, in der sich die ökologische Ethik dem für den Utilitarismus charakteristischen ökonomischen Denkhabitus verweigert, betrifft die Frage der *Ersetzbarkeit*. Während für den Ökonomen alle Waren und Dienstleistungen qua Geldwert und für den Utilitaristen alle Güter und Werte qua Nutzenwert durcheinander ersetzbar sind, ist es für die ökologische Ethik charakteristisch, die prinzipielle Unersetzbarkeit der einzelnen Biotope, Ökosysteme und biologischen Arten zu behaupten und auf diese Weise zu sehr viel strengeren Erhaltungsforderungen zu kommen: »Jede Art ist«, wie der als Soziobiologe bekannt gewordene Zoologe Edward Wilson (1995, S. 33) formuliert, »ein Meisterwerk der Evolution und unersetzlich«.

Was aber heißt »Unersetzlichkeit« genau, sieht man einmal von der rhetorisch-emphatischen Funktion dieser Redeweise ab? Strenggenommen ist die Rede von Unersetzlichkeit jeder einzelnen Art in dieser Allgemeinheit entweder trivial oder falsch. Wird »unersetzlich« so verstanden, daß ein Individuum oder eine Art *einzigartig* ist, dann ist nahezu *nichts* durch anderes ersetzbar. Wie bereits Leibniz feststellte, sind keine zwei Blätter ein und desselben Baumes vollständig gleich. Nichttrivial ist die Rede von »Ersetzbarkeit« immer nur in bezug auf bestimmte Hinsichten, Merkmale oder Funktionen. Und in diesem Sinne ist es fraglich, ob zwischen Individuen und Arten nicht doch ein großes Maß an Ersetzbarkeit besteht. Auch der ökozentrische Ökoethiker muß ein großes Maß von Ersetzbarkeit zulassen – z. B. die Ersetzbarkeit einer weniger ästhetischen, interessanten, ökologisch bedeutsamen oder seltenen Art durch eine ästhetischere, interessantere, ökologisch bedeutsamere und seltenere. Diese Notwendigkeit ergibt sich schlicht aus der Tatsache, daß auch der Ökozentriker primär *Werte*, also *Eigenschaften* schützt und nur sekundär die individuellen Träger dieser Werteigenschaften. Solange aber *Werte* geschützt werden, ist ein Individuum A, das diesen Wert in geringerem Maße aufweist, auch im ökozentrischen Modell ersetzbar durch ein Individuum B, das diesen Wert in höherem Maße aufweist. Unersetzbarkeit gilt für individualisierte *Beziehungen* (wie Freundschaft und Liebe), nicht für *Bewertungen*. Solange A B ausschließlich wegen bestimmter *Eigenschaften* liebt, ist B auch für A durch C ersetzbar, der diese Eigenschaften in gleichem oder höherem Maße aufweist.

Soweit die *methodischen* Differenzen. Wie steht es aber mit dem zentralen *inhaltlichen* Dissens, dem Gegensatz zwischen anthropozentrisch-pathozentrischer und ökozentrischer Axiologie? Besteht die Behauptung der Vertreter der *Konvergenzhypothese* zu Recht, daß es sich auch hier um ein bloßes Oberflächenphänomen handelt, hinter dem sich eine letztlich identische Tiefenstruktur verbirgt?

Die Konvergenzhypothese läßt sich in drei Varianten vertreten, von denen die beiden ersten eher empirischer Natur sind und nur die letzte einer ausschließlich philosophisch-analytischen Behandlung zugänglich ist: die Hypothese der *Folgenkonvergenz*, die Hypothese der *Konvergenz der Praxisnormen* und die Hypothese der *Konvergenz von Eigenwerten und inhärenten Werten*.

Die Hypothese der *Folgenkonvergenz* besagt, daß die Geltung und Befolgung utilitaristischer und ökozentrischer umweltethischer Normen im großen und ganzen zu denselben Konsequenzen hinsichtlich Natur- und Landschaftsschutz führt, es mit Blick auf die Folgen also letztlich gleichgültig ist, ob man – im Geiste einer utilitaristischen Ethik – einer anthropozentrischen oder – im Geiste einer Naturethik – einer ökozentrischen Axiologie folgt.[2] Davon zu unterscheiden ist die Hypothese der *Konvergenz der Praxisnormen,* nach der utilitaristische und ökozentrische Basisprinzipien dieselben *Leitlinien* und *Handlungsanweisungen* für die konkrete Praxis implizieren, die Unterschiede sich also lediglich in den für diese gegebenen Begründungen zeigen. Auch nach dieser Hypothese läuft es in praxi auf dasselbe hinaus, ob man einer utilitaristischen oder einer ökozentrischen Grundnorm folgt. Am weitesten geht die *Hypothese der Konvergenz von Eigenwerten und inhärenten Werten,* nach der sich die beiden scheinbar polar verschiedenen Positionen bereits auf der Ebene der Axiologie zur Deckung bringen lassen, indem die von den Ökozentrikern als »Eigenwerte« postulierten Naturwerte aus utilitaristisch-anthropozentrischer Sicht als *inhärente* Werte rekonstruiert werden und damit zumindest inhaltlich – wenn auch nicht ihrem Status nach – übereinstimmen.

4. Instrumentelle Naturwerte

Ein gewichtiger Grund, die Konvergenzhypothese in ihren ersten beiden Varianten zu bejahen, ist die zwischen Utilitaristen und Ökozentrikern bestehende große Übereinstimmung hinsichtlich des *instrumentellen* Werts von Arten, Biotopen, Landschaften und anderen Naturbestandteilen. Auch wenn für den Ökozentriker die Natur nicht *ausschließlich* Ressource ist, so ist sie für ihn doch *auch* Ressource, und für beide, den Ökozentriker wie den Utilitaristen, beschränkt sich der instrumentelle Wert der Natur nicht auf ihren gegenwärtig sichtbaren Nutzen, sondern schließt ihren gesamten möglichen bzw. wahrscheinlichen zukünftigen Nutzen ein. Für beide gilt: Ressourcen sind nicht, sie *werden* (Bishop 1980, S. 208). Eine heutige Nicht-Ressource kann Ressource werden (und umgekehrt) durch Veränderungen in den menschlichen Bedürfnissen, im ästhetischen Geschmack, im Stand von Wissenschaft und Technik und im Zuge der Erschöpfung anderweitiger Ressourcen.

Das betrifft vor allem den *wirtschaftlichen* Wert der Natur als (potentieller) Rohstoff für Nahrungsmittel, Genußmittel, Textilien und andere Produkte. Heute vom Aussterben bedrohte Arten könnten für eine zukünftige Menschheit von erheblicher wirtschaftlicher Bedeutung sein. Die Überlegung, daß nur ein kleiner Teil der biologischen Arten auf ihre mögliche Tauglichkeit zu menschlichen Zwecken untersucht sind, sowie eine Vielzahl von anekdotischen Belegen über beiläufig entdeckte Nützlichkeiten sprechen dafür, daß die Schätze der Natur auch heute noch lange nicht gehoben sind. Ähnliches gilt für den Wert natürlicher Stoffe als (potentielle) *medizinische* Hilfsmittel. So ist etwa das Ressourcenpotential der Insekten als Quelle von chemischen Substanzen bisher noch kaum untersucht (Ehrenfeld 1997, S. 141 f.).

Instrumentellen Wert haben biologische Arten, Biotope und Ökosysteme aber auch als Mittel und Grundlage des menschlichen *Erkenntnisfortschritts*, als *Bildungswert* und als *Ressource menschlicher Regeneration*. Wichtige Erkenntnisse sind vielfach im Zusammenhang mit dem Studium anderweitig völlig unbedeutender und unauffälliger Arten erzielt worden. Darüber hinaus dient eine unzerstörte oder wiederhergestellte Natur als Museum ihrer selbst, als Dokumentation ihrer Geschichte, bis zum »Biotop-Zoo«. Die schöne und erhabene Natur ist darüber hinaus mit der Expansion der Städte für den Menschen eine immer wichtigere

Erholungsressource geworden. Naturschönheit sollte – mit Gernot Böhme (1989, S. 46 ff.) – als eine Art *Nahrung* aufgefaßt werden, die dem Menschen bekommt, die ihn frei durchatmen und gut schlafen läßt. Gerade die Erfahrung der Unfunktionalität und Selbstgenügsamkeit der Natur ist etwas höchst Funktionales, auf das der moderne Mensch dringend angewiesen ist.

Unbestritten ist weiterhin die *ökologische* Bedeutung einzelner Arten und Biotope, teils als *Indikatoren* etwa für anderweitig nicht erfaßbare Umweltbelastungen, teils als *Systemelemente* in einem Netz komplexer ökologischer Wechselwirkungen. Auch eine heute »funktionslose« Art könnte demnächst als Indikator für einen neuen Schadstoff oder als Glied eines evoluierenden Ökosystems wichtig werden. Auf ein ganz »uninteressantes« Unkraut kann eine Vielzahl durchaus interessanter Tierarten als Nahrungsbasis spezialisiert sein, so daß der Verlust einer einzigen »uninteressanten« Art den Verlust vieler »interessanter« nach sich zieht. In einer Art »Spiral«effekt könnte es sogar zu einer für die Lebensgrundlagen des Menschen bedrohlichen Eskalation des Aussterbens kommen.

Dies und die Tatsache, daß der Verlust einer biologischen Art bis auf weiteres streng *irreversibel* ist, ist nicht nur für den Ökozentriker, sondern auch für den Utilitaristen ein überzeugender Grund, in der Praxis dem Prinzip des *Safe Minimum Standard* zu folgen und alle Arten in lebensfähigen Populationen zu erhalten, solange die dafür aufzubringenden Kosten und Nutzungsverzichte nicht prohibitiv sind.

Damit haben wir jedoch allenfalls eine Teilantwort auf die Konvergenzfrage. Neben dem *instrumentellen* steht für den Ökozentriker der *intrinsische* Wert der Natur, und das Ausmaß der Konvergenz hängt wesentlich davon ab, ob und wieweit sich diese »Eigenwerte« im anthropozentrischen Rahmen als »inhärente Werte« auffassen lassen.

5. Inhärente Naturwerte

»Inhärenter Wert« wird hier im Sinne von C. I. Lewis (vgl. Frankena 1979, S. 13) als Begriff *innerhalb* des anthropozentrischen Denkrahmens verstanden und zwar als Gegenbegriff zum »instrumentellen Wert«[3]: Danach besitzen Naturbestandteile wie tierische und pflanzliche Individuen, Biotope, Ökosysteme und biologische Arten *instrumentellen Wert* als *kausale Bedingungen* bestimmter intrinsisch wertvoller Zustände wie Gesundheit, Sicherheit, Wohlbefinden und Wahlfreiheit. *Inhärenten Wert* besitzen Naturbestandteile dagegen als *Gegenstände* intrinsisch wertvoller Zustände, z. B. als Gegenstände ästhetischer, religiöser oder metaphysischer Kontemplation. Inhärenter Wert ist an die Subjektivität des bewertenden Subjekts gebunden. Einem Objekt kommt inhärenter Wert nur insofern zu, als er Gegenstand für ein Subjekt wird. Daß er diesen Wert hat, hängt wesentlich von der Empfänglichkeit des bewertenden Subjekts ab. Die Konvergenzhypothese in ihrer stärksten Form besagt, daß sämtliche von den Ökozentrikern behaupteten »Eigenwerte« der Natur als »inhärente Werte« in diesem Sinn rekonstruiert werden können und als solche auch von einer utilitaristischen Ethik berücksichtigt werden müssen.

Für einige Arten von Eigenwerten, etwa für die ästhetischen, scheint dies nachgerade evident. Die Schönheit, die uns in der Natur begegnet, sei es in der ursprünglichen des Urwalds, sei es in der hergestellten des Parks, lebt daraus, daß sie die Züge des Gewachsenen und menschenunabhängig Gewordenen trägt. Naturschönheit ist die Schönheit des in sich Ruhenden, dessen, was seinen Zweck und seine Vollendung in sich hat. Das ändert jedoch nichts daran, daß Schönheit von unserer spezifischen Empfindungsfähigkeit – als Gattung wie als Individuen – abhängt. Wenn etwa Rolston meint: »Selbst wenn man Philosophie studiert hat, bedarf es beträchtlicher Anstrengung, die Idee zu akzeptieren, daß die Schönheit eines Sonnenuntergangs nur im Auge des Betrachters sein soll. [...] Es ist die autonome Andersheit des natürlichen Ausdrucks von Wert, die wir lieben lernen, und diese Integrität würde nichtig, wenn sie insgeheim unseres Zutuns bedürfte« (Rolston 1986, S. 44), so ist das bestenfalls naiver Realismus. Die Werteigenschaften von Naturobjekten sind nicht »ohne unser Zutun« zu haben – wie wir sofort feststellen, wenn wir in einer depressiven Phase dieselbe Natur, die uns ansonsten begeistert und berauscht, als ebenso fade empfinden wie die Zivilisation. Auch ist zu erwarten, daß Tiere mit ihren zum Teil abweichenden Wahrnehmungsapparaten – soweit sie zu einer ästhetischen Bewertung fähig sind – zu ganz anderen Wertzuschreibungen gelangen als der Mensch. In puncto Naturschönheit kommt nur ein kritischer Realismus in Frage, und als kritische Realisten können wir der Natur lediglich die unsere ästhetischen Reaktionen auslösenden Potenzen oder Dispositionen zuschreiben (vgl. Sprigge 1997, S. 66).

Noch offensichtlicher ist die Subjektabhängigkeit der Werteigenschaften, um derentwillen wir die Natur schützen, wo Naturschutz Züge des Heimatschutzes annimmt. Hier geht es nicht darum, die Natur »an sich« zu schützen, sondern die Natur in einer historisch gewordenen und kulturell definierten Gestalt, die uns das Gefühl der Vertrautheit und Heimatlichkeit gibt. Individuelle Naturbilder hängen dabei wiederum von kollektiven Erfahrungen und Leitvorstellungen ab, die durch Erziehung, Kunst, Literatur und Alltagssymbolik tradiert werden (vgl. Nohl 1988, S. 47) – wie ja auch zahlreiche biologische Arten wesentlich um ihrer symbolischen Wertigkeiten als schützenswert gelten, etwa Delphin, Pferd, Nachtigall, Adler.

Daß auch der besonders in der nordamerikanischen Ökoethik betonte Wert der *Unberührtheit* und *Ursprünglichkeit* natürlicher Lebensgemeinschaften in eine anthropozentrisch-utilitaristische Umweltethik integriert werden kann, wird bereits dadurch nahegelegt, daß sich zahlreiche ökolo-

gische Ethiker in diesem Zusammenhang in der Tat primär
auf *anthropozentrische* Argumente berufen. So schrieb etwa
René Dubos in den siebziger Jahren: »Die Schonung der
Wildnis ist kein Luxus. Es ist eine Notwendigkeit zur Rettung der humanisierten Natur und für die Erhaltung geistiger Gesundheit (mental health). Wir müssen Kontakt halten
mit der Wildnis und einer möglichst großen Vielfalt natürlicher Bildungen. Der Wert von Nationalparks erschöpft sich
nicht in ihrem ökonomisch meßbaren Wert.« (Dubos 1974,
S. 129) Und ähnlich anthropozentrisch argumentiert Rolston in den Achtzigern: »Ich halte das Leben für moralisch
verkümmert, wenn der Respekt für die natürliche Wildnis
und deren Wertschätzung fehlen. Niemand hat die volle Bedeutung dessen verstanden, was es heißt, moralisch zu sein,
wenn er nicht gelernt hat, die Integrität und den Wert der
Dinge, die wir wild nennen, zu respektieren« (Rolston
1997, S. 273).

Man mag sich fragen, ob die Erfahrung der wilden Natur
im wörtlichen Sinne *lebenswichtig* ist – vor allem angesichts
der Seltenheit wilder Natur in Mitteleuropa. Aber wer das
Glück hatte, wirklich wilder Natur zu begegnen, bei dem
wird diese Begegnung eine nachhaltige Wirkung hinterlas-
sen haben. Was diese Begegnung vermittelt, ist das Erlebnis
der Gleichzeitigkeit von Andersheit und Vertrautheit, das
auch in der erotischen Anziehung eine wichtige Rolle spielt:
Die Natur ist das »ganz andere«, mit der wir – und vor allem der Großstadtmensch – dennoch eine tiefe Verwandt-
schaft spüren. Die Natur mit ihrer Freiheit, ihrem Frieden,
aber auch ihrer Spontaneität und Wildheit ist die Gegenwelt
zur Zivilisation mit ihrer Durchrationalisierung, Einengung
und Hektik. Die Wahrnehmungswelt der Stadt ist zerebral,
kontrolliert, geradlinig, konstruiert; die Wahrnehmungswelt der Natur ist unregelmäßig, leiblich, spontan. Dadurch
wirkt sie als Katalysator für das Naturhafte in uns selbst
und als Brücke zum kreativen Potential des eigenen Unbe-
wußten. Um es mit einer paradoxerweise technischen Meta-

pher von Holmes Rolston zu sagen: Die Begegnung mit der Natur macht uns *leitfähig* für die Natur in uns.

Freilich kommt es aus der Perspektive des Utilitarismus letztlich nicht darauf an, ob die wahrgenommene Wildheit der Natur in dem Sinne unberührt oder ursprünglich ist, daß sie faktisch bis dato von keiner Menschenhand berührt worden ist. Für den axiologischen Subjektivisten kommt es nicht auf *historische*, sondern auf die *phänomenale* Ursprünglichkeit an, darauf, daß Natur (z. B. ein seit langem unbewirtschaftet gelassener Wald) als ursprünglich *erlebt* wird – wenn auch nur so lange, wie das Wissen, daß ein Stück Natur ein Paradies nicht aus erster, sondern aus zweiter Hand ist, mit diesem Erleben nicht allzusehr interferiert.[4]

Selbst der hohe Wert, den die meisten ökozentrischen Ethiker der puren *Existenz* von Naturbestandteilen zuschreiben, läßt sich – jedenfalls bis zu einem gewissen Grade – utilitaristisch rechtfertigen, nämlich mit dem Hinweis auf die große subjektive Bedeutung, die der Verhinderung eines irreversiblen Verlusts an Arten, Biotopen und Ökosystemen in den Augen vieler Menschen zukommt. Das ist insofern nicht ohne Paradoxie, als der überragende Wert, den seine Vertreter der puren Existenz bestimmter Naturobjekte unabhängig von allen etwaigen Qualitäten oder Funktionen zuschreiben, gerade eines der spezifischen Merkmale der ökozentrischen Naturschutzethik ausmacht. David Ehrenfeld hat sogar Aldo Leopold, den Pionier der amerikanischen Naturschutzethik, dafür kritisiert, daß er die Erhaltungswürdigkeit einer Art nicht kategorisch fordert, sondern·von ihren ökologischen Funktionen abhängig macht (vgl. Ehrenfeld 1997, S.149 f.).

Aber wie läßt sich selbst noch die Erhaltung einer möglicherweise völlig funktionslosen biologischen Art mit anthropozentrischen Argumenten rechtfertigen? Läuft das nicht auf einen glatten Widerspruch hinaus?

Auch hier ist die utilitaristische Ethik flexibler, als es zunächst scheint. Der »Nutzen«, den sie meint, ist definiert über die faktischen bzw. wahrscheinlichen Präferenzerfüllungen[5] menschlicher und anderer empfindungsfähiger Wesen, und deren Präferenzen sind, wie wir aus der Anthropologie wissen, keineswegs durchweg auf das naheliegend »Nützliche« im Sinne biologischer Grundbedürfnisse gerichtet, und um so weniger, je kultivierter sie sind. Die Berücksichtigungswürdigkeit menschlicher und tierischer Bedürfnisse richtet sich für den Utilitaristen nicht nach ihrem Gegenstand, sondern nach der subjektiven Bedeutung ihrer Befriedigung, und niemand zweifelt daran, daß ein ästhetisches, religiöses, intellektuelles oder auch ökologisches Bedürfnis ebenso intensiv gefühlt – und seine Befriedigung als ebenso bedeutsam erlebt – werden kann wie ein biologisches. Zu diesen gehört auch das Bedürfnis, irreversible Zerstörungen in der Natur zu vermeiden und zu verhindern – möglicherweise aus dem Gefühl heraus, daß es dem Menschen als evolutiv relativ spät Dazustoßendem nicht zusteht, das von ihm Vorgefundene nach seinen – im Vergleich zum Ganzen der Natur – »provinziellen« Maßstäben beliebig zu manipulieren. Daß Überzeugungen dieser Art weit verbreitet sind, legen vor allem die bisher zu ökologischen Werten durchgeführten Zahlungsbereitschaftsanalysen nahe. Danach hat der Wert der puren Existenz bestimmter Arten und Biotope einen erheblichen Anteil an der Wertschätzung der Natur – neben ihrem Erlebniswert und ihrem Optionswert (dem Wert des Offenhaltens einer möglichen späteren Nutzung) (vgl. Pommerehne 1987, S. 178). Daß diesen Bewertungen dezidiert nicht-anthropozentrische Überzeugungen und Gefühlshaltungen zugrunde liegen, heißt nicht, daß sie in einer anthropozentrischen Axiologie unbeachtet bleiben dürfen.

6. Unaufhebbare Differenzen

Insgesamt sind dies deutliche Hinweise auf die Berechtigung der Konvergenzhypothese selbst in ihrer dritten und stärksten Variante: Die von den Ökozentrikern für die Natur postulierten »Eigenwerte« lassen sich erfolgreich als »inhärente Werte« im Sinne der anthropozentrischen Umweltethik rekonstruieren. Das heißt nicht, daß damit alle Differenzen aufgehoben wären. Unterschiede bleiben im jeweiligen *Verständnis* der übereinstimmend anerkannten Werte und der ihnen zuerkannten *Priorität*.

Für eine ökozentrische Ethik sind Naturwerte *intrinsische* Werte (d. h. Werte, die unabhängig von ihren Wirkungen verwirklicht zu werden verdienen), für die Utilitaristen sind sie *extrinsische* Werte, deren Wertcharakter wesentlich von ihren Wirkungen auf den Menschen abhängt. Der Ökozentriker sieht die Werteigenschaften der Natur gewissermaßen aus der Binnenperspektive dessen, der die Natur als werthaft erlebt und primär der schönen Landschaft selbst und nicht dem Erlebnis ihres Anschauns Wert beimißt. Der Utilitarist und der Anthropozentriker sprechen primär dem Anschaun der schönen Landschaft Wert zu und erst sekundär der schönen Landschaft selbst. Auch wenn beide dieselben Werte anerkennen, nähern sie sich ihnen doch von verschiedenen Seiten.

Das hat Konsequenzen für das den gemeinsam anerkannten Naturwerten beigelegte Gewicht. Während der Ökozentriker frei ist, diesen Werten jede beliebige Priorität zuzuschreiben, ist der Utilitarist daran gebunden, diese Priorität nach intersubjektiv überprüfbaren Kriterien zu bemessen, darunter Kriterien wie *Seltenheit*, *Irreversibilität* und die für die Zukunft zu erwartende *Bedürfnisentwicklung*. Zwar ist Seltenheit kein Selbstwert: Daß etwas selten ist, impliziert nicht, daß es erhalten zu werden verdient (vgl. Krieger 1973, S. 449). Aber Seltenheit steigert die Dringlichkeit, mit der der Träger einer gegebenen natürlichen Werteigenschaft, falls diese irreversibel verlorenzugehen droht, erhalten zu werden verdient. Ebenso ist die Irreversibilität eines Vorgangs ein ethisch gewichtiger Parameter, insbesondere wenn der irreversible Verlust (wie der gegenwärtig rapide Verlust biologischer Arten) durch keine entsprechende Neubildung kompensiert wird (vgl. Birnbacher 1988, S. 70 ff.). Anders als für den Ökozentriker sind für den Utilitaristen aber vor allem auch prognostische Überlegungen relevant. Denn zu einem guten Teil ist sein Eintreten für den Naturerhalt von der Überlegung motiviert, daß mit zunehmendem materiellen Wohlstand, weiterem Bevölkerungswachstum und der damit einhergehenden Expansion zivilisatorischer Natureingriffe die Bedeutung der nicht-materiellen und insbesondere der ökologischen und ästhetischen Umweltfaktoren für die subjektive Lebensqualität auch in Zukunft überproportional zunehmen wird. Gerade die abzusehende weitere Verknappung der Naturwerte spricht dafür, daß das Bedürfnis nach der Bedürfnislosigkeit, Ruhe und Ganzheit der Natur in Zukunft noch intensiver gefühlt werden wird als heute. Ähnlich zukunftsorientiert wird der Utilitarist auch den Wert der *Vielfalt* begründen. Abgesehen davon, daß Vielfalt ein Moment der ästhetischen Qualität der Natur ist und die Möglichkeiten des Naturerlebens bereichert (vgl. Pimlott 1974, S. 41), spricht für die Erhaltung (und Schaffung) von Vielfalt auch, daß nicht alle dieselbe Art von Natur wertschätzen und daß wir heute nicht wissen, welche Art von Natur die in Zukunft Lebenden wertschätzen werden.

Die Orientierung vor allem an den Ansprüchen zukünftiger Generationen an die Natur läßt den Utilitaristen darüber hinaus im Vergleich zum Ökozentriker eine insgesamt sehr viel weniger konservative Umweltstrategie einschlagen. Während Ökozentriker gelegentlich so weit gehen, den gegebenen Naturgegenständen – um ihrer bloßen Existenz willen – ein nahezu uneingeschränktes Recht auf Fortexistenz zuzuschreiben[6] (und dies selbst dem von Ausrottung

bedrohten Pockenerreger *Variola* angedeihen zu lassen),
wird der Utilitarist die Ziele des Naturschutzes (es sei denn,
es gehe um die »museale« Erhaltung eines Objekts in seinem ursprünglichen oder historisch gewachsenen Status
quo) auch durch eine gezielte Neugestaltung der Natur zu
erreichen suchen: Neben der Erhaltung des Bestehenden
steht für den Utilitaristen gleichberechtigt die *Wiederher-
stellung* und *Bereicherung* der Natur.

7. Die funktionale Rechtfertigung ökologischer
Orientierungen und ihre Grenzen

Eine weitere wichtige Differenz zwischen ökozentrischer
Ökoethik und Utilitarismus ist die bei letzterem stärker
ausgeprägte Tendenz, handlungsleitende Überzeugungen
und Motive unter *funktionalem* Blickwinkel zu sehen.
Während Ökozentriker dazu neigen, ein für den Naturerhalt relevantes Verhalten nicht nur nach seinen Intentionen
und Chancen, sondern auch nach der moralischen Qualität
der dahinterstehenden Gesinnungen und Motive zu beurteilen, interessiert sich der Utilitarist – konsequent konse-
quentialistisch – primär für die Folgeaspekte des jeweiligen Verhaltens. Für ihn steht die Frage im Vordergrund,
ob das jeweilige Verhalten *richtig* ist (wobei sich die Richtigkeit nach den jeweils abzusehenden Folgen bemißt),
und nicht die Frage, ob das richtige Verhalten utilitaristischen oder deontologischen, religiösen oder areligiö-
sen, egoistischen oder altruistischen Überzeugungen ent-
springt. Solange ein Verhalten moralisch richtig (»pflicht-
gemäß«) ist, ist es dem Utilitaristen relativ gleichgültig,
ob diesem moralische Motive zugrunde liegen (es »aus
Pflicht« getan wird), vor allem wenn andere Motive (wie
der Eigennutz) verläßlicher sind und sich pädagogisch und
sozial durch entsprechende Anreizsysteme besser steuern
lassen. Anders als etwa für den Kantianer ist die Moral für

den Utilitaristen kein Selbstzweck, sondern – ambivalentes
– Mittel, das, in der richtigen Dosis genossen, von großem Nutzen, im Übermaß aber von Übel sein kann: Moralische Überforderung provoziert moralisch kontrapro-
duktive Verweigerungshaltungen, moralischer Fanatismus
verschafft noch den schlimmsten Übeltätern ein gutes Gewissen.

Die Pointe dieser Überlegung ist die Einsicht, daß der
Utilitarismus *sich selbst* im Wege stehen kann – daß die Befolgung utilitaristischer Grundsätze unvereinbar ist mit der
Erreichung der von ihm geforderten Ziele. Aus utilitaristischer Sicht ist es dann insgesamt besser, wenn nicht-utilita-
ristische Grundsätze befolgt werden. (Analog zur *suicidal
prediction* in der Prognostik könnte man hier von einer *suicidal prescription* sprechen.) Auf diese – utilitaristische –
Weise argumentieren Regelutilitaristen (wie R. B. Brandt)
für die Befolgung deontologischer Normen und utilitaristische Zwei-Ebenen-Theoretiker (wie R. M. Hare) für die Befolgung unabhängig emotional verankerter Praxisnormen.
Ähnlich hat Aldo Leopold für die Befolgung nicht-utilitari-
stischer Normen im Bereich des Naturschutzes argumentiert: Die Norm, die natürlichen Arten zu erhalten, würde
nicht hinreichend zuverlässig befolgt, würde sie lediglich
aus denjenigen utilitaristischen Gründen befolgt, durch
die sie letztlich gerechtfertigt wird. Insgesamt wäre es besser, wenn wir in der Praxis nicht-utilitaristischen (und
nicht-anthropozentrischen) Handlungsorientierungen folg-
ten (vgl. Birnbacher 1987).

Einer solchen *funktionalen* Rechtfertigung von nicht-utilitaristischen Orientierungen aus utilitaristischen Gründen
sind jedoch enge Grenzen gezogen. Die entscheidende
Grenze ist dabei die zwischen der – unproblematischen –
funktionalen Rechtfertigung von *Verhaltensnormen* und
-orientierungen einerseits und der – problematischen –
funktionalen Rechtfertigung von *Axiologien*, *Naturdeutungen* und *Weltbildern* andererseits.

Bei Sollenssätzen kann nicht sinnvoll von Wahr und Falsch gesprochen werden. Sie sind nicht wahr oder falsch, sondern berechtigt oder unberechtigt, und ihre Berechtigung kann durchaus auch in pragmatisch-funktionalen Rücksichten liegen. Bei Axiologien, Naturdeutungen und Weltbildern dagegen kommt eine funktionale Rechtfertigung leicht in Konflikt mit den für oder gegen diese Auffassungen sprechenden evaluativen und kognitiven Gründen und stellt dann nicht nur die Authentizität und Vertrauenswürdigkeit des entsprechenden Autors in Frage, sondern bringt diesen selbst in eine nachgerade paradoxe Lage.

Probleme dieser Art werden immer dann aufgeworfen, wenn ein Autor bestimmte axiologische oder weltanschauliche Positionen allein aus strategischen Gründen vertritt und etwa ökozentrische Wertorientierungen u. a. deshalb empfiehlt, weil sie das probate Mittel zur Erreichung bestimmter anthropozentrisch begründeter Schutzziele scheinen. So schreibt etwa Vittorio Hösle (1991, S. 71): »Die ökologische Krise verlangt eine Weiterführung, ja Korrektur der Kantischen Ethik. [...] Innerhalb der Kantischen Ontologie muß die empirische Welt der eigenen Dignität entbehren: das ist aber nicht das, was das Zeitalter der ökologischen Krise braucht.« Das, was wir *brauchen*, kann allenfalls über die Angemessenheit einer Maxime, Norm oder Regel entscheiden, nicht aber über die Überzeugungskraft einer Wertlehre, einer Weltsicht oder einer Ontologie. Der Öko-Ethiker, der aus einer strategischen Außenperspektive anderen die ökozentrische Binnenperspektive empfiehlt, macht sich eines Akts – wie immer wohlmeinender – pädagogischer Heuchelei schuldig und verstößt damit gegen eine elementare Regel intellektueller Redlichkeit. Dieser Verlust an intellektueller Glaubwürdigkeit wiegt aber nahezu immer schwerer als der praktische Nutzen (vgl. Passmore 1977, S. 436). Fallen Außen- und Binnenperspektive in einer Person zusammen, ergibt sich sogar ein logisches Paradox (vgl. Callicott 1989, S. 99): Man kann – im Sinne eines logischen

»kann« – eine Überzeugung nicht aus dem einzigen Grund annehmen, daß es sich strategisch empfiehlt, diese Überzeugung zu haben (vgl. Elster 1989, S. 7).

Die weniger problematische Alternative bestünde darin, deskriptive und axiologische »Hilfskonstruktionen« von vornherein als zweckdienliche Als-ob-Vorstellungen zu deklarieren. In diesem Sinne könnte man etwa die in der Ökoethik verbreitete personalisierende Redeweise von »Partnerschaft«, »Liebe«, »Frieden« und »Versöhnung« mit der Natur als hilfreiche Metapher auffassen, die bestimmte Verhaltensweisen gegenüber der Natur nahelegt, ohne dabei die Natur übergebührlich zu personifizieren, zu beseelen oder zu mystifizieren. Derartige Als-ob-Konstruktionen sind allerdings, wie Angelika Krebs (1993, S. 51) bemerkt hat, in mehreren Hinsichten unbefriedigend: Wer sie nicht durchschaut, wird sich selbst undurchsichtig. Wer sie als Als-ob durchschaut, erkennt ihre theoretische Unhaltbarkeit und läßt sich von ihnen auch nicht mehr motivieren. Wer andere mit Fiktionen motivieren will, die er nicht als solche deklariert, spielt entweder ein falsches Spiel oder (falls er sie deklariert) läßt sie unbeeindruckt. Darüber hinaus entwickeln Fiktionen vielfach – Vaihingers »Gesetz der Ideenverschiebung« (Vaihinger 1923, S. 138) folgend – eine Eigendynamik, die sie in wörtlich verstandene Vorstellungen umschlagen läßt und aus nützlichen Fiktionen verderbliche, weil die Glaubwürdigkeit der Intellektuellen untergrabende Dogmen macht.

Die insgesamt vorzugswürdigere Alternative wäre deshalb die, Handlungsanweisungen, Verhaltensmodelle und normative Orientierungen auf Zielvorstellungen wie Ressourcenschonung, langfristige Bestandssicherung, Erhaltung von Umweltqualität, Risikovermeidung, Artenschutz usw. zu beziehen und darauf zu verzichten, diese ihrerseits in kognitiv problematischen weltanschaulichen Setzungen zu »fundieren«.

Anmerkungen

1 Ein derartiger *axiologischer* Objektivismus sollte nicht (was die in der ökologischen Ethik verbreitete Redeweise von einem »Eigenwert« der Natur allerdings nahelegt) mit dem *metaethischen* Objektivismus verwechselt werden. Die Frage, auf die der *axiologische* Objektivismus antwortet, lautet: Was hat intrinsischen (folgenunabhängigen) Wert? Was ist intrinsisch wertvoll? Die Frage, auf die der *metaethische* Objektivismus antwortet, lautet: Welchen Geltungsmodus hat diese Wertaussage? Ist sie ihrerseits Ausdruck eines subjektunabhängig bestehenden »Wertverhalts« oder Ausdruck einer Präferenz? Ein axiologischer Objektivismus schließt einen metaethischen Subjektivismus nicht aus: Daß eine nicht-anthropozentrische Umweltethik intrinsische Werte auch außerhalb der Sphäre des Menschen anerkennt, verpflichtet sie nicht, diese Werte auch für vorgängig zu allen menschlichen Bewertungen gegeben zu halten. Daß eine anthropozentrische Umweltethik intrinsische Werte ausschließlich innerhalb der Sphäre des Menschen anerkennt, verpflichtet sie andererseits nicht darauf, diese Werte auch für subjektiv, d. h. durch menschliche Bewertungen gesetzt zu halten. Man kann Ökozentriker und metaethischer Subjektivist sein (wie etwa Callicott), aber auch Anthropozentriker und metaethischer Objektivist (wie etwa Kant).
2 In dieser Form und mit Bezug auf die bisherige Ökologiebewegung wird die Konvergenzthese von Norton (1991, S. 236) vertreten.
3 Also nicht wie bei Regan (1983) und Taylor (1986) im Sinne einer Art *Würde*.
4 Auch die sogenannten Urwälder in Europa sind höchstwahrscheinlich nicht unberührt, sondern sind in früheren Zeiten vom Menschen verändert worden (vgl. Barthelmeß 1972, S. 186 Anm.).
5 Das darf nicht so verstanden werden, als hänge jede Art von Nutzen von einer vorherigen Präferenz ab. Auch ein nicht vorher erstrebter subjektiver Zustand kann als befriedigend empfunden (und zum Gegenstand einer Gegenwartspräferenz) werden.
6 Vgl. Ehrenfeld 1997, S. 173: »Langdauernde Existenz trägt ein unanfechtbares Recht auf Fortexistenz in sich. [...] Existenz ist das einzige Kriterium, nach dem sich der Wert von Teilen der Natur bemessen läßt.«

Literatur

Barthelmeß, Alfred: Wald – Umwelt des Menschen. Freiburg/ München 1972.

Birnbacher, Dieter: Ethical Principles versus Guiding Principles in Environmental Ethics. In: Philosophica 39 (1987) S. 59–76.

– Verantwortung für zukünftige Generationen. Stuttgart 1988.

Bishop, Richard C.: Endangered Species: An Economic Perspective. In: Transactions of the Forty-fifth American Wildlife Conference. Washington (D. C.) 1980. S. 208–218.

Böhme, Gernot: Für eine ökologische Naturästhetik. Frankfurt a. M. 1989.

Callicott, J. Baird: In Defense of the Land Ethic. Essays in Environmental Philosophy. Albany (N. Y.) 1989.

Devall, Bill: Die tiefenökologische Bewegung. In: Dieter Birnbacher (Hrsg.): Ökophilosophie. Stuttgart 1997. S. 17–59.

Dubos, René: Franciscan Conservation versus Benedictine Stewardship. In: David Spring / Eileen Spring (Hrsg.): Ecology and Religion in History. New York 1974. S. 114–136.

Ehrenfeld, David: Das Naturschutzdilemma. In: Dieter Birnbacher (Hrsg.): Ökophilosophie. Stuttgart 1997. S. 135–177.

Elster, Jon: Salomonic Judgements. Studies in the Limitation of Rationality. Cambridge/Paris 1989.

Frankena, William K.: Ethics and the Environment. In: Kenneth E. Goodpaster / Kenneth M. Sayre (Hrsg.): Ethics and Problems of the 21st Century. Notre Dame (Ind.) 1979. S. 3–20.

Hargrove, Eugene C.: Preface. In: E. C. H. (Hrsg.): The Animal Rights / Environmental Ethics Debate. The Environmental Perspective. Albany (N. Y.) 1992. S. ix–xxvi.

Hösle, Vittorio: Philosophie der ökologischen Krise. München 1991.

Krebs, Angelika: Ethics of Nature. Diss. Konstanz 1993.

Krieger, Martin H.: What's Wrong with Plastic Trees? In: Science 179 (1973) S. 446–455.

Leopold, Aldo: The Land Ethic. In: A. L.: A Sand County Almanac and Sketches here and there. New York 1949. S. 201–226.

McCloskey, Henry John: Ecological Ethics and Politics. Totowa (N. J.) 1983.

Naess, Arne: Ecology, Community and Lifestyle. Outline of an Ecosophy. Cambridge 1989.

Nohl, Werner: Philosophische und empirische Kriterien der Land-
schaftsästhetik. In: Hans Werner Ingensiep / Kurt Jax (Hrsg.):
Mensch, Umwelt und Philosophie. Interdisziplinäre Beiträge.
Bonn 1989. S. 33–50.

Norton, Bryan G.: Toward Unity among Environmentalists. New
York 1991.

Passmore, John: Ecological Problems and Persuasion. In: Gray
Dorsey (Hrsg.): Equality and Freedom. Bd. 2. New York / Leiden
1974. S. 431–442.

Pimlott, Douglas H.: The Value of Diversity. In: James A. Bailey /
William Elder / Ted D. McKinney (Hrsg.): Readings on Wildlife
Conservation. Washington (D. C.) 1974. S. 31–43.

Pommerehne, Werner W.: Präferenzen für öffentliche Güter. Tübingen 1987.

Regan, Tom: The Case for Animal Rights. London 1983.

Rolston, Holmes: Können und sollen wir der Natur folgen? In:
Dieter Birnbacher (Hrsg.): Ökophilosophie. Stuttgart 1997.
S. 242–285.

Sprigge, Timothy L. S.: Gibt es in der Natur intrinsische Werte? In:
Dieter Birnbacher (Hrsg.): Ökophilosophie. Stuttgart 1997.
S. 60–76.

Taylor, Paul W.: Respect for Nature. A Theory of Environmental
Ethics. Princeton (N. J.) 1986.

Vaihinger, Hans: Die Philosophie des Als Ob. Volksausgabe. Leipzig 1923.

Wilson, Edward O.: Jede Art ein Meisterwerk. In: Die Zeit. 23. Juni
1995. S. 33.

Wolf, Jean-Claude: Utilitaristische Ethik als Antwort auf die ökologische Krise. In: Zeitschrift für philosophische Forschung 44
(1990) S. 619–634.

BERNHARD VERBEEK

Kultur als kritische Phase der Evolution
Ethik als Richtschnur

Zusammenfassung

Auch die menschliche Kultur, egal wie man sie definieren mag, ist ein Aspekt der Evolution, metaphorisch gesprochen eine Blüte, die in den letzten Sekunden der zur Überschaubarkeit auf ein Jahr komprimierten Evolution hervorgebracht wurde. Sie hat einschneidende Folgen nicht nur für den Menschen, sondern für den gesamten Globus. In Form der sich selbst beschleunigenden technischen Zivilisation greift sie immer massiver in den aktuellen Evolutionsprozeß ein – möglicherweise so, daß sie sich selbst den Saft abschneidet oder vergiftet. Bei der Suche nach Wegen, dies zu vermeiden, bieten sich Ethik und Selbstbewußtsein – ebenfalls Produkte der Evolution – als Hoffnungsträger an. Es sollte sich also lohnen, dies im evolutionären Zusammenhang zu analysieren.

1. Die »kritische Masse« der Kultur

Alles hat seine historischen Gründe, auch daß Natur- und Geisteswissenschaftler, Historiker und Evolutionsbiologen meist nur wechselseitiges Unverständnis – oft Schlimmeres – füreinander übrig haben. Dabei sind die Gemeinsamkeiten besonders eng. Beide Wissenschaften gehen z. B. davon aus, daß nichts ohne jede Vorgeschichte ins Sein getreten ist. Das gilt auch für unsere Kultur, die wir begrifflich nicht zu eng fassen wollen. Nicht nur das Feuilleton einer Zeitung gehört dazu, sondern alle Äußerungen menschlichen Geistes, insbesondere das Brauchtum, das Wertesystem, die Sprache, die tradigenetisch erhaltenen Methoden der Ernährungssicherung und auch die gesamte technische Zivilisation, die Naturwissenschaften und die Staatskunst, einschließlich barbarischer Auswüchse. Dies alles sind Erscheinungsformen der Kultur.

Andererseits wollen wir im hier behandelten Zusammenhang Kultur aber auch nicht so weit fassen (wie etwa J. T. Bonner 1983), daß jede Form von generationenübergreifendem Lehren und Lernen schon als Kultur bezeichnet wird. Wenn Meisen das Öffnen von Milchflaschen einander abgucken und es auf diese Weise tradieren, ja wenn, was gut dokumentiert ist, Japanmakaken Innovationen zum Würzen und Reinigen von Nahrung über Generationen weitergeben (Kawai 1965) oder wenn Schimpansenpopulationen das Knacken von Nüssen mittels Werkzeugen tradieren (Darstellung z. B. bei Lethmate 1994), befinden wir uns zwar sehr wohl an der Schwelle zur Kultur, aber es fehlt hier noch die »kritische Masse«. Wenn diese überschritten ist, schwillt eine Kettenreaktion explosionsartig an und treibt die Kultur als Selbstläufer immer weiter in vorläufig nicht absehbare Höhen. Dabei geht es auch um eine kritische Masse an Gehirnkapazität, nicht in Kubikzentimetern, aber in Leistungsfähigkeit. Diese quantitative Grenzziehung unterhalb eines qualitativen Sprungs erlaubt uns, daß wir den Kulturbegriff bei aller Weite und verbleibenden Unschärfe der eindeutig zoologisch definierbaren Menschheit vorbehalten können, wohl wissend, daß auch andere Definitionen denkbar sind.

Da es menschlichen Geist nicht ohne lebende Menschen gibt, führt uns die Frage »Woher kommt die Kultur?« auf die Frage nach dem Ursprung und dem Wesen des Lebens. Eine noch keineswegs völlig aufgeklärte kosmologische Evolution war vorausgegangen, vielleicht 10 Milliarden Jahre nach dem Urknall und knapp 4 Milliarden Jahre vor heute ereignete sich unter den besonderen Umständen eines expandierenden Weltalls das im Kosmos vielleicht Einmalige: die Organisation dynamischer Systeme, die leben.

2. Aufwärts durch den Abwärtsstrom

In der physikalischen Welt gilt das Entropiegesetz. Demnach strebt alles dem wahrscheinlichsten Zustand zu. Populär ausgedrückt: Von allein läuft alles nur bergab. Unordnung stellt sich von selber ein, Ordnung nicht. Lebewesen scheinen sich dem aber systematisch zu widersetzen. Deshalb glaubten Vitalisten und Neovitalisten auch, daß eine besondere Lebenskraft am Werk sei, die mit den Gesetzen der Physik nicht erklärbar wäre. Doch heute ist unter Fachleuten unstrittig, daß Leben deshalb funktioniert, weil es die physikalischen Gesetze virtuos auszuspielen weiß und nicht etwa, weil Gott in diesem Bereich seine eigenen Naturgesetze beurlaubt hätte. Ein Weizenkorn bis in die Molekularstruktur nachgebaut, es würde fraglos auch keimen. Die Erfolge der Molekularbiologie und der Gentechnologie – ob man sie mag oder nicht, ob wir den daraus resultierenden ethischen Anforderungen gerecht werden oder nicht – zeigen deutlich, daß wir ganz gut überblicken, wie physiologisches Leben funktioniert.

Aber was ist nun die Kraft, die es erlaubt, gegen den allgemeinen Niedergang anzurollen, sich sogar aufwärts zu entwickeln? Es ist ausgerechnet der Abwärtsstrom zunehmender Entropie. Aus ihm zweigen Lebewesen einen Teil ab zum Aufbau und Erhalt ihrer selbst, bevor er den weiteren Weg alles Kosmischen geht, hin zum Wahrscheinlichsten, dem »thermodynamischen Wärmetod«. Was das Leben erhält, ist die Fähigkeit, mittels konservativer Strukturen »einen Strom von Ordnung« auf sich zu lenken und erzeugte Entropie wieder an die Umwelt abzuleiten (Schrödinger 1952). Auch im Bereich ganz einfacher Mechanik ist

Aufwärtsbewegung durch Abwärtsstrom möglich, wie das auf Schienen gelegte Schaufelrad der Abbildung 1 verdeutlicht. Zum Erstaunen vieler Menschen rollt es stromaufwärts.

Abb. 1 Aufwärtsbewegung durch Abwärtsstrom ist möglich

Da in einer dynamischen Welt nichts bleibt, wie es ist, und jede Einzelexistenz gefährdet ist, kann Leben seine auf unwahrscheinlicher Information beruhende Funktionsfähigkeit auf Dauer nur erhalten, wenn es Kopien davon gibt. Zum Leben gehört also auch Fortpflanzung, Vermehrung. Diese Seinsnotwendigkeit der Vervielfachung hat zur Folge, daß um die bald knapp werdenden Ressourcen Konkurrenz entsteht. Nur ein Teil der Individuen, und zwar der fitteste, überlebt – so die wichtigste Erkenntnis von Darwin. Selbststeuernd perfektioniert sich von Generation zu Generation die Fähigkeit zur Ausbeutung angebotener Ressourcen. Die Räder des Lebens schaufeln immer effizienter, Kooperation und Wettbewerb werden immer raffinierter. Ein Teil der Systeme wird immer komplexer und zwingt andere nachzuziehen.

Je komplexer die Information, desto größer die Gefahr, daß Abschreibefehler zum Untergang führen. Als Antwort auf diese Herausforderung werden die genetischen Replikationsmechanismen pedantisch konservativ. Nun hat bekanntlich alles seine zwei Seiten. In einer Welt, in der nur die ewig Gleichen an Zahl laufend zunehmen, werden für diese bald die begrenzten Ressourcen knapp. Innovationen, die neue ökologische Nischen erschließen, sind auf einmal gefragt, und zwar solche, bei denen das Erreichte, nämlich die so unwahrscheinliche Lebensfähigkeit, nicht verlorengeht. Dafür fand das große Spiel des Lebens schon sehr früh, schon im Einzellerstadium, eine Strategie: die Rekombination harmonierender, aber doch leicht unterschiedlicher Programme, die sich alle in der realen Welt schon bewährt haben. In diesem Zwang zu Kreativität bei minimalem Risiko liegt die evolutionäre Ursache einer weltgestaltenden Kraft: der Sexualität. Jede Generation ist neu aufgemischt, sie flimmert von neuen Varianten, jeder Organismus ist ein neuer Testlauf.

Erfolgreich ist diese Strategie; aber eine dauerhafte Entlastung vom Fitneßrennen bringt sie nicht. Im Gegenteil, sie heizt nicht nur die Entwicklung zu funktionaler Komplexität weiter an, sondern auch den Konkurrenzdruck. Nur die Programme, die für die ständig wachsenden Anforderungen der emotions- und mitleidlosen Welt die richtigen Antworten parat haben, bleiben bestehen. Ein Vogel mit dem richtigen Instinktpaket für seine Winterreise nach Afrika hat eine Chance, sein Genom weiterzugeben; einer, der im Nordwinter verhungert oder der sich verfliegt, nicht. Instinkte sind also genetisch gesicherte Antworten auf die wichtigsten Fragen, die den Vorläuferorganismen immer wieder gestellt wurden, erlernt durch Versuch und Irrtum.

3. Konditionierung und Kausalität

In Anbetracht der Komplexität und des notwendigen Konservatismus der Gene ist es einleuchtend, daß ein solches Repertoire erstens beschränkt ist und daß es zweitens bei plötzlich veränderten Bedingungen hilflos ist. Dagegen, Lebewesen, die bei Bedarf ihr Repertoire nahezu beliebig durch Lernen erweitern und damit für die unterschiedlichsten ökologischen und historischen Situationen sinnvolle Überlebensstrategien entwickeln können, haben Mitbewerbern gegenüber natürlich einen enormen Vorteil.

Wenn Ereignisse regelmäßig miteinander verknüpft sind, gilt das in der Wissenschaft als Hinweis auf einen kausalen Zusammenhang. Wer so handelt, daß er dieser außersubjektiven Realität gerecht wird, lebt erfolgreicher als andere. Das blieb in der Evolution nicht ohne Spuren. Die meisten Tiere haben für solche Wenn-dann-Zusammenhänge ein potentes Lernprogramm: die Konditionierbarkeit. Sie funktioniert nicht nur in Pawlows und Skinners Labor, evolviert wurde sie für die Lebenspraxis. Tiere lernen Wenn-dann-Zusammenhänge besonders leicht, wenn sie für ihre Vorfahren schon immer besonders (überlebens)wichtig waren. Wenn es blitzt und donnert, folgt meist ein Unwetter, wenn ein Huhn scharrt, wird Futter freigelegt. Wenn ein Schimpanse einen Grashalm zur richtigen Jahreszeit in einen Termitenbau steckt, dann beißen sich schmackhafte Insekten daran fest . . .

Aber die Evolution entwickelte noch eine ganz andere Methode zu lernen als die behavioristische mit auf dem Fuße folgendem Lohn (oder Strafe). Sie ist eine weniger beachtete, aber, wie noch gezeigt werden soll, enorm wichtige Voraussetzung zur Kulturfähigkeit. Weil es so fernab von jeder narzißtischen Kränkung ist, sei zunächst ein recht menschenfernes Beispiel genannt: Ganz ohne Einwirkung von Eltern und Pädagogen lernen kleine Zugvögel, junge Gartengrasmücken, etwas, das in der Kulturgeschichte zu entdecken nur wenigen Genies vorbehalten war. Jedes normale Tier dieser Art prägt sich die Sternbilder ein, beobachtet die scheinbare Drehung des Himmels während der Nacht und ermittelt daraus die Position des ruhenden Polarsterns (Literatur bei Berthold 1990). Mit diesem individuell erworbenen Wissen verfügt es über ein für uns kaum faßliches Navigationssystem. Anders als vom Behaviorismus »erlaubt«, wird dieses individuell erlernt, ohne daß dabei eine Verstärkung nötig, ja überhaupt möglich ist. Eine solche hat schon vor langer Zeit auf dem Niveau der Gene bei den Vorfahren stattgefunden. Genprogramme, die solchermaßen begabte Gehirne hervorbrachten, wurden durch Weiterleben »belohnt«, die anderen durch Aussterben »bestraft«; letztere gibt es deshalb nicht, oder wenn doch, nicht lange. Man sieht hier, wie exakt auch die Funktion der Nervensysteme auf die harten Anforderungen der außersubjektiven Wirklichkeit optimiert sind.

4. Eine völlig neue Entität

Meister im Lernen ist zweifellos der Mensch. Sein Genom ist derart potent, daß es ein Gehirn induziert, welches Lernen und sogar ein Bewußtsein seiner selbst erzeugen kann. Die Abbildung 2 (S. 78) soll das verdeutlichen.

Evolution spielte sich in der Vorstellung früher Theoretiker ausschließlich auf der Ebene der Organismen ab. Ihre Organe dehnten sich oder sie schrumpften in jeweils bestimmten Richtungen. Der Giraffenhals, das berühmte Lamarcksche Beispiel, wurde immer länger bis zur heutigen Form, die zum Beweiden von Akazien so konkurrenzlos praktisch ist. Tatsächlich aber spielen sich diese kreativen Prozesse auf der für uns gestaltlos langweiligen Ebene der DNA-Ketten ab. Sie enthalten die Anweisung, wie »ihr« Organismus sich im Wechselspiel mit der Umwelt aufbaut, wie er in dieser reagiert, wie er für Nachkommen sorgt und ob er überhaupt lebt.

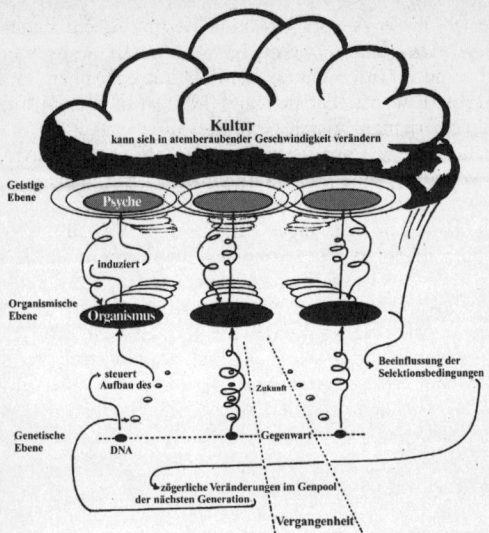

Abb. 2 Schematischer Zusammenhang der verschiedenen Integrationsebenen und ihr Einfluß auf das künftige Geschehen (aus: Verbeek 1998a, S. 224)

Die Selektion aber setzt erst am realen Organismus an. Vor allem beim Menschen gehört zum Organismus auch ein leistungsfähiges Gehirn. Dieses induziert in einer dritten Ebene als Epiphänomen eine Psyche. Diese Psyche ihrerseits besitzt eine erhebliche Eigenwirklichkeit und wirkt auf den Organismus zurück. Aber die Psychen interagieren und kommunizieren auch untereinander, wodurch ein weiteres, noch schwerer erfaßbares, mit physikalischen Meßgrößen noch weniger bewertbares (Hyper-)Epiphänomen entsteht: die Kultur.

Mit der Kultur ist eine völlig neue Entität in die Evolution gekommen. In ihrer kosmischen Bedeutung kann man sie mit der Entstehung des Lebens vergleichen. Auch bei diesem sind die Anfänge nicht mehr genau zu klären; sie waren bescheiden und wahrscheinlich dezentral, um nicht zu sagen diffus. Jedenfalls waren sie über lange Zeit wenig spektakulär. Doch bekanntlich hat das Leben die Oberfläche unseres (inzwischen) blauen Planeten in vielleicht kosmisch einmaliger Weise gestaltet. Der Vorarbeit von Photosynthese treibenden Mikroorganismen verdanken wir, daß die Atmosphäre heute Sauerstoff enthält. Das war übrigens durchaus keine uneigennützige Vorarbeit: Sie »verschwendeten« CO_2 für ein Leben im Überfluß und entließen ihren »Abfall«, O_2, einfach in die Umwelt. Bis dieser entscheidende Eingriff atmosphärisch wirksam wurde, für Anaerobier gefährlich und für andere Lebewesen nützlich, vergingen freilich Milliarden von Jahren.

Menschen, das heißt die Gattung Homo, gibt es demgegenüber »erst« seit gut zwei Millionen Jahren. Wann immer exakt die ersten Menschen auftraten, zu dem Zeitpunkt, da man sie zu Recht als Menschen einordnet, hatten sie bereits Kultur in unserem definierten Sinne. Sie lebten aber bescheiden und in begrenzter Harmonie eingebunden in die Natur, mit geringen Folgen für die Mitwelt. Bis zum Einsetzen der ersten Hochkulturen, sagen wir großzügig vor 10 000 Jahren, bevölkerten nicht mehr Menschen den gesamten Planeten, als heute in einer einzigen 10-Millionen-Stadt leben. Im hier gesteckten Rahmen ist es nicht möglich zu versuchen, die frühkulturelle Entwicklung nachzuzeichnen. Sicher ist aber, daß kulturelle Innovationen, etwa der Gebrauch von Feuer oder Erfindungen in der Jagdtechnik, die Daseinssicherung verbesserten – vorübergehend. Denn darauf reagierten Menschen wie andere Wesen auch: mit Vermehrung ihrer selbst, immer bis an die Grenze des Möglichen – und, wie die nahezu regelmäßig auftretenden Hungersnöte beweisen, meist auch darüber hinaus.

Es ist wahrscheinlich, daß die Lebensqualität in vielen »fortschrittlicheren« Kulturen sehr viel schlechter ist als bei manchen unmittelbarer von der Natur lebenden, z. B. den Pygmäen, die allerdings pro Person eine Fläche von 4,2 km² (Heymer 1996) zur Verfügung haben (und wahrscheinlich auch benötigen). Dieses schon Malthus beunruhigende Problem des Bevölkerungszuwachses ist noch keineswegs aus der Welt (Abb. 3). Solange man es nicht einmal generell erkennt und anerkennt, ist diese evolutionäre Konstante sogar eine anthropologische.

5. Energie für Hochkulturen

Ein entscheidender Durchbruch in dieser Art von Kulturentwicklung bahnte sich in der frühen Antike an, übrigens in mehreren Zentren der Welt. Der immer schneller galoppierende Fortschritt wurde beschleunigt bis zum heutigen Tag. Wenn die Populationsdichte einer Spezies als Maßstab dafür gilt, wie geeignet der Lebensraum für diese ist, dann hat sich seit dem Paläolithikum die Menschenfreundlichkeit unseres Planeten in der Größenordnung vertausendfacht. Was sind die Gründe für diese Explosion?

Nicht nur physiologisches Leben verdankt seine Existenz der Fähigkeit, den Strom der Entropievermehrung konstruktiv für die eigenen Zwecke arbeiten zu lassen. Auch Zivilisationen führen durch Einsatz von Energie, also durch Vermehrung von Entropie, ein analoges kollektives Dasein gegen die erodierende Macht der außermenschlichen Natur. Die frühen Kulturen konnten allerdings nicht mehr davon einsetzen, als das Ökosystem, in dem sie lebten, nachlieferte: menschliche und tierische Muskelkraft, Holzfeuer, Sonnenwärme und – bei einfacher Technologie – Wind- und Wasserenergie.

In der Neuzeit gab es aber etwas ganz umwälzend Neues: verfügbare Leistung durch Verbrennungsmotoren. Fast jedes beliebige Projekt, fast jede gewünschte Transportleistung wird nun realistisch. Konnten es sich früher nur die

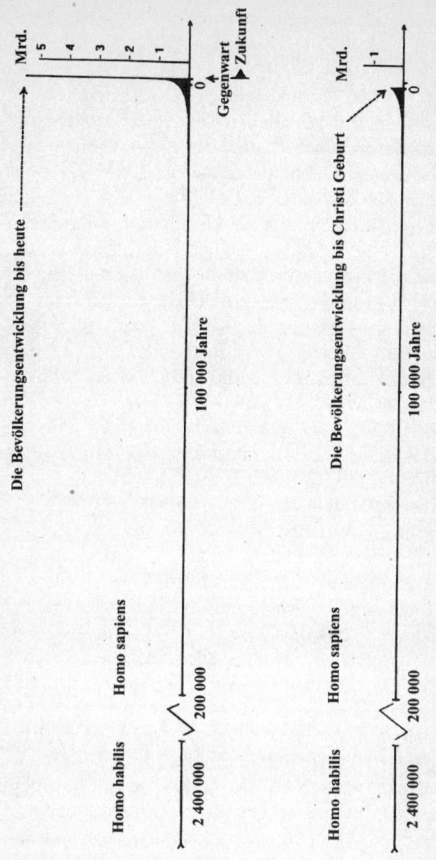

Abb. 3 Die Bevölkerungsexplosion ist eine Kulturerscheinung (aus: Verbeek 1998a, S. 115)

Pharaonen mit einem Heer von Sklaven leisten, Kanäle, Pyramiden und Paläste zu bauen, so erweitert sich in allerjüngster Zeit der Kreis der Mächtigen. Durchschnittliche Bewohner von Industrieländern verbrauchen auf diese Weise etwa hundertmal soviel Energie wie zur biologischen Existenz erforderlich. Wenn die Zivilisation mehr Energie anfordert, wird sie entsprechend produziert, d. h. herausgeführt aus der Tiefe der Erde – mehr Kohle, mehr Öl und mehr Gas. In einem auf die Gegenwart verengten Weltbild kann man die hundert technischen Sklaven des Durchschnittsamerikaners ethisch hochstilisieren und als Fortschritt der Humanität feiern. Unstrittig sind sie aber auch eine Demokratisierung der Maßlosigkeit.

Auf ganz neue ethische Probleme, die das humanitäre Hochgefühl unvermittelt abstürzen lassen, stoßen uns die Naturwissenschaften. Für die Biosphäre bringt dieser sprunghafte Fortschritt auf der Ebene der Zivilisation einen fatalen Rückschlag: Sauerstoff wird der Atmosphäre wieder dauerhaft entzogen und Kohlendioxid angereichert. Der Planet wird umgekrempelt, in einer Heftigkeit, die noch weit über das hinausgeht, was wir aus der organismischen Evolution kennen. Dabei wird es allerdings mit Sicherheit nicht freundlicher für die meisten Bio-Organismen. Jeden Tag verabschieden sich fünfzig, vielleicht hundert Tier- und Pflanzenarten aus der Welt.

Die Menschheit tut dies alles zu ihrem vermeintlichen Vorteil. Aber es zeichnet sich ab, daß es auch für die eigene Spezies öder und leerer und immer schwerer wird, auf unserem Planeten zu leben. Die Atmosphäre droht aus dem menschenfreundlichen Gleichgewicht zu kippen. Wieviel Giftmüll, wieviel Radioaktivität, wieviel Betonlandschaft, welche Atemluft, welche nicht mehr beherrschbaren Krankheitserreger uns noch die zivilisatorische Freiheit beschert, kann man nur mutmaßen.

Auf der kulturellen Ebene läuft jedenfalls eine Metaevolution mit orkanartiger Wucht ab, die auf die organismische wirkt wie eine kosmische Katastrophe. Diese Metaevolution oberhalb der genetischen Ebene ist deshalb möglich, weil dank der genetisch gesicherten Vorarbeit der Bio-Evolution kulturelle Innovationen nun nicht mehr an den langatmigen Weg der Gene gebunden sind. Neue Ideen, im Anklang an Gene auch »Meme« genannt (Dawkins 1978), hüpfen nun wie ein Steppenbrand über die Gehirne. Harmonieren sie mit ihnen in ihrem aktuellen Zustand, entsprechen sie also dem Zeitgeist, dann entfalten sie eine unglaubliche Vitalität.

Seit es Kultur gibt, war das prinzipiell immer schon möglich. Epidemieartige Ausbreitung von Ideen war eine Ursache für den zivilisatorischen Fortschritt, der die Erde für immer mehr Menschen nutzbar machte. Doch mit zunehmendem Eintreten in das Zeitalter der Massenkommunikation kann eine riesige Population in kürzester Zeit Feuer fangen und z. B. eine nationalistische, ideologische, religiöse oder ganz simpel eine konsumgeprägt hedonistische Massenbewegung, die Unmengen von Abfall und Giftmüll produziert, ausbrechen. So etwas kann auch unter dem Vorzeichen wissenschaftlicher oder wirtschaftlicher Vernunft passieren. Das alles bietet uns die Kultur nicht nur als Potentialität, sondern auch – wie wir an alten und immer neuen Beispielen sehen – als Realität. Der Begriff Fortschritt hat aus guten Gründen nicht mehr nur eine glänzende Seite (vgl. Rapp 1992). Man rechnet nicht mehr allgemein damit, daß durch jede Innovation alles automatisch immer besser wird. Aber Fortschritt ist nicht aufzuhalten, Stillstand gibt es nicht im expandierenden Kosmos.

6. Wie kommt die Kultur in den Kopf?

Wie nun diese für den ganzen Planeten so schicksalhafte Kultur in die Köpfe kommt, ist eine bedeutsame Frage, die je nach Erklärungshintergrund ganz unterschiedlich beantwortet wird. Ein ganz wesentliches Werkzeug dabei ist jedenfalls die Sprache. Sie – selbst kulturbürtig – hilft uns, komplizierteste Denkfiguren zu gestalten, zu rezipieren, mit anderen gemeinsam zu diskutieren, weiterzuentwickeln, prinzipiell gleichwertige subjektive Weltbilder zu vereinheitlichen (Bayer 1994) und an die nachwachsenden Generationen zu tradieren. Sie gestattet – was Tiere nicht bräuchen – machtvoll entfaltete Sinnstiftungen. Solche wurden notwendig, nachdem der Mensch vom Baum der Erkenntnis gekostet hatte und damit aus dem Paradies der Vorbewußtheit vertrieben wurde. Fortan mußte er fertig werden mit seinem Wissen, auch mit dem um Tod und Vergänglichkeit.

Zusammen mit anderen Informationsmöglichkeiten können sich mit Hilfe der Sprache Neuerungen, abstrakte Ideen, ganz eigene neuronal gestaltete Welten horizontal lauffeuerartig ausbreiten und für den gesamten Kulturkreis eine eigene Orientierung generieren. In einer durch fragende und planende Intelligenz immer unheimlicher werdenden Welt ist die Fähigkeit zur »Installation« eines solchen koordinierenden Orientierungssystems ein enormer Vorzug. Sie gestattete schon der frühesten Menschheit die rasche Übernahme bewährter gesellschaftlicher Organisationsformen und Einzelerfindungen ins normale Verhaltensrepertoire. Das dürfte in der realen Welt – kompetitiv wie sie nun einmal strukturiert ist – mit einem erheblichen Selektionsbonus verbunden sein. So wurde diese Fähigkeit auf der genetischen Ebene rasch optimiert, nachdem sie erst einmal ansatzweise vorhanden war.

Die Sprache ist demnach nicht nur wesentliches Werkzeug kultureller Tradition und Evolution, sondern auch wesentliches Objekt derselben, und zwar auf der Metaebene der Kultur-Evolution. Analog zur organismischen Evolution wird auch an sie die widersprüchliche Anforderung gestellt, konservativ und innovativ zugleich zu sein. Ist sie nicht konservativ genug, driftet sie ab in die Informationslosigkeit. Das passiert z. B. bei allzu kreativen Kunstrichtungen, die mit allen Konventionen brechen wollen, auch den kommunikativen. Wenn sie das geschafft haben, versteht sie allerdings niemand mehr. Informationsgehalt haben sie nur noch für ihren einsamen Schöpfer. Wäre Sprache andererseits nicht innovativ genug, verlöre sie den Anschluß an den kulturellen Wandel; sie könnte ihn auch behindern.

Sprache würde nicht zu den bewährten Wesenheiten der Menschheit gehören, wenn die Fähigkeit und die Motivation, die Muttersprache in ihrer ganzen effizienten Fuzzy-Logik zu erlernen, nicht in ähnlicher Weise genetisch vorbereitet wären (Chomsky 1959; Lenneberg 1972) wie bei den erwähnten Grasmücken das Einprägen der Sternbilder und der logische Schluß, daß nur der Polarstern ein von der Uhrzeit unabhängiger Orientierungspunkt am Himmel ist. Niemand bezweifelt mehr, daß die Muttersprache in der sensiblen Phase vor dem 6. Lebensjahr kaum ankonditioniert, sondern vielmehr regelrecht aufgesogen wird. Mit evolutionär erprobten angeborenen statistischen Methoden werden die Sprachstrukturen schon vom Säugling empirisch ermittelt und mit kaum glaublicher Sicherheit mental für den späteren Gebrauch rekonstruiert.

Dieses Phänomen des spielenden Spracherwerbs scheint mir deshalb hier so wichtig, weil fast alles dafür spricht, daß Ähnliches auch für wesentliche andere Bereiche der Kultur gilt, z. B. für das Wertesystem. Demnach würden die Heranwachsenden vor allem außerhalb der vom Behaviorismus »zugelassenen« Wege lernen, welche Dinge zu verehren und welche zu bekämpfen sind. Dafür spricht auch, daß späteres Umlernen schwer ist und das außerhalb der sensiblen Phase Gelernte weniger tief sitzt und leichter wieder aufgegeben wird. Die jeweils hineinwachsende Generation justiert auf dem Wege des prägungsartigen Lernens ihren Kommunikations- und Zielhorizont möglichst scharf auf die ökologische, historische und soziale Situation, in der sie gerade lebt (Verbeek 1998b). Auf diese Weise, und weniger durch übliche Konditionierung und noch weniger durch rationale

Analyse, werden meines Erachtens das subjektive Moralsystem und die Werteskala geprägt, und deshalb sind sie Revisionen auch nur schwer zugänglich (Verbeek 1998a, Voland 1998).

Nach dieser Überlegung ist es nicht mehr überraschend, daß bezüglich der Einstellung zu postmateriellen Werten (wie Umweltschutz) in den meisten Ländern das Einkommen des Vaters einen größeren Voraussagewert hat als das aktuelle eigene, obgleich ersteres nur vor Jahrzehnten eine direkte Bedeutung hatte (Inglehart 1979). Die evolutionspsychologische Deutung solcher Phänomene liegt nicht weit entfernt von dem, was die Psychoanalyse seit Freud mit ganz anderer Diktion als Über-Ich beschreibt (Lincke 1974). Wie übrigens Darwin (1871) schon vermutete, nehmen durch Einprägung in das Gehirn in seiner aufnahmefähigsten Zeit auch die aus europäischer Sicht absurdesten Sitten der »Wilden« den Charakter eines Instinktes an: Das Wesen des Instinktes liege darin, daß er ohne Überlegung befolgt wird.

Mit solchem instinkthaften Beharrungsvermögen ist die notwendige Verläßlichkeit und Kontinuität von Kulturen gesichert. Weil die Inhalte aber tatsächlich nicht angeboren sind, ist ein Sittensystem gegenüber einem echten Instinktsystem um Größenordnungen flexibler.

7. Fortschritt durch Versuch und Irrtum

Aus dieser bislang bewährten genetisch disponierten Balance zwischen konservativ und progressiv erwächst allerdings in der heutigen Situation der Menschheit ein Problem, das zu lösen nicht einfach sein wird. Die meisten blinden Neuerungsversuche in der Evolution sind weniger lebensfähig als das bislang Erreichte. Das ist so wegen der mitleidlosen Anforderungen der Realität, die nur das bestehen läßt, was funktional möglich ist. Aus Gründen der Wahrschein-

lichkeit erfüllt von der fast unendlichen Menge des kombi-
natorisch Möglichen nur verschwindend wenig Neues die
Anforderung, daß es auch funktioniert. Daß dennoch un-
term Strich die Evolution so erfolgreich aufwärts wandern
konnte, liegt daran, daß für den häufigen Fall des Mißerfolgs das Alte gesichert blieb und darüber hinaus die Selektion immer eine riesige Auswahl hatte, darunter auch einige
Neuentwürfe mit Zukunft. An der großen Auswahl könnte
es allerdings bald mangeln.

Auch auf der Ebene der Kulturen gibt es blinde Entwürfe, oft in großer Zahl auf erstaunlich kleinem Raum.
Der Flickenteppich der Sprachkarten Afrikas oder Kaukasi-
ens läßt das heute noch erahnen. Eine spezifische Kultur, die
ihre Menschen nicht einmal ernährt, sie nicht schützt vor
den Bedingungen des Klimas oder sie in Fiebersümpfen sie-
deln läßt statt auf den Hügeln in der Nähe, eine Kultur, die
sie nicht schützen kann vor Raubzügen und Ausbeutung
durch Nachbarstämme, die ihre Träger nicht integrieren
kann, sondern sich in widerstreitenden metaphysischen
Welterklärungen grausam zerfleischen läßt, wird aussterben: entweder weil ihre Träger ausstarben oder – der huma-
nere Fall – sie wird aussterben durch Wandel, vor allem weil
ihre Träger entscheidende Vorzüge konkurrierender Kulturen übernahmen.

Der sogenannte kulturelle Fortschritt kommt also zustande durch Abwandlung bestehender Entwürfe (das entspricht den Mutationen auf der genetischen Ebene) und
durch Übernahme von anderen (das entspricht der Rekombination). Das daraus resultierende Ergebnis muß sich noch
der Erfolgskontrolle durch die Geschichte stellen (das entspricht der Selektion). Dies ist Lernen nach dem darwinistischen Prinzip von Versuch und Irrtum, und es klingt auch
nach Behaviorismus. Doch behavioristisches Lernen basiert
auf eingebauten Schaltungen innerhalb eines Gehirns und
erfordert sehr kurze Zeiträume zwischen Aktionen und ihren Folgen. Die schädlichen Folgen einer destruktiven Kul-

tur treffen aber dafür viel zu spät ein – und an der falschen
Stelle, nämlich bei anderen Organismen. Die Zerstörer dagegen genießen, behavioristisch verstärkt, die angenehmen
Seiten ihrer Aktion, z. B. exzessive Mobilität und das bei
der Plünderung des Planeten verdiente Geld; die negativen
Folgen tragen andere auf der Schattenseite des Lebens, oft
erst die Nachwelt.

Durch Laissez-faire ist also keine rechtzeitige Trend-
wende zu erwarten. Sind die Folgen zu zögerlich für behavioristisches Lernen, so sind sie viel zu schnell für eine Anpassung auf der Ebene der Gene. Eher ist die Menschheit
ausgestorben, als daß sich eine auf genetischer Ebene co-
dierte »instinkthafte Ethik der Nachhaltigkeit« etablieren
könnte. Gemessen am Tempo des kulturellen Wandels ist
der Konservatismus der Gene unendlich.

Noch etwas ist von krisenhafter Neuartigkeit in der Geschichte der Erde. Bislang gab es auch in der Kultur-Evolution immer zahlreiche konkurrierende Entwürfe, die allesamt für das globale Ökosystem Erde nur begrenzte und
weitgehend reversible Folgen hatten. Die einzelnen Gruppen kooperierten oder befehdeten sich – zum Teil abgrund-
tief, sogar in Form von Völkermord, und sie tun es bekanntlich noch heute. Kulturelle Vereinheitlichung macht in
der Tat manches einfacher und im Idealfall auch humaner.
So kommt es, daß einer der grausamsten Herrscher des alten China, Qing Shi Huang Di, paradoxerweise zugleich als
der verehrt wird, der dem heillos zerstrittenen Land den
Frieden gebracht hat.

In Anbetracht des auf kultureller und weltanschaulicher
Intoleranz der Einzelgruppen beruhenden Grauens ist es
verständlich, daß auch in philanthropischen Kreisen eupho-
risch von der fortschreitenden Globalisierung geträumt
wurde. Doch auch da gibt es eine Kehrseite. Die Phantasie
kann sie ausblenden, die Realität tut das nicht. Wenn das
momentan so erfolgreiche Ideengemisch von hemmungslo-
ser Ressourcenausbeutung, Manchesterliberalismus, Daten-

vernetzung und Transportgigantismus weiter kompensati-
onslos in verheerender Erfolgssträhne fortschreitet und die
ganze Erde mit Hilfe genialer »global players« in den Griff
bekommt, dann wird die Welt tatsächlich zum »global vil-
lage«. Das ist allerdings nicht unbedingt idyllisch; für alle
anderen Dorfkulturen ist kein Platz mehr. Dann gibt es –
erstmalig in der kulturellen Evolution – keinen Rückzug
mehr auf eine Fülle noch vorhandener Alternativen.

Für jeden Sinnbegabten ist es abzusehen, daß die an die
ganzheitlichen Realitäten gebundene natürliche Selektion,
wenn sie eine Person wäre und ihre Erkenntnis formulieren
würde, in vielleicht einigen hundert Jahren auf einem ausge-
brannten und verelendeten Müllplaneten feststellen müßte,
daß dieser Entwurf einer so anspruchsvoll mit Allmachtsan-
sprüchen angetretenen technischen Kultur nichts taugte –
selbst für Menschen. Nur existiert dann leider keine ent-
wicklungsfähige Alternative mehr. In der Umwandlung des
Globus gibt es nur einen Versuch. Das Ausweichen auf Er-
satzplaneten oder Biosphären unter Glas ist Science-fiction.

8. Die Gefahr und das Rettende

Wie schon ausgeführt, das Prinzip Leben bringt es fertig, in
einer Welt der Entropiezunahme zu existieren. Es überlistet
den Strom, der nur abwärts läuft, um sich oben zu halten
und sogar aufwärts zu treiben. Die technische Zivilisation
mit ihren Maschinen tut Ähnliches. Nur, selbstdienlich wie
auch das Leben, baut sie Technik auf und nicht Leben,
schon gar nicht automatisch Humanität. Doch mit der Gefahr wuchs auch das Rettende, können wir mit Hölderlin
hoffen.

Der Mensch ist vor allem deshalb zum erfolgreichsten
Säugetier avanciert, weil er mit seinem flexiblen Gehirn die
Folgen seines Handelns aufgrund individuell und kulturell
angereicherter Erfahrung abschätzen kann, jedenfalls in

Grenzen. Das befähigt ihn unter anderem zur Konstruktion von Maschinen, auch von solchen, die diese Fähigkeit noch weiter unterstützen: Computer, die komplizierte System-konstellationen (fast) immateriell durchspielen können.

Außerdem besitzt unsere Spezies eine weitere selektions-bewährte Disposition, die ebenfalls zu ihrem Erfolg bei-trug: Wie schon erwähnt, können Menschen prägungsartig ein Moralsystem aufnehmen. Endorphine als positive Ver-stärker und humorale Straffaktoren als negative, gesteuert durch in langer Entwicklung ausgetestete Strukturen, sor-gen dafür, daß es auch weitgehend »gewissenhaft« befolgt wird, selbst wenn das dem Individuum Nachteile bringt. Die Auswirkungen dieses neurochemischen Gefüges hat die Psychoanalyse metaphorisch als Über-Ich personifiziert, als Agenten, den die Gesellschaft, die Kultur in das Individuum infiltriert hat. Das funktioniert aber nur, weil die Evolution für ihn schon längst eine Planstelle reserviert hat. Der Rech-nungshof der Selektion hat sie nicht gestrichen, weil näm-lich im Durchschnitt auch das Individuum davon seinen Nutzen hatte. Durch diesen Besitz, zusammen mit der Selbstbewußtheit, hat der Mensch die Fähigkeit zum ethi-schen Handeln.

Wenn nun eine Spezies über die genannten Eigenschaften verfügt und die Folgen des eigenen kollektiven Tuns als ka-tastrophal erkennt, dann müßte es doch ein Leichtes sein, dieses Tun zu ändern – sollte man meinen. Doch die Praxis zeigt, daß hier enorme Widerstände bestehen. Die Pro-bleme liegen weniger in irgendwelchen rasch ausgemachten Feindgruppen (z. B. dem Klassenfeind, dem Kapital, mißlie-bigen, einflußreichen ethnischen oder religiösen Minderhei-ten, Regierungen oder bestimmten Parteien usw.), sie liegen tatsächlich im Wesen des Menschen allgemein und damit in der Tiefe der Evolution – einer ausgesprochen schwer zu-gänglichen Stelle also.

Die gnadenlos am Erfolg orientierte Selektion kennt und kannte nie Moral und zwang ihre Kandidaten stets zum

Opportunismus, zur Nutzung des aktuellen Vorteils, zum Behaupten gegenüber den Mitbewerbern um die Ressourcen. Der evolutive Langzeitvorteil, also die Erhaltung der biologischen Lebensformen über die Wechselfälle der Erdgeschichte hinweg, kann nur von Individuen genossen werden, deren Vorfahren zu jedem Zeitpunkt und in allen Entwicklungsphasen den Herausforderungen gewachsen waren. Nur solche konnten neue Träger ihrer genetischen Programme, die das Gleiche konnten, in die Welt gesetzt haben. Alle anderen, darunter auch und gerade die Selbstlosesten, die sich und ihre Nachkommen zugunsten Fernerstehender opferten, sind ausgestorben. So liefert die moderne Evolutionstheorie in Form der Soziobiologie (vgl. Wilson 1975, 1978; Dawkins 1978; zusammenfassend Voland 1993; Wuketits 1997) die theoretische Begründung für eine alte Erkenntnis aus biblischen Zeiten, nämlich die, daß der Mensch »aus krummem Holz geschnitzt« ist. Persönliche Ziele und solche, die den genealogisch Nächsten helfen, wiegen stärker als die altruistischen. Auch die Vorteile für die Gegenwart werden stärker bewertet als die für eine ferne Zukunft. Vor allem eine Zukunft ohne persönlichen Bezug, eine Zukunft noch ungeborener und unbekannter Wesen, die auch von einem anderen Stern kommen könnten, läßt uns verhältnismäßig kalt. Diese Prioritätensetzung wurde von der Selektion begünstigt und ist deshalb den Menschen eingebaut.

Um nun die Welt der Zukunft zu bauen, müßte endlich der »neue Mensch« auftauchen. Schon Paulus forderte ihn, der Marxismus und seine Philosophen, ebenso der Behaviorismus (besonders selbstbewußt Watson 1930) und manche pädagogischen Weltverbesserer spätestens seit Rousseau versprachen ihn. Trotz diesen Verheißungen und viel gläubigem Vertrauensvorschuß, trotz einer riesigen Anhängerschaft in den prominentesten Kreisen, trotz zum Teil auch unbegrenzten staatlichen Machtmitteln konnte noch niemand ihn liefern.

Wieder liegt die Ursache in der Vergangenheit. Prägungsvorgänge laufen dann besonders leicht, wenn die Inhalte dem entsprechen, was in der Stammesgeschichte normalerweise »richtig«, das heißt erfolgreich war. Stockenten sind bereits in zwanzig Minuten irreversibel auf eine echte Entenmutter geprägt, auf Menschen zu prägen dauert zwanzig Stunden und ist dann manchmal noch überformbar (Hess 1975). Da auch Wertesysteme und damit ethische Haltungen prägungsartig aufgesogen werden, ist zu erwarten, daß auch dabei Präferenzen für das während der letzten zwei Millionen Jahre »Richtige« existieren.

Wie unter anderem der Zusammenbruch des Kommunismus und auch die – gemessen am Anspruch – Erfolglosigkeit der großen Religionen zeigen, läßt sich nicht jedes erdenkliche System in den Tiefen der in der Evolution geformten Gehirne perfekt installieren. Und Systeme, die möglich sind, werden nicht in gleicher Weise leicht aufgenommen. Je weiter sie sich von dem entfernen, was in der Geschichte der Vorfahren von der Selektion gefordert wurde, um so größer werden die Widerstände sein (vgl. Gruter 1983). Als biederer Hinterwäldler entstand der Mensch, nicht als Verantwortung tragender Weltbürger. Er hatte Sorgen um das tägliche Brot für sich und seine Sippe; er verstand es, die unmittelbar nährende Natur zu nutzen und die feindliche auszugrenzen, mit Freunden verläßliche Allianzen zu schließen und sich gefährlicher Feinde zu erwehren.

Eine dafür optimierte Ethik wurde durch Nachkommen belohnt, »reich wie der Sand am Meeresstrande« – um so reicher, je leichter aufgrund ihrer genetischen Disposition genau diese Werthaltungen aufgenommen wurden. Es bestand also ein Selektionsbonus für die Gehirne mit der dafür passendsten Prägbarkeit. Das waren eben die fittesten, in diese Richtung lief die Entwicklung weiter. Nun haben wir aber, was keine sehr originelle Feststellung mehr ist, in vieler Hinsicht plötzlich die gegenteiligen Probleme wie in prä- und frühkultureller Zeit. Die Macht der Menschen gegenüber der außermenschlichen Natur ist erdrückend gewachsen, und der Planet ist übervölkert. Eines aber ist gleich geblieben: der Fitneßimperativ.

In einer gemeinsam genutzten Welt führt dies über strukturelle Konkurrenz zur »Tragödie der Allmende« (Hardin 1968): Wer eine der Allgemeinheit zugängliche Ressource zu deren Schonung nicht nutzt, den trifft der volle Nachteil des Verzichts, im Extremfall bis zum Verhungern, während der Vorteil in Anbetracht des geringen Einflusses des einzelnen unter der Wahrnehmungsschwelle bleibt. Wer es dagegen versteht, Allmenden hemmungslos zu nutzen, möglichst ohne Anstoß zu erregen, der hat persönlich den vollen Vorteil. Der daraus entstehende Nachteil wird »sozialisiert« und liegt in der weltweiten Allmende für den Verursacher unter der Wahrnehmungsschwelle. Er summiert sich aber in einer Weise, daß die Bedingungen für alle immer schlechter werden und irgendwann zum Zusammenbruch der Allmendewirtschaft führen können, vielleicht überhaupt zum Ende der kollektiven Existenzgrundlagen.

Wenn wir dies verhindern wollen, erweist sich das bloße Appellieren allerdings nicht nur als wenig wirkungsvoll, sondern bei scharfer Analyse als bewußte oder unbewußte Strategie, von der Opferbereitschaft der anderen zu leben (Patzig 1986) und schmerzliche, aber notwendige Änderungen, die das unmöglich machen würden, zu verhindern (Verbeek 1992, 1998a, 1998b). Eine solcherart konservative Strategie ist natürlich vor allem für diejenigen interessant, die vom derzeitigen destruktiven Zustand persönlich besonders gut leben – das gilt generell für die Bewohner der Industrieländer, für manche von ihnen natürlich besonders.

Machiavelli (1513) hat den Fürsten empfohlen, es komme auf den Anschein der Tugend an, diese selbst sei hinderlich. Die ständig hochgetragene Monstranz der Umweltmoral folgt genau dieser Empfehlung. Sie weist ihren Träger als ethisch hochstehenden Menschen aus und erhält ihm Sympathie und Einfluß. Durch solche Machtvermehrung kann er dafür sorgen, daß in den entscheidenden Fragen alles in der alten für ihn günstigen und die Nachwelt ungünstigen Konstellation bleibt.

Das Problem, das genannt und gelöst werden muß, lautet: Wer auf human-ökologischem Sektor wirklich tut, was er predigt, erleidet Nachteile. Solange dieses Problem nicht ernsthaft angepackt oder überhaupt erkannt wird, wird weiter so viel gepredigt von dem, was man tun müßte, und weiter so wenig getan von dem, was gepredigt wird. Ein Unternehmer, der zugunsten von Umwelt- oder allgemeiner Moral laufend auf wirtschaftliche Vorteile verzichtet, ohne daß dies z. B. durch Public-relation-Vorteile oder wenigstens vermiedene Folgekosten honoriert wird, ist bald weg vom lokalen und globalen Markt. Akteure mit weniger Skrupel übernehmen dann seinen Anteil. Der moralische und ökologische Zustand der Welt würde sich dadurch nicht gerade verbessern (zur Problematik derartiger Dilemmata: Hardin 1968; Maynard Smith und Price 1973; Axelrod 1984; Ernst 1997).

9. Der sozial-ökologische Imperativ

Da sich nun aus anthropologischen Gründen die zur Lösung der anstehenden Probleme notwendige Ethik nicht installieren läßt, der »neue Mensch« also utopisch bleibt, müssen wir eine Methode finden, die es erlaubt, vorerst erfolgreich mit dem alten Menschen zu leben. In einer nun einmal von Geldströmen gesteuerten zivilisationsgeprägten Welt eröffnet sich ein realistisch erscheinender Weg: Eine hinreichend große Gemeinde denkender und führender Menschen erkennt, daß eine Verhaltensänderung der Massen und ihrer selbst verläßlich nur dann erzielt werden kann, wenn der drohende »Schatten der Zukunft« (Axelrod 1987) handlungsrelevant wird. Anders formuliert, die Spätfolgen destruktiven Handelns müssen in den aktuellen Motivationshorizont gezogen werden.

Die schnöde Geldkultur, die eine wesentliche Ursache der Probleme ist, ließ auch das Rettende wachsen. Sie ermöglicht die Gestaltung einer Wirtschaftsordnung – eine solche ist ja bekanntlich kein Naturgesetz, sondern menschengemacht –, in der die Preise das Verhalten steuern, indem sie die ökologische Wahrheit sagen, und zwar mit eherner Härte – als kulturgesetzte Phänokopie eines Naturgesetzes. Der Staat müßte sein (Steuern) einnehmendes Wesen weg von der allmählich als Jobkiller erkannten Belastung der Arbeit, hin zur steuerlichen Belastung umweltzerstörender Tätigkeit verlagern. Vor allem der Verbrauch nicht regenerierbarer Ressourcen, insbesondere der von Energieträgern, sollte für den Verbraucher teuer und für den Staat die wesentliche Einnahmequelle werden (zu Ökosteuern: Weizsäcker 1989; Wicke 1989; Kirchhof 1993; DNR 1997).

Wie das Leben als physiologisches und philosophisches Phänomen es schafft, aus dem unvermeidbar fortschreitenden Strom permanent Ordnung zu schöpfen, so ließe sich mit einem klug konstruierten Kultursystem der evolutiv gesicherte Strom des Eigennutzes auf Mühlen lenken, die Nachhaltigkeit erzeugen (Verbeek 1998a).

Solchermaßen orientierte Rechtsstrukturen, die eine stabilisierende Rückkopplung zwischen dem Verhalten und seinen Folgen herstellen, möglichst einfach, überschaubar und fair, würden den einzelnen aus der hoffnungslosen öko-moralischen Überforderung entlassen. Er brauchte nicht mehr zu grübeln, welche Getränkeverpackung ethisch vertretbar ist und welche nicht. Vor allem aber würden sie gewissermaßen Klimabedingungen schaffen, in denen sich die kulturelle Evolutionslandschaft in einer Weise entwikkeln könnte, in der vorzüglich solche Strukturen und Produkte gedeihen, die die Welt lebenswert erhalten. »Das Recht muß die ewige Existenz der Menschheit als Orientierungspunkt anerkennen, und dazu gehört, daß niemand ein

Glücksspiel um diese Existenz wagen darf« (Helsper 1989, S. 121). Wenn sich die Kultur nicht rechtzeitig darauf verstehen kann, wird sie in einem überdüngten Sumpf noch eine Zeitlang blühen, immer fauliger, und bald im eigenen Abfall ersticken.

Wozu braucht man dann noch Ethik, wenn jeder aus lauter Egoismus bei entsprechenden Rahmenbedingungen schon das Richtige tut? Die Evolution, das wissen wir inzwischen, kennt keine Interessen, keine Moral, keine Humanität. Wenn wir als einzige Interessenten in diesem Drama trotzdem Humanität als Entwicklungsrichtung wollen, müssen wir selbst für entsprechende Faktoren sorgen. Das geht nicht ohne eine zielführende Ethik, nicht ohne Wertesysteme. Es geht auch nicht ohne entsprechende Erziehung, denn das hier geforderte kulturelle System steht in Konkurrenz mit Systemen, die an Nahzielen der Adressaten orientiert sind, für die unsere »neurologische Hardware« evolutiv erheblich besser vorbereitet ist. Die Gehirne werden im Zweifel natürlich das apriorisch Attraktivere aufsaugen. Die erwünschten und erforderlichen »Kulturprogramme« werden sich nicht ohne erhebliche Hilfe gegen die Konkurrenz der passenderen »installieren« lassen. Die Evolution ist an einem Punkt angekommen, an dem wir Wege finden müssen, das überfordernd »Unnatürliche« an unserer Moral (Vogel 1988) zur Natürlichkeit zu konvertieren.

Vermutlich würde in Kenntnis evolutionärer Prinzipien Kant heute seinen kategorischen Imperativ als »sozial-ökologischen Imperativ« fassen: Handele so, *daß die Maxime deines Willens zu einer realistischen Gesetzgebung führt,* die den evolutiv gesicherten Strom des Eigennutzes auf ein klug konstruiertes kulturelles System lenkt, das mit dieser regenerativen Triebkraft permanent und erfolgreich gegen die soziale und ökologische Erosion anschaufelt, so daß die Welt künftig nicht schlechter für Menschen bewohnbar sei als heute.

Literatur

Axelrod, Robert: The Evolution of Cooperation. New York 1984.
– Dt.: Die Evolution der Kooperation. München 1987.

Bayer, Klaus: Evolution – Kultur – Sprache: eine Einführung.
Bochum 1994.

Berthold, Peter: Vogelzug: eine Einführung und kurze aktuelle Ge-
samtübersicht. Darmstadt 1990.

Bonner, John Tyler: The Evolution of Culture in Animals. Princeton
1980. – Dt.: Kultur-Evolution bei Tieren. Berlin/Hamburg 1983.

Chomsky, Noam: Review of Skinner's Verbal Behavior. In: Language 35 (1959) S. 26–58.

Darwin, Charles: The Descent of Man, and Selection in Relation to
Sex. London 1871.

Dawkins, Richard: The Selfish Gene. Oxford 1976. – Dt.: Das egoistische Gen. Berlin 1978.

DNR (Deutscher Naturschutzring): Ökologische Steuerreform. Positionspapier. Freiburg 1997.

Ernst, Andreas: Ökologisch-soziale Dilemmata. Weinheim 1997.

Gruter, Margaret: Die Bedeutung der biologisch orientierten Verhaltensforschung für die Suche nach den Rechtsursachen. In:
M. G. / Rehbinder (Hrsg.): Der Beitrag der Biologie zu Fragen
von Recht und Ethik. Schriftenreihe zur Rechtssoziologie und
Rechtstatsachenforschung. Bd. 54. Berlin 1983. S. 225–241.

Hardin, Garrett: The Tragedy of the Commons. In: Science 162
(1968) S. 1243–1248.

Helsper, Helmut: Die Vorschriften der Evolution für das Recht.
Köln 1989.

Hess, Ekkehard: Imprinting. Early Experience and the Develop-
mental Psychology of Attachment. New York 1973. – Dt.: Prä-
gung. Die frühkindliche Entwicklung von Verhaltensmustern bei
Tier und Mensch. München 1975.

Heymer, Armin: Der Aktionsraum der Pygmäen als Sammler und
Jäger im afrikanischen Regenwald. In: Ethnographisch-Archäolo-
gische Zeitschrift 38 (1996) S. 479–493.

Inglehart, Ronald: Wertwandel in den westlichen Gesellschaften:
Politische Konsequenzen von materialistischen und postmateria-
listischen Prioritäten [1979]. In: Helmut Klages / Peter Kmieciak
(Hrsg.): Wertwandel und gesellschaftlicher Wandel. Frankfurt
a. M. 1984 S. 279–316.

Kawai, Masao: Newly Aquired Precultural Behavior of the Natural Troop of Japanese Monkeys on Koshima Islet. In: Primates 6 (1965) S. 1–30.

Kirchhof, Paul (Hrsg.): Umweltschutz im Abgaben- und Steuerrecht. Veröffentlichungen der Deutschen Steuerjuristischen Gesellschaft e. V. Bd. 15. Köln 1993.

Lenneberg, Eric H.: Biological Foundations of Language. New York 1967. – Dt.: Biologische Grundlagen der Sprache. Frankfurt a. M. 1972.

Lethmate, Jürgen: Vom Affen zum Halbgott. In: Funkkolleg: Der Mensch. Studienbrief 1. Tübingen 1992.

Lincke, Harold: Das Über-Ich – eine gefährliche Krankheit? In: Psyche 24 (1970) S. 375–402.

Machiavelli, Niccolò: Il Principe / Der Fürst. Ital./Dt. Übers. und hrsg. von Philipp Rippel. Stuttgart 1986 [u. ö.].

Maynard Smith, John / Price, G. R.: The Logic of Animal Conflicts. In: Nature 246 (1973) S. 15–18.

Patzig, Günther: Ethik und Wissenschaft. In: Heinz Maier-Leibnitz (Hrsg.): Zeugen des Wissens. Mainz 1986. S. 977–997.

Pigou, Arthur C.: The Economics of Welfare [1920]. London 1962.

Rapp, Friedrich: Fortschritt: Entwicklung und Sinngehalt einer philosophischen Idee. Darmstadt 1992.

Schrödinger, Erwin: What is Life? The Physical Aspect of the Living Cell. Cambridge 1944. – Dt.: Was ist Leben? Die lebende Zelle mit den Augen des Physikers betrachtet. München 1952.

Verbeek, Bernhard: Das Wertesystem als Wurzel der Umweltzerstörung. In: Jörg Calließ / Reinhold E. Lob (Hrsg.): Praxis der Umwelt und Friedenserziehung. Bd. 1. Düsseldorf 1987. S. 57–68.

– Die Evolution der Destruktivität. In: WIFO Journal: Wissen und Forschen interdisziplinär (1992) S. 401–403.

– Die Anthropologie der Umweltzerstörung: Die Evolution und der Schatten der Zukunft. 3., erw. Aufl. Darmstadt 1998. [Zit. als: Verbeek 1998a.]

– Organismische Evolution und kulturelle Geschichte: Gemeinsamkeiten, Unterschiede, Verflechtungen. In: Ethik und Sozialwissenschaften – Streitforum für Erwägungskultur 9 (1998) S. 269–280 und 349–360. [Zit. als: Verbeek 1998b.]

Vogel, Christian: Gibt es eine natürliche Moral? Oder: Wie unnatürlich ist unsere Ethik? In: H. Meier (Hrsg.): Die Herausforderung der Evolutionsbiologie. München/Zürich 1988. S. 193–219.

Voland, Eckart: Grundriß der Soziobiologie. Stuttgart/Jena 1993.
– Organismische Evolution und Kulturgeschichte: »Survival of the fittest« plus »imitation of the fittest«. In: Ethik und Sozialwissenschaften – Streitforum für Erwägungskultur 9 (1998) S. 341 f.
Watson, John B.: Behaviorism. New York 1930. – Dt.: Behaviorismus. Köln 1968.
Weizsäcker, Ernst Ulrich von: Erdpolitik. Ökologische Realpolitik an der Schwelle zum Jahrhundert der Umwelt. Darmstadt 1989.
Wicke, Lutz: Umweltökonomie. Eine praxisorientierte Einführung. München 1989.
Wilson, Edward O.: Soziobiologie: The New Synthesis. Cambridge (Mass.) / London 1975.
– On Human Nature. Cambridge (Mass.) / London 1978. – Dt.: Biologie als Schicksal. Die soziobiologischen Grundlagen menschlichen Verhaltens. Berlin 1980.
Wuketits, Franz M.: Soziobiologie: die Macht der Gene und die Evolution des Verhaltens. Heidelberg/Berlin/Oxford 1997.

Die Abbildungen 2 und 3 sind mit freundlicher Genehmigung der Wissenschaftlichen Buchgesellschaft, Darmstadt, entnommen aus: Bernhard Verbeek, *Die Anthropologie der Umweltzerstörung. Die Evolution und der Schatten der Zukunft*, 3., erw. Aufl., Darmstadt: Wissenschaftliche Buchgesellschaft, 1998.

JEAN-CLAUDE WOLF

Moralische Argumente für den Tierschutz ·

Zusammenfassung

Ein knappe Charakterisierung von moralischen Argumenten und ihrer Bedeutung für die menschliche Motivation soll eine Lingua franca zwischen den verschiedenen Richtungen der normativen Ethik schaffen (1). Der Utilitarismus wird als exemplarische Theorie erörtert (nicht verteidigt), welche eine direkte Anwendung auf Tiere erlaubt (2). Unter dem Stichwort »Kultivierung der Tugenden« konvergieren so verschiedene Theorien wie jene des Utilitarismus, Kants und Albert Schweitzers. Der Tierschutz wird nicht nur durch Mitgefühl, sondern auch durch Selbstachtung motiviert. Ausbeutung von Schwachen und Abhängigen wird von Menschen mit Selbstachtung als unerträglich und beschämend erlebt (3).

1.

Vielleicht ist es unmöglich, eine Charakterisierung von moralischen Argumenten zu finden, die sich völlig neutral verhält zu allen möglichen Richtungen und Schulen der normativen Ethik. Dennoch soll dieser Versuch gewagt werden, um eine allgemein verständliche Sprache zu finden, die als Vorhof zur Anwendung der Ethik auf Tiere gelten kann. Der Vorschlag zu einer Lingua franca lautet: *Moralische* Argumente unterscheiden sich von bloßen Klugheitsargumenten durch ein gewisses Maß von Rücksichten auf andere um ihrer selbst willen (nicht bloß als Mittel). Im Idealfall handelt es sich um *völlig unparteiische* Rücksichten auf andere,

von unseren Entscheidungen Betroffene. Aber auch par-
teiische Rücksichten (z. B. auf Familienangehörige, Freunde, Nachbarn, eigene Haus- oder Heimtiere) haben einen
moralischen Wert, nämlich als Schule einer intensivierten
Fürsorge und der Übernahme zusätzlicher Verpflichtungen.
Daß Freundschaftspflichten als Schule einer erweiterten
moralischen Loyalität dienen können, wird von allen zuge-
standen, die Freundschaft oder Familie nicht ausschließlich
als Orte der sittlichen Korruption sehen mögen. Die umstrittene Frage, ob persönliche Loyalität in sich wertvoll
oder Freundschaft eine sittliche Tugend sei, wird damit ausgeklammert.

Moralische *Argumente* unterscheiden sich von bloßen
Appellen an Gefühle, Autoritäten oder Mehrheitsmeinun-
gen. Sie müssen tiefer begründet sein als die genannten Ap-
pelle, obwohl sie sich vielleicht nicht aus einem letzten Prinzip logisch ableiten lassen und obwohl sie Emotionen involvieren. Die moralischen Prinzipien umfassen die bereits
genannten Rücksichten auf andere um ihrer selbst willen sowie andere Elemente der Common-sense-Moral, wie z. B.
Pflichten der Dankbarkeit, der Wiedergutmachung, der gerechten Bestrafung und Entlohnung u. ä.

Für jede Moraltheorie gilt das *methodologische Proviso*:
Die Moral des Common sense, die aus moralischen Intuitionen besteht, bildet zwar das unumgängliche Ausgangs-
material der Ethik, doch sie stellt nicht die definitive oder
wahre Moral dar. Moralische Intuitionen involvieren zwar
moralische Wahrheits- oder Geltungsansprüche, die sich jedoch als falsch erweisen können. Ein Paradoxon aus der
Sicht der Common-sense-Moral ist daher nicht notwendigerweise falsch (vgl. Sidgwick 1907, S. 263, Anm.; vgl. dagegen Carruthers 1992). Würde eine Moraltheorie überhaupt
keine Präzisierungen und Modifikationen unserer einge-
fleischten Überzeugungen anbieten, so wäre sie schlicht
überflüssig. Wie aber eine nähere Untersuchung unserer alltäglichen moralischen Reaktionen und Urteile zeigt, gelan-

gen wir zuweilen zu unklaren, unbestimmten oder sog. widersprüchlichen Antworten.

Dieses methodologische Proviso ist deshalb wichtig, weil eine Moraltheorie nicht mit dem simplen Hinweis darauf »widerlegt« werden kann, daß doch das Wohl oder Leben von Tieren unmöglich gleich viel wert sein könne wie das von Menschen. Eine Moraltheorie wie der Utilitarismus, dem wir uns im zweiten Teil zuwenden, kann nicht deshalb als falsch oder verkehrt zurückgewiesen werden, weil sie beispielsweise zur Auffassung führt, das Glück von Menschen und Tieren sei gleich wichtig. Diesen Fehler begeht z. B. Carruthers. Er verfährt nach dem Muster: Weil aus dem Utilitarismus folgt, daß Glück und Leben aller empfindungsfähigen Wesen gleich zu gewichten sei, kann mit dem Utilitarismus etwas nicht stimmen.

Der Verstoß gegen das methodologische Proviso findet sich jedoch nicht nur bei Kritikern der Tierschutzethik, sondern auch bei ihren Vertretern. So wird z. B. Kants Ethik einfach mit dem Hinweis zurückgewiesen, sie sei unvereinbar mit dem gesunden Menschenverstand, weil Kant keine direkten Pflichten gegenüber Tieren anerkenne (diesen Fehler begeht Sidgwick 1907, S. 241). Kants Doktrin besagt: Pflichten schulden wir letztlich nur anderen vernünftigen Wesen. Doch es gibt »Pflichten in Ansehung« von Tieren und auch lebloser Dinge. So schreibt Kant:

> »Selbst Dankbarkeit für lang geleistete Dienste eines alten Pferdes oder Hundes (gleich als ob sie Hausgenossen wären) gehört *indirekt* zur Pflicht des Menschen, nämlich *in Ansehung* dieser Tiere, *direkt* aber betrachtet ist sie immer nur Pflicht des Menschen *gegen* sich selbst.« (Vgl. Kant 1797, § 17; zur Kritik vgl. Regan 1983, Kap. 5).

Nach Kant schulden wir die Fürsorge nicht den Tieren selber, sondern uns, nämlich im Blick auf die Kultivierung unserer Wohltätigkeit oder Dankbarkeit (die dann auch anderen Menschen zugute kommt). Was für den gesunden Menschenverstand als skandalös wirkt, ist nicht so sehr die Bezugnahme auf eine selbstbezügliche Pflicht oder Kultivierung der eigenen Tugend – wir werden darauf wieder zurückkommen –, sondern die *Reduktion* der Pflichten in bezug auf Tiere auf Pflichten gegenüber Menschen. Tiere haben in dieser Theorie einen ähnlichen Stellenwert wie Objekte der Zuneigung oder Verehrung, z. B. Sammelstücke oder Denkmale. Sie zu schützen und zu schonen heißt zugleich, einen Sinn für Rücksicht und Sorgfalt gegenüber anderen Vernunftwesen zu kultivieren. Sie werden zu Übungszwecken oder Wetzsteinen der Tugend degradiert. Diese Auffassung entspricht nicht der verbreiteten Annahme, daß wir einige direkte Pflichten gegen Tiere haben. Doch ist sie deshalb notwendigerweise falsch? Immerhin hat Kant in seiner Kritik an der »moralischen Amphibolie der Reflexionsbegriffe« auf die Unterscheidung zwischen »Pflichten in Ansehung von [...]« und »Pflichten gegen [...]« aufmerksam gemacht – eine begriffliche Unterscheidung, die im Alltag häufig ignoriert wird. Diese Unterscheidung selber ist sehr hilfreich, um z. B. Fragen der Tier- und Umweltethik überhaupt präzise zu formulieren. Die Kritik an Kant kann sich in diesem Punkt nicht einfach auf den Common sense berufen. Die entscheidende Frage muß lauten, ob diese sog. Indirekte-Pflichten-Ansicht notwendigerweise aus den akzeptablen Prämissen von Kants Ethik folgt, oder ob sie aus weniger akzeptablen Vorurteilen Kants oder der Weltanschauung seiner Zeit folgt. Nur wenn sie im Rahmen der wesentlichen und plausiblen Voraussetzungen von Kants Ethik willkürlich oder inkonsistent ist oder wenn sie hauptsächlich auf einer falschen Zusatzannahme beruht, kann sie als widerlegt gelten. Wie Regan gezeigt hat, beruht die Indirekte-Pflichten-Ansicht auf der falschen Prämisse, nur moralische Akteure könnten auch direkte Adressaten der Erfüllung von Pflichten sein.

Doch kommen wir zur generellen Charakterisierung moralischer Argumente zurück. Obwohl Moraltheorien moralische Argumente untersuchen, sollten sie die Moral nicht einseitig intellektualisieren. Werturteile sind nicht völlig emotionsfrei. Sie setzen gefühlsmäßige Einstellungen voraus. Aber nicht alle Werturteile folgen dem simplen Modell von Geschmacksurteilen. Typische Werturteile erheben einen Begründungsanspruch. Allerdings sind Werturteile nicht einfach verifizierbar. Wir können zwar durch Beobachtung oder Befragung herausfinden, ob eine Person oder eine Gruppe schmerzhafte Tierversuche verabscheut, aber wir können mit diesen Methoden nicht herausfinden, ob Tierversuche auch wirklich verabscheuungswürdig sind. Keine der bekannten üblichen wissenschaftlichen Verfahren eignet sich zur Prüfung von moralischen Urteilen, mit Ausnahme der Prüfung bzw. Durcharbeitung von stützenden Informationen und der Prüfung von logischer Konsistenz und systematischer Kohärenz moralischer Urteile mit unseren übrigen Einstellungen und Meinungen.

Besonders wichtig ist das Durcharbeiten von Informationen, über die wir im Prinzip bereits verfügen, z. B. die lebhafte, vielleicht auch bildhafte oder narrative Vergegenwärtigung der Situation von Hühnern in Käfigen.

»So leben die Hühner im Käfig: Jedes Huhn in der Anlage hat nur soviel Platz, wie eine A4-Seite groß ist. Die Tiere können keinem natürlichen Bedürfnis nachgehen, sie können weder picken noch scharren, noch mit den Flügeln schlagen, noch im Staub baden oder sich – wie es ihrer Art entspricht – auf Stangen zur Nachtruhe setzen, sie sehen niemals ein natürliches Tageslicht oder eine grüne Wiese und dürfen sich nie draußen frei bewegen. Das sind die physischen und psychischen Folgen: Die Tiere leiden körperlich (z. B. Deformation an den Füßen), und sie leiden an Verhaltensstörungen (z. B. fressen sie sich gegenseitig an, reißen sich die Federn aus, sitzen unbeweglich auf der Stelle). Viele Tiere überleben diese Haltung nicht, sie sterben vorzeitig. Diese Art der Haltung ist nur mit hohem Medikamenteneinsatz möglich, was auch gesundheitliche Folgen für den Menschen haben kann. Die Rückstände finden sich in den Produkten der Tiere und im Fleisch wieder« (aus einem Flugblatt des Vereins gegen tierquälerische Massentierhaltung aus Heikendorf von 1997).

Beschreibungen dieser Art sind nur wenigen völlig unbekannt. Doch zumeist handelt es sich um fahle Beschreibungen, die wir nur in der Form abstrakter Kenntnisse speichern. Als solche vermögen sie unsere emotionale Intelligenz kaum zu aktivieren. Veranschaulichen wir uns jedoch die beschriebene Misere, versetzen wir uns gleichsam in die Lage von Batteriehühnern, so fällt es wohl vielen von uns schwer, ohne Schuldgefühle Eier und Fleisch von solchen Tieren zu kaufen und zu konsumieren.

Moralische Motivation verlangt auch Rücksichten der Akteure auf sich selber, insbesondere auf ihre Gesundheit, ihr eigenes Wohl und ihre Selbstachtung; daneben gibt es eine moralische *Identifikation mit ihrem erweiterten Selbst*, ihrer Familie und anderen wichtigen Bezugsgruppen. Es ist eine psychologische Tatsache, daß uns parteiliche Rücksichten viel stärker zu moralischem Handeln motivieren als völlig unparteiische. Wie bereits eingangs erwähnt, sind parteiliche Rücksichten moralisch nicht wertlos. Neben den minimalen gleichen Rücksichten, die wir allen von unseren Entscheidungen Betroffenen schulden, übernehmen wir nämlich zusätzliche Verpflichtungen all jenen gegenüber, mit denen wir in besonders häufigem Interaktionskontakt stehen. Dies gilt primär für *eigene* Kinder und *eigene* Nutz- und Heimtiere. Ihnen gegenüber haben wir nach den tief verwurzelten Normen der Common-sense-Moral spezielle Garantenpflichten. Bei allen Unterschieden sind Kleinkinder und Haustiere von unserer Hilfe und Sorge besonders abhängig, und wir beziehen sie in unseren Haushalt mit ein. Umfang und Gewicht dieser Pflichten ist – außer im Recht – jedoch nicht präzise umrissen. Überdies ist es vermutlich willkürlich, ja vielleicht sogar unmoralisch, fremde Kinder und Tiere von dieser Sorge auszuschließen oder – wie im Fall der Fütterung der Haustiere mit den Produkten der Massentierhaltung – gar als bloße Ressourcen zu benutzen. Hier zeigen sich einige der Schwächen unserer sog. moralischen Intuitionen, die das genannte methodologische Proviso bestätigen.

Rücksichten auf die Wünsche, das Wohl und die Rechte anderer setzen voraus, daß diese anderen ein eigenes Wohl und Wehe haben. Nur gegenüber Wesen, die empfindungsfähig sind oder ein eigenes Wohl und Wehe haben, kann es direkte moralische Pflichten geben. Auch gegenüber Lebewesen wie Insekten oder Pflanzen, von denen wir nicht wissen, ob sie Empfindungen haben, gibt es eine besondere Sorgfaltspflicht, die man vielleicht mit einer generellen Ehrfurcht vor dem Leben begründen könnte. Gegenüber höherentwickelten Tieren, die mit Sicherheit Lust und Schmerz empfinden können, gilt das strikte moralische Verbot der Tierquälerei.

Zählen im *individuellen Tierschutz* vor allem direkte moralische Gründe, so wirken sich auch einige indirekte moralische Gründe günstig aus. So sprechen etwa die Umweltbelastung und die Welternährungsproblematik gegen unsere industrielle Massentierhaltung. Überlegungen des Artenschutzes hingegen spielen für die Begründung des individuellen Tierschutzes nur am Rande eine Rolle.

Die Ethik kann von einem oder mehreren Grundprinzipien ausgehen, um das Verbot der Tierquälerei zu begründen. Manche Ansätze in der Ethik sind dazu geeignet, so Kants Ethik, wenn man sie entsprechend modifiziert, oder Schopenhauers Mitleidsethik, oder auch Albert Schweitzers Ethik der Ehrfurcht vor dem Leben. Man kann aber auch versuchen, einige unserer moralischen Intuitionen zu systematisieren, denn das Verbot der Tierquälerei gehört bereits in den Bereich unserer moralischen Platitüden. Allerdings gibt es auch die moralische Platitüde, die besagt, das Leben eines Menschen sei mehr wert als das eines Tieres. Diese moralische Platitüde begünstigt zwei weitere moralische Vorurteile, nämlich die Überzeugung, menschliche Interessen seien immer moralisch wichtiger als tierliche, und die rasche und schmerzlose Tötung eines Tiers sei moralisch unproblematisch. Die erste Überzeugung macht das Verbot der unnötigen Tierquälerei zu einer Leerformel, denn was nötig oder unnötig sei, läßt sich einfach nach Maßgabe menschlicher Interessen festlegen. Die zweite Überzeugung, die leider besonders hartnäckig verwurzelt ist, öffnet der Nutzung von Tieren zu menschlichen Nahrungszwecken Tür und Tor. Selbst wer eine rasche und schmerzlose Tötung eines Tiers isoliert betrachtet für bedenkenlos hält, wird zugeben müssen, daß die Deklassierung von Wesen zu Nutztieren mit großer Wahrscheinlichkeit Folgen für ihre Behandlung hat. Will man nun die von keinem moralischen Verbot der Tiertötung irritierten karnivoren Nahrungspräferenzen von Menschen in Großstädten, aber auch die massive Nachfrage nach Tierprodukten wie z. B. Milch, Eier, Pelzen und Leder befriedigen, so ist eine effiziente und profitable Massentierhaltung unvermeidbar. Diese ist jedoch immer mit tierquälerischer Begleitkriminalität verbunden. Berichte über skandalöse Tierhaltung und Tiertransporte sind unter diesen Bedingungen keine unglücklichen Zufälle, sondern voraussehbare Nebenwirkungen eines Verwertungssystems. Wir sehen an diesem Beispiel, daß wir uns auf unsere moralischen Platitüden nicht ohne weiteres verlassen können. Insbesondere die verbreitete Annahme, tierliche Interessen hätten menschlichen immer zu weichen, ist falsch und beruht auf der falschen Annahme, Tiere seien moralisch gesehen inferiore Wesen. Nur so kann der radikale Speziesismus Fuß fassen, der sogar triviale menschliche Vergnügen höher bewertet als tierliche

Grundbedürfnisse. Der radikale Speziesismus wird auch selten explizit vertreten, sondern er wird eher stillschweigend praktiziert. Der gemäßigte Speziesismus dagegen, wonach beim Konflikt etwa gleichwertiger Interessen von Menschen und Tieren immer und notwendigerweise die von Menschen den Vorzug hätten, gehört zum Repertoire kultureller Selbstverständlichkeiten, die den Geist des »species bias« (der Selbstprivilegierung der Menschen) verraten.

Ist die schroffe Zurückweisung des Speziesismus völlig theorieneutral? Immerhin könnte man geltend machen, daß es von der einmal gewählten normativen Theorie abhänge, wie stark man menschliche Interessen gewichte. Eine Theorie, die bereit ist, gewisse Konzessionen an den menschlichen Egoismus zu machen, wird auch den Art-Egoismus milder beurteilen, ja sie wird diesen viel toleranter behandeln als z. B. den individuellen Egoismus von Menschen auf Kosten anderer Menschen. Wir werden im zweiten Teil den Utilitarismus als exemplarische und differenzierte Antwort auf den Einwand des Egoismus erörtern; im dritten Teil kommen wir auf die skeptische Frage zurück, ob sich jede Moraltheorie ebenso schroff vom Art-Egoismus distanzieren müsse, wie es der Utilitarismus tut.

2.

Utilitaristische Argumente führen ohne Umschweife zur Begründung von Tierschutzpflichten. Der ethische Utilitarismus ist leider ein Stiefkind der deutschsprachigen Philosophie, und er ist auch der Prügelknabe mancher einflußreicher Vertragstheoretiker wie z. B. John Rawls, die – wenn überhaupt – nur mit großem Aufwand direkte moralische Rücksichten gegenüber Tieren begründen können. Diese Kritiker haben den Utilitarismus jedoch meist einseitig dargestellt und oft mit dem ökonomischen (und egoistischen) Utilitarismus gleichgesetzt.

Der Utilitarismus läßt sich nach dem Vorbild von Jeremy Bentham und John Stuart Mill folgendermaßen entwickeln: Das Kriterium von Richtig und Falsch ist das größte Glück aller von einer Entscheidung Betroffenen. Dieses Kriterium ist zwar ein oberster Standard, aber es ist in der Praxis kein geeignetes Entscheidungsverfahren. In der Praxis brauchen wir einen *indirekten Utilitarismus*, der vermittelnde Prinzipien und Charaktereigenschaften anbietet. Besonders klar haben sich alle Klassiker des Utilitarismus von der falschen Gleichsetzung von Kriterium und Motiv distanziert: Unparteiische Interessenerwägung mag zwar das oberste Ziel sein, doch daraus folgt nicht, daß dieses Ziel am besten dadurch erreicht wird, daß alle Individuen direkt nach seiner Erfüllung streben. Das Verhältnis der Menschen zu anderen Arten wird vielleicht durch einen hartnäckigen Art-Egoismus blockiert, der so stark in der biologischen Evolution des Menschen verwurzelt ist, daß er sich nur sehr unvollständig durch eine soziale Gegen-Evolution überwinden läßt. Vielmehr muß er, wie andere egoistische Tendenzen, in einer realistischen Ethik einkalkuliert werden (vgl. Precht 1997, S. 250 f.). Das heißt nun nicht, daß das oberste Kriterium der unparteiischen Interessenabwägung aufgegeben wird, sondern daß die Frage, wie – durch welche Verfahren, Motive, Institutionen usw. – dieses Ziel am besten erreicht wird, möglichst flexibel und mit Rücksicht auf die biologischen, ökonomischen und geistigen Ressourcen der tatsächlich lebenden Menschen beantwortet wird.

Die Einbeziehung der Tiere ergibt sich für den Utilitarismus auch durch seine hedonistische Grundorientierung bei der Interpretation des Glücksbegriffs. Nicht nur menschliches, sondern auch tierliches Wohl oder Glück läßt sich am einfachsten als Übergewicht von Lust über Unlust charakterisieren. Allerdings ergibt sich aus der hedonistischen Grundorientierung keineswegs automatisch eine Einbeziehung aller Tiere oder gar der ganzen Natur in den Bereich der um ihrer selbst willen zu berücksichtigenden Wesen.

Denn Lust setzt – ähnlich wie die Fähigkeit zu wünschen – gewisse kognitive Fähigkeiten voraus, über die vielleicht manche Tiere nicht verfügen. Ob eine Mücke Lust empfinden kann, läßt sich natürlich nicht rein philosophisch beantworten, sondern dazu braucht es die Biowissenschaften. Doch daß der Begriff von Lustempfindung eine gewisse kognitive Fähigkeit voraussetzt, scheint sich schon aus der Definition von Lust zu ergeben. So definiert etwa Henry Sidgwick Lust folgendermaßen: »X ist Lust« ⇒ def. »X ist ein Gefühl, das, wenn es von intelligenten Wesen erfahren wird, zumindest implizit als wünschenswert oder vorzugswürdig [*preferable*] aufgefaßt [*apprehended*] wird«. (Vgl. Sidgwick 1907, S. 127. Die Darstellung der Definition stammt von mir.)

Sidgwick plädiert für eine vermittelnde Position zwischen einem hedonistischen und einem Präferenzen-Utilitarismus. Er hält an einem losen, aber allgegenwärtigen Zusammenhang von Lust mit dem Wünschenswerten bzw. Präferierbaren fest. Dieser lose Zusammenhang kommt in seiner subtilen Definition zum Ausdruck; es ist kein Zufall, daß er von einem intelligenten Wesen spricht, das etwas geistig auffaßt. Man kann sich natürlich fragen, ob der Zusatz »intelligent« notwendig sei, und vielleicht zögert Sidgwick selber, denn an einer späteren Stelle erwähnt er seine Definition ohne den Zusatz »intelligent« (vgl. ebd., S. 131). Doch das Problem bleibt bestehen, denn was sollen wir uns unter einem Wesen vorstellen, das z. B. Schmerzen hat, ohne sie als vermeidenswert zu erleben? Diese Überlegung gewinnt zusätzliche Unterstützung durch die Evolutionsbiologie. Sie wird an dieser Stelle natürlich auch die Frage stellen, welchen Selektionsvorteil eine Fähigkeit zu Schmerzerfahrungen ohne ein entsprechendes Präferenzverhalten der Vermeidung von Schmerzen haben könnte. Der Ausdruck »apprehended« verweist auf eine kognitive Fähigkeit, zumindest auf so etwas wie ein einfaches Bewußtsein oder bewußtes Erleben. Die Frage ist wichtig im Blick auf die Einschätzung der Lust eines Kleinkindes oder eines Tieres, das vielleicht über keine Begriffe, aber vermutlich doch über ein rudimentäres Bewußtsein verfügt. Die Zuschreibung von Lust und Schmerz beruht auf einfachen Analogieschlüssen von unserem Erleben auf das Erleben anderer Lebewesen mit ähnlichen physiologischen Voraussetzungen. Je unähnlicher die Physiologie zwischen Mensch und Tier ist, um so problematischer wird dieser Analogieschluß.

Ein interessanter Einwand gegen den Utilitarismus lautet: Die Orientierung an Interessen ist blind für den Unterschied zwischen berechtigten (normativen) Erwartungen von Individuen auf der einen Seite und unvernünftigen, unverschämten oder gar unmoralischen Wünschen auf der anderen Seite. Diese falsche Neutralität führt dazu, daß der Utilitarismus auch blind ist für den Unterschied zwischen verdienten und unverdienten Strafen oder Belohnungen. Eng verwandt damit ist der Einwand, der Utilitarismus sei distributionsblind, weil er Interessen rein aggregativ, nach ihrer Intensität oder anderen quantitativen Merkmalen behandle.

Dieses Porträt des Utilitarismus ist zwar verbreitet, doch es ist falsch. Alle Utilitaristen – mit der Ausnahme von rein akademischen sog. Aktutilitaristen – haben die Bedeutung vermittelnder Prinzipien bei der Anwendung des Utilitarismus sehr ernst genommen. So muß der utilitaristische Gesetzgeber nach Bentham Garantien der Sicherheit für jedes einzelne Individuum schaffen. Dabei kommen nach Bentham Tiere, sofern sie vitale Interessen haben, grundsätzlich nicht schlechter weg als Menschen. De facto haben Menschen allerdings ein viel wirksameres Alarmsystem gegen Angreifer und Eindringlinge als Tiere, und deshalb gelingt es ihnen, den Rechtsschutz von Menschen viel effizienter zu gestalten als den von Tieren. Vögel machen zwar auch ein Alarmgeschrei, wenn eine Katze auf der Lauer liegt, doch sie verfügen nicht über die Mittel und Medien, mit denen Menschen Verbrechen an ihren Artgenossen anprangern.

Doch dieser Unterschied *erklärt* lediglich den Unterschied der Bewertung des Lebens eines menschlichen und eines tierlichen Individuums – er *rechtfertigt* ihn nicht. Menschen können, wenn sie wollen, Grausamkeiten gegen Tiere ebenso drastisch anprangern wie Verbrechen an Menschen (vgl. Wolf 1998).

In Recht und Politik läßt sich das utilitaristische Kriterium nur über ein vermittelndes Prinzip anwenden, nämlich das Verbot der Fremdschädigung (*harm-principle*). Dessen Funktion besteht darin, die zur Erhaltung von Sicherheitsgarantien (individuelle Grundrechte) absolut notwendigen Sanktionen zu legitimieren. Menschen dürfen mit Drohungen und Zwang daran gehindert werden, andere in ihren vitalen Interessen und Grundrechten zu schädigen. Die liberale Pointe dieses Prinzips besteht im Paternalismusverbot: Handlungen dürfen nicht deshalb verboten werden, weil sie den Handelnden selber (sein Leben, seine Gesundheit oder seine persönliche Moral) gefährden.

Man beachte, daß die utilitaristische Begründung des Verbots der Fremdschädigung nicht etwa von einem Vertrag oder einer Zustimmung potentieller Opfer abhängig ist, daß jedoch für zustimmungsfähige Wesen die Maxime gilt: »volenti non fit iniuria«. Zustimmung ist also moralisch relevant, aber sie ist nicht begründungsrelevant. Die Ethik wird nicht auf Zustimmung oder potentielle Zustimmung begründet. Im Unterschied zum Kontraktualismus oder zur Diskursethik versucht der Utilitarismus nicht, das moralische Verbot der Fremdschädigung in einem (idealen) Konsens zu begründen. Im Rahmen des Utilitarismus und übrigens auch einer Mitleidsethik (Schopenhauer) sind die meisten skeptischen Argumente gegen Tierrechte aus dem Lager von Kontraktualisten a priori ausgeräumt. Tiere sind für den Utilitaristen nicht a priori von der Rechtsgemeinschaft ausgeschlossen, ebensowenig wie Kleinkinder oder geistig schwer Behinderte. Ein minimaler moralischer Status kann der bloßen Fähigkeit zum Erleben von Lust und

Schmerz zugesprochen werden, und dieser moralische Status muß nicht ausgehandelt oder verdient werden, sondern er kommt allen leidensfähigen Wesen gleichermaßen zu.

Der Vergleich von Tieren mit Kleinkindern und Behinderten ist in der deutschsprachigen Öffentlichkeit besonders umstritten, doch das sog. *Argument vom menschlichen Grenzfall* ist unausweichlich. Autoren wie z. B. Habermas vermeiden eine Auseinandersetzung mit diesem Argument und überlassen das Problem des Tierschutzes den subjektiven Sensibilitäten. Doch das viel geschmähte Argument vom menschlichen Grenzfall wurde keineswegs von Peter Singer erfunden; vielmehr handelt es sich um eine Unterart von Analogieargumenten, die gegen Skeptiker verwendet werden, um die Auffassung zu erhärten, daß z. B. Tiere Schmerzen haben, weil wir z. T. gleiche Anhaltspunkte für den Nachweis von Schmerzen bei Menschen und Tieren haben. Das Analogieargument ist deshalb unverzichtbar, weil wir den Schmerz anderer nie direkt erfahren, ob es sich dabei um Menschen handelt oder Tiere (vgl. Singer 1990, S. 10 f.; Singer 1993, S. 69 f.). Ohne solche Analogieschlüsse könnten wir auch anderen Menschen keine Empfindungen oder Interessen zuschreiben, insbesondere dann, wenn sich diese nicht sprachlich mitteilen können. Das Analogieargument erklärt nicht unbedingt korrekt, wie wir dazu kommen, Tieren Schmerzen zuzufügen. Kinder lernen dies eher durch das Zeugnis ihrer Eltern, später vielleicht durch eigene Interpretation ihrer Beobachtung. Doch *Erklärung* ist auch nicht seine wesentliche Funktion. Diese besteht vielmehr darin, die Zuschreibung von Schmerzen, Lust und Interessen an Tiere gegenüber einem Skeptiker als angemessen zu *rechtfertigen*. (Im Unterschied zum Common sense muß die Philosophie den Skeptiker ernst nehmen.) Dabei spielt neben der Introspektion (»Wie ist es, Schmerzen zu empfinden?«) die Analogie der empirischen Evidenzen (Physiologie und Ausdrucksverhalten) bei Menschen und Tieren eine Schlüsselrolle (vgl. Perrett 1997).

Das Argument des menschlichen Grenzfalls ist, wie gesagt, eine Subspezies des Analogiearguments. Es läßt sich hypothetisch formulieren, und es ist offen für zwei Varianten: Die erste ist schockierend, die zweite dagegen kaum. Die erste Variante lautet: Falls es nicht-lebenswertes Leben gibt (z. B. das Leben einer Stechmücke, die wir gedankenlos erschlagen), warum sollten dann nicht gewisse extreme Formen menschlichen Lebens (z. B. das Leben einer Zygote oder einer Person im irreversiblen Koma) ebenso wenig lebenswert sein? Mit dieser ersten Variante wollen wir uns hier nicht weiter beschäftigen. Sie ist zwar nicht uninteressant, doch sie operiert mit dem anstößigen Begriff des nicht-lebenswerten Lebens und verstößt damit gegen die »political correctness«.

In seiner weniger skandalösen Version lautet das Analogieargument folgendermaßen: Falls Kleinkinder oder geistig schwer behinderte Menschen ein Recht haben, nicht gefoltert oder getötet zu werden, und falls ihnen dieses Recht unabhängig von den Wünschen und Launen Dritter zukommt, so kommt ihnen dieses Recht unabhängig von der Zustimmungsfähigkeit oder anderen höheren kognitiven Fähigkeiten zu. (Die Formulierung in Begriffen von Rechten ist für dieses Argument nicht wesentlich und mag hier als bequeme Abkürzung betrachtet werden für die umständlichere Formulierung: »Falls es aus direkten Gründen moralisch falsch ist, Kleinkinder oder geistig schwer Behinderte zu foltern oder zu töten [...].«) Demnach läßt sich dieses Recht auch anderen empfindungsfähigen Wesen zuschreiben, unabhängig von der Frage, ob diese zustimmen, an Diskursen teilnehmen oder sich sonst mitteilen können. Dieser Mensch-Tier-Vergleich wäre im übrigen gar nicht nötig, wenn man sich vergegenwärtigen würde, daß es auch für die Behandlung von Menschen moralische Verbote gibt, die gar nicht kommunikativ (dem potentiellen Opfer gegenüber) gerechtfertigt werden müssen. So ist das Recht, nicht gefoltert zu werden, nicht von der Zustimmungsfähigkeit einer Person abhängig. Es ist nicht vergleichbar mit dem Recht, nicht ohne Zustimmung in der eigenen Privatsphäre belauscht zu werden. Dieses Recht steht und fällt mit der Zustimmung einer Person. Die robusteren Rechte auf körperliche Integrität und Leben dagegen funktionieren anders. »Ein Mensch hat ein Interesse daran, nicht gefoltert zu werden, weil er die Fähigkeit hat, Schmerzen zu erleiden, nicht weil er Mathematik oder etwas dergleichen versteht.« (Rachels 1997, S. 83) Ähnliches gilt für das Tötungsverbot, oder sollte man z. B. Säuglinge oder geistig schwer Behinderte einfach deshalb töten dürfen, weil sie keine zukunftsbezogenen Präferenzen haben und weil sich zur Zeit niemand um sie kümmert? Sofern man aber im Gegensatz zu Singer davon überzeugt ist, daß das Tötungsverbot für alle (geborenen) Menschen gilt, und zwar nicht nur aus rechtspragmatischen, Mißbrauch abwehrenden, sondern aus direkten moralischen Gründen, die unabhängig von ihrem geistigen Entwicklungsstand gelten, warum sollte nun bei der Frage der Tötung von Tieren der geistige Entwicklungsstand ausschlaggebend sein? Es sind dies Fragen, die uns der moralische Common sense nicht befriedigend beantwortet und die von einer philosophischen Ethik beantwortet werden müssen.

Die vorangehende Argumentation wurde gelegentlich auch durch die Formel zusammengefaßt, es gebe einige *unveräußerliche* Rechte, so z. B. das Recht, nicht verstümmelt oder nicht getötet zu werden. Doch so weit müssen wir für unsere Argumentation nicht gehen. Denn einerseits ist der Nachweis solcher Rechte schwer zu erbringen, andererseits wurde die Annahme solcher Rechte auch und vor allem dazu verwendet, ein absolutes Verbot der Selbstverstümmelung oder des Suizids zu begründen. Von Bedeutung ist in unserem Zusammenhang nur die Einsicht, daß es Formen der Verwundbarkeit und Abhängigkeit gibt, die auch dann moralisch zu berücksichtigen sind, wenn sie von den potentiellen Opfern nicht sprachlich artikuliert werden können.

Die Frage, wie ein Wesen zu behandeln sei, läßt sich demnach nicht immer mit der Bezugnahme auf dessen hypothetischen oder idealen Konsens beantworten. Es gibt überdies Wünsche oder Interessen, die moralisch zu berücksichtigen sind, weil sie mit dem Wohl eines Wesens untrennbar verbunden sind, nicht weil sie notwendigerweise an normative Erwartungen geknüpft sind. Ein Säugling ist (noch) nicht in der Lage, normative Erwartungen zu entwickeln oder gar zu artikulieren; dennoch sind seine Wünsche nach Vermeidung von Schmerz und Angst um ihrer selbst willen moralisch zu berücksichtigen.

Sehen wir vom umstrittenen Problem des Tötungsverbotes (ausführlich dazu Breßler 1997) ab, so gibt die philosophische Ethik eine deutliche Antwort: Da alle empfindungsfähigen Wesen ein vitales Interesse haben, nicht gequält zu werden, erstreckt sich das Verbot der Fremdschädigung auf alle empfindungsfähigen Wesen. Eine Beschränkung dieses Verbots auf die Mitglieder der Spezies Homo sapiens ist willkürlich (»Speziesismus«). Die Kritik am Speziesismus ist häufig falsch verstanden worden, etwa als eine Mißachtung der Unterschiede zwischen Menschen und anderen Lebewesen. Doch der Speziesismus lädt selber dazu ein, lebende Organismen nicht als Individuen, sondern ausschließlich als Exemplare ihrer Spezies zu beurteilen. So werden meist die enormen biologischen und geistigen Unterschiede unter Menschen und in ihren verschiedenen Entwicklungsphasen ignoriert. Anstelle einer genetischen und differenzierenden Betrachtungsweise tritt eine statische und abstrahierende, die dazu dient, das Wesen des Menschen dem Wesen des Tieres gegenüberzustellen. Die Kritik am Speziesismus hat die Funktion, diese Konfrontation von »Wesen« zu vermeiden – zugunsten einer differenzierteren Betrachtungsweise, wie sie uns die Biologie nahelegt. Die Entwicklungsbiologie hat viel dazu beigetragen, unsere Visionen der Rolle des Menschen im Kosmos zu verändern. Gleichwohl ist die sog. evolutionäre Ethik eine Versuchung, der man aus ähnlichen methodologischen Gründen widerstehen sollte wie dem ethischen Intuitionismus (vgl. Farber 1994). Denn der ethische Impakt der Evolutionstheorie mit so vagen Zielbeschreibungen wie »fortschreitende Differenzierung« oder »Überleben der Fähigsten« bedarf ebenso der Kritik und Modifikation wie die Common-sense-Moral.

Doch kommen wir zurück zum Utilitarismus. Dieser besteht in seiner klassischen Form keineswegs in einer direkten Anwendung der Kalkulation von Lust und Unlust auf praktische Entscheidungen. Zwar mag der Utilitarismus einem »ideal observer« oder einem idealen Gesetzgeber die unbeschränkte Fähigkeit zur Voraussicht von Folgen und deren exakte Abwägung andichten. Doch für die Bewältigung des alltäglichen Lebens finden sich keine Empfehlungen dieser Art. Der Utilitarismus befürwortet eine Erziehung und Charakterbildung, die allen Menschen eine starke Neigung einpflanzt, Versprechen und Verträge zu halten, mit anderen ehrlich zu kooperieren und von den Leiden Schwächerer und Abhängiger nicht zu profitieren.

Natürlich gibt es mehr oder weniger theoriefreundliche Formen des ethischen Intuitionismus. Es gibt den Ultraintuitionismus, der glaubt, partikuläre moralische Urteile seien Träger einer Gewißheit, die uns allgemeine Prinzipien nicht verschaffen können. Es gibt den dogmatischen Intuitionismus, der glaubt, es gebe einen ewigen Katalog von fest umrissenen Geboten und Verboten. Aber es gibt auch den philosophischen Intuitionismus, der versucht, die Anzahl selbstevidenter Axiome auf ein Minimum zu reduzieren und unsere übrigen Intuitionen in ein möglichst kohärentes System zu bringen (vgl. Sidgwick 1907, S. 98 ff.). Doch das grundsätzliche Problem, wie man echte Selbstevidenz von scheinbarer oder von bloßen Tautologien unterscheiden kann und welche widerspenstigen Intuitionen man eliminieren soll, bleibt auch im Rahmen eines ethischen Intuitionismus wahrscheinlich unlösbar. Dieser kann nur die Einsicht vermitteln, daß mindestens eine von zwei konfligierenden Intuitionen falsch ist.

Das Problem läßt sich an folgendem Beispiel illustrieren: Betrachten wir zuerst die Kritik der sog. natürlichen Lotterie (vgl. Sidgwick 1907, S. 284; der Ausdruck »natural lottery« stammt von Rawls). Handelt es sich bei der Überzeugung, niemand solle für Dinge, die er oder sie selber nicht durch eigene Anstrengung erlangt hat, belohnt werden, um ein echtes oder um ein unechtes Axiom? Häufig wird zufälliges Glück oder was wir einer angeborenen Gabe oder Umständen verdanken als unverdient empfunden. Doch in der Praxis können wir das, was wir selber erreicht haben und was uns zugefallen ist, kaum sauber auseinanderdividieren. Die gleiche Frage läßt sich im Blick auf die Annahme stellen, Leben und Wohl vernünftiger Wesen habe mehr moralisches Gewicht als das unvernünftiger Wesen. Niemand ist durch eigenes Verdienst ein vernunftfähiges Wesen. Es ist unverdientes Glück bzw. unverschuldetes Pech, ob jemand als Mensch oder Igel geboren wird (vgl. Wolf 1993, S. 116). Demnach gibt es einen Konflikt zwischen der Intuition, das Glück und das Leben vernunftfähiger Wesen zähle moralisch mehr als das vernunftloser, auf der einen Seite, und der Intuition, nur echte Verdienste aufgrund eigener Bemühungen zählten moralisch, auf der anderen Seite. Wie ist dieser Konflikt aufzulösen? Welche Intuition muß eliminiert werden? Sind vielleicht beide Intuitionen unhaltbar? Wie dem auch sei: Fragen dieser Art scheinen den Rahmen eines philosophischen Intuitionismus zu sprengen. Sie lassen sich nicht durch ein neues Arrangement alter »Wahrheiten« beantworten.

Der Inhalt und das Ausmaß von Fairneßpflichten muß von Zeit zu Zeit wieder öffentlich diskutiert werden, denn es handelt sich dabei um keine selbstevidenten und präzisen Intuitionen. Das Gefühl für Fairneß kann zuweilen irreführen, so etwa, wenn es zum Vorwand für Ressentiments und Neid wird. Fairneß ist letztlich als Mittel der Verringerung von Leiden gut, nicht als ultimatives Ziel. Deshalb sind unparteiische Nutzenerwägungen fundamentaler als Fairneßerwägungen. Auch Kants Postulat der gleichen Achtung scheint tiefer zu reichen als die vermeintlich selbstevidenten Intuitionen der Common-sense-Moral. Die Ausbeutung von Menschen und Tieren, insbesondere die Zufügung (oder Duldung) von schweren Leiden zur Erlangung trivialer Genüsse und Vorteile sollte als zutiefst beschämend erlebt werden. Utilitarismus, eine revidierte Kantische Ethik und die Ethik der Ehrfurcht vor dem Leben befürworten eine moralische Sensibilisierung zugunsten des Vegetarismus und anderer Protestformen, die zugleich dem Schutz von Tieren und der Erhaltung der menschlichen Selbstachtung dienen. Doch damit haben wir bereits eine Überlegung vorweggenommen, die im Schlußteil ausgeführt werden soll.

3.

Jede ethische Theorie kann von anderen lernen und Argumente anderer Theorien integrieren. Falls es keine völlig gewissen oder sakrosankten Überzeugungen, keine selbstevidenten Axiome gibt, können wir Theorien ohnehin nicht daran messen, ob sie solche heiligen Überzeugungen stützen oder unterminieren. Theorien lassen sich nicht in Konfrontation mit isolierten Intuitionen stürzen. Umgekehrt können Theorien versuchen, möglichst viele moralische Intuitionen zu inkorporieren, d. h. zu präzisieren und in einen systematischen Zusammenhang zu bringen. Verschiedene Theorien können mehr oder weniger rigoros mit widerspenstigen Intuitionen umgehen. Es gibt kein generelles Rezept für alle Theorien, wie sie mit einzelnen Intuitionen verfahren sollen. Deshalb ist es auch unmöglich, einen allgemeinen Leitfaden dafür zu erarbeiten, nach welchen Gesichtspunkten verschiedene Theorien zu bewerten seien.

Ein solcher Leitfaden könnte u. a. Rücksichten auf wohler-
wogene Intuitionen enthalten, aber es gibt keine wissenschaftliche Methode zur Erstellung solcher externer metho-
dologischer Evaluationen.

Der sog. Theorienvergleich in der Ethik ist besonders
heikel und wird gewöhnlich von jenen etwas leichtfertig betrieben, die beweisen möchten, daß sie die beste Theorie haben und alle anderen Theorien (mehr) Mängel aufweisen.
Natürlich möchten manche Autoren zeigen, daß sie über die
beste Theorie verfügen, und sie meinen, dies vor allem dadurch zu erreichen, daß sie nachweisen, daß alle (ihnen bekannten) anderen Theorien nichts oder nur wenig taugen.
Der Theorienvergleich suggeriert, daß man sich über einen
Kanon externer Regeln einigen kann, doch dies ist nicht der
Fall. Die Leidenschaft für moralische Theorien wird gegenwärtig hartnäckig vom Schatten der Antitheoriebewegung
begleitet. Manche Autoren halten den Bereich der Moral gar
nicht für theoriefähig. Ein Beispiel ist die Haltung der
Ethik zum Egoismus: Wie viele Konzessionen soll eine
Theorie der Moral an die Neigungen der Menschen machen? In welchem Maße soll sie ihren Gefühlen Rechnung
tragen? Und kann sie dem menschlichen Art-Egoismus,
dem Begünstigen der eigenen Spezies, überhaupt einen
wirksamen Riegel vorschieben? Trotz intensivster Debatten
wird es kaum jemals gelingen, die Dissonanzen zwischen
den verschiedenen methodologischen Ansprüchen an Moraltheorien zu beseitigen. Ist es angesichts dieser schwieri-
gen Lage nicht fruchtbarer, nach konvergierenden Schlußfolgerungen verschiedener Theorien Ausschau zu halten?

Eine Konvergenz verschiedener Theorien scheint sich in
jenem Bereich abzuzeichnen, der unter dem etwas altmodi-
schen Titel »Kultivierung der Tugend« figuriert. Dabei geht
es nicht etwa um die Frage, ob die Ethik in Tugenden zu
begründen sei, sondern darum, wie Moral in Erziehung und
Politik umgesetzt werden kann. Die »Kultivierung der Tugend« spielt sich im Bereich der individuellen Lebensfüh-

rung ab und betrifft auch das Verhältnis von Ethik und gutem bzw. sinnvollem Leben. Ist z. B. ein Leben, das auf der systematischen Ausbeutung oder Ausrottung anderer Spezies basiert, überhaupt ein sinnvolles, schönes Leben? Oder setzt ein solches Leben voraus, daß wir uns und anderen permanent etwas vormachen? Verstrickt sich ein Leben der Ausbeutung in Lebenslüge und Selbstbetrug?

Unter dem Stichwort »Kultivierung der Tugend« (vgl. Sidgwick 1907, S. 227) finden sich ähnliche moralpädagogische Überlegungen bei Kant, Mill und Sidgwick, aber auch bei Vertretern einer Tugendethik. Nur dadurch, daß Menschen einen Sinn für Fairneß entwickeln, wird langfristig jenes Unglück wirksam vermieden, das aus manchen Formen der Ausbeutung resultiert. Fairneß ist in utilitaristischer Optik nicht in sich gut, aber sie soll uns im Alltag durchaus so motivieren, als wäre sie in sich gut. Nur sog. ethische Intuitionisten nehmen Anstoß an dieser Schizophrenie zwischen Theorie und Motivation. Sie lassen den Sprung zwischen Theorie und Praxis nicht zu und glauben, die Theorie hätte sich nach unseren resistenten Vorurteilen zu richten. Sie unterstellen den Theoretikern, daß sie sich über moralische Gefühle und Traditionen einfach hinwegsetzen möchten. Doch sie verfallen dabei ins andere Extrem und erheben jede Folklore zur sakrosankten moralischen Wahrheit. Sie verhalten sich wie Jäger, die glauben, an ihrer Tätigkeit könne nichts falsch sein, weil sie bereits von ihren prähistorischen Vorfahren ausgeübt wurde.

Was das Verhältnis von gutem und sinnvollem Leben und Ethik betrifft, so gibt es zahlreiche interessante Anregungen bei Albert Schweitzer, wobei ich im folgenden einige Formulierungen aus Wolf 1997b übernehme. Schweitzer hat nämlich die Idee vertreten, daß letztlich jeder Mensch selber eine Balance zwischen Hingabe für andere und für die eigene Selbstvervollkommnung finden muß. So muß z. B. Ehrfurcht vor dem Leben auch Ehrfurcht vor dem eigenen Leben einschließen. (Ob man wie Schweitzer alle Lebensformen *unterschiedslos* einschließen soll, bleibe hier dahingestellt.) Wer ohne Bedenken einen Baum fällt, nur weil er auf seinem Grundstück steht und die Aussicht behindert, macht sich im Sinne einer engen Moral von Pflichten und Rechten nicht schuldig. Doch wer so handelt, hat vermutlich keine Ehrfurcht vor dem Leben. Ähnliches trifft auf Menschen zu, die Ameisenhaufen verbrennen oder Schmetterlinge aufspießen, Spinnen in ihrem Staubsauger verschwinden lassen und Blumen schneiden. In allen Fällen wird Leben ohne Notwendigkeit, oft roh und meist gedankenlos vernichtet. Nach Schweitzer zieht der Ruf der Ethik nur scheinbar nach zwei Richtungen, nämlich in Richtung einer totalen Hingabe und in Richtung einer Selbstvervollkommnung. Der Eindruck der totalen Überforderung stammt daher, daß man von einem Antagonismus dieser beiden Tendenzen ausgeht und der Hingabe Priorität verleiht. Schweitzer wählt jedoch einen anderen Weg: Zunächst bekräftigt er den Primat der Selbstvervollkommnung; danach versucht er zu zeigen, daß Selbstperfektion nur durch Hingabe möglich ist und somit kein prinzipieller Konflikt zwischen Selbstvervollkommnung und Hingabe besteht. Eine exzessive oder selbstzerstörerische Hingabe wäre mit Selbstvervollkommnung kaum vereinbar. Deshalb muß der Mensch zuerst bei sich selber beginnen, d. h. der Ehrfurcht vor dem eigenen Leben, damit er seine Fähigkeiten und Grenzen richtig einschätze. Auch eine utilitaristische Ethik kann von diesen Anregungen Schweitzers lernen, ohne dabei unkritisch seinen biozentrischen Ansatz übernehmen zu müssen.

Der Utilitarismus darf keineswegs mit einem plumpen Instrumentalismus gleichgesetzt werden. Der Gebrauch einer ethischen Theorie ist gerade so idiotisch oder genial wie die Person, die sie anwendet. Der Utilitarismus muß wie jede andere Theorie auch durch vereinfachte alltägliche Entscheidungsverfahren für die Praxis tauglich gemacht werden. Und in diesem Bereich der »mittleren Axiome« gibt es manche Konvergenzen zwischen den sonst konkurrierenden Theorien. Die meisten moralischen Entscheidungen und Reaktionen im Alltag setzten den *Menschen als ein sich selber interpretierendes Tier* voraus, das um ein akzeptables Selbstbild und um Selbstachtung bemüht ist. Zur moralischen Reife des Charakters gehört es, andere *nicht nur* als Mittel (z. B. als Spiegel, Projektionsfläche oder Ressource) für eigene Bedürfnisse zu brauchen, sondern auch als Wesen mit einer eigenen Perspektive, einem eigenen Wohl und Wehe zu achten.

Ein Element von Kants bzw. Schweitzers Philosophie gehört also wesentlich zum Bereich der Kultivierung der Tugend, sofern *gleiche* Achtung oder Ehrfurcht vor anderen um ihrer selbst willen zur Moral überhaupt gehört. Diese gleiche Achtung läßt sich leichter auf einige nicht-menschliche Wesen ausweiten, als Kant dachte. Wie Tom Regan gezeigt hat, läßt sich auch Kants Ethik zu einer systematischen Tierethik erweitern (vgl. Regan 1983). Vielleicht ist es letztlich gar nicht so wichtig, ob wir von Kant oder von Bentham ausgehen. Sowohl Kant als auch die Utilitaristen stehen der sog. Moral des gesunden Menschenverstandes kritisch gegenüber, sie sind keine dogmatischen Intuitionisten. Denn es geht darum, daß wir uns in Theorie und Praxis von *einigen* moralischen Platitüden befreien; zu den suspekten Platitüden gehören aber jene, welche die jeweils Sprechenden bzw. ihre Bezugsgruppe einseitig bevorzugen, also alle Spielarten von Parteilichkeit und Egoismus, auch der Art-Egoismus.

Natürlich wird sich ein gemäßigter Egoist nach dem Vorbild von David Hume von dieser Kritik nicht überzeugen lassen. Er (oder sie) wird geltend machen, daß der Art-Egoismus nicht nur unausrottbar, sondern auch weniger verwerflich sei als der Egoismus auf Kosten anderer Menschen. Wenn unsere natürlichen Sympathien schon so wenig andere Menschen einschließen, wie könnten sie nun plötzlich alle empfindungsfähigen Wesen einschließen? Es ist viel-

leicht eine offene Frage, ob ein bewußter Art-Egoist sich
selber achten kann oder ob er sich schämen sollte.

Wie wir allerdings gesehen haben, verpflichtet uns z. B.
der Utilitarismus nicht zu einer universalen Sympathie,
sondern er anerkennt die Polarität zwischen dem Ziel des
größten Glücks und der »Kultivierung der Tugend«. Anerkennt man diese Unterscheidung, so ist es z. B. sinnvoll,
Kinder durch gutes Zureden und eigenes Vorbild zum Vegetarismus zu erziehen, weil dieser der Achtung vor allen
Wesen mit Wohl und Wehe entspricht, ohne einem moralischen Fanatismus zu verfallen und z. B. Kinder dafür zu
strafen, daß sie gelegentlich Fleisch essen oder, sobald sie
selber nachdenken und argumentieren, eine nicht-vegetari-
sche Lebensweise wählen. Das gelebte Vorbild vermag auch
besser zu vermitteln, daß Vegetarismus nicht mit Asketis-
mus zusammenfällt und mit Genuß und Freude am Essen
vereinbar ist. Das Klischee vom asketischen Gesundheitsfa-
natiker hat dazu geführt, den Vegetarismus nur als Zumu-
tung von Verzicht und Störung in privaten Gewohnheiten
zu betrachten. Leider hat die Philosophie der Ernährung
und ihrer moralischen und ästhetischen Implikationen in
unserer Kultur ein Schattendasein gefristet (eine löbliche
Ausnahme ist Telfer 1996).

Dem größten Glück aller, einschließlich der Tiere, können wir uns vielleicht nur mit indirekten Mitteln annähern.
Gemeint ist damit, daß niemand (vielleicht nicht einmal
ein wohlwollender und allmächtiger Despot) in der Lage
ist, die Lebensweise und Weltanschauung aller Menschen
schlagartig zu verändern und sie zu tugendhaften Menschen
zu machen. Wer allerdings weiterhin glaubt, nicht auf
Fleisch verzichten zu *können*, dem erscheint vielleicht im
Licht der Rücksichtnahme auf die leidenden und abhängigen Tiere plötzlich etwas als leicht und sinnvoll, denn »es
wächst der Mensch mit seinen größeren Zwecken«.

Literatur

Breßler, Hans-Peter: Ethische Probleme der Mensch-Tier-Beziehung. Eine Untersuchung philosophischer Positionen des 20. Jahrhunderts zum Tierschutz. Frankfurt a. M. [u. a.] 1997.

Carruthers, Peter: The Animals Issue. Moral Theory in Practice. Cambridge 1992.

DeGrazia, David: Taking Animals Seriously. Mental Life and Moral Status. Cambridge 1996.

Farber, Paul Lawrence: The Temptations of Evolutionary Ethics. Berkeley [u. a.] 1994.

Garner, Robert (Hrsg.): Animal Rights. The Changing Debate. Houndmills [u. a.] 1996.

Habermas, Jürgen: Die Herausforderung der ökologischen Ethik für eine anthropozentrisch ansetzende Konzeption. In: Angelika Krebs (Hrsg.): Naturethik. Grundtexte der gegenwärtigen tier- und ökoethischen Diskussion. Frankfurt a. M. 1997. S. 92–99.

Kant, Immanuel: Metaphysik der Sitten [Königsberg 1797]. 2. Teil: Metaphysische Anfangsgründe der Tugendlehre, Neuaufl. Hamburg 1990.

Perrett, Roy W.: The Analogical Argument for Animal Pain. In: Journal of Applied Philosophy 14 (1997), Heft 1, S. 49–58.

Precht, Richard David: Noahs Erbe. Vom Recht der Tiere und den Grenzen des Menschen. Hamburg 1997.

Rachels, James: Can Ethics Provide Answers? And Other Essays in Moral Philosophy. Lanham / Boulder / New York 1997.

Regan, Tom: The Case for Animal Rights. London / Melbourne / Henley 1983.

Sidgwick, Henry: The Methods of Ethics. London 1907. Neudr. Indianapolis 1981.

Singer, Peter: Animal Liberation. 2. Aufl. New York 1990.

– Practical Ethics. 2., rev. und erw. Aufl. Cambridge 1993. – Dt. Praktische Ethik. Übers. von Oscar Bischoff, Jean-Claude Wolf und Dietrich Klose. Stuttgart 1994.

Telfer, Elisabeth: Food for Thought. Philosophy and Food. London / New York 1996.

Wolf, Jean-Claude: Tierethik. Freiburg (Schweiz) 1992.

– Überlegungen zur Tierethik. Gibt es eine Pflicht zum Vegetarismus? In: Ethik & Unterricht 1 (1997) S. 5–12. [Zit. als: Wolf 1997a.]

Wolf, Jean-Claude: Albert Schweitzers weiter Begriff von Ethik. In
    Wolfgang E. Müller: Zwischen Denken und Mystik. Albert
    Schweitzer und die Theologie heute. Bodenheim 1997. S. 224–
    242. (Beiträge zur Albert-Schweitzer-Forschung. Bd. 5.) [Zit. als:
    Wolf 1997b.]
– Willensmetaphysik und Tierethik. In: Schopenhauer-Jahrbuch 79
    (1998) S. 1–16.

KONRAD OTT

Das Tötungsproblem in der Tierethik der Gegenwart

Zusammenfassung

In einem ersten Schritt (1) gebe ich eine knappe Problemexposition, unterscheide mehrere Positionen, die faktisch in der Gesellschaft und in der Tierethik vertreten werden, und lege mich auf eine ethische Basistheorie fest. In einem längeren zweiten Abschnitt (2) stelle ich einige repräsentative tierethische Positionen dar und weise auf ihre jeweiligen Schwierigkeiten hin. Anschließend (3) identifiziere ich die für das Problem der Tötung höherentwickelter Tiere zentrale Prämisse und überprüfe sie anhand einiger kritischer Einwände auf ihre Tragfähigkeit hin. Zuletzt (4) ziehe ich ein kurzes Fazit, das aber angesichts vieler offener Detailfragen allenfalls eine Zwischenbilanz sein kann, die zu weiterem Nachdenken anregen möge.

1.

Jedem muß auffallen, daß wir Tiere mit ähnlichen Eigenschaften oder Fähigkeiten höchst unterschiedlich behandeln je nachdem, in welcher Beziehung sie zu *unseren* Zwecksetzungen und Interessen stehen (Hauskatze oder Legehenne, Fohlen oder Mastkalb). Unser faktischer Umgang mit Tieren scheint hoffnungslos inkonsistent zu sein, sofern man voraussetzt, daß ähnlichen Wesen gegenüber ein ähnliches Verhalten angebracht ist. Unsere moralischen Intuitionen sind hinsichtlich der Behandlung von Tieren uneinheitlich und schwankend. Nur wenige Menschen verspüren echte

Gewissensbisse, wenn sie Tierprodukte konsumieren. Für einige Tierethiker hingegen ist der Konsum von tierischen Produkten nichts als ein (weitverbreitetes) kulturelles Laster (J.-C. Wolf 1995), das es abzuschaffen gilt. Für einige radikale Mitglieder der Tierrechtsbewegung rangiert das Töten von Tieren in der Nähe des Mords an Menschen. Für viele Menschen erscheinen derartige Ansichten »überzogen«. Der moralisch begründete Vegetarismus wird zumeist nur als Sondermoral interpretiert, die man zwar achten kann, aber nicht teilen muß.

Fast alle, die ernsthaft über unser Verhalten gegenüber Tieren nachgedacht haben, treten für eine Verbesserung ihrer Lebensbedingungen gegenüber dem Status quo ein; diese Verbesserungsforderung impliziert aber kein Tötungsverbot. Kann also der/die, der/die aus moralischen und nicht aus diätetischen oder prudentiellen (BSE-Risiko) Gründen zum Vegetarier geworden ist, alle anderen aufgrund guter Gründe zu diesem Schritt verpflichten?

Umstritten ist auch, wann es in bezug auf Tiere angebracht oder geboten ist, kategorisch aus Grundsätzen zu argumentieren, und in welchen Fällen man abwägen darf. Geht es darum, eine fragwürdige Praxis *graduell* zugunsten der Tiere zu verbessern (Haltung, Transport, Tötungsweise usw.) oder sie *quantitativ* zu verringern (z. B. weniger Fleisch zu essen oder Tierversuche einzuschränken), oder darum, sie als grundlegend falsch abzulehnen? Ginge es primär um Verbesserungen, so könnte man als moralischen Fortschritt interpretieren, was im anderen Fall nur die Modifikation einer im Kern unmoralischen Praxis wäre.[1]

Ich möchte im Anschluß an Scharmann/Teutsch (1994) in bezug auf Tierhaltung und -tötung folgende vier Positionen idealtypisch unterscheiden:

(1) *Befürworter* unserer gegenwärtigen Praxis, die keine gravierenden moralischen Probleme in den Mensch-Tier-

Verhältnissen sehen. Befürworter berufen sich häufig auf die lange Tradition der Praxis, Tiere zu züchten, zu halten und zu nutzen. Der bloße Verweis auf Traditionen ist aber wohl für keinen Ethiker ein guter Grund. Das bloße Alter einer Praxis legitimiert diese nicht. Befürworter berufen sich auch auf die Legalität von Tiertötung. Tierethiker halten auch dies für keinen guten Grund, da sie das Tötungsproblem *moralisch* diskutieren wollen. In einer moralischen Diskussion zählt der Verweis auf geltende Gesetze nur wenig, da ja auch diese im Lichte moralischer Gründe überprüft werden sollen.

(2) *Verteidiger* treten für Verbesserungen bei den Haltungsbedingungen und den Tötungsarten ein, wollen aber die kulturelle Praxis der Tiernutzung nicht abschaffen. Sie wollen das Leben der Tiere verbessern, aber deren Tötung nicht verbieten. Hierzu können sie eine Reihe vornehmlich pragmatischer Gründe vorbringen. Was soll mit alten Tieren oder mit überzähligen Jungbullen in landwirtschaftlichen Betrieben geschehen? Hätte ein Tötungsverbot tatsächlich eine Verbesserung der Lage von Tieren (als Spezies betrachtet) zur Folge? Ist ein Verzicht nicht mit Unzumutbarkeiten verbunden usw.? Müßte man nicht viele Kulturen (Jäger, Fischer, Hirten) von einem Tötungsverbot gegenüber Tieren ausnehmen?

(3) *Kritiker* gehen ein Stück weiter als Verteidiger. Sie beziehen das ökonomische System der Massentierhaltung in ihre Kritik ein. Das Schicksal von Tieren darf nicht den ökonomischen Imperativen einer Nahrungsmittelindustrie untergeordnet werden. Oft wird auf die Verschwendung von Agrarflächen besonders in der sog. »Dritten Welt« zur Erzeugung von devisenbringenden Futtermitteln (»cash crops«) hingewiesen oder auf die Zerstörung von Regenwäldern durch eine nur kurzfristig profitable Rinderzucht. Viele Argumente der Kritiker sind auch für Verteidiger und Gegner akzeptabel.

(4) *Gegner* lehnen das Töten von Tieren kategorisch ab. Es wäre auch dann unerlaubt, wenn es kurz und schmerzlos geschähe und ohne ökologische Schädigungen und ohne Verschwendung von knappen Ressourcen möglich wäre. Die Praxis der Tierhaltung ist für Gegner nicht verbesserungsfähig. Gegner bejahen die harten und klaren Konsequenzen ihrer Position und empfinden diese keineswegs als absurd (Regan 1997). Viele, wenngleich nicht alle Tierethiker zählen zur Gruppe der Gegner.

Unabhängig davon, zu welcher Gruppe man sich zählt, muß man einsehen, daß Befürworter und Gegner eines Tötungsverbotes in bezug auf (höherentwickelte) Tiere nicht gleichermaßen moralisch im Recht sein können. Denn was moralisch erlaubt ist, das kann nicht verboten sein – und umgekehrt. Wir haben es also mit einem genuin moralisch-normativen Konflikt zu tun, der nicht durch Hinweise auf »Wertpluralismus« ausgeräumt werden kann. Die Frage lautet also nicht: »Paßt diese Handlungsweise zu mir?«, sondern: »Darf man es überhaupt tun oder aber nicht?« Die normativ ausgerichtete Ethik versucht, Handlungsweisen unter Angabe von Gründen (Argumenten) deontischen Operatoren zuzuordnen. Hierin macht die Tierethik, wo immer man sie im Spektrum der angewandten Ethik verorten mag, keine Ausnahme. Diese Operatoren lauten: »indifferent«, »(bedingt) erlaubt«, »geboten«, »übergebührlich«, »verboten« in moralischer und/oder in rechtlicher Hinsicht.

Jedes Urteil, in dem ein deontischer Operator auftaucht, ist im Prinzip begründungsbedürftig. Wer eine Handlungsweise H mit einem deontischen Operator ϕ verknüpft, der erhebt einen Sollgeltungsanspruch, der mit Gründen G_{pro} gestützt oder mit Gegengründen G_{con} kritisiert werden kann. Es ergibt sich daraus eine dreistellige Relation: H, ϕ, G. Die Diskursethik, die ich als ethische Basistheorie favorisiere (Ott 1997), behauptet, daß unter idealen Gesprächsbedingungen die Zustimmung aufgrund von Gründen das Kriterium der Gültigkeit der Zuordnung von Handlungsweisen zu deontischen Operatoren ist. Dies drückt die Diskursethik durch das Diskursprinzip »D« aus. »D« lautet: *»Gültig sind genau die Handlungsnormen, denen alle möglicherweise Betroffenen als Teilnehmer an rationalen Diskursen zustimmen könnten«* (Habermas 1992).

»D« weist ein Verfahren aus, in dem hypothetisch erwogene Normen geprüft werden können. Als formales Prinzip normativer Gültigkeit impliziert es kein Tötungsverbot für Tiere, schließt es aber auch nicht aus. »D« verhält sich zu unseren diesbezüglichen argumentativen Bemühungen als Hintergrundprämisse, die diese Bemühungen »trägt«. Die Diskursethik ist *methodisch* gewiß anthropozentrisch, sie läßt aber *advokatorische Diskurse* in bezug auf mögliche Pflichten gegenüber »moral patients« zu (Ott 1996).[2] Ein *methodischer* Anthropozentrismus impliziert keinen *inhaltlichen.* Eine Gleichsetzung der Menge derjenigen Wesen, die sich argumentativ über moralische Probleme verständigen können und denen wir rechtliche oder moralische Verantwortlichkeit zuschreiben (Personen), mit der Menge der Wesen, die durch moralische oder rechtliche Normen geschützt werden sollen, wäre moralisch stark kontraintuitiv. Das Diskursprinzip sagt auch nichts Bestimmtes über die Extension der »moral community« (Moralgemeinschaft). Die Diskursethik ist, was diese Extension anbetrifft, *nicht* auf einen Personalismus oder einen Humanismus (im Sinne Frankenas 1997) festgelegt. Man kann folglich *in bezug auf das Moralprinzip* Diskursethiker und *in bezug auf die Extension der Menge der »moral patients«* Pathozentriker sein, ohne inkonsistent zu werden.

In bezug auf unser Problem kann folgende (vereinfachte) Matrix möglicher Urteile zur Differenzierung beitragen:

Handlungsart / -kategorie:

Schmerzzufügung Leidzufügung, Tötung Tötungsart

geboten

a) rechtlich
b) moralisch

erlaubt

a) rechtlich
b) moralisch

unerlaubt

a) rechtlich
b) moralisch

Ein schmerzhafter und letaler Tierversuch kann also rechtlich geboten (Arzneimittelgesetz) oder erlaubt (aufgrund
des Rechts auf Forschungsfreiheit gemäß Art. 5 III GG)
sein, während er gleichwohl moralisch kritisiert werden
kann. Wer Tiertötungen für prinzipiell erlaubt hält, kann
gleichwohl bestimmte Tötungsarten für unerlaubt halten,
sofern sie mit Schmerzen einer bestimmten Dauer und Intensität verbunden sind.

Diese zweidimensionale Matrix muß durch eine dritte
Dimension ergänzt werden; denn es gibt nicht einfach »die
Tiere«, sondern nur bestimmte Tierarten mit höchst unterschiedlichen Eigenschaften. Der Begriff des Tieres deckt ein
Kontinuum von Lebensformen ab, das von Einzellern bis
hin zu Primaten reicht. Ich denke, daß Tiere bestimmte Eigenschaften aufweisen müssen, damit ihre Tötung zu einem
moralischen Problem wird. Das Zu- oder Absprechen bestimmter tierischer Eigenschaften und Fähigkeiten, die für
moralisch belangvoll erachtet werden, ist ethisch entscheidend, da diese Eigenschaften (»features«) als Kriterien fungieren. Wer ein solches Kriterium einführt, schließt aus, daß

das Tötungsverbot *alle* Tiere umfaßt. Für Utilitaristen wie Hare (1987, S. 8) ist das Vorliegen von Empfindungs- und Leidensfähigkeit ein »fairly clear cut-off point« moralischer Berücksichtigungswürdigkeit. Tiere, denen man nach unserem bisherigen Kenntnisstand weder ein rudimentäres Bewußtsein, weder Erlebnis-, Empfindungs- oder Schmerzempfindlichkeit, weder Interessen noch einen Zukunftshorizont usw. zuschreiben kann, könnten daher in bezug auf das Tötungsverbot außer Betracht gesetzt werden. Quallen, Würmer, Schnecken, Muscheln, Amöben, Bakterien usw. zu töten wäre demnach moralisch erlaubt, obgleich auch diese Tiere deutliche Vermeidungsreaktionen zeigen.

Wer einer »Ethik der Ehrfurcht vor allem Lebendigen« (Albert Schweitzer 1926) anhängt, wird bereits diese Ausgrenzung bestreiten. Die Mehrheit der Tierethiker jedoch hält die Attribute »tierisch« oder »lebendig« nicht für moralisch ausschlaggebend. Lebendig sind auch Pflanzen und Pilze, so daß absurde Konsequenzen drohen, wenn man ein Verbot aufstellt, sie um ihr Leben zu bringen. Warum das Attribut »tierisch« als entscheidendes Kriterium fungieren soll, ist nicht einzusehen. Der Satz »Es ist verboten, Tiere zu töten, weil Tiere eben Tiere sind« begründet nichts.

Es geht im folgenden also nur um ein Tötungsverbot gegenüber höheren Wirbeltieren (sowie womöglich gegenüber Tintenfischen). Allerdings weisen die meisten Tiere, die wir zur Erzeugung von Nahrungsmitteln töten, genau die Eigenschaften auf, die von allen Tierethikern und Tierethikerinnen als moralisch belangvoll erachtet werden.

Es besteht kein Implikationsverhältnis der Art, daß jemand, der das Zufügen von Schmerzen bei Tieren für unerlaubt hält, auch einem Tötungsverbot zustimmen muß. Hier zeigt sich eine Merkwürdigkeit (Habermas 1991, S. 222; von der Pfordten 1995, S. 234). Bei Tieren scheint eine moralische Verpflichtung zu bestehen, ihnen weder Schmerzen noch Leid zuzufügen. Das rasche und schmerzlose Töten von Tieren hingegen gilt vielen intuitiv als erlaubt. Die Umgangssprache kennt die Tierquälerei, nicht aber den Tiermord. Demnach wäre in bezug auf Tiere die Zufügung von Schmerzen moralisch schlimmer als Töten. In bezug auf Menschen hingegen ist das Tötungsverbot sowohl rechtlich als auch moralisch weitaus schwerwiegender als das Verbot, Schmerzen zuzufügen. Diese Asymmetrie mutet paradox an. Vor die Wahl gestellt, eine Woche gefoltert oder aber rasch und schmerzlos getötet zu werden, würden die meisten von uns wohl die Folter vorziehen. Dies könnte daran liegen, daß in der menschlichen Zukunftsorientierung eine moralisch relevante Differenz liegt. Die vermeintliche Paradoxie ließe sich dadurch aufklären.

Die Frage nach dem Zukunftsbewußtsein von Tieren hat zwei Aspekte, einen *empirischen* und einen *normativen*. Empirisch wird danach gefragt, welche Tierarten tatsächlich ein wie weitreichendes Zukunftsbewußtsein haben. Dies ist eine biologische Frage. Eine ethische Frage ist es, ob eine Differenz im Zukunftsbewußtsein eine moralische Differenz ausmacht. Wie weit in die Zukunft muß das Zukunftsbewußtsein reichen? Muß das Zukunftsbewußtsein nur ein wenig über den gelebten Augenblick hinausreichen, oder muß es die Idee eines eigenen Lebenslaufes einschließen? Mit derartigen Fragen sind wir in der ethischen Argumentation angekommen.

2.

Die Tierethik führte lange Zeit ein Außenseiterdasein in der Ethik; gegenwärtig erlebt sie einen Boom. Vertreten wird sie von Peter Singer, Tom Regan, Ursula Wolf, Angelika Krebs, Jean-Claude Wolf u. a.[3] Jede/r Tierethiker/-in vertritt eine andere Grundkonzeption von Ethik. P. Singer ist Utilitarist, U. Wolf vertritt eine kantianisierte Mitleidsethik, A. Krebs und J.-C. Wolf einen egalitären Pathozentrismus. Tom Regan ist der wohl konsequenteste »animal rights theorist«.

a) Peter Singer

Singer (1994) vertritt einen interessenbasierten und egalitaristischen *Utilitarismus,* in dem besonders großer Wert auf die Minimierung von Leid gelegt wird. Singers Egalitarismus bezieht sich auf die *speziesneutrale* Anwendung moralischer Normen. Ob der Utilitarismus einen Egalitarismus impliziert (Benthams Diktum »Everybody to count for one and nobody for more than one«[4]) oder aber nicht, ist umstritten. Bentham und Sidgwick vertraten einen Egalitarismus, während Kritiker bestritten, daß ein solcher Grundsatz zum Theoriekern des Utilitarismus zählt. Dieser Dissens spielt auch in bezug auf Singers tierethische Position eine Rolle.

Wer eine Differenz in der moralischen Behandlung eines Wesens nur aufgrund dessen Spezieszugehörigkeit gründen will, der ist für Singer und viele andere ein »Speziesist«. Speziesismus sei hier definiert als eine zwar in unseren Alltagsintuitionen gegebene, aber ethisch entweder bislang unbegründete oder aber prinzipiell unbegründbare Privilegierung von Angehörigen der eigenen Spezies. Der »Speziesismusvorwurf« zählt zum Standardrepertoire der Tierrechtler. Der Egalitarist geht davon aus, daß unsere Praxis im Umgang mit Tieren *faktisch* speziesistisch ist und daß die meisten von uns speziesistische Intuitionen haben. Er will aber zeigen, daß dies *moralisch* nicht zu rechtfertigen ist. Spezieszugehörigkeiten sind für ihn moralisch ohne Belang. Die Aussage »Dies ist ein Mensch« versteht er als deskriptiv. Sicherlich gibt es in der Umgangssprache Ausdrücke, wo die Mensch-Tier-Differenz moralisch aufgeladen wird: »Er hat ihn behandelt wie einen Hund!«, »Ich bin doch kein Versuchskaninchen!« usw. Diese Äußerungsarten setzen jedoch für den Egalitaristen etwas voraus, das es zu begründen gilt, wobei der Egalitarist annimmt, daß diese Begründungen allesamt fehlgehen müssen.

Ein Egalitarist wird argumentieren, daß wir bei Menschen keinen moralischen Unterschied darin sehen dürfen, ob Tod, Schmerzen oder Leiden Farbigen oder Weißen, Männern oder Frauen, Einheimischen oder Fremden, Nobelpreisträgern oder Analphabeten usw. zugefügt werden. Wer solch einen Unterschied macht, den bezeichnen wir als Sexisten, Chauvinisten, Rassisten usw. Ebensowenig soll es nun einen Unterschied machen, ob es sich um den Schmerz bzw. um die Tötung einer Maus, eines Pavians oder eines Menschen handelt. Würde man den dabei zugrunde gelegten Gleichbehandlungsgrundsatz nur auf die Zufügung von Schmerzen, nicht aber auch auf das Töten beziehen, fiele man in den Speziesismus zurück.

Singers *Gleichbehandlungsgrundsatz* lautet folgendermaßen: »The moral basis of equality among humans is not equality in fact, but the principle of equal consideration [. . .], and it is this principle that, in consistency, must be extended to any nonhumans« (Singer 1979, S. 194). Das Prinzip der Gleichbehandlung (»equality of consideration principle«) ist für Singer eine »moralische Idee« (1982, S. 24). Singers Argument zugunsten der Ausdehnung dieses »principle of equal consideration« ruht in den Wörtern »in consistency« (»aus Konsistenzgründen«). Aber dahinter verstecken sich stille Prämissen. Denn warum soll man inkonsistent werden, wenn man diesen Grundsatz nicht anerkennt? Weil, so Singers Argument, die »moral community« keine Zweiklassengesellschaft sein dürfe. Mit der Aufnahme bestimmter Wesen in die »moral community« ist eine Gleichbehandlung impliziert (so auch Krebs 1997a). Singer (1997, S. 21): »Egal, um welche Art von Wesen es sich handelt, das Prinzip der Gleichheit verlangt, daß sein Leiden genauso viel zählt wie ein vergleichbares Leiden anderer Wesen – soweit grobe Vergleiche angestellt werden können.« Natürlich fragt sich, wie man tierisches und menschliches Leid miteinander vergleichen kann, da der gnoseologische Kontext des Auftretens von Schmerz und Leid bei Mensch und Tier ein anderer ist. Aber nehmen wir der Einfachheit halber mit Singer an, solche groben Vergleiche ließen sich sinnvollerweise anstellen.

Singers Utilitarismus ist, wie Singer selbst sagt (1994, S. 168), eine Maximierungsethik in bezug auf mentale Glückszustände. Tom Regan (1982) hat m. E. überzeugend gezeigt, daß Singers Gleichbehandlungsgrundsatz nicht mit dem utilitaristischen Prinzip der Glücksmaximierung und Leidminimierung zusammenfällt, nicht aus ihm folgt und nicht von ihm vorausgesetzt werden kann. Er wäre demnach eher ein Fremdkörper in einer utilitaristischen Ethik. Regans Kritik an Singer bezog sich auf dessen Selbstverständnis als Utilitarist, da in der klassischen utilitaristischen Ethik ein kategorisches Tötungsverbot nicht einmal in bezug auf Menschen besteht. Man darf im klassischen Aktutilitarismus unschuldige Menschen dann töten, wenn dadurch die Nutzen- qua Glückssumme maximiert wird. Regan hält Singers Grundsatz sogar für unvereinbar mit einer strikt utilitaristischen Konzeption von Ethik. Singer kann auch nicht ohne weiteres ein »Tier*rechtler*« sein, da der Utilitarismus seit jeher ein ungeklärtes Verhältnis zu Individualrechten hat (Frey 1984). Rechte spielen in der Ethikkonzeption Singers insgesamt keine zentrale Rolle. Regan über Singer (1982, S. 53): »For one can hardly argue as an utilitarian and say, in effect, the devil take the consequences, it is the animal's rights that are being violated«. Ähnlich urteilt Varner (1994, S. 25) über Singer: »He is not an animal *rights* theorist at all«.

Singer müßte zeigen, daß die Beachtung des Gleichbehandlungsgrundsatzes immer und zwangsläufig zu einem Anwachsen der Nutzen- qua Glücksmenge bei Mensch und Tier führt. Dies hat Singer nicht gezeigt.[5] Der Utilitarismus läßt weiterhin die Ersetzung von Einzelwesen zu, sofern die Glückssumme dadurch maximiert wird. Im Rahmen einer uneingeschränkten utilitaristischen Ethik dient alles der Maximierung von Lust und der Minimierung von Leid; niemand ist unersetzbar. Also dürfen im Prinzip Schweine durch andere Schweine ersetzt werden, wenn nur – auch angesichts des Lustgewinns der Schweinefleischesser – die Gesamtsumme an Lustbefinden über eine Zeitachse hinweg ansteigt. Dies aber könnte bei artgerechter Tierhaltung und rascher sowie schmerzloser Tötung der Fall sein. Das Prinzip des Utilitarismus spricht in diesem Falle nicht gegen eine Tötungspraxis.

Singer hat diese Einwände teilweise anerkannt und seine Position gegenüber »Animal Liberation« entsprechend modifiziert. Singer (1994) unterscheidet zwischen der »Einzelexistenz«- und der »Totalansichts«-Version des Utilitarismus. Diese Version betrachtet einzelne Tiere als ersetzbar, während die Einzelexistenz-Version eine generelle Ersetzbarkeit ablehnt. In der Totalansichts-Perspektive erscheinen einzelne Tiere als Behältnisse für Lust und Leid. Sofern immer wieder neue Behältnisse zur Existenz kommen, schadet es nicht viel, wenn einzelne »entzweigehen« (Singer 1994, S. 160). Nur diese Totalansichts-Version ist aber m. E. konsequent utilitaristisch gedacht.

Singer hatte in *Animal Liberation* (»Die Befreiung der Tiere«, 1982) ein Ersetzbarkeits-Argument zurückgewiesen; er sieht dieses Argument neuerdings (1994, S. 158–176) jedoch differenzierter. Es besagt, daß Tiere, die nur deshalb in großer Anzahl existieren, weil der Mensch ein Interesse an ihrer Nutzung hat, getötet werden dürfen, weil nur dadurch gewährleistet ist, daß auch zukünftig viele Exemplare dieser Tierarten existieren werden. Die Lizenz zur Tötung ist die Bedingung kontinuierlicher Züchtung. Durch unsere Nutzung leben weltweit mehr Nutztiere als je zuvor. Fiele die Nachfrage nach Tierprodukten fort, wäre es sinnlos, ein Angebot zu schaffen – es gäbe dann *in der Konsequenz* sehr viel weniger Tiere dieser Art. Für den Utilitarismus als eine *konsequentialistische* Ethik ist dies ein gewichtiges Argument. Singer gibt zu, es könne Fälle geben, in denen das Töten von Tieren zu Nahrungszwecken moralisch nicht falsch ist. Singer akzeptiert demnach das *Ersetzbarkeitsargument*. Auch argumentiert Singer »klassisch« utilitaristisch für eine bedingte Erlaubnis, Tiere in wissenschaftlichen Experimenten schmerzlos töten zu dürfen. Wenn ein letaler Tierversuch dazu führt, daß *in der Konsequenz* das Leid vieler anderer Menschen (oder Tiere) vermindert oder verhindert wird, ist es nicht nur erlaubt, sondern geboten, diesen Versuch durchzuführen. »This, at any rate, is the answer an utilitarian must give« (Singer, zit. nach: Varner 1994, S. 26).

Singer kommt deshalb nur bis zu dem Schluß, daß der Tötungsschutz für *einige* Tiere (Schimpansen usw.) genauso groß sein sollte wie der, den wir Menschen zukommen lassen. In bezug auf andere Tierarten schwächt sich dieser Schutz auch bei Singer graduell ab. Spätestens bei Fischen und Hühnern hebt Singer das Tötungsverbot teilweise auf, indem er sagt, es sei unter bestimmten *empirischen* Bedingungen kein Unrecht (1994, S. 174). Diese gradualistische Abstufung ist aber mit Singers Gleichheitsgrundsatz unvereinbar. Singer droht sich hier in Widersprüche zu verwickeln. Er erneuert das Tötungsverbot mit *pragmatischen* Argumenten (Hinweis auf Massentierhaltung usw.). Diese Argumente sind aber nicht kategorisch; eine geänderte Nutztierhaltung könnte sie entkräften. Singers Position zum Tötungsverbot ist insofern uneindeutiger, als sie auf den ersten Blick erscheint.

Man kann gegen Singer einwenden, daß dessen Gleichbehandlungsgrundsatz zu stark formuliert ist. Ein schwächerer Grundsatz der Gerechtigkeit besagt lediglich, *daß Gleiches gleich behandelt werden muß, Ungleiches aber ungleich behandelt werden darf.* Speziesunterschiede qualitativer Natur könnten gemäß dieses schwächeren Grundsatzes eine Ungleichbehandlung rechtfertigen. Dies führt auf die Frage, ob Mensch und Tier nur *graduell* oder *qualitativ* verschieden sind. Darauf komme ich zurück.

b) Ursula Wolf

Ursula Wolf vertritt in ihrem Buch über *Das Tier in der Moral* (1990) sowie in Aufsätzen (Wolf 1988 bzw. 1997) eine Variante der Mitleidsethik. Deren Ahnherr ist Schopenhauer (1840). Handlungen können sich für Schopenhauer auf das eigene Wohl sowie auf das Wohl oder auf das Wehe eines anderen Wesens beziehen. Erstere nennt er »egoistisch«, letztere »böswillig«. Für Schopenhauer gründen alle altruistischen oder benevolenten Handlungen, die das Wohl eines anderen Lebewesens bezwecken, im Gefühl des Mitleids. Da nur solche Handlungen das Prädikat »moralisch gut« verdienen, gründet die Moral insgesamt im Mitleiden-Können. Schopenhauers Ethik bezog die Tiere ausdrücklich ein, für die, so Schopenhauer, in anderen Ethiken so schrecklich schlecht gesorgt sei.

Das Mitleid ist für Schopenhauer ein natürliches Gefühl, keine Pflicht. Darin liegt die (gegen Kant gerichtete) Pointe seiner Mitleidsethik. Die Erregung des Mitleids ist keine Tätigkeit des Intellekts. Die Pflicht gebietet, das Mitleid regt sich – oder aber nicht. Schopenhauer bezweifelte, ob man Mitleid lehren und einfordern könne. Wer charakterlich indisponiert ist zum Mitleid, der handelt eben mitleidlos. Die individualethische Position Schopenhauers bleibt auf der Ebene affektiven Verhaltens stehen und kommt nicht ohne Zusatzprämissen zur normativen oder gar zur juridischen Dimension. Diese Position führt insofern zu einer höchst unterschiedlichen Stellung der Tiere je nachdem, wem sie in die Hände geraten. Es hängt vom kontingenten Charakter des Tierhalters ab, wie gut oder schlecht es den Tieren ergeht. Manchen macht das Töten von Tieren nichts oder nur wenig aus; andere schaudern davor zurück. Aber diese charakterlichen Unterschiede lassen sich in einer arbeitsteilig verfaßten Gesellschaft mit der Praxis des Tötens von Tieren gut vereinbaren. Daß Blut fließt, wird, mit Norbert Elias gesprochen, »hinter die Kulissen verlegt«. Nur wenige müssen töten, während die meisten anderen konsumieren dürfen. Je abstrakter die tierischen Produkte (etwa in Fertiggerichten) werden, desto mehr kognitiven Aufwand benötigt man, bis Mitleid sich regt – und dies ist für eine Mitleidsethik ein Problem.

U. Wolf (1988) möchte eine Variante der Mitleidsethik begründen, in der diese Schwäche konzeptionell korrigiert wird. Die Ethik muß für Wolf ihren Ausgang bei der negativen Seite des Lebens nehmen: dem Leiden. Was Mensch und Tier verbindet, ist, so sagt U. Wolf, allein die Leidensfähigkeit. Mitleid liegt, so sagt sie weiter, »immer schon allen Moralen als Fundament zugrunde« (1988, S. 231). Rücksicht ist Wolf zufolge zu nehmen auf die »verschiedenen Formen der Verletzbarkeit oder des Leides« (1990, S. 76). Das gerundivische »ist zu nehmen« verdeckt den Unterschied zu Schopenhauer. Bei Wolf wird nämlich die benevolente Einstellung, die aus dem natürlichen Gefühl des Mitleids erwächst, zur *Pflicht* für alle gemacht – *und zwar unabhängig davon, ob dieses Gefühl tatsächlich empfunden wird.* Wolfs Konzeption eines generalisierten Mitleides ergibt eine Pflicht, alle schmerzfähigen Wesen so zu behandeln, *als ob* bzw. *wie wenn* man ihnen gegenüber Mitleid empfinden würde. Die Regung selbst bzw. deren Empfinden wird unerheblich, da die Pflicht im »als ob« gründet. Wolfs Moralkonzeption besteht darin, daß alle Wesen, mit denen wir die Eigenschaft der Leidensfähigkeit teilen, so zu behandeln sind, »als ob man ihnen gegenüber Mitleid empfinden würde« (1988, S. 231). Wolf löst auf diese Weise das Problem, vom Mitleid als natürlichem Affekt mit begrenzter Reichweite zum »generalisierten« Mitleid zu gelangen. Allerdings ist Wolfs Schlußfolgerung in ihren entscheidenden Passagen (1997, S. 57) höchst anfechtbar.[6]

Dies »Handeln sollen, als ob man Mitleid empfände« führt zum Tötungsverbot gegenüber Tieren. Das obligatorische Mitleid erlaubt höchstens den Gnadentod eines Tieres sowie das Töten in Notwehr.[7] Für U. Wolf bestehen über das Tötungsverbot als einer Unterlassungspflicht auch positive Hilfspflichten gegenüber Tieren. Man muß sich um die Tiere »kümmern«, sie nähren, pflegen, medizinisch betreuen usw. Dies führt in eine diffizile Kasuistik (besonders in bezug auf wildlebende Tiere). Müssen aus moralischen Gründen alle Tiere operiert werden, wenn Aussicht besteht, sie am Leben erhalten zu können? Darf man einen Hund einschläfern lassen, der einen Menschen gebissen hat? Darf man »vorsorglich« eine Viehherde töten, wenn bei einem ihrer Mitglieder eine infektiöse und auf Menschen übertragbare Tierseuche zum Ausbruch kam (BSE)? U. Wolf fordert auch, Tierversuche völlig einzustellen und statt dessen auf freiwillige menschliche Probanden zurückzugreifen. Viele empfinden diese Konsequenzen als inakzeptabel, als zynisch oder als absurd. U. Wolf würde aber bestreiten, daß es sich um absurde Konsequenzen handelt.

c) Angelika Krebs

Die ethische Grundlage dieser Position entstammt der Philosophie Friedrich Kambartels. Dessen Idee eines moralischen Lebens, die Rücksichtnahme auf das gute Leben aller fordert, wird von Krebs auf die Berücksichtigung der Tiere ausgedehnt. Das gute Leben kann prima facie kein Leben sein, das von Angst, Schmerz, Leid und Trauer geprägt ist. Dies gilt auch für höherentwickelte Tiere. Wir haben es also mit einem Ausdehnungsargument zu tun, das an sich völlig berechtigt ist. Krebs formuliert folgendermaßen: »Moralisch lebt [...] nur, wer auf das gute Leben aller Menschen und Tiere gleichermaßen Rücksicht nimmt« (Krebs 1993, S. 1013). Der All-Quantor bezieht sich wohl auch auf die Tiere; das »gleichermaßen« kennzeichnet die Position als »egalitär«.

Krebs schränkt nun interessanterweise das Tötungsverbot auf Tiere ein, die Zukunftshorizonte von einigen Tagen aufweisen. Fehlen solche Zukunftshorizonte, sind Tiere also »Gegenwartsgeschöpfe«, dann nimmt man ihnen nichts, wenn man sie schmerzlos tötet. Krebs behauptet, die schmerzfreie Tötung von Gegenwartsgeschöpfen verstoße nicht gegen den »moralisch gebotenen Respekt für ihr gutes Leben« (Krebs 1993, S. 1013) und sei »moralisch relativ unproblematisch«. Krebs' Egalitarismus bezieht sich offenbar nur auf Schmerzzufügung, nicht auf das Tötungsproblem.

Das zugrunde gelegte Kriterium »Zukunftsbewußtsein« ist mit einer strikt speziesneutralen Anwendung des Tötungsverbotes unvereinbar. Krebs müßte also folgenden Satz unterschreiben: »Moralisch lebt [...] nur, wer auf das gute Leben aller Menschen und Tiere gleichermaßen Rücksicht nimmt, aber es widerspricht dieser gebotenen Rücksichtnahme gegenüber all den Tieren nicht, bei denen es sich um Gegenwartsgeschöpfe handelt, wenn man sie kurz und schmerzlos tötet«. U. Wolf und J.-C. Wolf haben diese Position kritisiert; denn unbestreitbar entgeht Tieren einiges an Freud' (und natürlich auch an Leid), wenn man ihr Leben verkürzt. Man bringt sie *aus der Perspektive eines Beobachters* um etwas. Krebs müßte erwidern, es komme hier nicht auf die *Beobachterperspektive*, sondern auf die *Binnenperspektive* an und sub specie dieser Perspektive entginge Gegenwartsgeschöpfen (ex definitione) nichts.

Wenn man einen Menschen tötet, so nimmt man ihm seine Zukunft, von der er selbst weiß, weil er, um mit Heidegger zu sprechen, *existentiell* in Vorgriff, Vorhabe und Vorsicht auf Zukünftiges einschließlich seines eigenen Todes ausgerichtet ist. Wer eine solche *qualitative* Differenz von Mensch und Tier annimmt, kann der Position von Krebs beipflichten. Das Zukunftsbewußtsein des Menschen wäre ein moralisch relevanter Unterschied. Dann aber gibt es innerhalb der »moral community« Mitglieder, die aufgrund unterschiedlicher Eigenschaften einen unterschiedlichen Status genießen. Krebs relativiert also einerseits das Tötungsverbot (Krebs 1993), warnt aber andererseits davor,

die »moral community« als eine »Zweiklassengesellschaft«
zu konzipieren (Krebs 1997). Dies paßt m. E. nicht recht
zusammen.

Das Zukunftsbewußtseins-Argument und das Ersetzbarkeits-Argument werden also von einigen Tierethikern und
Tierethikerinnen akzeptiert. Akzeptiert man eines dieser
Argumente oder beide, relativiert sich das Tötungsverbot
auch in bezug auf höherentwickelte Tiere. Radikale Tierrechtler müssen beide Argumente zurückweisen.

d) Tom Regan

Bei Tom Regans Position handelt es sich um die stringente-
ste Konzeption einer »animal-right«-Position.[8] Regan unterscheidet zunächst zwischen »moral agents« und »moral
patients«. Diese sinnvolle Unterscheidung hat sich einge-
bürgert.

Regan (1997) geht davon aus, daß in moralischer Hinsicht
nicht die Unterschiede zwischen Personen oder zwischen
Menschen und Tieren entscheidend sind, sondern die Gemeinsamkeiten. Die grundlegende Gemeinsamkeit ist die:
»Jeder von uns ist das empfindende Subjekt eines Lebens
(*experiencing subject of a life*), eine bewußte Kreatur mit einem individuellen Wohl, das für uns von Bedeutung ist.
[...] Und da dasselbe für Tiere gilt, die uns etwas angehen
(die, die wir essen und fangen, zum Beispiel), müssen auch
sie als empfindende Subjekte eines Lebens mit eigenem inhärenten Wert angesehen werden« (Regan 1997, S. 42 f.).

Regan meint also, jedes (höherentwickelte) Tier sei ein
»empfindendes Subjekt eines Lebens«. Regan verbindet
diese Annahme mit einer modifizierten Form der dritten
Fassung des Kategorischen Imperativs bei Kant, die es untersagt, Personen ausschließlich als Mittel zu benutzen. Alle
Subjekte-eines-Lebens sind Zwecke in sich selbst bzw., wie
Regan mit einem axiologischen Term formuliert, Wesen mit

einem »inhärenten Wert«. (Der Begriff des inhärenten Wertes nimmt bei Regan ungefähr die Stelle des Würdebegriffs bei Kant ein.) Dieser inhärente Wert gebietet »respectful treatment« und dieser Respekt schließt das Töten aus. Der Tod ist die gravierendste Schädigung, die man »experiencing subjects of a life« zufügen kann. Töten ist eine radikale Instrumentalisierung, die mit der Anerkennung eines inhärenten Wertes und mit »respectful treatment« a limine unvereinbar ist. Wesen, denen inhärenter Wert zuerkannt wird, haben daher ein Anrecht auf eine (möglichst leidfreie) Existenz. Birnbacher (1995) hat Regan diese Konsequenz bestritten. Für Birnbacher ist es möglich, Tiere zu töten, ohne sie zu bloßen Mitteln zu degradieren. Entscheidend sei nicht der Akt der Tötung, sondern die Behandlung des Tieres während seines Lebens.

Inhärenter Wert kann Regan zufolge nicht graduell abgestuft werden, sondern nur entweder zu- oder abgesprochen werden. Es gibt kein »Mehr oder Weniger« an inhärentem Wert, sondern nur ein »Entweder-Oder«. »All who have inherent value, have it *equally*, whether they be human animals or not« (Regan 1985, S. 23; vgl. auch 1997, S. 43 ff.). In einer früheren Arbeit (1979) glaubte Regan, es sei denkbar, daß »inherent value« größer oder geringer sein könne. Diese Ansicht hat Regan (1982) aufgegeben. Das Argument zugunsten der jetzigen Position Regans, die Abstufungen ausschließt, läuft über die Problematik der »human marginal cases«. Wir müßten den inhärenten Wert auch von Menschen gemäß ihrer Fähigkeiten abstufen und damit gerieten wir in heikle Konsequenzen. Oder aber wir müßten wieder auf eine speziesistische Position zurückgreifen, was Regan nicht zulassen möchte.

Die Konsequenzen seiner Position bezeichnet Regan als »klar und kompromißlos« (Regan 1997, S. 45). Es ist falsch, Tiere als eine Art erneuerbare Ressourcen zu betrachten. Sein Ansatz verlangt die Abschaffung der Tierversuche, der Nutztierhaltung, der Jagd usw. All diese Praktiken sind für

Regan nicht soweit verbesserbar, daß sie moralisch akzeptabel werden (etwa durch »Reduce-refine-replace«-Strategien bei Tierversuchen, artgerechte Tierhaltung usw.).

Allerdings ergänzt Regan (1982) seine Position für die Anwendung möglicher heikler Fälle (Konflikte, Dilemmata) durch Ergänzungsprinzipien (*miniride-principle*) und Zusatzkriterien, die Menschen bevorzugen, so wenn etwa in einem (fiktiven) Rettungsboot nur noch Platz für ein geistig behindertes Kind oder einen gesunden Hund ist. Regan sagt, der Schaden, den ein Mensch durch seinen Tod erleidet, sei unvergleichlich größer als der Tod eines Hundes. Aber dies ist wieder eine gradualistische Argumentation. An diesen Ad-hoc-Zusatzprämissen hat sich mehrfach Kritik festgemacht (Varner 1994; Kohlmann 1995), da sich durch sie der Speziesismus »durch die Hintertür« wieder Geltung verschafft. Regan steht wie alle radikalen Tierrechtler vor dem Problem, die Konsistenz seiner Position mit kontraintuitiven Konsequenzen erkaufen zu müssen, die dann durch Zusatzprämissen behoben werden müssen.

3.

Die basale Moralnorm, die Töten untersagt, ist in zweierlei Hinsicht interpretationsoffen. Einmal in bezug auf den *Geltungsbereich* der Norm, zum zweiten in bezug auf ihre »Es-sei-denn«-Klausel. Jede Norm gilt nur prima facie, da zu jeder Norm eine Klausel gehört, in die sich legitime Ausnahmen eintragen lassen. Es ist gewiß nicht der Sinn dieser Klausel, eine gültige Norm den »Tod durch tausend Ausnahmen« sterben zu lassen. Es ist vielmehr ihr Sinn, dem moralischen Rigorismus vorzubeugen. Mögliche Ausnahmen vom Tötungsverbot *in bezug auf Menschen* betreffen Notwehr, Tyrannenmord, Suizid, Abtreibung, Todesstrafe, passive oder aktive Sterbehilfe (Euthanasie) u. a. Es gibt aufgrund dieser doppelten Interpretationsoffenheit folgende Möglichkeiten:

(1) Das Tötungsverbot schließt alle Tiere prima facie ein.
(2) Das Tötungsverbot schließt keine Tiere ein.
(3) Das Tötungsverbot schließt einige Tiere prima facie ein.
(4) Das Tötungsverbot schließt (alle oder einige) Tiere prima facie ein, aber es gibt mehr legitime Ausnahmen als in bezug auf die Tötung von Menschen.
(5) Das Tötungsverbot schließt (alle oder einige) Tiere ein, und es sind in bezug auf diese Tiere nur die Ausnahmen zulässig, die auch bei Menschen zulässig wären.
(6) Das Tötungsverbot schließt einige Tiere prima facie ein. Bei anderen Tieren gibt es mehr Ausnahmen als in bezug auf die Tötung von Menschen. Manche Tiere fallen nicht unter das Tötungsverbot.

Die folgende Schlußfolgerung erscheint mir als stärkstmögliche Begründung eines strikten prima-facie-Tötungsverbotes, weil sie ohne die Schwierigkeiten des Utilitarismus (Singer) und die eines obligatorischen Mitleids auskommt (U. Wolf). Sie bezieht sich eher auf Regan und teilweise auch auf die Position von J.-C. Wolf (1995).

(1) Es gibt eine Reihe direkter und indirekter Gründe gegen das Töten.
(2) Die Norm, nicht töten zu sollen, verdient das Prädikat »gültig«. Es handelt sich um eine moralische Grundnorm.
(3) Grundnormen müssen speziesneutral angewendet werden.
(4) Also muß die Norm, nicht töten zu dürfen, speziesneutral angewendet werden.
(5) Also gilt die Norm, prima facie keine empfindungsfähigen Tiere töten zu dürfen.
(6) Die »Es-sei-denn«-Klausel, die zu jeder Norm zählt, ist ebenfalls strikt speziesneutral anzuwenden.

(7) Man darf daher in bezug auf empfindungsfähige Tiere keine Gründe für Tötung akzeptieren, die man in bezug auf Menschen für unzulässig erklärt.

Die Prämisse (6) soll verhindern, daß alle Zwecke, mit denen man Tötungen nun nicht direkt rechtfertigen kann, als legitime Ausnahmen zur Hintertür wieder hereinkommen dürfen – wie etwa im § 1 des deutschen Tierschutzgesetzes durch die Generalklausel »nicht ohne vernünftigen Grund«. Die Konklusion schließt die Gründe für die Tötung aus, die de facto die hauptsächlichen Tötungsgründe sind: Forschungs- und Nahrungszwecke. Der Zweck der Nahrung kann das Töten von Tieren höchstens bei akutem Hunger ohne greifbare Alternative gestatten (»ultra posse nemo obligatur«).

Die Prämissen (1) und (2) teilen die meisten; also muß sich der Streit vornehmlich um (3) und um die folgenden Prämissen drehen, die alle an (3) »hängen«. J.-C. Wolf bezeichnet die Option für (3) (und in der Konsequenz auch für [6]) als das »Rückgrat einer radikalen Tierschutzethik« (Wolf 1996, S. 111). Das Töten von empfindungsfähigen Tieren ist aus den gleichen Gründen und ebenso sehr verwerflich wie das Töten von Menschen.

Wenn man für eine Ungleichbehandlung keinen guten Grund angeben kann, so läßt sich durch Umkehrschluß folgern, daß die Gleichbehandlung geboten ist. In der Tat stellt die Zurückweisung des Grundsatzes der *völligen* Gleichbehandlung einen »Bruch« im moralischen Universalismus dar (Brumlik 1992, S. 195). Wenn man nachweislich inkonsistent würde, wenn man den Grundsatz der speziesneutralen Anwendung von Moralnormen bestreitet, dann ist die Prämisse (3) und mit ihr (sehr wahrscheinlich) die Schlußfolgerung mitsamt ihrer Konsequenzen, die uns Regan und Wolf vor Augen geführt haben, korrekt.

Fällt der Grundsatz der strikten speziesneutralen Anwendung mit der Aufnahme der Tiere als »moral patients«

in die »moral community« zusammen, oder ist er ein Implikat dieser Aufnahme? Oder gilt nur der bereits erwähnte schwächere Grundsatz, der besagte, innerhalb der »moral community« muß Gleiches zwar gleich, Ungleiches darf aber ungleich behandelt werden? Wenn nur dieser Grundsatz gültig wäre, könnten Ersetzbarkeits- und Zukunftshorizont-Argument oder andere Gründe greifen, die auf eine qualitative Mensch-Tier-Differenz Bezug nehmen.

Man kann Tom Regan, A. Krebs und J.-C. Wolf zufolge Tiere nicht als »moral patients« anerkennen und sie anschließend zu zweitklassigen Mitgliedern der »moral community« herabstufen (Krebs 1993). Krebs meint, jedes Kriterium, das zur Einstufung in die »zweite Klasse« herangezogen werden könne, müsse willkürlich oder speziesistisch sein. So auch Wolf: »Der egalitäre Pathozentrismus besagt, daß es zwischen empfindungsfähigen Wesen (Menschen oder Tieren) keinen moralischen Statusunterschied gibt, der Folgen für das Tötungsverbot haben könnte« (Wolf 1996, S. 111).

Tiere sind für andere Tierethiker zwar »moral patients«, aber sie haben keine »full membership in the moral community« (Fox 1986, S. 58). Die »moral community« ist für solche »Gradualisten« also *zu Recht* eine Art von Zweiklassengesellschaft. An dieser Stelle liegt ein neuralgischer Punkt der tierethischen Diskussion.

Für einen (Anwendungs-)Gradualisten bestehen ein qualitativer Unterschied zwischen Mensch und Tier sowie qualitative Unterschiede zwischen Tieren. Er versucht zu begründen, daß Mensch und Tier in moralisch relevanten Hinsichten ungleich sind und daher als Ungleiche auch ungleich behandelt werden dürfen. Das Ausmaß des Schutzes muß nicht identisch sein, sondern darf graduell abgestuft werden. Zugunsten einer gradualistischen Position lassen sich über das Argument der unterschiedlichen Zukunftshorizonte und über das Ersetzbarkeitsargument hinaus (s. o.) fünf weitere Argumente bzw. Gesichtspunkte vorbringen:

(1) Speziesismus-Konterargumente
(2) Anthropologische Argumente
(3) Argument der kontraintuitiven Konsequenzen
(4) »Ultra posse nemo obligatur«-Argument
(5) »Kohlmann«-Argument

Zu (1) Tugendhat (1997) meint, der Speziesismus-Vorwurf gehe fehl, da er eine scharfe und tiefe Grenze wie die zwischen Spezies mit der weichen und künstlichen Grenze zwischen Ethnien, sozialen Gruppen usw. gleichsetze. Der Speziesismus-Vorwurf ist, folgt man der Auffassung von Tugendhat, nur ein polemisches Schlagwort. Daraus, daß in der Evolution des Moralbewußtseins etliche Grenzen hin zum Universalismus qua Humanismus überschritten worden sind, folgt nicht, daß alle weiteren Grenzen (zum Pathozentrismus, zum Ökozentrismus oder zum Holismus) »auch noch ohne Verlust an moralischem Gewicht« (Tugendhat 1997, S. 107) überschritten werden können. Es ist hier aber nicht klar, was die Rede vom »Verlust an moralischem Gewicht« genau besagen soll.

Für Tugendhat zählen die Tiere nicht zur »menschlichen Familie«; wir schulden ihnen daher keine Gattungssolidarität. Die Tiere werden nur als »eine Art Annex« (Tugendhat 1997, S. 107), aber nicht als vollwertige Mitglieder in die moralische Gemeinschaft aufgenommen. Dies hat zwar zur Folge, daß wir Tiere nicht grundlos, grausam, aus Willkür (»zum Scherz«) töten sollten – viel mehr aber folgt nicht. Abstufungen sind in jedem Falle zulässig. »Die Moral ist ihrem Sinn nach ›zugunsten des Eigenen‹, nämlich eines recht verstandenen ›Wir‹, das so umfassend wie möglich verstanden werden muß, aber auch nur eben so weit« (Tugendhat 1997, S. 108). Allerdings ruht Tugendhats Position auf dieser Annahme über den Sinn von Moral sowie auf recht dogmatisch klingenden Sätzen: »Weil das Schaf ein Schaf ist und der Mensch ein Mensch und weil wir Menschen sind«, haben unsere Verpflichtungen gegenüber Schafen ein geringeres Gewicht (1997, S. 107). Solche Sätze dürften kaum einen Anti-Speziesisten überzeugen.

Zu (2) Andere Ethiker haben versucht, im Rückgriff auf Kant, Fichte oder Levinas einen aufgeklärten Speziesismus zu rechtfertigen (Brumlik 1992). Im Mittelpunkt dieser Versuche stehen Begriffe wie »Würde« (Kant), »menschliche Gestalt« (Fichte) und »Antlitz« (Levinas) oder auch »Vernunftfähigkeit« (so etwa Müller 1995). Ein anderes Argument für den Anwendungsgradualismus qua gemäßigtem Speziesismus geht auf Aristoteles zurück (*De Anima* II,4.2). Es besagt, daß das Verhältnis zwischen biologischer Gattung und Individuum bei Mensch und Tier verschieden ist. Während beim Tier nur ein zahlenmäßiger Zuwachs erfolgt, wenn ein neues Exemplar zur Existenz kommt, bringt jedes menschliche Individuum einen qualitativen Zuwachs (Aristoteles: *epídosis*) zur Spezies Mensch. Die Menschheitsgeschichte ist daher von gänzlich anderer Art als die Geschichte der Kühe und Ziegen. Diese Andersartigkeit drückt in der Moderne der Begriff der (unvertretbaren) Individualität aus. Aus der Betrachterperspektive existieren einzelne Tiere zwar auch als unterscheidbare »Individuen«, aber es macht einen Unterschied, *als selbstbewußtes Individuum zu existieren*.

Fox (1986) und Hendrichs (1988) haben argumentiert, daß Menschen aufgrund eines ganzen Ensembles von Fähigkeiten einen anderen Status haben als Tiere. Es sei ein »whole cluster of interrelated capacities« (Fox 1986, S. 51), durch das sich Menschen von Tieren unterschieden. In der Umkehrung eines berühmten Satzes von Charles Darwin behauptet Fox, dieser Unterschied sei »of kind, not of degree«. Hendrichs (1988) gibt zu, daß sämtliche *einzelne* Eigenschaften, die den Menschen auszeichnen (Selbstbewußtsein, Sprache, Vernunft, Zukunftshorizont, Moralität usw.), in Vorformen auch bei Tieren vorhanden sind. Isoliert man die Diskussion auf eine einzige dieser Eigenschaften, so ergibt sich immer das Urteil, Menschen besäßen diese Eigenschaft zwar in einem höheren Ausmaße, aber dies sei kein Grund, Tiere ungleich behandeln zu dürfen, da ja diese Eigenschaften (Vernunft etwa) auch unter Menschen ungleich verteilt seien. Auch schnitten Tiere in bezug auf andere Eigenschaften weit besser ab, und es sei eine speziesistische Perspektive, Vernunft als eine wichtigere Eigenschaft anzusehen als etwa Geruchssinn.

Die Isolierung auf je eine Eigenschaft begünstigt die Ansicht, eine strikt speziesneutrale Anwendung von moralischen Normen sei die einzig vertretbare ethische Lösung. Diese Isolierung ist jedoch für Gradualisten pseudo-konkret und daher abstrakt. Hendrichs zufolge integrieren sich die vielen Eigenschaften, über die Menschen in höherem Ausmaße verfügen als Tiere, zu einer neuen »Lebensform«, die Tiere nicht erreichen können. Diese »Integration in ein neues Ganzes« (Hendrichs 1988, S. 199) kann man mit Hegel denken als einen Umschlag etlicher Quantitäten in eine neue Qualität. Man kann nun Begriffe bilden und Theorien entwerfen, um diese neue Qualität zu bezeichnen und zu bestimmen: »Weltoffenheit«, »Geist«, »exzentrische Positionalität« (Plessner 1975). Die Pointe dieser Begriffe ist es, daß sie keine einzelne Eigenschaft bezeichnen, sondern ein neuartiges Integrationsniveau von Eigenschaften und Fähigkeiten zu einer Lebensform.[9] Diese hochprekäre Lebensform impliziert bestimmte Formen der psychosozialen Verletzlichkeit (Mißachtung, Demütigung usw.), zu denen es in bezug auf Tiere (ausgenommen vielleicht Menschenaffen) keine Entsprechung gibt. Daher ist der Anspruch auf moralisch-normativen Schutz, der mit der menschlichen Lebensform einhergeht, ein grundsätzlich anderer. Gegen dieses Argument läßt sich einwenden, daß sich auch bei Tieren eine Integration von einzelnen Eigenschaften zu neuen emergenten Niveaus vollzieht. Die Tatsache der Integration per se sei nichts spezifisch Menschliches. Es müßte anhand konkreter Vergleiche im Detail nachgewiesen werden, daß die besagte Integration beim Menschen eine qualitativ andere sei. Ohne solchen Nachweis könne eine moralische Differenz in bezug auf das Tötungsverbot nicht als begründet gelten. Allerdings nimmt das anthropologische Argument diesen Einwand teilweise vorweg, indem es von vornherein auf psychosoziale Verletzbarkeit abstellt (s. o.).

Das anthropologische Argument kann, wenn es, was keineswegs sicher ist, dem skizzierten Einwand standhalten kann, begründen, warum Mensch und Tier als Ungleiche ungleich behandelt werden dürfen. Dadurch kann man (3) (und [6]) zurückweisen und braucht die Konsequenzen nicht zu akzeptieren. Der Egalitarist muß nun zeigen, daß seine Betrachtungsweise, die einzelne Eigenschaften isoliert und diese gegen andere ausspielt (Sprachfähigkeit gegenüber die Fähigkeit, im Sturzflug eine Maus zu schlagen usw.), die angemessenere ist.

Zu (3) Vielfach wurde gesagt, eine Anwendung von Normen im Sinne völliger Gleichbehandlung von Mensch und Tier führe zu »kontraintuitiven« oder »absurden« Konsequenzen. Für Regan, Wolf und andere Egalitaristen stünde man vor einem echten Dilemma, wenn man nur die Wahl hätte, mit dem Auto nach rechts oder nach links auszuweichen, wobei rechts Radfahrer und links Schafe überfahren und dadurch (vielleicht) getötet würden. (Die Liste derartiger Beispiele läßt sich leicht verlängern.) Ein strikter Egalitarist muß hier ein echtes Dilemma sehen. Für die meisten Menschen besteht in dieser Beispielsituation jedoch kein Dilemma, sondern eine eindeutige Vorrangrelation (Tugendhat 1997). Wir würden jedem moralische Vorwürfe machen, der in einer solchen Situation *nicht* nach links auswiche, um die Radfahrer nicht zu gefährden. Das Verwerfungsprinzip der *reductio ad absurdum* spielt auch in der angewandten Ethik eine wichtige Rolle; allerdings läßt sich in der Ethik nicht mit logischer Eindeutigkeit bestimmen, welche Konsequenzen »wirklich absurd« sind. Manche Konsequenzen egalitaristischer tierethischer Positionen erscheinen aufgrund unserer Alltagsintuitionen als absurd;

aber dies könnte ja auch an den Intuitionen liegen. Nicht alles, was kontraintuitiv ist, muß absurd sein. So oder ähnlich kann der Egalitarist an diesem Punkte kontern.

Zu (4)   Kulturalistische Argumente können für Egalitaristen das Töten von Tieren nicht rechtfertigen, sofern Hirten- und Fischerkulturen auf pflanzliche Nahrung zurückgreifen könnten. Viele halten dies jedoch für eine absurde Konsequenz (Müller 1995). Hier wird »absurd« im Sinne von »für die Betreffenden unzumutbar« gebraucht. Bei »Ultra-posse-nemo-obligatur«-Argumenten kommt es auf die Deutung des »(non) posse« an. Was kann man jemandem legitimerweise zumuten? Dies führt in eine subtile Kasuistik dann, wenn der Verzicht auf Tiertötungen zwar »im Prinzip« möglich wäre, aber eine tiefgreifende Änderung einer bestehenden Kultur zur Folge hätte. Vielleicht könnte man die Massai zu Ackerbauern machen und die Samen und Innuit mit Gemüsekonserven am Leben erhalten, aber dadurch vernichtete man eine kulturelle Lebensform. Gewiß bricht die Moral die bloßen Sitten und Gebräuche; aber es ist eben nicht klar, ob die Moral eine Tötung von Tieren untersagt. Ob hier und heute »Ultra-posse-nemo-obligatur«-Argumente greifen, ist allerdings recht zweifelhaft. Wir sind angesichts des Nahrungsangebotes nicht auf fleischliche Nahrung angewiesen.

Zu (5)   Kohlmann (1995) hat gegen Prämisse (3) folgendermaßen argumentiert. Die Ausdehnung des Geltungsbereiches moralischer Normen erhöht die »Anforderungen an eine ethische Binnendifferenzierung« (1995, S. 25). Die Prämisse (3) aber verunmöglicht diese. Jedes Kriterium, das im Bereich von Anwendungs- und Abwägungsfragen zum Zuge kommen könnte, wird durch (3) delegitimiert. (3) erhöht insofern den Konfliktpegel und macht zugleich eine abgewogene Lösung von Konflikten, die sich mit unseren speziesistischen Intuitionen deckt, unmöglich. »Die Problematik des ethischen Gleichheitsgrundsatzes besteht also darin, daß er einerseits den Normbereich auf Tiere ausweitet und damit das Potential an ethisch zu bewältigenden Interessenkonflikten erhöht, andererseits aber den Rückgriff auf herkömmliche Differenzierungskriterien abschneidet« (Kohlmann 1995, S. 26). Der Egalitarist wird erwidern, der Fehler dieses Arguments liege in der vorausgesetzten Annahme, es gäbe hier größere Abwägungsspielräume. Er wird zudem geltend machen, daß sich Interessenkonflikte und Abwägungsprobleme immer dann vermehrt stellen, sobald eine Ausweitung der »moral community« erfolgt. Dieser Umstand sei aber wohl kein Argument dafür, Farbige, Frauen, Fremde usw. aus der »moral community« auszuschließen zu dürfen. Ändert sich also etwas Entscheidendes, wenn man die Speziesgrenze überschreitet? Es scheint, als stoße man immer wieder auf diesen Punkt, an dem sich, mit Wittgenstein zu reden, der Spaten zurückbiegt.

4.

Das Tötungsverbot ist genau so gut oder schlecht begründet wie Prämisse (3). Diese Prämisse aber ist nicht zwingend. Man kann, aber man muß sie nicht teilen. Es gibt eine Reihe von Gegenargumenten, um eine nicht-egalitaristische Position zu verteidigen, die in etwa auf die eingangs skizzierte Position eines Kritikers der bisherigen Praxis hinausläuft. Diese Argumente könnten einen *moderaten* Speziesismus rechtfertigen. Allerdings kann man, *wie gezeigt wurde*, diese Gegenargumente ihrerseits kontern. Man weiß insofern, an welchen Punkten die Diskussion um das Tötungsproblem fortgesetzt werden müßte; aber man weiß nicht, mit welchem Ergebnis sie letztlich endet.

Es ist m. E. bislang nicht gelungen, die strikt speziesneutrale Ausweitung des Tötungsverbotes auf Tiere zu begründen. Allerdings heißt das nicht, daß die Prämisse (3) definitiv widerlegt ist. Es heißt nur, daß es bislang in der Tierethik nicht befriedigend gelungen ist, zwischen zwei unterschiedlich starken Gerechtigkeitsgrundsätzen *eindeutig* zu entscheiden. Die Frage bleibt, was wir tun sollen, wenn der Diskurs über diese Frage bislang kein eindeutiges Ergebnis erbracht hat.

Birnbacher (1995) schlägt vor, das Tötungsverbot auf die Tierarten auszudehnen, die uns am ähnlichsten sind, d. h. auf die Menschenaffen. Dies scheint mir sehr plausibel angesichts des Umstandes, daß Schimpansen die Taubstummensprache erlernen können, sich selbst im Spiegel identifizieren können, Werkzeuge benutzen, ein hohes Lernvermögen haben usw. Das Tötungsverbot schließt demnach einige Tiere speziesneutral ein (Menschenaffen, vielleicht auch andere Affen sowie Delphine und Wale), während es bei anderen Tieren mehr und andere Ausnahmen gibt als in bezug auf die Tötung von Menschen (Mäuse, Ratten, Hamster usw.) und manche Tiere nicht in den Bereich des Tötungsverbotes fallen (s. o.). In bezug auf andere höherentwickelte Säugetiere ist eine Tötung unter bestimmten Bedingungen zulässig. Ich nenne drei dieser Bedingungen: a) Ein Tier muß eine gewisse Lebenszeit erreicht haben, b) ein Tier muß ein angenehmes Leben unter tier- bzw. artgerechten Bedingungen geführt haben, c) die Tötungsumstände müssen möglichst angst- und schmerzfrei sein. *Es ist allerdings unbestreitbar wahr, daß in der überwiegenden Mehrzahl der Tötungen von Tieren diese Bedingungen nicht erfüllt sind.*

Soll man in verbleibenden Zweifelsfällen davon ausgehen, daß das Töten von Tieren erlaubt oder unerlaubt ist? Soll man nach der Maxime leben: »Erlaubt ist, was nicht definitiv moralisch verboten ist«, oder soll man sich nach der Maxime richten: »Im Zweifel ist es besser, so zu leben, daß man möglichst wenig Schuld auf sich geladen hat, wenn sich aufgrund neuer Gründe herausstellen sollte, daß die Tötung von Tieren doch unerlaubt ist«? Jene Maxime ist Ausdruck einer *liberalistischen* oder *permissiven*, diese hingegen ist Ausdruck einer *tutioristischen* Einstellung. Es ist angesichts dieser Alternative sicherlich vernünftig, nur wenig Fleischprodukte zu konsumieren, wofür ja neben moralischen Erwägungen auch gute diätetisch-prudentielle Gründe sprechen. Gelegentlicher Fleischkonsum, der die genannten drei Bedingungen beachtet, kann (schlimmstenfalls) als eine Art »läßliche Sünde« gedeutet werden oder als erlaubt gelten. Der Konsum tierischer Produkte zählt zu den (eigenartigen) Handlungsweisen, die bei der Einhaltung bestimmter Bedingungen moralisch erlaubt sind, bei denen es aber gleichwohl besser ist, wenn sie weniger häufig geschehen.

Anmerkungen

1 Die »streßfreie Schlachtung« ist für die einen ein echter Fortschritt und für die anderen ein sowohl sprachlicher als auch moralischer Aberwitz.

2 Kritisch zur Idee advokatorischer Diskurse äußert sich Krebs (1997).

3 Einen guten Überblick über die Positionen vermitteln die tierethischen Beiträge in Krebs (Hrsg.) (1997) sowie, zu pädagogischen Zwecken geeignet, die Beiträge in *Erziehung und Unterricht* 8 (1997), Heft 1.

4 Dieses berühmte Diktum wird Bentham von Mill zugeschrieben. Vgl. Mill (1987, S. 81).

5 Der tiefere Grund hierfür liegt wohl in der Unmöglichkeit eines intersubjektiven Nutzensummenkalküls. Ein solcher Kalkül ist nicht einmal in bezug auf Menschen möglich; in bezug auf Lust-Leid-Summen von Mensch und Tieren ist er wohl ein Mythos (Mackie 1983).

6 Das »Oder genauer« in der entscheidenden Passage, die den Übergang zur These herstellt, es sei »so zu handeln, als ob man Mitleid hätte« (1997, S. 57), verdeckt ein »non sequitur«.

7 Dies liegt daran, daß man in der Notwehrsituation kaum Mitleid mit dem Angreifer empfindet und daß ein solches Mitleid auch kaum für obligatorisch erklärt werden kann.

8 Ich kann dieser Position hier nicht in wenigen Worten gerecht werden und beschränke mich auf die Kernaussagen.

9 »Der Unterschied zwischen Mensch und Tier ist gleichzeitig graduell – in vielen Einzeleigenschaften – und von grundsätzlicher
Art. Dieser entscheidende Unterschied [...] besteht darin, daß
beim Menschen eine völlig neue Orientierungsebene für die Integration von Eigenschaften und Prozessen erreicht ist« (Hendrichs
1988, S. 202).

Literatur

Birnbacher, Dieter: Dürfen wir Tiere töten? In: C. Hammer /
J. Meyer (Hrsg.): Tierversuche im Dienste der Medizin. Lenge-
rich/Berlin 1995. S. 26–41.

Brumlik, Micha: Advokatorische Ethik. Bielefeld 1992.

Erziehung und Unterricht: Schwerpunkt Tierethik 8 (1997), Heft 1.

Fox, Michael Allen: The Case for Animal Experimentation. Berkeley 1986.

Frankena, William: Ethik und die Umwelt. In: Angelika Krebs
(Hrsg.): Naturethik. Frankfurt a. M. 1997. S. 271–295.

Frey, R. G. (Hrsg.): Utility and Rights. Minneapolis 1984.

Habermas, Jürgen: Moralbewußtsein und kommunikatives Handeln. Frankfurt a. M. 1983.

– Erläuterungen zur Diskursethik. Frankfurt a. M. 1991.

– Faktizität und Geltung. Frankfurt a. M. 1992.

Hare, Richard M.: Moral Reasoning about the Environment. In:
Journal of Applied Philosophy (1987), Heft 1, S. 3–14.

Hendrichs, Hubert: Lebensprozesse und wissenschaftliches Denken. Freiburg/München 1988.

Kohlmann, Ulrich: Überwindung des Anthropozentrismus durch
Gleichheit alles Lebendigen? In: Zeitschrift für philosophische
Forschung 49 (1995), Heft 1, S. 15–35.

Krebs, Angelika: Haben wir moralische Pflichten gegenüber Tieren?
In: Deutsche Zeitschrift für Philosophie 41 (1993), Heft 6,
S. 1009 ff.

– Discourse Ethics and Nature. In: Environmental Values 6 (1997),
Heft 3, S. 269–279. [Zit. als: Krebs 1997a.]

– Naturethik im Überblick. In: A. K. (Hrsg.): Naturethik. Frankfurt a. M. 1997. S. 337–379.

Mackie, John L.: Ethik. Stuttgart 1983.

Mill, John Stuart: Utilitarianism. Buffalo 1987.

Müller, Albrecht: Ethische Aspekte der Erzeugung und Haltung transgener Nutztiere. Stuttgart 1995.

Ott, Konrad: Wie ist eine diskursethische Begründung von ökologischen Rechts- und Moralnormen möglich? In: K. O. (Hrsg.): Vom Begründen zum Handeln. Tübingen 1996. S. 86–128.

– Ipso Facto. Frankfurt a. M. 1997.

Plessner, Helmuth: Die Stufen des Organischen und der Mensch. Berlin / New York 1975.

Regan, Tom: An Examination and Defense of One Argument Concerning Animal Rights. In: Inquiry 22 (1979) S. 189–219.

– All that Dwell Therein. Berkeley 1982.

– The Case for Animal Rights. In: Peter Singer (Hrsg.): In Defense of Animals. Oxford 1985. S. 13–26.

– Wie man Rechte für Tiere begründet. In: Angelika Krebs (Hrsg.): Naturethik. Frankfurt a. M. 1997. S. 33–46.

Scharmann, Wolfgang / Teutsch, Gotthard: Zur ethischen Abwägung von Tierversuchen. In: ALTEX 11 (1994), Heft 4, S. 191–198.

Schopenhauer, Arthur: Preisschrift über die Grundlage der Moral von 1840. In: Sämtliche Werke. Hrsg. von Arthur Hübscher. Bd. 4. Wiesbaden 1950.

Schweitzer, Albert: Kultur und Ethik. München 1926.

Singer, Peter: Not for Humans Only: The Place of Nonhumans in Environmental Issues. In: K. E. Goodpaster / K. M. Sayre (Hrsg.): Ethics and the Problems of the 21st Century. London 1979. S. 191–205.

– Befreiung der Tiere. München 1982.

– Praktische Ethik. 2., rev. und erw. Aufl. Stuttgart 1994.

– Alle Tiere sind gleich. In: Angelika Krebs (Hrsg.): Naturethik. Frankfurt a. M. 1997. S. 13–22.

Varner, Gary: The Prospects for Consensus and Convergence in the Animal Right Debate. In: Hastings Center Report 24 (1994), Heft 1, S. 24–28.

Von der Pfordten, Dietmar: Die moralische und rechtliche Berücksichtigung von Tieren. In: Julian Nida-Rümelin / Dietmar von der Pfordten (Hrsg.): Ökologische Ethik und Rechtstheorie. Baden-Baden 1995. S. 231–244.

Tugendhat, Ernst: Wer sind alle? In: Angelika Krebs (Hrsg.): Naturethik. Frankfurt a. M. 1997. S. 10–110.

Wolf, Jean-Claude: Tötung von Tieren. In: Julian Nida-Rümelin /

Dietmar von der Pfordten (Hrsg.): Ökologische Ethik und Rechtstheorie. Baden-Baden 1995. S. 219–230.

Wolf, Jean-Claude: Tierschutz zwischen Demokratie und Lobbyismus. In: ALTEX 13 (1996), Heft 3, S. 111–117.

Wolf, Ursula: Haben wir moralische Verpflichtungen gegen Tiere? In: Zeitschrift für philosophische Forschung 42 (1988), Heft 2, S. 222–246.

– Das Tier in der Moral. Frankfurt a. M. 1990.

THOMAS JUNKER und SABINE PAUL

Das Eugenik-Argument in der Diskussion um die Humangenetik: eine kritische Analyse*

Zusammenfassung

In der aktuellen Diskussion über Ziele und Methoden der Humangenetik wird häufig die Behauptung vorgebracht, daß von der Humangenetik eugenische Ziele verfolgt werden. Diese Aussage hat besondere Relevanz, da die Eugenik von vielen Menschen mit nationalsozialistischen Verbrechen verknüpft wird (Eugenik-Argument). Um die Berechtigung entsprechender Vorstellungen zu überprüfen, werden wir auf die Geschichte der Eugenik eingehen. Der historische Ansatz soll zum einen eine Klärung des Begriffs »Eugenik« ermöglichen, zum anderen zeigen, welches Verhältnis zwischen Eugenik und Nationalsozialismus bestand. Wir werden zu dem Ergebnis kommen, daß es eine Verzerrung der historischen Tatsachen darstellt, wenn man die Geschichte der Eugenik auf den Sonderfall der nationalsozialistischen Rassenhygiene reduziert. In einem weiteren Abschnitt wird diskutiert, welche Beziehungen zwischen modernen humangenetischen Praktiken und eugenischen Programmen bestehen. Es läßt sich feststellen, daß die Eugenik in der gegenwärtigen Humangenetik eine völlig untergeordnete Rolle spielt.

* An dieser Stelle möchten wir allen, die uns in Diskussionen und Gesprächen wertvolle Anregungen gegeben haben. Unser besonderer Dank für die kritische Durchsicht des Manuskripts und wichtige Hinweise gilt Frau Prof. Dr. Eve-Marie Engels, Frau Dr. Dorothee Früh und Frau Dr. Ulrike Mau.

1. Einleitung

Anfang Mai 1997 fand in Berlin der internationale »Congress of Molecular Medicine« statt. Die Eröffnungsrede wurde von James Watson gehalten, der zusammen mit Francis Crick erstmals die Struktur des Erbmaterials, der DNA, beschrieben hatte und seither einen fast legendären Ruf in der Genetik genießt. Später war Watson entscheidend am Humangenom-Projekt beteiligt, das sich u. a. die vollständige Aufklärung des menschlichen Genoms zum Ziel gesetzt hat. Anspruch des Berliner Kongresses war es, die gegenwärtigen und zukünftigen Möglichkeiten genetischer Forschungen für die Medizin zu diskutieren. In seinem Referat mit dem Titel »Genes and Politics« befaßte sich Watson in mindestens der Hälfte der Zeit mit der Eugenik (Watson 1997). Die Eugenik sei durch die Verbrechen der NS-Zeit, aber auch durch Sterilisationsprogramme in anderen Ländern, wie den USA oder Skandinavien, diskreditiert. Watson hielt diesen Rückblick für notwendig, da die zukünftige Entwicklung der Genetik massiv von negativen historischen Erfahrungen beeinflußt werde – aus seiner Sicht stellt dies vor allem eine Behinderung für die Forschung und die Entwicklung praktischer Anwendungen dar.

Dieses Beispiel – es ließen sich viele andere anführen – belegt, welche Bedeutung der historischen Erfahrung in der heutigen Diskussion um die ethische Dimension der Humangenetik zugemessen wird. Die Art, wie mit der historischen Belastung der Reproduktionswissenschaften argumentiert wird, zeigt bei genauerer Analyse jedoch einige problematische Aspekte, wie wir im folgenden zeigen werden. Historische Argumente, die unter dem Begriff »Eugenik« zusammengefaßt werden können, werden oft als überzeugend empfunden – um so wichtiger ist eine kritische Untersuchung der zugrundeliegenden Annahmen.

Sehr häufig wird auf negative Erfahrungen mit eugenischen Programmen verwiesen, wenn die Humangenetik im allgemeinen und spezielle Anwendungen im Zusammenhang mit der Humangenetik, beispielsweise die Präimplantationsdiagnostik (PGD)[1] oder die Pränataldiagnostik, kritisiert werden sollen. Die Präimplantationsdiagnostik wird im Zusammenhang mit In-vitro-Fertilisation angewandt, d. h. mit künstlicher Befruchtung, und ist in Deutschland durch das Embryonenschutzgesetz verboten. Bei der Pränataldiagnostik handelt es sich um Untersuchungen von Embryonen und Föten, die im Rahmen von Vorsorgeuntersuchungen routinemäßig durchgeführt werden. Das Ergebnis entsprechender Untersuchungen soll eine Entscheidung über eine Implantation des Keims bzw. eine Abtreibung ermöglichen.[2] Andere Bereiche, in denen die Frage der Eugenik diskutiert wird, sind die Keimbahntherapie,[3] das Humangenom-Projekt und die Erklärungen des Europarates bzw. der UNESCO zur Biomedizin und zum menschlichen Genom.[4] Im folgenden werden wir den Schwerpunkt unserer Diskussion auf die gegenwärtige humangenetische Praxis in Deutschland legen.

Es wird nun häufig behauptet, daß die moderne Humangenetik eugenische Ziele verfolge. Der Zusammenhang wird zum einen an der selektiven Abtreibungspraxis nach Pränataldiagnostik bzw. an der Selektion von Keimen nach PGD festgemacht. Diese Praxis wird auch als negative Eugenik bezeichnet.[5] Zum anderen soll die Humangenetik in absehbarer Zukunft die Erzeugung von Menschen mit bestimmten Eigenschaften anstreben oder ermöglichen; dies sind die »Schöne-neue-Welt«-Szenarien der positiven Eugenik. Der Hinweis auf die Eugenik hat in Zitaten wie dem folgenden die Funktion, eine Verbindung zwischen NS-Verbrechen und heutiger Humangenetik herzustellen: »Erinnernd an den Rassenwahn der Nazis sprechen Kritiker der Präimplantations-Diagnostik bereits von einer neuen Eugenik, bei der nur noch Menschen nach Maß zur Welt kommen sollen.«[6] Da eine Kontinuität zwischen Eugenik, NS-Verbrechen und heutiger Humangenetik bestehe, seien Pränataldiagnostik und PGD abzulehnen. Auch von Autoren, die den beschriebenen Methoden der Humangenetik nicht grundsätzlich ablehnend gegenüberstehen, wird angenommen, daß die historische Erfahrung für unsere heutige Diskussion relevant ist:

> »Sowohl im Sowjetkommunismus wie im Faschismus entstanden Weltanschauungen, deren gewaltsame Experimente der Vervollkommnung von Mensch und Gesellschaft unsere Erfahrungen am Ende dieses Jahrhunderts prägen. [...] Trotz eines gewandelten Wissenschaftsverständnisses geben solche Erfahrungen aber den Befürchtungen vor genetischen Veränderungen der menschlichen Natur eine historische Plausibilität«
> (Siep 1993, S. 141).

Ähnliche Argumente lassen sich sowohl in den Massenmedien[7] als auch in wissenschaftlichen Publikationen finden, und so kommen Bettina Schöne-Seifert und Lorenz Krüger zu der Feststellung: »Die [...] Angst vor Eugenik [...] bildet einen Kern der Auseinandersetzung mit der Humangenetik im ganzen. [...] Ein solches Bild der (negativen) Eugenik ist durch den schweren Mißbrauch dieses Wissenszweiges in der Nazi-Zeit in Deutschland nur allzu verständlich motiviert« (1993, S. 285).

Diese Argumente sind sicher jedem vertraut, der die Diskussion um die Humangenetik verfolgt hat. Ihre weite Verbreitung ist indes noch keine Garantie dafür, daß sie auch zutreffen, und es werden auch kritische Einwände gemacht. So gibt es in Deutschland massive politische und emotionale Gründe, das Argument, die Deutschen haben aus der NS-Vergangenheit gelernt, zu betonen. Zudem ist die Behauptung eines unlösbaren Zusammenhanges zwischen Eugenik und Humangenetik (vom Rassismus-Vorwurf ganz zu schweigen) nach Ansicht von Schöne-Seifert und Krüger »gemessen an den realen Möglichkeiten nichtsdestoweniger völlig einseitig und verzerrt« (ebd.). Die Frage, ob gegen-

wärtige humangenetische Methoden in der Tradition von
Praktiken und Verbrechen des NS-Regimes stehen, ist nun
keineswegs ein rein akademisches Problem, sondern hat
eine kaum zu überschätzende Bedeutung für die politische
und ethische Diskussion. Wenn es gelingt, zwischen einem
weltanschaulichen Gegner bzw. einem wissenschaftlichen
Programm und NS-Verbrechen eine Verbindung herzustellen, so gelten jene in der öffentlichen Meinung als vollständig diskreditiert.[8]

Untersucht man die Verwendung des Begriffs »Eugenik«
in der Debatte um die Humangenetik, so fällt zweierlei auf:
Zum einen ist deutlich, daß »Eugenik« heute fast nur noch
mit negativen Konnotationen verwendet wird. Es besteht
ein breiter Konsens, daß es sich bei der Eugenik um ein sehr
zweifelhaftes Konzept handelt. Zum andern gibt es aber
keine Übereinstimmung darüber, was Eugenik denn eigentlich sei.[9] Was ist die Ursache für diese begriffliche Unschärfe? Es liegt sicher nicht am Mangel an empirischen Untersuchungen zu diesem Thema. Seit den achtziger Jahren
hat die wissenschaftshistorische Erforschung der Eugenik
einen enormen Aufschwung erlebt, und wir haben heute einen recht guten Einblick in die Geschichte der eugenischen
Bewegungen in verschiedenen Ländern (vgl. Weindling
1989; Adams 1990a, 1990b; Weiss 1990; Weingart/Kroll/
Bayertz 1992; Kevles 1995). Der Grund ist auf einer anderen Ebene zu suchen: Parallel zur wissenschaftshistorischen
Erforschung kam es zu einer Politisierung des Begriffes
»Eugenik«. Eine entsprechende Verwendung im politischen
Kontext führt zu einigen problematischen Konsequenzen,
die der Wissenschaftshistoriker Ludwik Fleck bereits in den
dreißiger Jahren beschrieben hat:

> »Worte, früher schlichte Benennungen, werden Schlag-
> worte; Sätze, früher schlichte Feststellungen, werden
> Kampfrufe. Dies ändert vollständig ihren denksozialen
> Wert; sie erwerben magische Kraft, denn sie wirken

geistig nicht mehr durch ihren logischen Sinn – ja, oft gegen ihn – sondern durch bloße Gegenwart« (1935, S. 59).

Fleck fährt fort: »Findet sich so ein Wort im wissenschaftlichen Text, so wird es nicht logisch geprüft; es macht sofort Feinde oder Freunde« (ebd.). Zu ergänzen wäre, daß eine rationale Diskussion unmöglich ist, wenn ein Wort nicht logisch (oder empirisch) geprüft wird.

Die Verwendung des Begriffs »Eugenik« in der Debatte um die Humangenetik zeigt den von Fleck beschriebenen Übergang zum Schlagwort: Unter Eugenik wird ein Sammelsurium von Verbrechen des NS-Regimes oder anderer Länder oder von abzulehnenden Praktiken verstanden, die nur sehr entfernt an die Ursprungsbedeutung erinnern. Eugenik soll nicht nur etwas zu tun haben mit Zwangssterilisationen und den Samenbanken von Nobelpreisträgern, sondern auch mit der Ermordung geistig Behinderter, dem Holocaust, der Vernichtung aller Menschen, die nicht in die NS-Ideologie paßten, der Rassendiskriminierung in den USA und der Geschlechtsselektion in Indien (Haker 1993, S. 291). Zum Teil wird die Pränataldiagnostik und anschließende Selektion von Föten generell als eugenisch bezeichnet (Lippman 1991, S. 24 f.); von anderen Autoren nur, wenn diese Praktiken mit gesellschaftlichen Zielsetzungen und Zwangsmaßnahmen verbunden sind (Schmidtke 1997, S. 250).

Wir haben also folgende Situation: Der Begriff »Eugenik« wird sowohl in den Massenmedien als auch in der ethischen Diskussion häufig verwendet. Zugleich ist er zu einem negativ besetzten Schlagwort geworden, dessen genaue Bedeutung aber weitgehend unklar oder zumindest umstritten bleibt. Einige Autoren kommen nun zu der resignierten Schlußfolgerung, daß es unmöglich sei, den Begriff »Eugenik« objektiv zu definieren.[10] Es ist natürlich eine sehr ungünstige Situation, wenn man die negativen Auswirkungen der Eugenik vermeiden will, ohne zu wissen, was darunter zu verstehen ist. Die amerikanische Wissenschaftshistorikerin Diane Paul hat in diesem Zusammenhang zwei Vorschläge gemacht: Zunächst sollten diejenigen, die den Begriff »Eugenik« verwenden, zumindest angeben, was sie darunter verstehen. Zum anderen könnte die Verwirrung vermindert werden, wenn Definitionen, die der Geschichte oder dem Common sense widersprechen, ausgeschlossen würden (Paul 1994, S. 71). So sind moderne Eugenik-»Definitionen«, die dazu führen, daß die Begründer und wichtigen Vertreter der Eugenik (beispielsweise Francis Galton oder Alfred Ploetz) nicht mehr als Eugeniker bezeichnet werden können, abzulehnen. Bevor wir beantworten können, ob die moderne Humangenetik eine neue Eugenik ist, müssen wir also untersuchen, was Eugenik eigentlich ist.

2. Was ist Eugenik?

Bei einer Definition des Begriffs »Eugenik« hat man mit verschiedenen Schwierigkeiten zu rechnen. Das liegt u. a. daran, daß der Begriff im Laufe seiner nun mehr als hundertjährigen Geschichte einige Bedeutungsverschiebungen erfahren hat, die aus dem historischen Wandel der zugrundeliegenden Theorien resultieren. In dem Maß, in dem sich die Basiswissenschaften der Eugenik, die Genetik und die Evolutionstheorie, veränderten, haben sich auch Methoden und Schwerpunkte in der Zielsetzung der Eugenik gewandelt.

a) Zum Ursprung der Eugenik

Die Eugenik ist in der 2. Hälfte des 19. Jahrhunderts entstanden. Als ihr Begründer gilt Francis Galton, der, angeregt durch Charles Darwins selektionistische Evolutionstheorie,[11] ein Programm zur genetischen Verbesserung der Menschheit entwickelt hatte. Galton hat folgende Definition von Eugenik gegeben: »Eugenics is the science which deals with all influences that improve the inborn qualities of a race; also with those that develop them to the utmost advantage« (1904, S. 35).[12] Als Begründer der Eugenik in Deutschland gelten Wilhelm Schallmayer (1895) und Alfred Ploetz, der auch das Wort »Rassenhygiene« einführte. »Rassenhygiene« bei Ploetz ist im wesentlichen mit Galtons »Eugenik« identisch. Unter Rassenhygiene versteht er »das Bestreben, die Gattung gesund zu erhalten und ihre Anlagen zu vervollkommnen« (1895, S. 13).[13]

Die beiden Zitate von Galton und Ploetz sind aus der eher optimistischen Frühphase der Eugenik, als man sich um die Verbesserung der Menschheit bemühte. In den folgenden Jahrzehnten rückte dann der pessimistische Aspekt der Eugenik, den man unter dem Begriff der Degenerationsangst zusammenfassen kann, stärker in den Vordergrund (Sieferle 1989, Früh 1997). Man nahm an, daß durch die Errungenschaften der Zivilisation, vor allem jene der Medizin, die natürliche Auslese aufgehoben wird und daß es in der Folge zu einer genetischen Verschlechterung der Menschheit und zum »Untergang der Kulturvölker« komme (Schallmayer 1895, Baur 1933). Wenn im folgenden in verkürzter Form von einer Verbesserung die Rede ist, so ist damit die Verhinderung einer Verschlechterung eingeschlossen. Der angenommene biologische Mechanismus ist der gleiche. Bei der Verwendung der Begriffe »Verbesserung« bzw. »Verschlechterung« ist zu beachten, daß bei einer entsprechenden Beurteilung genetischer Merkmale Wertvorstellungen und damit außerwissenschaftliche Kriterien einfließen. Es ist vor allem im historischen Rückblick deutlich, daß sich die Eugeniker oft unausgesprochen von ihren politischen und sozialen Vorurteilen leiten ließen, wenn sie sich für eine Verbesserung einsetzten. Dieser Bewertungsaspekt in der Eugenik ist sicher einer der problematischsten Punkte.

Die Eugenik ist von ihren Vertretern immer auch als sozial-
politisches Programm verstanden worden, das sich auf bestimmte gesellschaftliche Wertvorstellungen bezog. Während
sich Ploetz im Sinne des Utilitarismus für »die Steigerung der
guten *Anlagen* bei der Vererbung auf die nächste Generation,
also die wirkliche Vermehrung des Kapitals menschlicher
Glücksfähigkeit« als eine wichtige Aufgabe der Eugenik aus-
spricht (1895, S. 13), betonte Galton die nationalen Erfordernisse in den Zeiten des Imperialismus: »Let us for a moment
suppose that the practice of Eugenics should hereafter raise
the average quality of our nation [. . .]. We should be better fit-
ted to fulfil our vast imperial opportunities« (1904, S. 37 f.). In
den Jahren nach dem Ersten Weltkrieg und nach der Wirtschaftskrise von 1929 rückten dann ökonomische Erwägungen in den Vordergrund (vgl. Muckermann 1932, Weiss 1990).
In der NS-Zeit wurden eugenische Fragen mit der Rassen-
ideologie verknüpft. Nach dem Zweiten Weltkrieg schließlich
wurde weniger die »Belastung, die diese Kranken für die Allgemeinheit bedeuten« betont, als vielmehr das Leiden der
Kranken und ihrer Angehörigen (Melchers 1965, S. 64 f.). Dies
sind nur einige Hinweise, die zeigen sollen, daß sich neben utilitaristischen und humanitären ökonomische, nationalistische
oder rassistische Rechtfertigungen für eugenische Maßnahmen in den verschiedensten Kombinationen finden lassen.
Eine historische Darstellung des Eugenik-Problems wird sich
dieser vielfältigen Kontexte annehmen müssen; an dieser
Stelle soll statt dessen der gemeinsame Gedanke herausgear-
beitet werden, der den eugenischen Programmen zugrunde
lag, um auf diese Weise zu einer Definition zu gelangen.

b) Eugenik und Evolutionstheorie

Galton und Ploetz geht es um die Verbesserung der »angeborenen Qualitäten« und »Anlagen« einer menschlichen
Population, einer Gruppe von Menschen. Das Ziel der Eu-

genik ist es – modern gesprochen –, die genetische Zusammensetzung einer Population, den sog. Genpool, zu verbessern.[14] Dies ist genau, was man unter Evolution versteht: »Evolution läuft ab, wenn sich die Genfrequenzen in einer Population im Laufe der Generationenfolge, also in der Zeit, verändern« (Osche 1972, S. 40). Bei der Eugenik handelt es sich in erster Linie um eine Anwendung der Evolutionstheorie.[15] Die Verbesserung des Genpools soll der bewußten Gestaltung des Schicksals der Menschheit dienen. Das Ziel ist »control over evolution«, wie der amerikanische Evolutionsbiologe G. G. Simpson prägnant formulierte (1949, S. 325). In dieses Programm haben die Eugeniker große Hoffnungen für die Zukunft der Menschheit gesetzt. Und sie glaubten, daß die Menschheit in der Lage sei, mit diesem Instrument verantwortungsbewußt umzugehen: »And so man may take up his birthright, which is to become the first organism exercising conscious control over its own evolutionary destiny« (Huxley 1931, S. 124). Dabei wurde oft implizit der Gedanke zugrunde gelegt, daß der bisherige Evolutionsprozeß zu Fortschritt geführt habe (Ruse 1996) und daß die Zivilisation, d. h. Medizin, Städtebau und technische Hilfsmittel, dies durch Kontraselektion umkehre. Die zweite theoretische Grundlage der Eugenik ist die Genetik.[16] Wir werden im folgenden die *evolutionstheoretische* Perspektive betonen, da es uns um den dynamischen Aspekt der Eugenik geht.

Die Maßnahmen, die von Eugenikern gefordert wurden, hängen nun davon ab, welche Evolutionstheorie sie vertreten haben. Wir werden uns im folgenden auf die selektionistische Evolutionstheorie beschränken: zum einen, weil die Eugenik in erster Linie vom Darwinismus beeinflußt wurde, zum anderen, weil die heutige Evolutionstheorie den darwinschen Mechanismus (die Selektionstheorie) im wesentlichen bestätigt hat.[17] Nach der Selektionstheorie besteht in der Auslese bestimmter Individuen der wichtigste (wenn auch nicht der einzige) Mechanismus, der die Evolution steuert.

Das klassische Beispiel, an dem deutlich wird, wie die biologische Evolution durch Menschen beeinflußt werden kann, stellt die Tier- und Pflanzenzucht dar. Die Methode besteht darin, die Reproduktion bestimmter, als besonders günstig eingeschätzter Individuen zu fördern. Theoretisch muß dies auf der rein biologischen Ebene auch für den Menschen funktionieren.[18] Die Eugenik ist also auf dieser Ebene ebenso wissenschaftlich, wie es die Tier- und Pflanzenzucht ist. Die Probleme treten erst an einem anderen Punkt auf: Um eine Veränderung des menschlichen Genpools zu erreichen, ist es wahrscheinlich notwendig, Maßnahmen analog zur Tierzucht anzuwenden. Und was dies bedeuten kann, darauf hat bereits Oskar Hertwig, einer der ersten Kritiker des eugenischen Programms, hingewiesen: »Von vornherein ist klar, daß ohne Zwangsgesetze und ohne geradezu ungeheuerliche Eingriffe in das Selbstbestimmungsrecht des einzelnen ein erfolgreicher Züchtungsstaat sich nicht einrichten läßt« (1918, S. 85).[19] Diese Aussage blieb jedoch nicht unwidersprochen, und es wurden verschiedene Vorschläge gemacht, wie sich eugenische Zielsetzungen in humanitärer und demokratischer Art verwirklichen lassen.[20]

c) Die Verwissenschaftlichung der Reproduktion

»Die Rationalisierung des Geschlechtslebens – Ursprünge und Entwicklungsbedingungen einer Wissenschaft der menschlichen Fortpflanzung«, mit diesem Kapitel beginnt die bereits zitierte Geschichte der Eugenik von Weingart, Kroll und Bayertz (1992). Die Eugenik wird als Versuch aufgefaßt, die menschliche Reproduktion wissenschaftlich zu verstehen und zu beeinflussen, und den wissenschaftlichen Anspruch teilt sie mit der Humangenetik. Andrerseits sind Wissenserweiterung und Naturbeherrschung generelle Ziele der neuzeitlichen Wissenschaft und nicht nur für die

Eugenik typisch. An dieser Stelle sollte noch einmal betont werden, daß sich die Eugenik durch eine Zielvorstellung auszeichnet: die Verbesserung des Genpools. Wie bereits oben dargestellt, wurde und wird dieses allgemeine Ziel historisch in unterschiedlicher Weise konkretisiert. Die wissenschaftliche Vorgehensweise ist das Mittel, um das eugenische Ziel zu erreichen. Insofern ist es nicht sinnvoll, in der Definition der Eugenik lediglich auf die Methode und den Gegenstand (die Population) zu verweisen und die Zielvorstellung unbestimmt zu lassen, wie dies S. Weiss vorschlägt: »[...] the very logic of eugenics – the rational management of a population for some ›higher end‹« (1990, S. 49). Zumindest unter Biologen war die Zielvorstellung und auch die Praxis der Eugenik, in der versucht wird, die natürliche Auslese durch die menschliche Auslese zu ersetzen (bzw. zu ergänzen), immer präsent.

d) Kollektiv-Interessen versus Individual-Interessen

Ein weiteres wichtiges Charakteristikum der Eugenik ist die Ebene, auf der sie angreift. Evolution findet generationenübergreifend statt. Das Ziel der Eugenik, die genetische Verbesserung einer Population, ist also notwendig überindividuell. Auf diesen Punkt haben schon Galton und Ploetz hingewiesen: »Für *ein* Geschlecht ist daher das unmittelbare Ziel der Rassenhygiene immer das Wohl des nächsten« (Ploetz 1895, S. 11).[21] Die Evolutionstheorie hat von August Weismann (1885) bis Richard Dawkins (1978), von der »Unsterblichkeit des Keimplasmas« bis zum »egoistischen Gen«, immer den überindividuellen Charakter der Evolution betont.

Die Eugenik vertritt also in erster Linie die angenommenen Interessen der menschlichen Spezies als ganzer, sekundär auch die Interessen zukünftiger Generationen, nicht aber die Interessen gegenwärtig lebender Individuen. Die

Unterordnung der Interessen der Individuen unter diejenigen des Genpools ist ein wichtiger Kern des Widerstandes gegen die Eugenik. Mit der Veränderung zu einer individualistischen Gesellschaft wird sich deshalb auch ein Programm wie die Eugenik nurmehr schwer durchsetzen können. Zwar hat Hermann J. Muller in den Nachkriegsjahren (1963) den Vorschlag gemacht, über individuelle Anreize eugenisch relevante Verhaltensänderungen zu erreichen. Es ist aber fraglich, ob sich so weitgehende Verhaltensänderungen tatsächlich auf diese Weise erzielen lassen.

Wir kommen also zu folgender Definition: Bei der Eugenik handelt es sich um das Programm, den menschlichen Genpool mit wissenschaftlichen Mitteln zu verbessern, d. h. die biologische Evolution der Menschen in diesem Sinne planmäßig und bewußt zu gestalten.

3. Zur Geschichte der Eugenik nach 1933

a) Eugenik und Nationalsozialismus

Als Ursache für die negative Bewertung von Eugenik wird in der Regel angeführt, daß der Begriff »Eugenik« durch die Verbrechen des NS-Regimes diskreditiert worden sei. Im folgenden werden wir zunächst auf einige Tatsachen eingehen, die den Zusammenhang zwischen Eugenik und NS-Politik belegen.[22] Es soll aber auch gezeigt werden, warum trotz unbestreitbarer Kontinuitäten eine einfache Identifizierung des eugenischen Programms mit der NS-Politik falsch ist. In aller Kürze läßt sich sagen, daß das NS-Regime zum einen eugenische Maßnahmen durchgeführt hat – es sei nur an das Gesetz zur Verhütung erbkranken Nachwuchses (14. Juli 1933)[23] erinnert, das zwischen 1934 und 1939 zu schätzungsweise 200 000 bis 400 000 Sterilisationen führte, von denen ein großer Teil zwangsweise durchgeführt wurde (Bock 1986). Zum anderen hatte die Eugenik einen wichti-

gen Stellenwert innerhalb der NS-Ideologie – Hitler beispielsweise äußerte sich in *Mein Kampf* relativ ausführlich
zu eugenischen Fragen (1925–27, S. 279 f., 446–449). Gegen
die Behauptung eines unlösbaren Zusammenhanges zwischen Eugenik und NS-Ideologie spricht zunächst, daß die
Eugenik eine internationale Bewegung war, die in allen In-
dustriestaaten verbreitet war (Adams 1990a). Zudem ist die
Eugenik bereits Ende des 19. Jahrhunderts entstanden, d. h.
einige Jahrzehnte vor der NS-Zeit. Und schließlich hat der
Übergang von der Weimarer Eugenik zur NS-Eugenik unter personellen und inhaltlichen Veränderungen stattgefunden.[24]

Die Eugenik war auch keine rein politisch rechte Bewegung. Für die Jahre vor 1933 und nach 1945 läßt sich zeigen,
daß eugenische Ideen im ganzen politischen Spektrum Anklang fanden. Als Beispiel sei erwähnt, daß unter den führenden Eugenikern der Weimarer Republik der Sozial-
demokrat Alfred Grotjahn und der Jesuitenpater Hermann
Muckermann zu finden sind.[25] Dabei handelt es sich nicht
nur um Einzelfälle, sondern es gab sowohl in der SPD als
auch in den Kirchen zahlreiche pro-eugenische Stimmen.[26]
Dies gilt auch für andere Länder. So vertraten beispielsweise
der amerikanische Genetiker H. J. Muller und der britische
Evolutionstheoretiker J. B. S. Haldane, die aus ihrer kom-
munistischen Überzeugung keinen Hehl machten, ihr Leben
lang eugenische Positionen.[27] Die Eugenik war auch nicht
notwendig rassistisch. Wichtige Vertreter der Eugenik vor
1933 oder außerhalb von Deutschland waren eindeutig nicht
rassistisch und nicht antisemitisch.[28] Eugenische Gedanken
wurden beispielsweise von Magnus Hirschfeld vertreten.
Hirschfeld gehörte zu den profiliertesten Sexualwissen-
schaftlern der Weimarer Zeit, er war Jude und Vorkämpfer
der Rechte von Homosexuellen.[29] Es gab allerdings auch Autoren, die unter dem Begriff »Rassenhygiene« sowohl Eugenik als auch Rassismus zusammenführten, aber erst mit dem
Dritten Reich wurden andere Auffassungen verdrängt.[30]

Sehr weit verbreitet ist auch die These, daß die Eugenik unwissenschaftlich gewesen sei.[31] An dieser Stelle kann es nicht darum gehen, die kontroverse Diskussion, wie Wissenschaft von Nicht-Wissenschaft abzugrenzen ist, aufzurollen. Viel wird davon abhängen, ob man die Frage systematisch oder historisch, soziologisch oder inhaltlich zu beantworten versucht. Einige wenige Hinweise, die zeigen sollen, daß die Frage nach der Wissenschaftlichkeit der Eugenik nicht in einem Satz zu klären ist, müssen an dieser Stelle genügen. Die Eugeniker selbst haben sich als Teil der Wissenschaft ihrer Zeit verstanden. Dieser Charakter der Eugenik wurde schon von Galton betont (1904, S. 35) und an diesem Anspruch haben ihre Vertreter bis in die Gegenwart festgehalten. So bezeichnete beispielsweise Hans Nachtsheim die Eugenik als »angewandte Genetik, speziell angewandte Humangenetik« (1963, S. 277).[32] Es ist in diesem Zusammenhang zu beachten, daß sich die Eugenik lediglich bei den zugrundeliegenden Methoden und Theorien, nicht jedoch in bezug auf ihre Ziele auf wissenschaftliche Objektivität berufen kann. Die Eugeniker haben versucht, sich (natur)wissenschaftlicher Methoden, Theorien und Techniken zu bedienen, um ihre von gesellschaftlichen Wertvorstellungen geprägten Ziele möglichst effektiv zu erreichen. Aber darin unterscheidet sich die Eugenik nicht von anderen angewandten Wissenschaften.

Konkret kann man im Rückblick feststellen, daß viele der biologischen Vorstellungen, die von Eugenikern vertreten wurden, nach heutigem Wissen nicht haltbar sind. Wandel und Erkenntnisfortschritt sind aber nicht typisch für die Eugenik, sondern ein allgemeines Charakteristikum von Wissenschaft. Aus heutiger Sicht sind allerdings einige Denkfehler der Eugeniker relativ leicht erkennbar. So wird beispielsweise von den meisten Autoren eine genetische Determiniertheit von zahlreichen charakterlichen Merkmalen unterstellt, und es werden eindeutig ökonomische oder politische Probleme im Zusammenhang mit der Industrialisierung oder der Wirtschaftskrise nach dem Ersten Weltkrieg mit großer Naivität auf angebliche genetische Veränderungen zurückgeführt (Junker 1996). Zusammenfassend kann man sagen, daß es zu einem verzerrten Bild führt, wenn man die nationalsozialistische Rassenhygiene als für die Geschichte der Eugenik insgesamt typisch ansieht. Verbindungen zwischen Eugenik, Rassismus und Euthanasie lassen sich für die NS-Zeit aufzeigen. Dies gilt aber nicht allgemein: Die Eugenik war politisch und sozial eine ausgesprochen vielfältige Bewegung, die nicht notwendig faschistisch oder rassistisch war (Weiss 1990).

b) Von der Eugenik zur Humangenetik

Eine interessante Frage ist, warum der Gedanke an die praktische Durchführbarkeit des eugenischen Programmes seit dem Zweiten Weltkrieg so viel von seiner suggestiven Überzeugungskraft verloren hat. Eine erste Beobachtung zeigt, daß die rein negative Besetzung des Wortes »Eugenik« nicht unmittelbar nach 1945 stattgefunden hat, sondern daß dies erst im Laufe der siebziger Jahre geschah. Bis zu diesem Zeitpunkt lassen sich unschwer Verwendungen von »Eugenik« in neutraler oder positiver Bedeutung finden.[33] Dies gilt auch für Deutschland. Eine Ursache hierfür ist, daß man in der Humangenetik nicht von einer Stunde Null sprechen kann, sondern daß es zahlreiche Kontinuitäten zwischen der Humangenetik der NS-Zeit und der Adenauer-Republik gab. Bis in die sechziger Jahre waren die deutsche Humangenetik und Anthropologie von Autoren geprägt, die schon in den dreißiger und vierziger Jahren wichtige Positionen innehatten. Es sei nur an Freiherr Otmar von Verschuer, Fritz Lenz oder Gerhard Heberer erinnert.[34] Ein entscheidender Bruch hat Anfang der siebziger Jahre stattgefunden, als es im Zuge der Studentenbewegung zur ersten fundamentalen Kritik an Traditionslinien vom

Dritten Reich zur Bundesrepublik kam. Eine zweite Ursache dafür, daß der Begriff »Eugenik« in positiver Bedeutung erhalten blieb, besteht darin, daß eine ganze Reihe von Autoren, die der nationalsozialistischen Ideologie fernstanden, ihre eugenischen Vorstellungen auch nach 1945 offensiv verteidigten (Muller 1963; Nachtsheim 1963; Melchers 1965).

Es ist zu vermuten, daß verschiedene Ursachen dafür verantwortlich sind, daß eugenische Programme im Moment nicht ernsthaft verfolgt werden. Auf das Argument, daß die Eugenik vor allem wegen der Verbindung mit NS-Verbrechen abgelehnt wird, haben wir bereits verwiesen. Zudem hat sich das Verständnis für die Möglichkeiten, die menschliche Evolution zu beeinflussen, seit Anfang des Jahrhunderts stark gewandelt. Das lange bekannte Ergebnis der mathematischen Populationsgenetik, daß die Selektion von Homozygoten bei rezessiven Krankheiten nur zu einer sehr langsamen Abnahme der Allel-Frequenz und zu signifikanten Ergebnissen führt, hat übertriebene Hoffnungen der frühen Eugenik gedämpft.[35] Ein weiterer Punkt ist, daß der genetische Determinismus – zumindest in seiner reduktionistischen Variante (ein-Gen-ein-Merkmal) – für Verhaltensmerkmale widerlegt worden ist. Ergänzend kommt hinzu, daß es zunehmend möglich erscheint, Krankheiten mit genetischer Komponente auf medizinischem Weg zu heilen. Die vielleicht wichtigsten Ursachen, die zur Abnahme der Attraktivität der Eugenik führten, waren aber politische und gesellschaftliche Veränderungen. So sind allgemein Langzeitprojekte (z. B. in der Ökologie) – unabhängig davon, ob sie sinnvoll sind – aus politischen Gründen nur schwer durchzusetzen. Auch rein pragmatisch würde der für ein eugenisches Programm notwendige Kontrollapparat enorme Kosten verursachen. Als letzten Punkt möchten wir noch an den bereits angesprochenen Wertewandel vom Kollektiv zum Individuum erinnern.

4. Wie eugenisch ist die moderne Humangenetik?

Um zur Ausgangsfrage zurückzukommen: Worin bestehen die Gemeinsamkeiten zwischen Eugenik und moderner Humangenetik, was sind die wesentlichen Unterschiede? Es handelt sich in beiden Fällen um den Versuch, die menschliche Fortpflanzung mit wissenschaftlichen und technischen Methoden beherrschbar zu machen. Es gibt aber auch wesentliche Unterschiede. Als wichtigsten haben wir die unterschiedlichen Zielvorstellungen betont: Die *Eugenik* strebt eine *Verbesserung des Genpools über mehrere Generationen* an, während die moderne *Humangenetik* die *individuelle Lebensplanung* im Blick hat. Betrachtet man die offiziellen Stellungnahmen der deutschen Humangenetiker, so wird das Bemühen deutlich, sich von der eugenischen Vergangenheit zu distanzieren und den eben genannten Punkt zu betonen.[36] Ist diese Distanzierung berechtigt, wenn man die gegenwärtige Situation in Deutschland betrachtet?

Die selektive Abtreibungspraxis im Anschluß an Pränataldiagnostik in Deutschland hat in erster Linie die Interessen der Eltern im Blick. Auch geht die Entscheidung zur Abtreibung rechtlich immer von der Frau aus.[37] Es erscheint nun abwegig zu vermuten, daß diese Entscheidung der Frau bzw. der Eltern für oder gegen die Abtreibung eines mißgebildeten Fötus unter dem Aspekt der evolutionären Zukunft der Menschheit getroffen wird.[38] Insofern als sich die Motivationsstruktur grundlegend geändert hat, halten wir es für mißverständlich, den Begriff »Eugenik« auf die gegenwärtige selektive Abtreibungspraxis anzuwenden. Wenn Reproduktionsentscheidungen nicht durch die Sorge um den Genpool, sondern ausschließlich durch ökonomische Zwänge oder die individuelle Lebensplanung motiviert werden, kann man nicht von Eugenik sprechen. Von Kritikern der gegenwärtigen Abtreibungspraxis wird darauf hingewiesen, daß auch in der angeblich nicht-direktiven Beratung gewisse Entscheidungen präjudiziert werden. Auch wenn wir nicht von staatlich verordneten Zwangsmaßnahmen sprechen können, kann durch die institutionalisierte Beratungspraxis, die von Krankenversicherungen und Ärzten ausgeht, doch beträchtlicher Zwang ausgeübt werden. Aber auch in diesem Fall wird nicht die evolutionäre Verbesserung der Menschheit angestrebt, sondern es liegen andere – z. B. ökonomische – Beweggründe vor. Dafür garantiert schon die Kurzatmigkeit unserer Politik, deren Zeithorizont sich selten über mehrere Generationen erstreckt.

Bisher haben wir uns auf die Untersuchung der unterschiedlichen *Motive* von Eugenik und Humangenetik beschränkt. Man könnte nun einwenden, daß die Eugenik vielleicht nicht das Hauptmotiv der selektiven Abtreibungspraxis sei, daß dies aber als *Nebeneffekt* in Kauf genommen wird.[39] Dazu ist zu sagen, daß jede Entscheidung für oder gegen ein Kind eine – wenn auch geringe – Auswirkung auf die Zusammensetzung des Genpools hat und insofern als eugenisch bezeichnet werden könnte. Dies gilt dann aber für alle Entscheidungen, die die Reproduktion betreffen, d. h. für jeden Kinderwunsch. Diese Aufweichung des Eugenik-Begriffs erscheint nicht sinnvoll, zumal sie auch historisch nicht gerechtfertigt ist, und deshalb sollten nur solche genetischen Veränderungen als eugenisch bezeichnet werden, die planmäßig verfolgt werden und die auf eine signifikante Änderung der Allelhäufigkeiten in einer Population abzielen. Zufällige Veränderungen (Gen-Drift) und individuelle Entscheidungen haben bei einer Population von 80 Millionen bzw. 5 Milliarden einen zu vernachlässigenden Effekt. Die mangelnde Relevanz individueller Fortpflanzungsentscheidungen für die Evolution der menschlichen Art bedingt, daß es keine Individual-Eugenik geben kann.[40]

Wenn man also die gegenwärtige Situation in Deutschland betrachtet, so läßt sich feststellen – und zwar sowohl, was die Motive angeht, als auch in bezug auf die möglichen Effekte bzw. Nebeneffekte –, daß die Eugenik eine völlig untergeordnete Rolle spielt. Die Frage, ob die gegenwärtige Humangenetik eugenische Ziele verfolgt, läßt sich eindeutig verneinen.

5. Schlußbemerkung

Das größte Problem, das einer rationalen Auseinandersetzung über die inhaltlichen und ethischen Probleme der Humangenetik und der Eugenik entgegensteht, ist, daß der schlagwortartige Hinweis auf angebliche eugenische Ziele und die meist unreflektierte Behauptung, daß die Eugenik unter allen Umständen abzulehnen sei, nicht hinterfragt werden. Ursache hierfür ist, daß »an Stelle wissenschaftlichen Denkens politisches Fühlen mit allen Merkmalen der massensuggestiven Beeinflussung durch Schlagworte Eingang gefunden hat«. Dieses Zitat stammt von Julius Bauer, einem Wiener Professor für Innere Medizin, und wurde 1935 – also im selben Jahr, in dem Ludwik Fleck seine eingangs zitierte Beobachtung publizierte – in der *Schweizerischen Medizinischen Wochenschrift* veröffentlicht (1935, S. 635). Bauer wurde aufgrund dieses Artikels über »Gefährliche Schlagworte aus dem Gebiete der Erbbiologie« aus der Deutschen Gesellschaft für Innere Medizin ausgeschlossen und mußte nach dem Einmarsch der Nazis Österreich verlassen.[41] Als Beispiele für Schlagworte, die aus der Biologie stammen, und die durch »zahllose, immer wiederkehrende Wiederholung in Wort und Schrift dem Gehirn einer bestimmten Menschengruppe [...] derart eingehämmert werden«, daß auf diese Weise die »Gedankenwelt« des einzelnen beherrscht wird, »ohne daß der betreffende Mensch sich den mit dem Schlagwort zu verknüpfenden Begriff auch wirklich immer klargemacht, ihn kritisch erfaßt hätte, in sein Verständnis eingedrungen wäre« (1935, S. 633), nennt er die Begriffe »Rasse«, »Rassenreinheit«, »nordische Rasse« und »eugenische Sterilisierung«. Ein Ergebnis unserer Analyse ist, daß wir heute eine analoge Situation haben, was den irrationalen Gehalt der Diskussion angeht. Bauer kommt zu folgender Schlußfolgerung:

>»Erst in letzter Zeit sind der *Erbbiologie* entnommene Begriffe zu politischen Schlagworten mißbraucht worden, und da scheint es mir, daß es nicht nur Sache, sondern geradezu Pflicht nichtpolitischer, berufener Sachverständiger ist, solche Schlagworte in das richtige Licht zu setzen auf die Gefahr hin, den Widerspruch der der Massensuggestion der betreffenden Schlagworte selbst verfallenen wissenschaftlichen Berufsgenossen heraufzubeschwören« (1935, S. 633).

Abschließend plädieren wir dafür, das Eugenik-Argument in Diskussionen über die heutige Humangenetik mit Vorsicht zu benutzen.[42] Der Hinweis auf die historische Belastung durch die NS-Eugenik ist sicher wichtig, aber die Geschichte der Eugenik läßt sich nicht auf diesen Sonderfall reduzieren. Vor allem ist unserer Meinung nach der Hinweis auf die Vergangenheit oder auf mögliche eugenische Effekte allein nicht ausreichend, um eine Ablehnung humangenetischer Methoden zu begründen.[43] Die Eugenik selbst kann verschiedenen Zielen dienen, beispielsweise der Verhinderung von Leid durch Krankheiten, und es wäre eigens zu begründen, wie sie unter dieser Voraussetzung ethisch abgelehnt werden kann. Unabhängig von der Frage der ethischen Bewertung der Eugenik muß für die Bewertung gegenwärtiger *humangenetischer Methoden* letztlich entscheidend sein, ob die dabei angewandten Methoden und Ziele als solche ethisch vertretbar sind oder nicht.

Anmerkungen

1 Das Kürzel PGD (Preimplantation Genetic Diagnosis) für Präimplantationsdiagnostik hat sich international statt PID durchgesetzt.

2 Vgl. hierzu beispielsweise Engels 1998. In der neuen Fassung des § 218 ist die bisherige eugenische/embryopathische Indikation in der medizinischen Indikation aufgegangen. Vgl. Deutscher Bundestag 1995.

3 Zum Verhältnis von Eugenik und Keimbahntherapie, das hier nicht weiter untersucht werden soll, vgl. Birnbacher 1989, Harris 1993 und Walters 1994. Der Hauptunterschied zu den von uns diskutierten selektiven Methoden besteht darin, daß bei Keimbahnveränderungen gezielt genetische Varianten erzeugt werden und nicht nur die vorhandene genetische Variabilität selektiert wird.

4 Vgl. UNESCO 1997 und Europarat 1997.

5 Unter negativer Eugenik versteht man die Verringerung der Häufigkeit unerwünschter Gene in einer Population, unter positiver Eugenik die Erhöhung der Häufigkeit erwünschter Gene.

6 Thews/Wagner 1996, S. 85. Die Geschichte der Eugenik von Weingart, Kroll und Bayertz (1992) legt in den letzten Kapiteln, »Von der Eugenik zur Humangenetik« und »Die Schatten der Vergangenheit – Schreckgespinste einer zukünftigen Eugenik«, eine ähnliche Kontinuität nahe.

7 Vgl. neben dem oben angeführten Zitat aus dem *Stern* (Thews/Wagner 1996) folgende Aussage, die in *Geo* erschien: »Vor allem wegen der Nazi-Versuche, die ›Erbgesundheit des deutschen Volkes‹ mittels Rassen-Hygiene zu verbessern, gibt es in Deutschland heute striktere Bestimmungen für genetische Manipulationen und In-vitro-Fertilisation als anderswo« (Dickman 1996, S. 64).

8 In der Diskussion wird auch vor groben und kollektiven Diffamierungen nicht zurückgeschreckt, wie folgende Kapitelüberschrift »Auschwitz als Mahnmal angewandter Biologie« zeigt (Herbig/Hohlfeld 1990, S. 71).

9 »While almost everyone agrees that eugenics is objectionable, there is no consensus on what it actually is. [...] To denounce eugenics is to signal that one is socially concerned, morally sensitive (and if a geneticist, perhaps worthy of public trust). But it

does not predict one's stance on any particular reproductive issue« (Paul 1994, S. 67). Vgl. auch Proctor 1992.

10 So schreibt D. Paul: »[...] there is no objective answer – nor can
there be – to the question of whether such a policy constitutes
eugenics« (1994, S. 68). Etwas abgeschwächt findet sich das Argument auch bei H. Haker: »Closer attention, however, reveals
a complexity of problems when *present* developments in reproductive medicine are considered that make easy *identification* of
›eugenic‹ actions impossible and ethical evaluation difficult«
(1993, S. 291).

11 Galton, der ein Vetter von Charles Darwin war, hat in seiner
Autobiographie darauf hingewiesen, daß er in seinen eugenischen Interessen durch Darwins *Origin of Species* bestärkt
wurde: »I was encouraged by the new views to pursue many inquiries which had long interested me, and which clustered
round the central topics of Heredity and the possible improvement of the Human Race« (1908, S. 288). Schwieriger ist es, die
Einstellung von Darwin zur Eugenik zu bestimmen. Er war, das
wird an mehreren Stellen deutlich, grundsätzlich positiv einge-
stellt. In einem Brief an Francis Galton vom 4. Januar 1873
schrieb er u. a. in bezug auf Galtons eugenische Pläne: »Though
I see so much difficulty, the object seems a grand one; and you
have pointed out the sole feasible, yet I fear utopian, plan of
procedure in improving the human race« (F. Darwin / Seward
1903, Bd. 2, S. 43). Die größte Schwierigkeit sei, so Darwin, zu
entscheiden, wessen natürliche Anlagen den anderen überlegen
seien. Ähnlich ambivalent sind Darwins Aussagen in *Descent of
Man*. Zur Frage, ob eine Abschwächung der natürlichen Auslese
beim Menschen negative Auswirkungen habe, bemerkt er, daß
wir als Menschen unter allen Umständen den Hilflosen helfen
müssen, wenn wir nicht den edelsten Teil unserer Natur gefährden wollen (Darwin 1871, Bd. 1, S. 168 f.). Er zählt aber auch in
zustimmender Weise einige Beispiele dafür auf, wie es in den
»zivilisierten Nationen« zur »Elimination« schlechter moralischer Eigenschaften komme. Darwin nennt u. a. die Todesstrafe,
lange Gefängnisaufenthalte und die höhere Selbstmordrate bei
psychisch Kranken (Darwin 1871, Bd. 1, S. 172 f.).

12 Der Begriff »Eugenik« wurde von Galton 1883 mit folgender
Begründung eingeführt: »We greatly want a brief word to express the science of improving stock, which is by no means con-

fined to questions of judicious mating, but which, especially in the case of man, takes cognisance of all influences that tend in however remote a degree to give to the more suitable races or strains of blood a better chance of prevailing speedily over the less suitable than they otherwise would have had. The word *eugenics* would sufficiently express the idea« (1883, S. 24 f. Fn.).

13 Der Begriff der »Rasse« wird von Ploetz auf verschiedene menschliche Gruppen und nicht nur auf Rassen im eigentlichen Sinn angewandt: »So könnte man von der Hygiene einer Nation, einer Rasse im engeren Sinne oder der gesammten menschlichen Rasse reden« (1895, S. 5). Schon bei Ploetz ist die eugenische Frage allerdings mit rassistischen Vorstellungen verknüpft, eine Verbindung, die dann in der NS-Ideologie eine besondere Rolle spielen sollte (ebd.).

14 »Wir wollen uns nochmals klarmachen, daß die Eugenik letztlich auf eine Verbesserung des Genpools hinzielt, also mit anderen Worten eine Erhöhung der Gesamtfitneß einer Population anstrebt« (Sperlich 1988, S. 215).

15 J. Huxley definierte Langzeit-Eugenik als »the attempt to alter the character of the human race out of its present mould, to lead it on to new evolutionary achievements« (1931, S. 117). H. Muckermann zufolge ist »die Eugenik nicht zur Ontogenie, sondern zur Phylogenie zu rechnen [. . .]. Denn die Ontogenie behandelt das Werden des Einzelwesens, während die Phylogenie das Werden der Stämme bezeichnet. Gehört somit die Eugenik zur Phylogenie, so wird sie auch wesentlich durch die beiden Grundgedanken bestimmt, die die gesamte Phylogenie beherrschen: Entwicklung und Vererbung« (1934, S. 3 f.). Zu eugenischen Vorstellungen bei Vertretern der Synthetischen Theorie vgl. Junker 1998.

16 Die Ähnlichkeit der Begriffe Eugenik und Genetik (und die Medikalisierung der Eugenik in der Nachkriegszeit) legt – durch sprachliche Kontingenz sozusagen – eine bevorzugte inhaltliche Beziehung nahe, die aber nur eingeschränkt gilt. Die Entwicklung der Genetik führte zu einer eugenischen Praxis, die nicht auf evolutive Veränderungen abzielt, sondern durch gezielte Auswahl von Geschlechtspartnern Homozygotie bei nachteiligen Allelen zu verhindern sucht (Muckermann 1934, S. 97). Diese Vorgehensweise ist sehr effektiv, wenn es darum geht, das phänotypische Auftreten einer Krankheit zu verhindern. Da auf

diese Weise die Genhäufigkeit aber nicht verringert, durch Herabsetzung der Selektionsintensität bei gleicher Mutationsrate indirekt sogar erhöht wird, kommt es im Sinne der klassischen Eugenik zu einem dysgenischen Effekt.

17 Vgl. etwa die eugenischen Vorstellungen des bekannten Lamarckisten P. Kammerer (1925, S. 141–144) mit den hier diskutierten darwinistischen Theorien. Zur Entwicklung der Evolutionstheorie in der ersten Hälfte des 20. Jahrhunderts vgl. Junker/Engels 1999.

18 »It is evident that animal breeders have, by selection from mixed populations, produced many reasonably uniform breeds, possessing desired characteristics and including many individuals more extreme in these respects than any found in the original population. There is no reason to doubt that similar results could be obtained with human populations« (Sturtevant 1965, S. 132).

19 Auch Autoren, die der Eugenik positiv gegenüberstanden, haben deshalb zur Vorsicht gemahnt: »Further steps, if and when taken, must involve selection, that is, some degree of control over differential reproduction. In principle this could be completely controlled by man, but even partially effective control is almost impossible in the present state of society and it is doubtful whether really full control could ever be exercised in an ethically good social system« (Simpson 1949, S. 333).

20 In dieser Hinsicht ist das »Manifest der Genetiker« von 1939 besonders aufschlußreich, da es auf dem Hintergrund der Erfahrungen mit der NS-Eugenik wissenschaftliche, politische und soziale Voraussetzungen benennt, die eine humanitär verstandene Eugenik beachten müßte (Muller [u. a.]. 1939; vgl. hierzu auch Junker 1998). Auch andere Autoren haben die Hoffnung vorgetragen, daß es eine eugenische Praxis auf freiwilliger Basis geben könnte. Zu diesen Fragen vgl. Lenz 1933, Simpson 1949, S. 330, Muller 1963 und Nachtsheim 1963.

21 »It is, that the life of the individual is treated as of absolutely no importance, while the race is treated as everything, Nature being wholly careless of the former except as a contributor to the maintenance and evolution of the latter« (Galton 1873, S. 119).

22 Das Verhältnis von Eugenik und NS-Politik wird in einer Vielzahl von allgemeinen und spezialisierten Abhandlungen bzw.

Büchern diskutiert. Die Darstellungen sind z. T. stark ideologisch gefärbt, wegen ihrer umfangreichen Literaturangaben und Materialsammlungen aber nützlich (vgl. hierzu Müller-Hill 1984 und Weingart/Kroll/Bayertz 1992, S. 367–561).

23 Zum Gesetzestext siehe Münch 1994, S. 113–117.

24 Vgl. Weindling 1989, S. 508 f., und Weingart/Kroll/Bayertz 1992, S. 385–389.

25 Zur Geschichte der Weimarer Eugenik vgl. Weindling 1989, S. 399–487, Weingart/Kroll/Bayertz 1992, S. 188–366, und Schwartz 1995, S. 154–327.

26 In diesem Sinne wurde die Vereinbarkeit der Eugenik mit Katholizismus (H. Muckermann), Protestantismus (B. Bavink) und Sozialismus (K. V. Müller) vertreten (Just 1932). Zur sozialdemokratischen Eugenik vgl. Schwartz 1995. Die keineswegs rein ablehnende Haltung der christlichen Kirchen wird dokumentiert von Klee 1985, S. 35–59. Als Detail sei ergänzt, daß beispielsweise von Verschuer sehr gläubig und Mitglied der Bekennenden Kirche, einer evangelischen Widerstandsbewegung gegen die NS-Kirchenpolitik, war (Müller-Hill 1984, S. 121 f., 127).

27 Vgl. Carlson 1981 bzw. Shapiro 1993.

28 Auf den Versuch von Wilhelm Schallmayer, die Eugenik von rassistischen Vorstellungen freizuhalten, hat S. Weiss hingewiesen (1987, S. 92–104).

29 Hirschfeld 1928, S. 594–605. Zu eugenischen Vorstellungen bei jüdischen Organisationen in der Weimarer Republik vgl. Prestel 1993. Auch der in den Schlußbemerkungen zitierte jüdische Mediziner Julius Bauer nennt eugenische Sterilisationen »eine an sich gute Sache«, die durch die NS-Praxis »schwer kompromittiert« worden sei (1935, S. 633).

30 In der NS-Zeit wurden eugenische und rassistische Vorstellungen unter dem Begriff »Rassenpflege« zusammengefaßt: »Die *Rassenpflege (Rassenhygiene)* bezweckt die Pflege der menschlichen Rasse: [...] Gesunderhaltung der *Erbmasse* eines Volkes, durch entsprechende Gattenwahl, Förderung der erbgesunden Ehe und gesetzmäßig durchgeführte Ausscheidung erbkranken Nachwuchses. – *Reinerhaltung einer Rasse* dadurch, daß nur Menschen derselben Rasse Nachwuchs zeugen« (Knaurs Lexikon 1939, S. 1274).

31 Vgl. etwa folgende Aussagen: »Charakteristisch für die erste Hälfte dieses Jahrhunderts war die Orientierung an einer euge-

nischen, zudem wissenschaftlich nicht begründbaren Utopie«
(Gesellschaft für Humangenetik 1996, S. 125) bzw. »Gewiß war
der Versuch der Züchtung eines ›gesunden Volkes‹ durch Eugenik und Euthanasie von heute aus gesehen nicht nur unrechtlich,
sondern auch unwissenschaftlich« (Siep 1993, S. 141). Es lassen
sich allerdings auch andere Aussagen finden. So hat Mark
Adams es als einen der Mythen der Eugenik-Geschichtsschrei-
bung bezeichnet, daß die Eugenik unwissenschaftlich gewesen
sei. Er kommt zu folgender Einschätzung: »[…] there is now a
wealth of historical evidence that the thinking of legitimate
scientists, doing legitimate science, has often been influenced by
›nonobjective,‹ ›extrascientific‹ considerations – including reli-
gious beliefs, class values, political concerns, metaphysical com-
mitments, and even popular culture. In this light there would
seem to be no clear grounds to distinguish eugenics from any
other science according to these criteria. Judgments of this sort
are often post hoc and almost always involve some retroactive
application of our own ideas about what is ›scientific‹. Such an
approach is not always helpful in understanding the historical
development of science« (Adams 1990b, S. 219 f.).

32 Der Umkehrschluß, daß jede angewandte Humangenetik eugenisch sei, ist, wie wir weiter unten zeigen werden, nicht zutref-
fend.

33 Der jüdische Humangenetiker Curt Stern hat in seinem Lehr-
buch von 1960 ein relativ umfangreiches Kapitel über »Selection
in Civilization«, das in seinen wesentlichen Aussagen pro-euge-
nisch ist (1960, S. 630–667). Weitere Beispiele für die positive
Verwendung des Begriffes finden sich bei Muller 1963, Nachtsheim 1963 und Melchers 1965.

34 Zu von Verschuer und Lenz vgl. Weingart/Kroll/Bayertz (1992,
S. 562–581); zu Heberer vgl. Hoßfeld (1997, S. 93–100).

35 Die Schwierigkeit, heterozygote Träger einer Erbkrankheit zu
diagnostizieren, wird mit der zunehmenden Entwicklung von
Gentests weitgehend verschwinden. Unberührt von dieser technischen Entwicklung bleiben selbstverständlich die damit verbundenen ethischen Probleme.

36 Vgl. Gesellschaft für Humangenetik 1996, S. 125.

37 »Die oben erwähnte gesetzliche Indikation zum embryopathi-
schen (leider oft ›eugenisch‹ genannten) Schwangerschaftsabbruch wird von deutschen Politikern, Juristen und Genetikern

zumeist so kommentiert und interpretiert, daß eine mögliche Rechtfertigung für selektive Abtreibungen *ausschließlich* in der Unzumutbarkeit der Behinderung für die Eltern und nicht in der prospektiven Lebensqualität, nicht in zu erwartendem subjektiven Leiden eines späteren Kindes bestehe« (Schöne-Seifert / Krüger 1993, S. 260).

38 Dies gilt wohl auch für die – im Moment noch fiktive – Möglichkeit, daß Eltern sich gentechnisch verbesserte Kinder wünschen. Auch in diesem Fall geht es den Eltern sicher um viel prosaischere Dinge als den Genpool.

39 Dieser Punkt wird auch in dem bereits erwähnten Positionspapier der Gesellschaft für Humangenetik angesprochen: »Die Abnahme der Prävalenz von genetisch bedingten Erkrankungen oder Behinderungen in einer Bevölkerung kann ein möglicher Nebeneffekt, nicht jedoch das primäre Handlungsziel der angewandten Humangenetik sein« (1996, S. 126).

40 Eine Ausnahme würde vorliegen, wenn es sich um eine relativ kleine, abgeschlossene menschliche Population handelt.

41 Vgl. Wininger 1936, S. 494, und Strauss/Röder 1983, S. 58 f.

42 Auf die problematischen Folgen eines unklaren Kontingenz-»Arguments« haben Schöne-Seifert und Krüger hingewiesen: »Insgesamt ergibt sich, daß es ethisch bedenklich wäre, die Humangenetik dort, wo sie die Grundlage für präventive und therapeutische Hilfe erkrankter Menschen bereitstellt, deshalb zu verteufeln, weil sie in einer nicht näher geklärten Weise mit ›Eugenik‹ in Verbindung gebracht werden kann« (1993, S. 286).

43 So heißt es in der Stellungnahme des Berufsverbandes Medizinische Genetik zum Heterozygoten-Screening: »Die Verfügbarkeit eines Heterozygotentestes wirft deshalb besondere Probleme auf, weil [...] unbeabsichtigt Entwicklungen eintreten können, deren Ergebnis auch bei strikter Individualisierung des Testes als eugenisch eingestuft werden müssen. [...] Der Berufsverband hofft, daß eine derartige Entwicklung durch Aufklärung der Bevölkerung zu unterbinden ist« (Berufsverband Medizinische Genetik 1990, S. 6). In Aussagen wie dieser wird impliziert, daß der Verweis auf die Eugenik schon genügt, um eine ablehnende Haltung zu begründen.

Literatur

Adams, Mark B. (Hrsg.): The Wellborn Science: Eugenics in Germany, France, Brazil, and Russia. New York / Oxford 1990. [Zit. als: Adams 1990a.]

– Toward a Comparative History of Eugenics. In: Adams (Hrsg.) 1990. S. 217–231. [Zit. als: Adams 1990b.]

Bauer, Julius: Gefährliche Schlagworte aus dem Gebiete der Erbbiologie. In: Schweizerische Medizinische Wochenschrift 65 (1935) S. 633–635.

Baur, Erwin: Der Untergang der Kulturvölker im Lichte der Biologie. München 1933.

Berufsverband Medizinische Genetik: Stellungnahme zu einem möglichen Heterozygoten-Screening bei zystischer Fibrose. In: Medizinische Genetik 2 (1990), Heft 2/3, S. 6.

Birnbacher, Dieter: Genomanalyse und Gentherapie. In: Hans-Martin Sass (Hrsg.): Medizin und Ethik. Stuttgart 1989. S. 212–231.

Bock, Gisela: Zwangssterilisation im Nationalsozialismus. Opladen 1986.

Carlson, Elof Axel: Genes, Radiation, and Society: The Life and Work of H. J. Muller. Ithaca/London 1981.

Darwin, Charles: The Descent of Man, and Selection in Relation to Sex. 2 Bde. London 1871.

Darwin, Francis / Seward, A. C. (Hrsg.): More Letters of Charles Darwin. 2 Bde. London 1903.

Dawkins, Richard: Das egoistische Gen. Berlin / Heidelberg / New York 1978.

Deutscher Bundestag: Beschlußempfehlung und Bericht des Ausschusses für Familie, Senioren, Frauen und Jugend zu dem Entwurf eines Schwangeren- und Familienhilfeänderungsgesetzes. In: Deutscher Bundestag, 13. Wahlperiode. Drucksache 13/1850. 28. Juni 1995.

Dickman, Steven: Embryonen-Selektion. Menschen nach Maß? In: Geo (1996), Heft 11, S. 46–64.

Embryonenschutzgesetz: Gesetz zum Schutz von Embryonen (Embryonenschutzgesetz – ESchG). In: Bundesgesetzblatt, Teil 1, Nr. 69, 19. Dezember 1990. S. 2746–2748.

Engels, Eve-Marie: Der moralische Status von Embryonen und Föten – Forschung, Diagnose, Schwangerschaftsabbruch. In: Marcus Düwell / Dietmar Mieth (Hrsg.): Ethik in der Humangenetik. Tübingen 1998. S. 271–301.

Europarat: Convention for the Protection of Human Rights and Dignity of the Human Being with regard to the Application of Biology and Medicine: Convention on Human Rights and Biomedicine. 4. April 1997. Strasbourg: Conseil de L'Europe, 1997. (European Treaty Series. 164.)

Fleck, Ludwik: Entstehung und Entwicklung einer wissenschaftlichen Tatsache [1935]. Frankfurt a. M. 1980.

Früh, Dorothee: Der Einfluß der Mendelgenetik auf die Humangenetik in Deutschland zwischen 1900 und 1914 im Spiegel ausgewählter populärwissenschaftlicher Zeitschriften. Nat. wiss. Diss. Tübingen 1997.

Galton, Francis: Hereditary Improvement. In: Fraser's Magazine N. F. 7 (1873) S. 116–130.

– Inquiries into Human Faculty and Its Development. London 1883.

– Eugenics: Its Definition, Scope, and Aims [1904]. In: Francis Galton. Essays in Eugenics. London 1909. S. 35–43.

– Memories of My Life. London 1908.

Gesellschaft für Humangenetik: Positionspapier der Gesellschaft für Humangenetik e. V. In: Medizinische Genetik 8 (1996) S. 125–131.

Haker, Hille: Human Genome Analysis and Eugenics. In: H. H. / Richard Hearn / Klaus Steigleder (Hrsg.): Ethics of Human Genome Analysis: European Perspectives. Tübingen 1993. S. 290–323.

Harris, John: Is Gene Therapy a Form of Eugenics? In: Bioethics 7 (1993) S. 178–187.

Herbig, Jost / Hohlfeld, Rainer (Hrsg.): Die zweite Schöpfung. Geist und Ungeist in der Biologie des 20. Jahrhunderts. München/Wien 1990.

Hertwig, Oscar: Zur Abwehr des ethischen, des sozialen, des politischen Darwinismus. Jena 1918.

Hirschfeld, Magnus: Geschlechtskunde. Bd. 2: Folgen und Folgerungen. Stuttgart 1928.

Hitler, Adolf: Mein Kampf [1925–27]. 74. Aufl. München 1933.

Hoßfeld, Uwe: Gerhard Heberer (1901–73). Sein Beitrag zur Biologie im 20. Jahrhundert. Berlin 1997.

Huxley, Julian: What Dare I Think? The Challenge of Modern Science to Human Action & Belief. New York / London 1931.

Junker, Thomas: Kulturpessimismus und Genetik: Von Weimar zum Dritten Reich. In: Biologisches Zentralblatt 115 (1996) S. 145–152.

Junker, Thomas: Eugenik, Synthetische Theorie und Ethik. Der Fall Timoféeff-Ressovsky im internationalen Kontext. In: Ethik der Biowissenschaften: Geschichte und Theorie. Hrsg. von Eve-Marie Engels, Thomas Junker und Michael Weingarten. Verhandlungen der Deutschen Gesellschaft für Geschichte und Theorie der Biologie. Berlin: Verlag für Wissenschaft und Bildung, 1998. S. 7–40.

– / Eve-Marie Engels (Hrsg.): Die Entstehung der Synthetischen Theorie: Beiträge zur Geschichte der Evolutionsbiologie in Deutschland 1930–1950. Berlin 1999.

Just, Günther (Hrsg.): Eugenik und Weltanschauung. Berlin/ München 1932.

Kammerer, Paul: Das Rätsel der Vererbung. Grundlagen der allgemeinen Vererbungslehre. Berlin 1925.

Kevles, Daniel J.: In the Name of Eugenics: Genetics and the Uses of Human Heredity. Neuaufl. Cambridge (Mass.) / London 1995.

Klee, Ernst (Hrsg.): Dokumente zur »Euthanasie«. Frankfurt a. M. 1985.

Knaurs Lexikon. Berlin 1939.

Lenz, Fritz: Zur Frage eines Sterilisierungsgesetzes. In: Eugenik, Erblehre, Erbpflege 3 (1933) S. 73–76.

Lippman, Abby: Prenatal Genetic Testing and Screening: Constructing Needs and Reinforcing Inequities. In: American Journal of Law and Medicine 17 (1991) S. 15–50.

Melchers, Georg: Biologie und Nationalsozialismus. In: Andreas Flitner (Hrsg.): Deutsches Geistesleben und Nationalsozialismus. Tübingen 1965. S. 59–72.

Muckermann, Hermann: Illustrationen zu der Frage: Wohlfahrtspflege und Eugenik. In: Eugenik, Erblehre, Erbpflege 2 (1932) S. 41 f.

– Eugenik. Berlin/Bonn 1934.

Muller, Hermann J.: Genetic Progress by Voluntarily Conducted Germinal Choice. In: Gordon Wolstenholme (Hrsg.): Man and his Future. A Ciba Foundation Volume. London 1963. S. 247–262.

– [u. a.]: Social Biology and Population Improvement. In: Nature 144 (1939) S. 521 f.

Müller-Hill, Benno: Tödliche Wissenschaft: Die Aussonderung von Juden, Zigeunern und Geisteskranken 1933–1945. Reinbek bei Hamburg 1984.

Münch, Ingo von (Hrsg.): Gesetze des NS-Staates. 3. Aufl. Paderborn 1994.

Nachtsheim, Hans: Unsere Pflicht zur praktischen Eugenik. In: Bundesgesundheitsblatt 6 (1963) S. 277–286.

Osche, Günther: Evolution. Grundlagen – Erkenntnisse – Entwicklungen der Abstammungslehre. Freiburg/Basel/Wien 1972.

Paul, Diane B.: Is Human Genetics Disguised Eugenics? In: Robert F. Weir / Susan C. Lawrence / Evan Fales (Hrsg.): Genes and Human Self-Knowledge: Historical and Philosophical Reflections on Modern Genetics. Iowa City 1994. S. 67–83.

Ploetz, Alfred: Grundlinien einer Rassen-Hygiene. 1. Teil: Die Tüchtigkeit unsrer Rasse und der Schutz der Schwachen. Berlin 1895.

Prestel, Claudia T.: Bevölkerungspolitik in der jüdischen Gemeinschaft in der Weimarer Republik – Ausdruck jüdischer Identität? In: Zeitschrift für Geschichtswissenschaft 41 (1993) S. 685–715.

Proctor, Robert N.: Genomics and Eugenics: How Fair Is the Comparison? In: George J. Annas / Sherman Elias (Hrsg.): Gene Mapping: Using Law and Ethics as Guides. New York / Oxford 1992. S. 57–93.

Ruse, Michael: Monad to Man: The Concept of Progress in Evolutionary Biology. Cambridge (Mass.) 1996.

Schallmayer, Wilhelm: Die drohende physische Entartung der Culturvölker. 2. Aufl. Berlin/Neuwied 1895.

Schmidtke, Jörg: Vererbung und Ererbtes. Ein humangenetischer Ratgeber. Reinbek bei Hamburg 1997.

Schöne-Seifert, Bettina / Krüger, Lorenz: Humangenetik heute: umstrittene ethische Grundfragen. In: B. Sch.-S. / L. K. (Hrsg.): Humangenetik – Ethische Probleme der Beratung, Diagnostik und Forschung. Stuttgart/Jena 1993. S. 253–289.

Schwartz, Michael: Sozialistische Eugenik. Eugenische Sozialtechnologien in Debatten und Politik der deutschen Sozialdemokratie 1890–1933. Bonn 1995.

Shapiro, Arthur M.: Haldane, Marxism, and the Conduct of Research. In: The Quarterly Review of Biology 68 (1993) S. 69–77.

Sieferle, Rolf Peter: Die Krise der menschlichen Natur. Zur Geschichte eines Konzepts. Frankfurt a. M. 1989.

Siep, Ludwig: Ethische Probleme der Gentechnologie. In: Johann S. Ach / Andreas Gaidt (Hrsg.): Herausforderung der Bioethik. Stuttgart 1993. S. 137–156.

Simpson, George Gaylord: The Meaning of Evolution. A Study of the History of Life and of Its Significance for Man. New Haven 1949.

Sperlich, Diether: Populationsgenetik. Grundlagen und experimentelle Ergebnisse. 2. Aufl. Stuttgart / New York 1988.

Stern, Curt: Principles of Human Genetics. 2. Aufl. San Francisco / London 1960.

Strauss, Herbert A. / Röder, Werner (Hrsg.): Biographisches Handbuch der deutschsprachigen Emigration nach 1933. Bd. 2, Teil 1. München 1983.

Sturtevant, Alfred Henry: A History of Genetics. New York 1965.

Thews, Klaus / Wagner, Luise: Gen-Tests auf Leben und Tod. In: Stern. Heft 39. 19. September 1996. S. 84–90.

UNESCO: Universal Declaration on the Human Genome and Human Rights. Paris 1997.

Walters, LeRoy: The Ethics of Human Germ-Line Genetic Intervention. In: Weir / Lawrence / Fales (Hrsg.) 1994. S. 220–231.

Watson, James D.: Genes and Politics. Keynote Address. Congress of Molecular Medicine. Berlin, 3. Mai 1997 [Unveröff. Ms.].

Weindling, Paul: Health, Race and German Politics Between National Unification and Nazism, 1870–1945. Cambridge 1989.

Weingart, Peter / Kroll, Jürgen / Bayertz, Kurt: Rasse, Blut und Gene. Geschichte der Eugenik und Rassenhygiene in Deutschland. Frankfurt a. M. 1992.

Weir, Robert F. / Lawrence, Susan C. / Fales, Evan (Hrsg.): Genes and Human Self-Knowledge: Historical and Philosophical Reflections on Modern Genetics. Iowa City 1994.

Weismann, August: Die Continuität des Keimplasmas als Grundlage einer Theorie der Vererbung. Jena 1885.

Weiss, Sheila Faith: Race Hygiene and National Efficiency: The Eugenics of Wilhelm Schallmayer. Berkeley / Los Angeles / London 1987.

– The Race Hygiene Movement in Germany, 1904–1945. In: Adams 1990a. S. 8–68.

Wininger, Salomon: Große Jüdische National-Biographie. Bd. 7. Czernowitz 1936.

CARMEN KAMINSKY

Genomanalyse: Absichten und mögliche Konsequenzen in der Perspektive angewandter Ethik

Zusammenfassung

Die Fortschritte der molekulargenetischen Grundlagenforschung haben in der Humanmedizin bereits weitreichende – vor allem ethisch problematische – Konsequenzen mit sich gebracht. Es ist absehbar, daß das zunehmende Wissen über die molekulargenetische Konstitution des Menschen auch Konsequenzen für andere Wissenschaftsbereiche und für die Gesellschaft überhaupt haben wird. Vor allem ist mit einer tendenziellen »Genetifizierung« zu rechnen, d. h. mit der Verwendung molekulargenetischer Erkenntnisse zur Erklärung menschlichen Verhaltens und gesellschaftlicher Verhältnisse. Eine kritische Selbstreflexion der Wissenschaften und Institutionen, die Daten und Forschungsergebnisse aus der Genomanalyse übernehmen, ist zu fordern.

1. Einleitung

Durch Analysen des Genoms auf molekulargenetischer Ebene wissen wir immer mehr über die artspezifischen und individuellen »Bausteine« des Lebens. Allerdings schließt sich kritisch die Frage an, ob wir auch immer mehr darüber wissen wollen. Wenn es um molekulargenetische Forschung geht, ist vom »Enträtseln« und »Entschlüsseln« eines (geheimen) Codes die Rede. Solche Formulierungen deuten eine Faszination an, die von dem Menschheitstraum getragen ist, Klarheit und Macht über die Bedingungen der eigenen Existenz zu erlangen und letztlich Bios und Vita miteinander zu vereinigen. In beispielloser Weise berührt das Human-Genom-Projekt[1] dieses spirituelle Bedürfnis der Menschheit. Zugleich erhebt sich mit den Erkenntnissen über die Fundamente der Existenz aber auch die Drohung eines erneuten – möglicherweise endgültigen – Sündenfalls: Der Faszination der Erkenntnis steht der archaische Horror der verbotenen Erkenntnis entgegen. Die weitreichenden und letztlich unüberschaubaren Konsequenzen zunehmenden molekulargenetischen Wissens rufen damit schon intuitiv und gefühlsmäßig eine ambivalente Haltung gegenüber der Genomanalyse[2] hervor.

Im Rahmen einer sachlichen Bewertung molekulargenetischen Wissens hat allerdings die Gen*technik* die Gemüter stärker erhitzt als die Genom*analyse*. Die für die Gentechnik charakteristische gezielte Veränderung genetischen Materials wird als Bedrohung empfunden, insofern sie nicht nur das menschliche, sondern das Lebendige überhaupt zur Disposition stellt. So formulierte der Gentechniker und designierte Präsident der DFG, Ernst-Ludwig Winnacker: »Die Geschwindigkeit des Fortschritts stellt das Auffassungsvermögen auch derjenigen in Frage, die guten Willens sind und sich aktiv um Verständnis für die Materie bemühen. [...] Gentechnik stellt im Prinzip das ganze Leben auf diesem Globus zur Disposition, legt es [in] unsere eigenen Hände und bereitet damit vielfältiges Unbehagen, auch wenn selbstverständlich die Praxis anders aussieht.«[3] In der Debatte um die ethischen Aspekte dieses Unbehagens wird die Genom*analyse* gelegentlich als ethisch weniger problematische *Voraussetzung* der Gentechnik zur Kenntnis genommen. Weil die bloße Analyse von Erbmaterial keine unmittelbaren Veränderungen biologischer Gegebenheiten beinhaltet, scheint mit ihr weniger oder doch zumindest ein anderes Unbehagen verbunden als mit der Gentechnik. Aber der Schein trügt: Das durch Genomanalyse erworbene Wissen und vor allem der Umgang mit diesem Wissen können die persönlichen und sozialen Lebensbedingungen in eklatanter Weise verändern. Der angewandten Ethik kommt angesichts dieser Möglichkeit die Aufgabe zu, die Absichten und die möglichen Konsequenzen des molekulargenetischen Wissenserwerbs mit kritisch-analytischer Sensibilität zu reflektieren und zu bewerten. Insbesondere der Bewertungsaufgabe sind allerdings problemimmanente Grenzen gesetzt: In der gegenwärtigen Debatte werden ethische Probleme der *Genomanalyse* vorwiegend im Zusammenhang mit der *Analyse gesundheitsrelevanten Wissens* betrachtet. In diesem Zusammenhang kann man bereits auf erste Erfahrungen rekurrieren, so daß Konsequenzen und konkrete ethische Probleme entsprechender Datenerhebungen, Dateninterpretationen aus der Perspektive angewandter Ethik fundiert betrachtet und bewertet werden können. Dort aber, wo ethische Probleme erst nur spekulativ antizipierbar sind – und dies trifft derzeit noch für Genomanalysen außerhalb des medizinischen Kontextes zu –, ist die ethische Reflexion auf spekulative Szenarien angewiesen. Im folgenden beziehe ich mich dennoch nicht allein auf die derzeitige Praxis der Genomanalyse, sondern auch auf antizipierbare Entwicklungen, die sich insbesondere auf der Grundlage der vollständigen Sequenzierung des menschlichen Genoms ergeben.

Nach Abschluß der ersten Phase des Projekts zur Sequenzierung des menschlichen Genoms werden die Funktionsweisen von Genen immer schneller erklärt werden können. Es ist auf diesem Gebiet in den nächsten Jahren mit einem explosionsartigen Wissenszuwachs zu rechnen. Dadurch werden immer mehr Merkmale, Dispositionen und Eigenschaften genetisch nachweisbar. Vor allem der molekulargenetische Nachweis von Verhaltensdispositionen wird in größerem Umfang von manchen erwartet. Mit dem Wissenszuwachs werden sich die Erhebungs-, Interpretations- und Verwendungsmöglichkeiten in ganz neuen – nicht medizinischen – Kontexten erweitern. Neben gesundheitsrelevantem Wissen kann dann auch Wissen erhoben werden, das für andere existentielle Bereiche relevant ist. Ob man für das Erlernen bestimmter Wissensgebiete die genetische Disposition hat oder nicht, kann beispielsweise von ebenso existentieller Bedeutung sein wie die Kenntnis einer Krankheitsdisposition. Letztlich bilden somit alle existentiellen Bereiche menschlichen Lebens Kontexte, in denen der molekulargenetische Nachweis bestimmter Dispositionen entscheidungsrelevant werden kann.

Im folgenden werde ich aus ethischer Perspektive zunächst einzelne Absichten und Konsequenzen der bisherigen Praxis molekulargenetischer Diagnostik an einzelnen Menschen darstellen. Danach werde ich mich auf mögliche zukünftige Entwicklungen nach Abschluß der ersten Phase des Projekts zur Sequenzierung des menschlichen Genoms und auf damit verbundene ethische Probleme beziehen. Ich werde dabei vor dem Hintergrund einer befürchteten »Genetifizierung« argumentieren und Thesen dazu formulieren, unter welchen strukturellen bzw. institutionellen Voraussetzungen die mit diesem Stichwort verbundenen Gefahren real werden können. Das Ziel meines Beitrags besteht schon aus Gründen des Umfangs nicht darin, die mit den Absichten und möglichen Konsequenzen verbundenen ethischen Probleme umfassend zu behandeln. Die Zielsetzung ist daher darauf beschränkt, einzelne Thesen zu entwickeln und zur Diskussion zu stellen. Zur Analyse und Diskussion der mit der Genomanalyse verbundenen ethischen Probleme möchte ich deshalb zwei Thesen vorab formulieren: *Erstens: Die ethischen Probleme der Genomanalyse sind weder Probleme der Technik noch Probleme des Erkenntnisgewinns, sondern Probleme der Dateninterpretation und Datenbewertung. Zweitens: Die ethische Problematik der Genomanalyse geht nicht in erster Linie von den Naturwissenschaften aus, sondern von den Geisteswissenschaften, von den Medien und von der Politik.*

2. Molekulargenetische Untersuchungen an einzelnen Menschen

Molekulargenetische Untersuchungen an einzelnen Menschen bilden den Bereich, in dem sich bereits heute ein breites Spektrum ethischer Probleme konkret stellt. Diese Probleme betreffen zunächst den Kontext »Gesundheit«, d. h. den Bereich, auf den die Absichten der Genomanalyse bezogen werden. Es wird sich allerdings zeigen, daß mit der individuellen Diagnostik von Merkmalen, Eigenschaften und Dispositionen neben dem Kontext »Gesundheit« noch weitere ethisch relevante Kontexte verbunden sind. Deren ethische Brisanz wird sich entsprechend der zunehmenden molekulardiagnostischen Möglichkeiten verschärfen.[4]

Allerdings schafft nicht der technische Vorgang der Analyse ethische Probleme, sondern sie werden durch die Interpretation und Verwendung der Analyseergebnisse erzeugt. Auch wenn die molekulargenetische Diagnostik die Probleme qualitativ und quantitativ verschärft, ist deshalb zu betonen, daß die mit der Genomanalyse verbundenen ethischen Probleme *keine durch Technikentwicklung oder durch Technikanwendung verursachten Probleme* sind. Die »Technik« der DNA-Analyse ist in ihren einzelnen Schritten aus anderen Zusammenhängen bekannt und zeichnet sich gerade dadurch aus, daß sie ethisch besonders unproblematisch ist: Die zu analysierende DNA kann z. B. aus einem Haar, aus Speichel oder Blut gewonnen werden; die Analyse selbst verläuft zunehmend chemisch automatisiert (vergleichbar dem Insulin-Nachweis mit entsprechenden Teststreifen), und die Analyseergebnisse werden – wie in anderen Zusammenhängen auch – in Computerdateien verarbeitet. Die Genomanalyse ist folglich nicht invasiv,[5] die Analysen erfolgen mit automatisierter Präzision, sie erfordert keine hochspezialisierte berufliche Qualifikation, sie verursacht keine hohen Kosten. Die These, daß sich ethische Probleme molekulargenetischer Analysen nicht aus der

Technik selbst, sondern aus der Art des jeweils erworbenen Wissens bzw. seiner Interpretation und Verwendung in individuellen und institutionellen Zusammenhängen ergeben, soll im folgenden am Beispiel gesundheitsrelevanten Wissens verdeutlicht werden.

a) Ethische Probleme molekulargenetischer Einzeluntersuchungen im Kontext »Gesundheit«

Individuelle molekulargenetische Untersuchungen können pränatal oder postnatal durchgeführt werden. Derzeit erfolgen diese Untersuchungen vorwiegend mit der Absicht, Ratsuchende (soweit dies möglich ist) zu informieren, und zwar über ihre persönlichen Erkrankungsrisiken, über ihr Risiko, ein krankes Kind zu zeugen, oder über den prospektiven Gesundheitszustand ihrer potentiellen Kinder. Hinter dieser Absicht steht vor allem das Bedürfnis der Ratsuchenden, Zweifel und Unsicherheiten überwinden bzw. Fehlentscheidungen vermeiden zu können. Eine weitere Möglichkeit der Untersuchung von einzelnen Personen besteht in Reihenuntersuchungen (Screenings), d. h. molekulargenetischen Tests an Individuen einer bestimmten Population, die durch eine Institution initiiert sind.

Anders als bei Untersuchungen, die durch Ratsuchende selbst motiviert sind, steht bei *Reihenuntersuchungen* ein institutionell formulierter Präventionsgedanke im Vordergrund.

Was aber wird in diesem Zusammenhang unter »Prävention« verstanden, und in wessen Interesse liegen Reihenuntersuchungen? Schmidtke (1997) hat für den medizinischen Kontext aufgezeigt, daß das Argument, Reihenuntersuchungen seien im Interesse des Untersuchten, nur in vereinzelten Fällen haltbar ist, nämlich nur dann, wenn der Ausbruch einer Krankheit durch ihren frühzeitigen molekulargenetischen Nachweis verhindert oder verzögert werden kann. Dies ist aber zum gegenwärtigen Zeitpunkt nur bei sehr wenigen der genetisch nachweisbaren Krankheiten der Fall. In institutionellen Zusammenhängen muß »Prävention« deshalb anders verstanden werden. Prävention bedeutet hier in erster Linie die Vermeidung finanziellen Aufwands. Mit vielen Reihenuntersuchungen ist das Ziel verbunden, die Entstehung kranker Individuen zu verhindern. Impliziert ist somit, daß die Untersuchten sich gegen genetisch entsprechend belasteten Nachwuchs entscheiden können sollen. Aus der Perspektive des Gesundheitswesens steigt das Interesse an Reihenuntersuchungen deshalb ironischerweise dann, wenn eine Krankheit unter großem finanziellen Aufwand therapierbar wird.[6] Die damit verbundene ethische Problematik hat Schmidtke folgendermaßen auf den Punkt gebracht: »Wenn das entscheidende Kriterium eine Maximierung von Erkennungsraten ist – und das muß es sein, wenn eine Kosten-Nutzen-Analyse günstig ausfallen soll –, dann ist die Zielsetzung mit Notwendigkeit eugenisch.« (Schmidtke 1997, S. 249)[7] Hierfür ist es im übrigen nicht notwendig, einzelne Personen bzw. werdende Eltern zur Teilnahme an Reihenuntersuchungen oder zur Abtreibung zu zwingen. Es reicht schon aus, Reihenuntersuchungen anzubieten und therapeutische Maßnahmen aus dem allgemeinen Leistungskatalog der Krankenkassen herauszunehmen. Das vom ethischen Standpunkt aus gesehen wichtige Kriterium der Freiwilligkeit der Teilnahme ist damit de facto keineswegs ein Garant dafür, daß eine Reihenuntersuchung auch im Interesse des einzelnen ist.

Im Hinblick auf Absichten und Konsequenzen der Genomanalyse verdeutlichen Reihenuntersuchungen somit zweierlei: Erstens sind Absichten nicht einfach, sondern multipel, und zwar in Abhängigkeit von unterschiedlichen Interessen der beteiligten Akteure. Zweitens ergeben sich darüber hinaus möglicherweise Konsequenzen, die nicht nur nicht beabsichtigt waren, sondern den ursprünglichen Absichten bzw. Interessen sogar entgegenstehen. Das daraus entstehende komplexe Problemgefüge kann aus der Perspektive angewandter Ethik nicht insgesamt und pauschal, sondern allenfalls anhand von Detailanalysen bewertet werden. Als Grundlage dafür ist es sinnvoll, eher von dem ethisch einfacheren Fall der auf ratsuchende Individuen bezogenen molekulargenetischen Untersuchung auszugehen.

Auch *individuelle molekulargenetische Untersuchungen außerhalb von Reihenuntersuchungen* beinhalten weitreichende ethische Probleme. Allein schon die Tatsache, daß Tests zur Verfügung stehen, hat zur Konsequenz, auch für das Unterlassen einer Untersuchung Verantwortung übernehmen zu müssen. Darüber hinaus ergeben sich ethische Probleme im Hinblick auf 1.) die Kriterien, nach denen Tests ausgewählt werden, 2.) den Umgang mit Testergebnissen, 3.) die molekulargenetische Beratung, 4.) die institutionelle Datenverwendung und den Datenschutz.

Kriterien zur Auswahl von Tests

Ein Problem resultiert schon daraus, daß gegenwärtig zwar bereits einige hundert verschiedene krankheitsrelevante Anlagen getestet werden können, diese Tests aber schon aus technischen und ökonomischen Gründen nicht jedem zur Verfügung gestellt werden können. Dadurch stellt sich die Frage, nach welchen Kriterien Tests ausgewählt werden sollten, wobei diese Frage sowohl die pränatale wie die postnatale Diagnostik betrifft. Die *Häufigkeit* einer Krankheit und ihr *Schweregrad* bieten sich aus der Perspektive von Krankenkassen und Labors als Kriterien an. Aus der Perspektive Ratsuchender ist allerdings weder die statistische Häufigkeit einer Erkrankung noch ihr relativ bestimmter Schweregrad ausschlaggebend. Allerdings ist bei einer krankheitsrelevanten Diagnose nur in vereinzelten Fällen auch eine Therapie möglich. Insofern scheint die *Therapierbarkeit* einer Krankheit ein geeignetes Kriterium darzustellen. Für den Ratsuchenden sind aber gerade auch Informationen über nicht-therapierbare Erkrankungen relevant. Ein weiteres Kriterium könnte *der zeitliche Abstand zwischen Untersuchung und prospektivem Ausbruch der Krankheit* sein. Auf jeden Fall ist es aus technischen, finanziellen, psychologischen und ethischen Gründen notwendig, Kriterien für die Auswahl molekulargenetischer Tests zu bestimmen. Andererseits erweisen sich aber verallgemeinerte Auswahlkriterien als Eingriffe in die Autonomie der Ratsuchenden. Als ein Beispiel für das Spektrum bzw. die Tragweite der ethischen Problematik sei etwa die Frage angeführt, ob es beispielsweise Eltern oder potentiellen Eltern erlaubt sein sollte, ihre Kinder im Hinblick auf Krankheiten, die prinzipiell erst im Erwachsenenalter auftreten, molekulargenetisch testen zu lassen. Es ist damit zu rechnen, daß das Testangebot von ökonomischen Interessen der Labors und Krankenkassen und damit eben doch nach dem Kriterium der Häufigkeit einer Krankheit bestimmt wird. Aus ethischer Perspektive ist dies problematisch, weil die Interessen des einzelnen ungerechtfertigterweise anderen, z. B. allgemeineren Interessen untergeordnet werden.

Umgang mit Testergebnissen

Im Hinblick auf den Umgang mit Testergebnissen sind drei Aspekte hervorzuheben, bei denen der erste die pränatale, die beiden anderen die postnatale Diagnostik betreffen.

(1) Seit einigen Jahren wird von Gynäkologen im Rahmen der Schwangerschaftsvorsorgeuntersuchungen der sogenannte »Triple-Test« angeboten. Obwohl es sich hierbei nicht um einen molekulargenetischen, sondern um einen biochemischen Test handelt, der die Genprodukte untersucht, wird er immer wieder beispielhaft angeführt.[8] Der Triple-Test informiert lediglich über erhöhte Risiken für Erkrankungen des werdenden Menschen.[9] Eine angemessene Interpretation der Ergebnisse von Triple-Tests ist hochkomplex und schwierig. Sie erfordert ein tiefgehendes

Verständnis genetischer Zusammenhänge. Die große Mehrzahl der Gynäkologen ist aber mit der Humangenetik nicht vertraut und darüber hinaus auch nicht in der interpretierenden Vermittlung entsprechender Testergebnisse geschult, mit der Konsequenz, daß Testergebnisse sowohl auf seiten der Gynäkologen wie auch auf seiten der Schwangeren mißverstanden wurden. Mit Bekanntwerden der Problematik ist es zu einer Kooperation zwischen Humangenetikern und Frauenärzten gekommen. Es hat sich herausgestellt, daß es vorwiegend wegen der Verwendung spezifischer Begriffe zu Mißverständnissen kam. Aus der Erfahrung der humangenetischen Beratungspraxis ist bekannt, daß derartige Mißverständnisse zum Beispiel dadurch vermieden werden können, daß man nicht von »positiven« und »negativen«, sondern von »auffälligen« und »unauffälligen« Testergebnissen spricht. Eine Lösung des Problems scheint also einfach. Offenbar bedarf es lediglich eines verbesserten Informationsaustauschs zwischen den verschiedenen medizinischen Disziplinen. Das im Zusammenhang mit dem Triple-Test deutlich gewordene Problem bezeichnet aber eine tiefergehende Ebene. Es wird daran nämlich deutlich, daß Testmöglichkeiten propagiert werden, auch wenn kaum Kenntnisse über die genauen Inhalte der Tests vorliegen. Außerdem zeigt sich, daß Menschen, die sich in existentiell bedeutsamen Situationen befinden, für das Angebot molekulargenetischer Tests besonders empfänglich sind. Besonders aber zeigt die Erfahrung mit dem Triple-Test, daß fatale Konsequenzen nicht nur aus den Tests selbst, sondern aus der sprachlichen, d. h. interpretativen Vermittlung ihrer Ergebnisse resultieren. Diese Problemaspekte lassen sich nicht allein durch verbesserte Kommunikationsbedingungen der medizinischen Institutionen beheben. Gerade weil Tests zunehmend nicht nur innerhalb des Gesundheitswesens, sondern auch privatwirtschaftlich angeboten werden, sind umfassendere Maßnahmen zur Gewährleistung der Autonomie der Testnutzer und zu ihrem Schutz zu ergreifen. Eine weitreichende Aufklärung der Öffentlichkeit über den (begrenzten) Aussagewert genetischer Tests ist dafür m. E. ebenso notwendig wie regelungspolitische Maßnahmen zur Qualitätssicherung der Dienstleistungen im Umfeld molekulargenetischer Tests.

(2) Ethische Probleme im Umgang mit Testergebnissen ergeben sich aber auch im Hinblick auf die *psychische Belastung bei nicht therapierbaren Erkrankungen*. Inwieweit den Bedürfnissen der Ratsuchenden mit Hilfe molekulargenetischer Tests entsprochen werden kann, hängt zum einen davon ab, aus welchem Grund (d. h. im Hinblick auf welche persönliche Entscheidung) sie einen Test durchführen lassen wollen, darüber hinaus aber auch davon, was – mit welchem Ergebnis – getestet wird. Wer einen genetischen Test durchführen läßt, muß mit dessen Ergebnis auch leben können. Gerade bei Krankheiten, deren kausale Voraussetzungen nachgewiesen werden, die aber nicht heilbar sind, ist dies schwierig. Sollte es vollständig dem einzelnen überlassen werden, für sich selbst zu entscheiden, ob er die Kraft hat, auch mit einem schlechten Befund gut zu leben? Das Gebot des Respekts vor der Autonomie des einzelnen legt dies nahe, wird aber zugleich durch Erfahrungswerte in Frage gestellt: Die Erfahrung der humangenetischen Praxis zeigt, daß die meisten der Ratsuchenden einen Test unter der Vorstellung durchführen lassen wollen, daß er negativ ausfällt.

(3) Umgehen muß man aber nicht nur mit Informationen, die man erhalten wollte. Als ethisch problematisch erweist sich auch der Umgang mit *Informationen, die man unbeabsichtigt erhält*, und selbst diese Informationen sind nicht schon allein deshalb ethisch unproblematisch, weil sie ohne entsprechende Absicht und ohne gezieltes Interesse erworben wurden. Den mit Genanalysen gewonnenen Informationen liegt nicht immer auch die Suche nach speziell diesen Informationen zugrunde. Im Gegenteil werfen häufig gerade die nicht absichtlich erworbenen Informationen ethische Probleme auf. Beispielsweise stellt sich die Frage,

wie man verfahren soll, wenn im Zusammenhang einer Familienuntersuchung erkannt wird, daß nicht der Ratsuchende, aber ein anderes Mitglied seiner Familie ein bestimmtes genetisches Risiko trägt. Soll man dem Betroffenen sein Risiko auch unaufgefordert mitteilen oder ihn erst informieren, wenn er selbst nachfragt?

Diese Frage führt zu den ethischen Problemen, die mit der molekulargenetischen Beratung verbunden sind.

Beratung

In vielen Fällen sind auch nach einer molekulargenetischen Diagnosestellung weder Zweifel überwunden noch Fehlentscheidungen vermieden. Gerade deshalb sind an die begleitende genetische Beratung hohe Anforderungen gestellt. Ob sich einzelne Ratsuchende überhaupt einer molekulargenetischen Untersuchung unterziehen, ob und wie sie in Abhängigkeit von Analyseergebnissen über das Zeugen von Kindern entscheiden, ist in großem Maße von der Beratung und weniger von den eigentlichen Diagnoseergebnissen abhängig. Wie schon gesagt, belegt die Erfahrung molekulargenetischer Beratungsstellen, daß es häufig auf die Wortwahl ankommt, die der Beratende verwendet. Interessanterweise hat sich außerdem gezeigt, daß die Bereitschaft, einen molekulargenetischen Test durchführen zu lassen, sinkt, je mehr der Ratsuchende über molekulargenetische Zusammenhänge aufgeklärt wird.

Aus ethischer Perspektive ist daher zu fordern, daß prinzipiell jeder molekulargenetische Test – und zwar auch in nicht medizinischen Kontexten und vor allem auf dem privatwirtschaftlichen Sektor – mit qualifizierten Beratungsgesprächen verbunden sein muß. Gerade letzterer ist bei dieser Forderung nicht außer acht zu lassen. Je mehr genetische Anlagen und je mehr Personen getestet werden können, um so mehr Geld ist mit molekulargenetischen Tests zu verdienen. Da aber die Bereitschaft, einen Test durchführen zu lassen, mit zunehmender Aufklärung sinkt, werden gerade private Testanbieter der ethischen Forderung nicht nachkommen wollen.

Ein weiterer Aspekt ist in diesem Zusammenhang nochmals zu betonen: Wenn im Rahmen ethisch-politischer Auseinandersetzungen nach den Chancen der Genomanalyse gefragt wird, erfolgt regelmäßig – häufig ausschließlich – der Hinweis auf die Fortentwicklung medizinischer Diagnostik und Therapie. Es kann nicht bezweifelt werden, daß die molekulargenetische Forschung wichtige Erkenntnisse über die Ätiologie und Pathogenese von Krankheiten fördern wird, und es ist längerfristig zu erwarten, daß auch wirksamere Therapien entwickelt werden können. Dies sollte aber nicht darüber hinwegtäuschen, daß die fortwährende Betonung allein des *medizinischen* Nutzens auch aus Gründen strategischer Klugheit erfolgt. Wer hat schon gute Argumente gegen die potentielle Verbesserung medizinischer Therapien?! Über die Belastungen, denen gerade die medizinische Humangenetik durch das Fortschreiten molekulargenetischer Diagnosemöglichkeiten ausgesetzt ist, wird selten gesprochen. Insbesondere die zuletzt genannten ethischen Probleme verdeutlichen aber, daß die Humangenetik – zumindest derzeit noch – quasi als Feuerwehr fungiert. Es sind gerade die Humangenetiker, die auf der Grundlage ihrer Beratungserfahrungen einer Propagierung molekulargenetischer Tests kritisch gegenüberstehen.

Institutionelle Datenverwendung am Beispiel Arbeitsmarkt

Neben den ethischen Problemen, die sich im privaten und persönlichen Lebenszusammenhang des einzelnen aus molekulargenetischen Tests ergeben können, entstehen weitreichende ethische Probleme auch auf der öffentlich-institutionellen Ebene.

Besondere ethische Probleme wirft die Tatsache auf, daß die Ergebnisse der gesundheitsrelevanten Diagnostik in Bereichen Anwendung finden und Konsequenzen haben, die nicht mit den expliziten Absichten molekulargenetischer Tests verbunden sind. Exemplarisch kann dies für den Arbeitsmarkt gezeigt werden.[10]

Bei der derzeitigen Situation auf dem Arbeitsmarkt wird Gesundheit zunehmend zum Konkurrenzgut, und zwar – dies ist entscheidend – nicht die aktuelle Gesundheit, sondern die prospektive. Man kann annehmen, daß sowohl gegeneinander konkurrierende Arbeitnehmer als auch Arbeitgeber ein steigendes Interesse an entsprechenden genetischen Tests entwickeln werden. Ebenso ist zu erwarten, daß sich mit diesem steigenden Interesse zugleich auch ein potenter Markt für genetische Tests eröffnet. Ohne einschränkende politische Entscheidungen werden Firmen entstehen, die solche Tests nicht nur zur Verfügung stellen und durchführen, sondern auch propagieren und damit den (vermeintlichen) Bedarf noch steigern werden. Sowohl Tests mit eindeutigem prädiktiven Aussagewert wie auch Tests, die bloß Aussagen über genetische Dispositionen treffen, werden hier von Bedeutung sein.

Offensichtlich besteht auf seiten der Arbeitgeber ein Interesse, möglichst solche Arbeitnehmer zu beschäftigen, die langfristig gesund sind. Auch ein Interesse an Arbeitnehmern mit bestimmten Persönlichkeitsmerkmalen ist anzunehmen. Beiden Interessen kann von der Genomanalyse – und zwar zunehmend mit der sich erweiternden Kenntnis der Funktionsweise einzelner Gene – entsprochen werden. Daß Stellenbewerber für eine bestimmte Aufgabe qualifiziert sind, ist vorausgesetzt. Der Nachweis eines »guten Gesundheitsrisikos«, ggf. noch ergänzt um ein entsprechendes genetisches Persönlichkeitsprofil, kann also für Arbeitsuchende ein geeignetes Mittel darstellen, sich gegenüber gleich qualifizierten Mitbewerbern zu profilieren.

Ich stelle folgendes Szenario vor: Ein Stellenbewerber unterzieht sich freiwillig einem von einer privatwirtschaftlichen Firma angebotenen genetischen Test, dessen Ergebnisse in Form eines interpretierenden Gutachtens festgehalten werden. Er fügt dieses Gutachten seinen übrigen Bewerbungsunterlagen bei und liefert damit ein zusätzliches Zeugnis seiner Eignung. Gegen das Szenario einer entsprechenden Bedarfsentwicklung im Arbeitsbereich wird gelegentlich eingewendet, daß der Aussagewert prädiktiver genetischer Tests insofern gering sei, als mit ihnen in den meisten Fällen lediglich ein mehr oder minder vorhandenes Risiko zum Ausdruck gebracht werde. Der Einwand übersieht allerdings folgendes: Auf die tatsächliche Aussagekraft molekulargenetischer Testergebnisse wird es ebensowenig ankommen wie heute auf die tatsächliche Aussagekraft von Schulnoten. Im dargestellten Szenario werden genetische Tests vor allem als ein zusätzliches Auswahlkriterium im Sinne eines vergleichbaren Meßwerts fungieren.

Wie ist aber ein solches Szenario aus ethischer Perspektive zu bewerten? Aus individualethischer Perspektive gibt es keinen Einwand gegen die freiwillige (d. h. nicht vom Arbeitgeber initiierte) molekulargenetische Untersuchung und auch nicht gegen das Anliegen, mit einem entsprechenden Gutachten für sich zu argumentieren. Problematisch ist aber ein anderer Aspekt: Damit die Ergebnisse molekulargenetischer Tests für Laien verständlich werden, müssen sie interpretiert, d. h. sprachlich verfaßt und zusammengefaßt werden. Es ist aber bereits jetzt deutlich, wie sehr die ethisch-politische Auseinandersetzung um Probleme der Genomanalyse an der metaphorisch-interpretierenden Darstellung von Forschungsvorhaben und Forschungsergebnissen krankt. Bereits legendär sind die Suche nach »dem« Kriminalitätsgen, nach dem Gen »für« Neugier, »für« Lungenkrebs usw. Wenn es tatsächlich Firmen geben wird, die ihre molekulardiagnostischen Dienstleistungen jedem einzelnen feilbieten, dann werden sich diese Firmen vor allem über die Qualität, d. h. die vermeintliche Aussagekraft ihrer Gutachten und weniger über die Qualität ihrer Diagnosen profilieren. Ein Gutachten etwa, das eine Mutation im CTFR-Gen beschreibt, ist in der Kommunikation von Laien unbrauchbar. Die interpretierende Aussage, daß die meisten der CTFR-Mutationen eine zystische Fibrose mit fortschreitender Zerstörung der Lungen und der Bauchspeicheldrüse verursachen, enthält deutlichere Information. Je weiter sich aber die gutachtende Darstellung des eigentlichen Analyseergebnisses von demselben entfernt und den Interessen des Adressaten nähert, desto mehr enthält das Gutachten auch eine normativ-bewertende Aussage. Die Normen, die dabei zugrunde gelegt werden, sind jeweils die Normen des Adressaten. Eine molekulargenetische Diagnose, die im Auftrag eines Stellenbewerbers für den potentiellen Arbeitgeber durchgeführt und schließlich in Worte gefaßt wird, wird sich im Wortlaut an den Normen bzw. Kriterien orientieren, die für die Entscheidung des Arbeitgebers relevant sind. Aus ethischer Perspektive ergibt sich hier die Frage, inwieweit es überhaupt legitim ist, biologische Daten im Hinblick auf außer-biologische Fragestellungen zu interpretieren. Inwieweit dürfen Schlüsse gezogen oder auch nur angedeutet werden, und wer hat die moralische Autorität, darüber im einzelnen zu entscheiden?[11]

3. Sequenzierung des menschlichen Genoms

Vermutlich noch in diesem Jahrtausend wird der erste Teil eines der größten Forschungsprojekte der Menschheit abgeschlossen werden: die Sequenzierung des menschlichen Genoms. Mit Abschluß dieses Projekts liegt dann eine genetische und physikalische Karte des menschlichen Erbgutes vor (siehe Schmidtke 1997, S. 255 f.).

Die Sequenzierung des menschlichen Genoms erfolgt in der Absicht, zukünftig die Funktionsweisen aller Gene entschlüsseln zu können. Diese Absicht ist von weiterführenden Zielen geleitet. Durchweg betont wird das Ziel, Aufschluß über die molekulargenetischen Voraussetzungen von

Erkrankungen zu erhalten bzw. die Entstehung bestimmter Krankheiten besser verstehen zu können. Es herrscht, wie bereits gesagt, gelegentlich der Eindruck vor, als stünde das Sequenzierungs-Projekt vorrangig im Dienste der Medizin. Dies ist nicht richtig: Deutlicher noch als bei anderen naturwissenschaftlichen Forschungsprojekten handelt es sich bei der Sequenzierung des menschlichen Genoms um *interdisziplinär* relevante Grundlagenforschung. Die Sammlung der Daten, d. h. die bloße Kenntnis der Buchstabenabfolge, bietet selbst keine direkten Anwendungsmöglichkeiten. Sie bildet aber eine Grundlage für unüberschaubar viele weiterführende Forschungsvorhaben unterschiedlichster Einzelwissenschaften, und gerade darin liegt ihre ethische Brisanz.

Zunächst ist nochmals darauf hinzuweisen, daß sich die in bezug auf die individuelle Analyse diskutierten ethischen Probleme quantitativ – ggf. auch qualitativ – verschärfen werden, wenn nach Ablauf der Sequenzierungsphase die Analyse von Funktionsweisen einzelner Gene vorangetrieben wird. Die erste und wohl auch spannendste weiterführende Absicht des Human-Genom-Projekts ist es nämlich herauszufinden, was der gelesene Text im einzelnen bedeutet, d. h. herauszufinden, wie die Wirkweise der einzelnen Bausteine ist, wie sie miteinander funktionieren und was sie kausal bewirken.[12] Diese Aufgabe wird vorrangig von der Biologie zu leisten sein. Es ist beabsichtigt, sog. »Genatlanten« zu erstellen, in denen nachgeschlagen werden kann, welche Gene für welche phänotypischen Erscheinungsformen aktiv sind.[13]

Das Wissen über die Funktionsweise einzelner Gene wird sich gegenüber dem heutigen Wissensstand in absehbarer Zeit dramatisch erweitern. Hinzu kommt, daß dieses Wissen über den unmittelbar gesundheitsrelevanten Bereich hinaus Merkmale, Eigenschaften und Dispositionen insgesamt betreffen wird.

Bereits damit ist deutlich, daß die Medizin nur *eine* der Disziplinen ist, für die die Sequenz des menschlichen Genoms von grundlegendem Interesse ist. Chemie, Biologie, Paläontologie, Ethnologie, Psychologie, Soziologie, Kriminologie, Geschichtswissenschaften, Linguistik, Frauenforschung, Pädagogik, Anthropologie und – nicht zuletzt – Philosophie sind weitere Disziplinen, die auf der Grundlage der vollständigen Sequenz des menschlichen Genoms Forschungsvorhaben formulieren können.

Wie, in welchem Umfang und mit welchen Absichten die Ergebnisse der Genomanalyse demnächst rezipiert, verarbeitet und angewendet werden, ist derzeit noch nicht vorhersehbar. Es ist noch nicht prognostizierbar, zu welchen Forschungsprojekten in welchen Einzeldisziplinen sie führen werden. Insbesondere sind auch die konkreten Konsequenzen des wachsenden molekulargenetischen Wissens in unterschiedlichen Lebensbereichen heute nicht überschaubar. Vorhersehbar ist allerdings die Tendenz, unterschiedlichste Aspekte menschlichen Seins und Handelns zunehmend unter dem Gesichtspunkt der molekularbiologischen Natur des Menschen zu betrachten. Daß sich unter dieser Betrachtungsweise vorherrschende Menschenbilder verändern werden, liegt auf der Hand. Dieser Aspekt wird gegenwärtig zunehmend unter dem Stichwort »Genetifizierung« kritisch diskutiert, wobei allerdings dieser Begriff bisher von verschiedenen Autoren noch unterschiedlich definiert wird.

4. »Genetifizierung«

Schroeder-Kurth und Lunsdorf verstehen unter »Genetifizierung« die »Verwendung von Erkenntnissen der Genetik zur Erklärung kausaler Zusammenhänge« (Humangenetik und Gesellschaft 1996, S. 74) und behandeln in kritischer Perspektive neben der »Genetifizierung der Medizin« die »Genetifizierung der Verhaltenswissenschaften« wie auch die »Genetifizierung der Gesellschaft«, d. h. die »Verwendung der von der Genetik entliehenen Fakten und Modelle zur Erklärung« (ebd.) von menschlichem Verhalten wie auch von gesellschaftlichen Verhältnissen. Die Problematik der Genetifizierung in bezug auf menschliches Verhalten liegt darin, daß die Erforschung der genetischen Grundlagen des Verhaltens bis zur »Lokalisierung von Verhaltensmerkmalen ohne jeglichen erkennbaren Krankheitswert im Genom« (ebd.) reicht und die Lokalisierung sich mit moralischen Urteilen verbindet. Die ethische Brisanz dieses Vorgehens liegt aber nicht nur in dem Aspekt, den Schroeder-Kurth und Lunsdorf aufweisen, daß nämlich bei der diagnostischen Einordnung von Verhalten das »moralische Urteil über das Symptom an sich [...] zum Zeitpunkt der Frage nach den Ursachen schon längst gefällt« (S. 77) ist und das »Auffinden eines genetischen Substrats, das zumindest teilweise eine ›Erklärung‹ liefert, [...] dieses Urteil nicht [ändert]« (ebd.). Zu berücksichtigen ist darüber hinaus, daß bereits die Fragestellungen der molekulargenetischen Diagnostik unbezweifelbar von gesellschaftlich vorherrschenden Wertvorstellungen abhängig sind. Unter den für unsere Gesellschaft spezifischen Gegebenheiten werden Konstellationen als ungewöhnlich, auffällig oder problematisch wahrgenommen und bilden somit überhaupt erst eine Fragestellung für die molekulargenetische Analyse. Ob Homosexualität, relativ gesteigertes Aggressionsverhalten, grammatikalische Fähigkeiten, Schizophrenie usw. genetisch bedingt sind, stellt sich als Frage erst dort, wo entsprechendes Verhalten auffällig wird.

Indem die Biologie diese Auffälligkeiten als erklärungswerte Phänomene ansieht, werden Seins- und Verhaltensweisen des Menschen, die bislang seiner Vita, d. h. seinem sozial konstituierten Leben, zugerechnet wurden, als Bestandteil seines Bios, d. h. seines biologisch konstituierten Lebens, erklärt. Damit verändern sich aber auch die Reaktionsweisen auf die Auffälligkeiten, Ungewöhnlichkeiten und Problematiken. Wenn beispielsweise defizitäre sprachliche

Fähigkeiten bislang vorrangig dem Sozialisationsmilieu – d. h. der Vita eines Menschen – zugerechnet werden, impliziert dies spezifische pädagogische Maßnahmen. Die zusätzliche molekulargenetische Erklärung und Zurechnung dieser Fähigkeiten zum Bios stellt entsprechende pädagogische Maßnahmen in Frage. Sie hebt sie damit zwar nicht auf, impliziert aber eine Anpassung und damit eine Veränderung.

Eine Veränderung an sich ist aus ethischer Perspektive nicht als problematisch zu werten. Zu fragen ist allerdings, welche Interpretation von Daten ihr zugrunde liegt und welche sowohl individuellen wie gesellschaftlichen Konsequenzen mit dieser Interpretation im einzelnen jeweils verbunden sind.

Deshalb wird in der – erst am Anfang stehenden – geisteswissenschaftlichen Rezeption der entsprechenden – hauptsächlich – biologischen Forschungsvorhaben schon heute vor der Etablierung eines biologistisch-reduktionistischen Menschenbildes gewarnt. Befürchtet wird, daß die zunehmende Orientierung an molekulargenetischen Daten die biologische Konstitution des Menschseins über die Massen betont, und zwar zu Lasten einer Sichtweise, die den Menschen vorwiegend von seinen historischen und sozialen Eingebundenheiten her versteht. Impliziert ist mit dieser Befürchtung, daß die (molekular)biologische Erklärung bestimmter Auffälligkeiten den sozialen Umgang mit den Menschen, die diese Auffälligkeiten zeigen, verschlechtern wird. Es wird mit anderen Worten befürchtet, daß die Erklärung menschlichen Seins und Handelns im Sinne von Bios gegenüber Diskriminierungen anfälliger ist als das Verstehen der gleichen Seins- und Handlungsweisen im Sinne der Vita.[14]

5. Die ethische Brisanz einer fächerübergreifenden Bezugnahme auf die Ergebnisse der Genomanalyse

Wenn die Ergebnisse des Genomanalyse-Projekts, insbesondere der Analyse der Funktionsweisen einzelner Gene, vorliegen, ist eine zunehmende Referenz auf die molekulargenetische Konstitution des Menschseins in unterschiedlichsten Disziplinen zu erwarten. Das ethische Problem besteht hierbei aber nicht per se in der zunehmenden Berücksichtigung biologischer Gegebenheiten des Menschseins. Die biologischen Voraussetzungen menschlichen Seins und Handelns zu kennen und zu berücksichtigen bedeutet nicht von vornherein, den Menschen auch darauf zu reduzieren, d. h. die Referenz auf die genetische Konstitution des Menschen ist keineswegs mit einer biologistischen Reduktion des Menschen gleichzusetzen. Dennoch könnte sich das Menschenbild im Sinne eines Reduktionismus verändern. Diese Gefahr besteht dann – und darin liegt die ethische Brisanz der fächerübergreifenden Bezugnahme auf molekulargenetisches Wissen –, wenn die biologischen Fakten einer normativ bewertenden Interpretation unterzogen werden. *Das grundsätzliche ethische Problem der Genomanalyse besteht in der Gefahr, Menschen auf der Grundlage ihrer biologischen Konstitution moralisch und sozial zu bewerten.* Eine solche Bewertung käme regelmäßig einem naturalistischen Fehlschluß gleich. Aber auch, wenn dies in philosophischer Perspektive offensichtlich ist, ändert diese Einsicht nichts an der möglichen Realität und politischen Wirksamkeit solcher Fehlschlüsse. Das Problem verschärft sich noch, wenn man bedenkt, daß diese Gefahr nicht nur dort entsteht, wo das menschliche *Individuum* Gegenstand des Interesses ist. Gerade auch dort, wo *Populationen* betrachtet werden, sind biologische Fakten seit jeher anfällig für ungerechtfertigte normative Schlußfolgerungen gewesen.

Daß diese Befürchtung nicht einfach von der Hand zu weisen ist, kann an einem Beispiel verdeutlicht werden: Ein

Ergebnis der Genomanalyse sagt aus, daß sich die individuelle Unterschiedlichkeit der Mitglieder unserer Spezies durch eine Differenz etwa in jedem dreihundertsten Baustein des Erbmaterials konstituiert, während uns vom Schimpansen etwa jeder hundertste Baustein unterscheidet. Wäre es nicht interessant, die »genetischen Abstände« zwischen Arten, Rassen und Geschlechtern differenzierter zu beziffern? Interessant wäre dies in jedem Fall für die Evolutionsbiologie und für Forschungen, die sich mit den Funktionsweisen von Genen befassen. Entsprechende Forschungsvorhaben sind unter dem Titel »Human-Genome-Diversity Project« bereits formuliert worden.[15] Darüber hinaus ist absehbar, daß die gewonnenen Daten auch in anderen Kontexten als Meßwerte verwendet und interpretiert werden können. Entscheidend ist, daß die Daten interpretiert werden müssen, und entscheidend ist, in welcher Weise und mit welcher Zielsetzung sie interpretiert werden. *Jede interpretierende Verwendung ist ethisch relevant, weil sie die an sich bedeutungslose Datenmenge in Beziehung zu vorherrschenden Denkmustern und Wertvorstellungen setzt und ihr damit unweigerlich Bedeutung von außen zuweist.*

Aus der Perspektive der angewandten Ethik kann im Hinblick auf diese mögliche Konsequenz der Genomanalyse normativ lediglich gefordert werden, entsprechende Fehlschlüsse aus molekulargenetischen Daten zu verhindern bzw. zu entlarven. Diese Forderung – die trotz des »lediglich« mehr als ein bloßer Appell sein kann – richtet sich zunächst an die mit der Molekulargenetik befaßten und andere naturwissenschaftliche Disziplinen, er richtet sich aber auch und in besonderer Weise an die Geistes- und Sozialwissenschaften. Denn nicht nur die Naturwissenschaften, sondern auch die Geistes- und Sozialwissenschaften laufen Gefahr, die Ergebnisse im Sinne eines naturalistischen Fehlschlusses wirksam werden zu lassen. Während entsprechende Ansätze auf seiten der Naturwissenschaften – erinnert sei nur an die klassische Verhaltensforschung ebenso wie an die Soziobiologie und deren Konzeptionen »menschlicher Natur« im Hinblick auf menschliches Sozialverhalten, Ethik und Politik – aber bereits Gegenstand kritischer Diskussionen sind, wird noch kaum in den Blick genommen, inwiefern auch die Geistes- und die Sozialwissenschaften in der Gefahr einer Naturalisierung des Sozialen stehen. Deshalb ist die Forderung, entsprechende – auch eigene – Fehlschlüsse aus molekulargenetischen Daten zu entlarven und zu verhindern, in besonderer Weise an die Geistes- und Sozialwissenschaften zu richten.

Besonders gefordert sind die Geisteswissenschaften deshalb, weil sie nicht nur – ebenso wie die Naturwissenschaften – mit ihren Konzeptionen gesellschaftliche bzw. institutionelle Praktiken beeinflussen, sondern weil sie die kritische Beurteilung gesellschaftlicher Praxis zum Gegenstand haben. In ihren Gegenstandsbereich fällt damit auch die Analyse und Bewertung der von den Naturwissenschaften gelieferten Daten bzw. die Analyse und Bewertung der Daten- bzw. Fakteninterpretationen, auf denen die naturwissenschaftliche Forschung basiert. Obwohl sie die kritische Betrachtung der naturwissenschaftlichen Forschung zum Gegenstand haben, ist die hierzu notwendige kritische Distanz zu naturwissenschaftlichen Daten auf seiten der Geistes- und Sozialwissenschaften nicht selbstverständlich vorauszusetzen. Vielmehr stehen die Geistes- und Sozialwissenschaften selbst in der Gefahr, der von den naturwissenschaftlichen Daten und Forschungserfolgen ausgehenden Faszination zu erliegen. Die Gefahr, daß die Geistes- und Sozialwissenschaften die Ergebnisse der Genomanalyse im Sinne eines naturalistischen Fehlschlusses aufnehmen und wirksam werden lassen, ist zudem darin begründet, daß die Wissenschaftler/-innen zumeist auf bereits interpretierte Daten zurückgreifen müssen.[16] Deshalb ist es kein Zufall, daß häufig bei interdisziplinär zusammengesetzten Diskussionsforen zur Genomanalyse zu beobachten ist, daß es gerade die Vertreter/-innen geisteswissenschaftlicher Disziplinen (sowie Journalisten und Journalistinnen) sind, die naturalistisch argumentieren. In ihrem Bemühen, auf die Gefahren eines biologistischen Reduktionismus hinzuweisen, verfallen sie häufig selbst in Reduktionismen, z. B. wenn sie der individuellen DNA »Würde« zuschreiben oder auch wenn sie nicht zwischen »Kausalität« und »Korrelation« unterscheiden. Was von seiten der Genetik als Korrelation dargestellt wird (daß mit einer bestimmten genetischen Disposition Phänotypen oder Verhaltensweisen korrelieren), wird häufig als Kausalverhältnis interpretiert.[17]

Angesichts dieses Umstands ist an die mit der Genomanalyse befaßten Disziplinen die Forderung zu richten, ihre Ergebnisse so zu präsentieren, daß entsprechende Mißverständnisse und Fehlinterpretationen nicht aufkommen. Vor allem der metaphorische Sprachgebrauch ist hier zu überdenken. Welche Konsequenzen der Genomanalyse sich aber konkret ergeben, wird von der Art und Weise abhängen, wie die Naturwissenschaften und die Geisteswissenschaften damit umgehen werden.

Von den Naturwissenschaften, namentlich von der Biologie, kann nicht erwartet werden, der Tendenz entgegenzuwirken, Sein und Handeln des Menschen primär aus dem Blickwinkel des biologischen Lebens zu betrachten. Die Biologie betrachtet den Menschen definitionsgemäß im Hinblick auf sein Bios. Es kommt deshalb in erster Linie den Geisteswissenschaften zu, einer tendenziellen Naturalisierung des Sozialen entgegenzuwirken. Die Geisteswissenschaften müssen selbstkritisch überprüfen, wie weit sie sich von der Faszination molekulargenetischen Wissens leiten lassen wollen. Wenn die weiterreichenden, gesellschaftliche Strukturen betreffenden ethischen Probleme der Genomanalyse bewältigt werden sollen, dann muß es in das Bewußtsein der Geisteswissenschaften dringen, daß die Realisierung oder Verwerfung der Szenarien, die sie kritisch gegen das Genomanalyse-Projekt entwerfen, maßgeblich auch in ihren Händen bzw. ihren Forschungen und ihren theoretischen Ansätzen liegt. Beispielsweise merkt die Soziologin Elisabeth Beck-Gernsheim mit Bezug auf die Aussagen von Genetikern resümierend folgendes kritisch an: »Wo ein biologischer Reduktionismus aufkommt, bleibt er nicht nur Theorie, sondern enthält auch ein Praxiskonzept: Er enthält direkte Vorgaben für politisches Handeln. Wo man von der determinierenden Kraft der Gene ausgeht, verlieren z. B. die Ansprüche auf Chancengleichheit im Bildungssystem an Durchsetzungskraft« (Beck-Gernsheim 1991, S. 124). Auf die Beteiligung der Geisteswissenschaften am Übergang von genetischer Diagnostik zur Formulierung von Praxiskonzepten und zum Einfluß z. B. auf das Bildungssystem wird allerdings nicht reflektiert. Es ist typisch für diese Art der kritischen Auseinandersetzung mit der Genomanalyse, einen unmittelbaren Einfluß molekulargenetischer Diagnostik auf gesellschaftliche Zusammenhänge zu implizieren. Plausibler und authentischer ist es aber, sich hier einen mittelbaren Zusammenhang vorzustellen. Zwischen den Ergebnissen der Molekularbiologie und ihrer politischen Anwendung vermitteln nicht zuletzt auch Konzeptionen der Geisteswissenschaften. Es ist deshalb eine *ethische* Forderung an die Geisteswissenschaften zu adressieren, in ihrer kritischen Auseinandersetzung mit der Genomanalyse auch auf ihre eigene Beteiligung an der Realisierung bzw. Verwerfung entsprechend ethisch problematischer Szenarien zu reflektieren und ggf. Gegenstrategien zu entwerfen. Diese könnten und sollten z. B. darin bestehen, offensiv auf die Grenzen biologischer Erklärungsweisen aufmerksam zu machen. Es reicht eben nicht aus, die von naturwissenschaftlichen Daten ausgehende allgemeine Faszination zu beklagen, es ist vielmehr notwendig, den Aussagewert alternativer, geisteswissenschaftlicher Konzeptionen vergleichend zu betonen.

6. Fazit

Als ein Fazit kann festgehalten werden, daß mit der Interpretation und Verwendung molekulargenetischer Untersuchungsergebnisse gerade auch in nicht medizinischen Kontexten absehbar ethische Probleme verbunden sein werden. Die mit dem zunehmenden molekulargenetischen Erkenntnisgewinn zukünftig verbundenen Absichten und Konsequenzen sind allerdings prospektiv unüberschaubar. Die (angewandte) Ethik kann schon deshalb vorab keine spezifischen Verbots- und Gebotsnormen formulieren. Sie kann aber auf Tendenzen mit kritischer Wachsamkeit reagieren. Als Kriterium der Kritik gilt dabei zum einen das Diskriminierungs- und Stigmatisierungsverbot, zum anderen das Verbot der Unterordnung von Interessen einzelner unter die Interessen von Gemeinschaften und Gesellschaften. Daß Erhebungen und Verwendungen bzw. Interpretationen molekulargenetischer Daten diskriminierend, stigmatisierend sowie zum Nutzen fremder Interessen verwendet werden können, ist unbestreitbar. Es ist die Aufgabe angewandter Ethik, Anwendungssituationen in dieser Hinsicht kritisch zu analysieren und zu bewerten. Die Befürchtungen aber, die unter dem Stichwort »Genetifizierung« thematisiert werden und die zunehmende Suche nach speziell molekulargenetischen Erklärungsmodellen insbesondere für menschliches Verhalten und gesellschaftliche Verhältnisse bezeichnen, können innerhalb der ethischen Debatte allenfalls ansatzweise analysiert und bewertet werden. Aus der Perspektive angewandter Ethik ist in diesem Zusammenhang eine kritische Selbstreflexion der Geisteswissenschaften zu fordern. Die Geisteswissenschaften können sich bei der Kritik an den naturwissenschaftlich-technischen Entwicklungen, an ihren Verwendungsweisen sowie an den ihnen zugrunde liegenden Denkmustern nicht als unbeteiligte Beobachter verstehen. Inwieweit biologische bzw. molekulargenetische Erklärungsmodelle die Theoriebildungen der

Geisteswissenschaften und damit verbundene gesellschaftliche Strukturen beeinflussen, ist eben nicht unmittelbar und ausschließlich von den naturwissenschaftlich-technischen Entwicklungen abhängig, sondern von der Art und Weise, wie sie in den Geisteswissenschaften rezipiert und verwendet werden. *Die geisteswissenschaftliche Kritik an den naturwissenschaftlichen Entwicklungen muß in diesen Hinsichten konstruktiv werden.*

Anmerkungen

1 Das Human-Genom-Projekt wurde 1985 in den USA initiiert und später durch die Human Genome Organisation (HUGO) international koordiniert. Das Projekt hat die systematische Erforschung des menschlichen Genoms zum Gegenstand.

2 Ich beschränke mich im Rahmen dieses Aufsatzes auf den *Menschen* als Objekt der Genomanalyse. Zwei Bedeutungen von »Genomanalyse« sind zu unterscheiden. Zum einen das Projekt der Sequenzierung des menschlichen Genoms, zum anderen die molekulargenetische Analyse von DNA-Abschnitten einzelner Menschen. Das erstere Projekt besteht darin, die einzelnen Bausteine der Gesamtheit des artspezifischen menschlichen Erbguts kennenzulernen. Bei zweiterem geht es nicht um die Untersuchung des gesamten Genoms, sondern nur von Teilen des Erbguts einzelner Menschen. Im Hinblick auf diese partikulare Analyse beschränke ich mich auf die molekulargenetische Analyseebene. Ich behandle also nicht die phänotypische und chromosomale Untersuchung von Erbgut.

3 Ernst-Ludwig Winnacker, »Stand und Perspektiven in der Genforschung«. Vortrag anläßlich einer Konferenz der Friedrich-Ebert-Stiftung zum Thema »Bio- und Gentechnologie – Optionen für die Zukunft« am 29. April 1997 in Bonn.

4 Eine Analyse des Erbmaterials einzelner Menschen ist allerdings nicht erst möglich, seit man Einblicke in molekulargenetische Strukturen erhalten kann. Im Sinne des Rückschlusses vom Phänotyp auf Ererbtes ist sie seit jeher möglich und war – und ist – oft Anlaß für Diskriminierungen. Als Beispiele seien hier Weib-

lichkeit, schwarze Hautfarbe, Rothaarigkeit usw. genannt. Die Analyse von Erbmaterial auf chromosomaler Ebene ist möglich, seit Chromosomen mikroskopisch erkennbar und identifizierbar sind. Sowohl auf phänotypischer Ebene als auch auf chromosomaler Ebene können Kenntnisse über das individuelle Erbmaterial ethische Probleme aufwerfen. Diese verschärfen sich aber mit der Möglichkeit molekulargenetischer Tests quantitativ wie qualitativ.

5 Zu bedenken ist allerdings, daß im Falle der pränatalen genetischen Diagnostik bei Embryonen und Feten in vivo invasive Verfahren (Amniozentese, Chorionzottenbiopsie usw.) zur Gewinnung embryonaler bzw. fetaler Zellen vorangehen.

6 Siehe Schmidtke 1997, S. 250, Kasten 10.2.

7 In Anlehnung an Holtzmann (1989) versteht Schmidtke gesundheitspolitische Entscheidungen dann als eugenisch, »wenn sie in die reproduktive Entscheidungsfreiheit von Individuen eingreifen, um ein gesellschaftliches Ziel zu erreichen« (Schmidtke 1997, S. 250).

8 Siehe hierzu etwa Schmidtke 1997, S. 118 ff.; Humangenetik und Gesellschaft 1996, S. 33 f.

9 Beispielsweise über erhöhte Risiken in bezug auf Fehlbildungen von Blase, Nieren und anderen inneren Organen oder über ein erhöhtes Risiko für Down-Syndrom oder Spina bifida (offener Rücken).

10 Andere Bereiche, auf die ich hier nicht eingehe, sind zum Beispiel das Versicherungswesen und die Kriminalistik.

11 Hieraus ergeben sich im übrigen auch Probleme des Datenschutzes.

12 Hierzu formuliert der Vizepräsident der Human Genome Organization folgendes: »Viele der Prozesse, die die Genotyp-Phänotyp-Korrelation bestimmen, sind für uns leider immer noch schwer erfaßbar [. . .]. Auf diesem Gebiet wird uns die Kombination aus genomischer Information und einer Miniaturisierung und Automation in großem Umfang weitere bahnbrechende Einsichten gewähren. Schon heute stehen wir [. . .] vor einem Quantensprung im Verständnis der funktionalen Netzwerke in lebenden Organismen über noch nie dagewesene Möglichkeiten bei der Zusammenstellung, Verarbeitung und Interpretation von Informationen« (Gert-Jan van Ommen, »Das ›Human Genome Project‹ und die Rolle der Genetik im Gesundheitswesen«. Vor-

trag anläßlich der Tagung »Zukunft der Gentechnik – Welcher Nutzen? Welche Risiken?« Frankfurt a. M. 11./12. November 1997).

13 Erste Fassungen solcher Genatlanten sind über das Internet bereits jedem verfügbar. Siehe dazu auch Schmidtke 1997, S. 257.

14 Schroeder-Kurth und Lunsdorf heben bei ihrer o. g. kritischen Analyse der Genetifizierung allerdings z. B. hervor, das Auffinden eines genetischen Substrats für ein bestimmtes (z. B. aggressives) Verhalten ermögliche eine »rationale Erklärung« und könne somit »irrationale Schuldzuweisungen (schlechte Eltern, schlechte Erziehung) den Boden entziehen« (S. 77). Wenn dies in individuellen Fällen auch richtig sein mag, so ist es gleichwohl problematisch, wenn die angenommene genetische Verortung einer bestimmten, vorweg bewerteten Verhaltensweise die Frage nach nichtgenetischen Ursachen abschneidet.

15 Siehe Schmidtke 1997, S. 156.

16 Schon in den Naturwissenschaften hat man es nicht mit uninterpretierten, »reinen« Daten oder Fakten zu tun. Die Deutung wissenschaftlicher Ergebnisse findet also nicht erst beim Übergang in andere theoretische und praktische Kontexte statt, bei diesem Übergang stellt sie sich aber als besonderes Problem dar.

17 Siehe hierzu die von Horgan dargestellten unterschiedlichen Schlußfolgerungen aus Ergebnissen der Zwillingsforschung (Horgan 1997, S. 105 ff.).

Literatur

Bayertz, Kurt / Schmidtke, Jörg: Genomanalyse: Wer zieht den Gewinn? In: Mannheimer Forum 93/94. Hrsg. von Ernst Peter Fischer. München 1994. S. 71–125.

Beck-Gernsheim, Elisabeth: Technik, Markt und Moral. Über Reproduktionsmedizin und Gentechnologie. Frankfurt a. M. 1991.

Horgan, John: Gene und Verhalten. In: Spektrum der Wissenschaft. Digest: Gene und Genome (1997) S. 104–111.

Humangenetik und Gesellschaft. Abschlußbericht des Projekts »Beobachtung der Entwicklung von Technik und Technikfolgen im Bereich der angewandten Humangenetik« (Leitung: Prof. Dr. T. M. Schroeder-Kurth; Durchführung: J. E. Lunsdorf). Institut für Humangenetik und Anthropologie der Universität Heidelberg 1996.

Nelkin, Dorothy: Die gesellschaftliche Sprengkraft genetischer Information. In: Der Supercode. Die genetische Karte des Menschen. Hrsg. von D. J. Kevles und L. Hood. München 1993. S. 195–209.

Van Ommen, Gert-Jan: »Das ›Human Genome Project‹ und die Rolle der Genetik im Gesundheitswesen«. Vortrag anläßlich der Tagung »Zukunft der Gentechnik – Welcher Nutzen? Welche Risiken?« am 11./12. November 1997 in Frankfurt a. M.

Schmidtke, Jörg: Vererbung und Ererbtes. Ein humangenetischer Ratgeber. Reinbek bei Hamburg 1997.

Winnacker, Ernst-Ludwig: Das Genom. Möglichkeiten und Grenzen der Genforschung. Frankfurt a. M. 1996.

– »Stand und Perspektiven in der Genforschung«. Vortrag anläßlich einer Konferenz der Friedrich-Ebert-Stiftung zum Thema »Bio- und Gentechnologie – Perspektiven für die Zukunft« am 29. April 1997 in Bonn.

DIETMAR MIETH

Ethische Probleme der Humangenetik: eine Überprüfung üblicher Argumentationsformen

Zusammenfassung

Die rationale Begründung moralischer Urteile in den sensiblen und emotional besetzten Problemen der Humangenetik ist eine wichtige Voraussetzung dafür, einen argumentativen Diskurs in der praktischen Ethik zu ermöglichen. Unter dem Begriff »moralisch« firmieren jedoch auch Argumente, in denen es nicht oder nicht primär darum geht, ob eine Haltung, eine Handlung oder Institution im ethischen Sinne richtig oder falsch ist. Vielmehr geht es eher um Einstellungen zu Techniken, Gütern oder einzelnen Konflikten, die entweder bereits vor dem reflektierten und argumentativen moralischen Urteil existieren oder aber dieses bereits voraussetzen. Die Auseinandersetzung mit Vorausurteilen erspart diesen, zum unüberprüften Vorurteil zu werden. Die Erhellung von strategischem Beiwerk, das die Plausibilität sittlicher Urteile im nachhinein verstärken soll, gehört ebenfalls zur Klärung der Argumentation. Die Grenzen zwischen Voreinstellungen, moralischen Argumenten und strategischen Bemühungen sind zwar, wie der folgende Beitrag zeigt, analytisch zu unterscheiden, sie überschneiden sich jedoch auch, weil konkrete moralische Urteile stets ein »mixtum compositum« aus Beschreibung, Beurteilung und Erwartung sind. Der Beitrag arbeitet jedoch, angesichts eines bisher zu konstatierenden Defizits, vor allem die Unterscheidung der Argumentationsebenen heraus.

1. Einleitung

Auf der Ebene einer rationalen praktischen Ethik gibt es, trotz weitestgehender Unterschiede in der theoretischen Moralbegründung, einen gewissen Konsens darüber, was auf welche Weise argumentativ eingebracht werden kann. So wird z. B. in der Humangenetik das Eugenikargument als moralische Prüfinstanz anerkannt, auch wenn damit noch nicht darüber entschieden ist, ob es an der reklamierten Stelle überhaupt einschlägig ist und auf welche Weise es an dieser Stelle sinnvoll gebraucht werden kann. Mit dem Eugenikargument ist gemeint, etwas sei moralisch falsch, weil es »eugenisch« sei. Dabei gilt als »eugenisch« die Verbindung von Selektion und überindividuellen Interessen (welche indirekt auch durch individuelle Interessen gesteuert werden können) (s. u.). Eine Verständigung über praktische Argumente als Referenzpunkte in der Ethik kann also zunächst einmal relativ unabhängig von der ethischen Grundposition angegangen werden, auch wenn die Einschlägigkeit, der Gebrauch und die Reichweite einzelner Argumente unterschiedlich beurteilt werden.

Ich möchte im folgenden eine Unterscheidung zwischen den gebräuchlichen Argumenten in der humangenetisch-ethischen Diskussion einführen, welche Argumente auf vormoralischem Niveau, Argumente normativ-ethischer Art und Argumente der nachmoralischen Paränese auseinanderhält. Unter nachmoralischer Paränese verstehe ich eine persuasive Strategie in der Argumentation, welche explizit oder implizit die moralische Beurteilung auf der normativen Ebene bereits voraussetzt; diese soll jedoch anschließend durch die Betonung ihrer Bedeutsamkeit und ihrer Ausdehnung mehr Betroffenheit und Engagement erzeugen. Während das vormoralische Niveau durch allgemeine Einstellungsfragen, durch Tabus, Emotionen und nicht hinterfragte Standards bestimmt ist, muß auf der Ebene spezifisch-ethischer Argumentation zunächst von den bekannten, nichtsdestoweniger aber üblichen Fehlschlüssen in der normativen Ethik die Rede sein. Dabei bewegen wir uns im Horizont einer praktisch-ethischen Verständigungsbereitschaft, auch wenn diese manchmal nur der Verständigung über das Terrain der Auseinandersetzung gleichkommt.

2. Argumente auf vormoralischem Niveau

Tristram Engelhardt unterscheidet zwei unterschiedliche Einstellungen zur Entwicklung der Gentechnologie: die der Puritaner und die der Cowboys (vgl. Engelhardt 1997). Die eine ist durch Bedenklichkeit hinsichtlich der angestrebten Ziele und mehr noch der dafür einzusetzenden Mittel gekennzeichnet, die andere durch Entdeckerfreude, Abenteuergeist – unterwegs zu neuen Ufern, zu neuen Grenzen – und durch eine unbedenkliche Zweck-Mittel-Relation: die Nachteile der Mittel sind demnach mit den Vorteilen der Zwecke abzuwägen. Es ist verständlich, daß die erste Einstellung eher zu einer deontologischen, die zweite eher zu einer teleologischen Ethik tendiert, aber, wie bei T. Engelhardt selbst, ist auch eine deontologische »Cowboy«-Ethik denkbar, welche das allgemeine Gebot der Friedenserhaltung mit Maximalverwirklichung von Einzelinteressen verbindet (vgl. Engelhardt 1986 und 1989). Daran zeigt sich, daß es sich um vormoralische Einstellungen handelt, die als solche noch nicht über den Begründungstypus der Ethik entscheiden.

Solche Einstellungen finden sich in ihrer Unterschiedlichkeit auch auf andere Gebiete fortschreitender Technologie bezogen, z. B. auf die Kerntechnologie und auf die Informationstechnologie. Ob es sich dabei aber um Euphorie, um Angst, um Gleichgültigkeit bzw. Indifferenz oder um Defätismus handelt, die dabei geäußerten Ansichten tragen mehr zur Diagnose der Einstellungen als zur Lösung moralischer Probleme bei. Wer z. B. der Ansicht ist, der Mensch werde alle Probleme, die er selbst mit der Anwendung seiner Technologien aufwirft, mit neuen Problemlösungen durchbrechen – die sog. Durchbrecherfuturologie –, wird vermutlich seine Argumente nach einem solchen, oft nicht explizit geäußerten, Vorurteil auszurichten versuchen. Defätismus liegt m. E. dann vor, wenn entweder den Gesetzen der Evolution, der allbeherrschenden Ökonomie oder der Systemautonomie alles so unterworfen zu sein scheint, daß das Gelände moralischer Verantwortung gar nicht erst betreten werden kann, oder aber die moralische Verantwortung nur einen Rest von individueller und sozialer Steuerung enthält, der die systemkonforme Akkommodation – »Akzeptanz« – begleiten, aber nicht behindern darf. Diese vormoralische Einstellung zur Moral, die dieser letztlich nur eine kosmetische – im Sinne der Verschönerung – Bedeutung zubilligt, ist in ethischen Beratergruppen gar nicht so selten anzutreffen. Etwas brutal hat H. M. Sass diese Beobachtung auf die Formel gebracht: »[...] der Zug des technischen Fortschritts hat keinen moralischen Rückwärtsgang« (Sass 1987, S. 109). Daß nicht der Mensch entscheidet, sondern das System, ist auch dem ökonomistischen Glauben zugehörig, wonach die Richtung des Fortschritts durch Nachfrage und Angebot bestimmt sei. Der Streit bleibe dabei unentschieden, ob die Menschen sich nicht genau das Verbundsystem von Wissenschaft, Technik und Ökonomie bestellt haben, dessen Angebot jetzt ihre Nachfrage so fest im Griff hat – wenn ja, welche Menschen? –, oder ob im Zuge der Globalisierung die Wirtschaft zu sehr die schwachen politischen Institutionen durch »divide et impera« dominiert, oder ob die Heilungsversprechen wie Heilversprechen funktionieren, so daß jede Behinderung dieser Heilswege als »unethisch« erscheinen muß.

Obwohl im Grunde leicht zu durchschauen ist, daß der größte Teil des »Kampfs der Wagen und Gesänge«, vor allem seine polemische und aggressive Gangart, auf den Austausch von vormoralischen Urteilen, ja auf Quasi-Weltanschauungen zurückzuführen ist und deshalb manchem als Rückfall in den Stil von Konfessions- und Religionskämpfen erscheinen mag, geht in konkreten Fragen der Standort des werturteilsenthaltsamen, vorurteilskritischen – angefangen beim eigenen Vorurteil – und deshalb eigentlich erst moralisch reflexiven Beobachters leicht verloren. Die vorausgesetzten Urteile und Systeme funktionieren manchmal wie der »Wille Gottes« in einer autoritär-religiösen Moral vor der Aufklärung.

Daneben ist aber auch noch ein anderes Gelände zu betrachten, das eher als das Feld pragmatischer Standards handelnder Beteiligter angesehen werden kann. Hier gibt es zwei vormoralische Linien in einer Einstellung, die nicht bis zur moralischen Auseinandersetzung im Sinne autonomer, d. h. selbst auferlegter Moral vorstößt. Die konservative Linie läßt sich mit den Schlagworten umschreiben: Es war schon immer so gewesen, da könnte ja jeder kommen, wo kämen wir da hin? Die progressive Linie einer vormoralischen Pragmatik läßt sich dagegen mit folgenden Sentenzen illustrieren: Die anderen tun es auch; wenn ich es nicht tue, dann tut es ein anderer; ich muß es nicht selbst entscheiden; wenn es schon getan werden muß, dann soll es wenigstens richtig getan werden usw. Solche pragmatische Standards sind oft in die beschriebenen Vorurteilsstrukturen eingebettet und werden durch diese verstärkt.

Vorurteile bzw. die Moral beeinflussende Argumente auf vormoralischem Niveau haben alle argumentierenden Beteiligten an der moralischen Urteilsfindung und Urteilsbegründung. Niemand ist vorurteilsfrei oder werturteilsfrei. Aber jeder kann vorurteilskritisch und werturteilsenthaltsam sein. Das gilt im übrigen auch für die Sinnhorizonte und Motivationen eines religiösen Bekenntnisses. Mein Verständnis von Theologischer Ethik geht davon aus, daß der christliche Glaube nicht den Argumentationsstil der Moral verändern will oder verändern darf, daß er aber sehr den Blick für die Auseinandersetzungen auf dem vormoralischen und, wie wir noch sehen werden, nachmoralischen Felde schärft, weil Theologie ein Prozeß der Selbstreinigung durch Glaubenskritik, unter Anerkennung der durch den Glauben geschaffenen Voraussetzungen, geworden ist, der ähnliche Prozesse in analogen Bewußtseinsstrukturen insinuieren kann.

3. Fehlschlüsse in der angewandten Ethik

Vier Typen von Fehlschlüssen gibt es in der sog. angewandten Ethik: den genetischen Fehlschluß, den Ist-Soll-Fehlschluß, den Fehlschluß umgekehrt vom Sollen auf das Sein und den motivationalen Fehlschluß. Freilich wird meistens nur der Ist-Soll-Fehlschluß als »naturalistischer« Fehlschluß mitbedacht. Die folgenden Überlegungen gehen auf meine Darstellung (Moral und Erfahrung II, 1998) zurück (Mieth 1998). Den Fehlschluß vom Sollen auf das Sein nenne ich auch »ethizistisch«.

Beim genetischen Fehlschluß wird von einem Merkmal des Zustandekommens eines ethischen Urteils auf dessen Richtigkeit geschlossen. Dieses Merkmal kann besonders akzeptabel und plausibel sein, z. B. in der besonderen Kompetenz oder Güte der beteiligten Menschen, in der Fairneß des Diskurses oder in der Beteiligung besonders Betroffener bestehen. Umgekehrt können Mängel in der beteiligten Kompetenz oder in der Weise des Zustandekommens von Urteilen diesen selbst zur Last gelegt werden. Daran ist durchaus etwas Richtiges, und vermutlich gäbe es gar keine Fehlschlüsse in der Moral, wenn diese Plausibilität nicht vorhanden wäre. Denn richtige Urteile sollen auch auf eine sittlich richtige Weise zustande kommen. Deshalb kann ein genetisches Argument als vormoralisches durchaus mit Recht einbezogen werden. Es erhöht die Beweislast für die Kohärenz der dem Urteil zugrunde gelegten Argumentation, darf diese aber nicht, auch nicht teilweise, ersetzen.

Zum genetischen Fehlschluß können auch evolutions- oder
geschichtslogische Schlüsse gehören, in welchen freilich
auch eine bestimmte, geschichtlich-genetische, Auffassung
des »Ist« zum Tragen kommt, bis hin zu eschatologischen
Argumenten in der Theologie, welche das Sollen aus einer
Attraktivität zukünftigen, dabei transzendent verstandenen
Seins, abzuleiten versuchen.

Damit sind wir aber bereits im Übergang zum Ist-Soll-
Fehlschluß, welcher von einem Ist-Bestand, der deskriptiv
zu ermitteln ist, auf eine Sollensrichtigkeit schließt. Es gibt
zwei Formen, die sich voneinander erheblich unterscheiden.
Die Form der sog. Seinsethik schließt von der »Natur der
Sache«, d. h. von ihrer teleologischen Wesensbestimmung in
einem seinsmetaphysischen Rahmen auf die Richtigkeit der
Sollensforderung. Hier wird letztlich eher von einem seins-
mäßig verankerten *Können* auf ein entsprechendes *Wollen*,
und, davon abgeleitet, auf ein *Sollen*, geschlossen. Das ist etwas anderes als der Rückschluß von der normativen Kraft
des Faktischen (»Ist«) auf das Sollen bzw. die Verbindung
und Vermischung von deskriptiven mit normativen Argumenten. Was die Seinsethik betrifft, so müßte der in ihr ent-
haltene teleologische Essentialismus – alle Dinge haben eine
Wesensbestimmung, auf die sie hinstreben – eigens diskutiert werden. Es liegt nahe, eine solche Argumentations-
struktur auf die Theologie zu übertragen, wenn sie z. B.
Aussagen über einen verbindlichen Schöpfungssinn zu machen versucht. Aber auch dann geht es eher um Können und
Wollen (»du willst, denn du kannst«) als um Deskription
und Normation. Eine Einsicht in die Vollzugsstruktur des
Handelns darf nicht mit der Begründungsstruktur des
Richtigen verwechselt werden.

Der ethizistische Fehlschluß kann als die Umkehrung des
Ist-Soll-Fehlschlusses betrachtet werden. Anthropologische
Güterbestimmungen sind in der Ethik unumgänglich. Die
Ethik prüft, ob diese zunächst vorethischen Güter als sittli-
che Werte gelten. Sie wägt die Güter zudem untereinander

nach ethischen Präferenzen ab. Dazu ist jedoch nötig, die Güter unabhängig von ethischen Optionen zu bestimmen. Wenn anthropologische Gegebenheiten oder Güter im Interesse einer ethisch zu rechtfertigenden Handlungsoption bestimmt werden, dominiert dieses Interesse die Anthropologie so sehr, daß diese, vereinfacht gesagt, der Ethik unterworfen wird. Dann wird z. B. der Status, den eine Entität in einem moralischen Umgang haben soll, zum deskriptiven Status, etwa in der Anthropologie. Ein Beispiel: Einem Embryo wird ein anderer moralischer Status unterstellt als einem selbstbestimmungsfähigen Menschen. D. h. daß die Schutzwürdigkeit differiert. Aber daraus ist nicht zu schließen, daß der Embryo noch kein Mensch ist. Dieser Schluß wird aber oft gezogen, und dadurch entsteht ein Zirkel: Was unter den Bedingungen der moralischen Diskussion als »Status« erschien, wird deskriptiv gedeutet und dann wieder in das moralische Urteil eingebracht. Dieses Problem spielt in der bioethischen Debatte um den bisher rechtlich in Europa unbestimmten Begriff »human being« eine große Rolle. Dabei ist darauf zu achten, daß Optionen moralischer Kohärenz nicht die Deskription dominieren. Dies wäre ein Zirkel in der Argumentation: Moralischer Dezisionismus – wir ernennen von zwei gleichen Embryonen einen durch Einpflanzung zum Fötus, den anderen zum Versuchsobjekt – bestimmt eine nicht vorher abgeklärte anthropologische Wertigkeit. Wir *entscheiden* den Wert, statt ihn vorauszusetzen.

Problematisch ist schließlich die Einbeziehung von Motiven in die Begründung von Richtigkeiten. Zwar ist eine kritische Prüfung von Motiven in vielen Fällen unseres Denkens und Handelns sehr angebracht, denn nur so können wir Auswirkungen von Vorurteilen und Instrumentalisierungen des Moralischen begegnen, aber ein gutes Motiv begründet aus sich heraus ebensowenig ein richtiges Urteil, wie die Gesinnung allein die Verantwortung ohne Rücksicht auf die Folgen begründen kann, und ein schlechtes Motiv bedeutet noch nicht, daß die von ihm evozierten Argumente falsch sind.

Die Reinigung moralischer Argumentationen von Fehlschlüssen sollte freilich so betrieben werden, daß dabei auch die in der Versuchung zu Fehlschlüssen liegende vormoralische Argumentation beachtet wird; sie kann eine Quelle zu einschlägigen und wichtigen Beobachtungen sein. Durch die Analyse werden aber auch persuasive Argumentationsstrategien sichtbar, auf die wir ebenfalls kurz eingehen müssen.

4. Nachmoralische Paränese oder persuasive Strategien

Unter persuasiven Argumentationsstrategien sind solche Plädoyers zu verstehen, die sich entweder reduktionistisch auf eine Auseinandersetzung zwischen Lagern beziehen oder eine Sachlage mit der Absicht einseitig beschreiben, dabei strategische Vorteile in einer Auseinandersetzung zu erzielen, oder die in eine begriffliche Umschreibung ein Präjudiz für die ethische Beurteilung einzubringen versuchen oder die jemanden zuerst auf eine abstrakte Einstellung, positiv oder negativ, festzulegen versuchen, um von daher dann in einer Art Salamitaktik diese Akzeptanz auch unter ungünstigen Bedingungen zu behaupten. *Nach*moralisch ist hier nicht zeitlich, sondern logisch zu verstehen. Denn entsprechenden Argumenten oder Insinuationen liegt bereits das entschiedene moralische Urteil voraus. Man könnte auch von Begleitmusik sprechen. Dabei berührt sich das Nachmoralische mit dem Vormoralischen, z. B. in der Frage der Sprachpolitik (s. u. die Unterscheidungen beim Klonieren). Für solche Plädoyers möchte ich Beispiele vorstellen.

Was die Reduktion auf Lager anbetrifft, so dient sie dazu, den Gegner in der argumentativen Auseinandersetzung entweder im eigenen Lager oder im gegnerischen festzusetzen, um ihm von daher unterstellen zu können, daß seine Argumentation nach dem Prinzip »stat pro ratione voluntas« (die Absicht ersetzt die Vernunft) ablaufe. So wird man in der Debatte um die Wissenschaften vom Leben gern entweder der »pro life«- oder der »pro choice«-Option zugeordnet oder einer so oder so diskreditierten philosophischen Theorie (beliebt ist in der deutschen Debatte der Vorwurf der »Metaphysik« – was immer das ist – oder der Vorwurf des »Utilitarismus«).

Die Suche nach strategischen Vorteilen durch einseitige Beschreibung von Sachlagen ist bei der schon erwähnten Auseinandersetzung um das Wort »human being« und um die Reichweite des menschenrechtlichen Lebensschutzes zu beobachten: in der Auslegung der Menschenrechtskonvention zur Biomedizin[1] versuchen die einen, Vorteile dadurch zu erlangen, daß sie Formelkompromisse eng, die andern dadurch, daß sie sie weit auslegen. Textbezogene Strategien dieser Art mögen politischen Kalkülen entspringen, mit wissenschaftlichen Methoden in der Ethik haben sie nichts mehr zu tun.

Das Präjudiz in der Beschreibung ist besonders gut in der ethischen Beratung über das Klonierungsverbot am Menschen zu beobachten gewesen. So unterscheidet die Stellungnahme der Beratergruppe »Ethische Implikationen der Biotechnologie«, die mit Datum 28. 5. 1997 zu Händen der Europäischen Kommission erfolgt ist,[2] zwischen »reproduktivem« und »nicht-reproduktivem« Klonieren. Diese Unterscheidung, später bei der Clinton-Beratergruppe (Juni 1997)[3] ebenfalls zu finden und in die UNESCO-Deklaration zum Schutze des menschlichen Genoms (beschlossen am 11. 11. 1997)[4] eingegangen, wurde eigens für den Anlaß einer Beschwichtigung über das Kopieren von Menschen in einer neuen Form geprägt. Während nämlich der Ausdruck »reproduktiv« bislang auch Ei- und Samenzellen bzw. frühe Embryonen umfassen konnte, wurde er jetzt auf den Zeitraum nach der Einpflanzung in den Uterus beschränkt. Damit konnte einerseits das Klonieren von geborenen oder zur Geburt bestimmten menschlichen Lebewesen – das sog. reproduktive Klonen – strikt indiziert, auf der anderen Seite das Klonieren von Embryonen in vitro ohne Einpflanzung in den Mutterleib – das sog. nichtreproduktive Klonen – toleriert werden. Da das Wort »reproduktiv« – in seinem bisher weiten Gebrauch – in der Sprachregelung eines strikten Verbotes des »reproduktiven Klonierens« eher umfassend und strikt wirkt, ließ sich zeitweise ein politisch ausnutzbares Mißverständnis bei denen erzielen, die auch die Embryonen vor dem Klonieren schützen wollten. Die Strategie, etwas scheinbar strikt zu normieren, zugleich aber den Normierungsgegenstand zu verunklaren, und dies nicht auf den ersten Blick erkennbar, scheint mir auch in dem am 12. 1. 1998 in Paris unterzeichneten Zusatzprotokoll zur »Menschenrechtskonvention zur Biomedizin« enthalten zu sein, in welchem die Erläuterungen das strikte Verbot auf das Klonieren zur Geburt bestimmter Menschen beschränken, ohne daß dies aus den beiden ersten Hauptartikeln für Nichteingeweihte erkennbar wäre.

Persuasive Strategien arbeiten gern mit Formelkompromissen, welche eine sachliche Unklarheit oder eine Differenz in der ethischen Bewertung zudecken, ohne sie zu klären, in der Hoffnung, man werde dann später das eigene Verständnis bei günstiger Gelegenheit durchdrücken können. Nun wird man sagen, dies sei alles Politik und nicht Ethik. Aber die Ethik-Beratung, aus der ich solche Argumentationsstrategien entnehme, geschieht eindeutig in einem politischen Kontext, der als solcher wahrgenommen, thematisiert und methodologisch erst einmal ausgeklammert werden muß.

Ein Beispiel für einen Formelkompromiß findet sich in der Debatte um die Etikettierung von gentechnisch hergestellten Nahrungsmitteln und um die einschlägigen Verbraucherrechte. Mit dem Zugeständnis oder, aus anderer Sicht, der Einschränkung, bei »substantial change« der Nahrungsmittel zu etikettieren, konnte die Interpretation verbunden werden, nur bei »wesentlicher Veränderung« oder aber »bei Veränderung in der Substanz« ein Etikett »gentechnisch hergestellt« anzubringen.

Es ist nicht schwer zu erkennen, daß persuasive Strategien im Dienst von Interessen stehen. Auf ethischer Beratung in der Biotechnologie lastet bei aller formellen Freiheit doch ein Druck politischer Technik- und Wirtschaftsförderung, der zumindest die Beweislast umkehrt, die demokratische Partizipation zugunsten von expertokratischer Herrschaft verschiebt sowie Behinderungen oder »Bedenkerträgertum« zu diskriminieren versucht.

Dies wird auch bei dem letzten Beispiel über persuasive Strategien deutlich. Es bezieht sich auf den Gentransfer in die menschliche Keimbahn mit der Intention von Heilversuchen, aus strategischen Gründen jetzt schon »Gentherapie« genannt, obwohl noch kein Protokoll über einen solchen Therapieerfolg vorliegt, nicht einmal im somatischen Bereich. Bekanntlich gibt es Krankheiten, die zwar selten sind, aber eine bestimmte Bevölkerungsgruppe besonders betreffen, wie z. B. die Tai-Sachs-Krankheit bei askenasischen Juden oder die Thalässamie in Sardinien und Zypern. Letztere wird derzeit mit pränataler Diagnostik und anschließender etwaiger Abtreibung durch Selektion bekämpft (s. u. zur eugenischen Frage). Gelänge nun ein die genetische Information verändernder Eingriff in die Keimbahn, könnte die Weitergabe dieser genetischen Information an die nächste Generation verhindert werden. Man ist weit davon entfernt, dies im technischen Sinne zu bewältigen, dennoch dauert die Diskussion schon lange an. Von Befürwortern einer Option für die sog. Keimbahntherapie wird vorgebracht, diese sei angesichts der Belastung gegenwärtiger und zukünftiger Generationen mit dem Krankheitsleid eine moralische Pflicht. So werden die Kritiker gefragt, ob sie dem nicht zustimmen könnten, wenn man die Methode kontext- und folgensicher beherrsche. Falls ein Kritiker dem zustimmt, wird er sogleich gefragt, unter welchen Einschränkungen der Kontext- und Folgensicherheit, unter welchem Risiko er bereit sei, seine Zustimmung aufrechtzuerhalten. Dabei wird zudem übersehen, daß der Weg zum Keimbahntransfer über verbrauchende Embryonenversuche führt. Die österreichischen Bischöfe, die sich in einer Stellungnahme zur Gentechnik 1997 zugleich gegen Embryonenversuche und für einen heilenden Gentransfer ausgesprochen haben, haben diesen Zusammenhang offensichtlich nicht bedacht (vgl. Mieth 1997). Die Frage des Gentransfers kann aber nicht auf heilende *Absichten* beschränkt werden, sonst würde ein guter Zweck unter Umständen die schlechten Mittel heiligen können.

5. Perspektiven der ethischen Argumentation, die sich nicht ineinander auflösen lassen

Die Untersuchung von Argumenten, die zur ethischen Beurteilung gebraucht werden, findet meist auf logischem Terrain statt. Das ist gut nachvollziehbar, wenn um rationale und kommunikable, letztlich um kohärente ethische Begründung gerungen wird. Schwieriger wird es jedoch, wenn die Perspektive der ethischen Betrachtung von vorneherein unterschiedlich ist. Man muß in der Ethik zwischen dem Ethos der persönlichen Lebensführung und damit verbundener Grundhaltungen sowie der eigentlich normativen, damit transsubjektiven Moral ebenso unterscheiden wie zwischen Personen- und Institutionenethik. Auch wenn diese Perspektiven nur zu unterscheiden, nicht aber zu trennen sind, weil sie wechselseitig aufeinander einwirken, bleibt doch das Problem, welchen Gesichtspunkt man vorrangig zum Einstieg in die moralische Beurteilungsfrage wählt. Zwar ist es durchaus möglich, den Beurteilungsgegenstand von verschiedenen Seiten aus zu betrachten, ja, es ist sogar unbedingt erforderlich, aber die Kohärenzargumente fallen unter verschiedenen Perspektiven auch verschieden aus. So kann man personenethisch eine Entscheidung durch den sog. »free and informed consent« nachvollziehen, aber sozialethisch mag das Zugeständnis einer darauf basierenden individuellen Entscheidung unzureichend sein. Wenn man z. B. das Vorkommen von Schwangerschaftsabbrüchen für ein soziales Übel hält, das die betroffenen Frauen belastet und die Option für einen verfassungsmäßigen Lebensschutz erschwert, dann wird bei der individuellen Entscheidung, auch wenn sie toleriert wird, ein unerledigter Rest bleiben, mindestens aber die Option für sozialrechtliche Fortschritte, welche die Konfliktfälle einschränken.

In der Medizinethik wird oft das belastende Einzelschicksal von interessefähigen Menschen in den Vordergrund gestellt. Dies ist eine berechtigte Perspektive, die zu weitreichenden Abwägungen führen kann. Diese treten freilich häufig nur in verkürzter Form auf. So wird z. B. bei der pränatalen oder bei der präimplantatorischen Gendiagnostik auf die mögliche Entlastung gesehen, und dabei werden die jeweiligen spezifischen Belastungen – durch fortschreitende Rationalisierung der Schwangerschaft und der Reproduktion, durch sozialen Druck und durch die Ausweitung von Testindikationen oder die Methode der In-vitro-Fertilisation – gleichsam ausgeblendet. Während aber dieses Problem, zumindest theoretisch, auf der Ebene individualethischer Rücksichten angegangen werden kann, ist sozialethisch darüber hinaus der Effekt für die Abwehr von Belastungen und Behinderungen und der damit möglicherweise verbundene Solidaritätsverfall zu prüfen. Haltungsethik, heute gern im engeren Sinne »Ethik« genannt, normative Ethik, heute gern im engeren Sinn als »Moral« bezeichnet, und Institutionenethik, heute immer noch ungenügend profiliert und meist unter Fragen der sozialen Gerechtigkeit thematisiert, lassen sich nicht aufeinander reduzieren. Sie müssen miteinander bedacht werden, d. h. das gleiche Problem muß aus verschiedenen Richtungen thematisiert werden können. Mit einer rein individualethischen

Sicht – wer hat das Recht zu entscheiden? – kann z. B. die moralische Überprüfung des in sich problematischen *Ange-botes* für eine Entscheidung verdrängt werden. Das moralische Subjekt kann auf das zustimmungsfähige Subjekt beschränkt werden. Die individuelle Option kann als Legitimation für den Umgang mit moralisch strittig bleibenden Entscheidungen eingesetzt werden. Etwas ist dann weder geboten noch verboten, aber toleriert, wobei die Toleranz des Legalen leicht zum legalen Anspruch werden kann, weil das Rechtsverständnis nur einen binären Code kennt und Toleranz mit Erlaubnis und diese wiederum mit Legalität assoziiert. Individualethische Optionen greifen dann ungeprüft auf die Sozialethik über, in welcher es doch um die gerechten Bedingungen für solche Optionen geht. Wenn in ethischen Ansätzen z. B. die Autonomie, im Sinne von Legitimation durch Selbstbestimmung, den Vorrang vor einer Menschenwürde erhält, die dann nur noch als Pietät für nicht-interessensfähige menschliche Lebewesen verstanden wird, ist ein Verständnis von Menschenwürde, das von der grundsätzlichen Nicht-Evaluierbarkeit menschlicher Lebewesen ausgeht, nicht mehr möglich.

In die Diskussion werden immer wieder mindestens drei unterschiedliche Vorstellungen von Würde eingebracht: Würde als Synonym für die Achtung der Selbstzwecklichkeit jedes *existierenden* menschlichen Lebewesens; Würde als Achtung einer auf bestimmten *Eigenschaften* beruhenden Selbstzwecklichkeit (z. B. Bewußtsein und Selbstbestimmung); Würde als *Pietät*, die man Nicht-Selbstbestimmungsfähigen entgegenbringt, eine Art allgemeiner »Würde der Kreatur«, für welche sich manchmal Analogien zum Tierschutz aufdrängen.

Die beiden erstgenannten Würdebegriffe stehen jedenfalls in Frage, wenn eine kollektive Nutzenerwägung an die Stelle der Anerkennungsbeziehungen von Personen treten würde. Es gibt Formulierungen in den Bioethiktexten, die eine solche Option zumindest nicht ausschließen (z. B.

das menschliche Genom als »Erbe der Menschheit« in der UNESCO-Deklaration). Dies wäre auch der Fall, wenn die moralische Forderung des »equal access« zu den Grundgütern des menschlichen Lebens (ideellen und materiellen) dazu gebraucht würde, Menschen fragwürdige oder zweitrangige Güter aufzureden oder sie zu Handlungen unter nicht aufhebbaren Ungleichheitsbedingungen zu veranlassen. Solche Insinuationen sind im Verhältnis von Industrienationen zu Drittweltländern nicht unüblich. Was nützt diesen jedoch ein Zugang zu Hochtechnologien, etwa durch entsprechende Kreditvergabe, wenn sie nachher dafür zurückzahlen müssen und wenn sie dafür die primären Güter in ihrem Lande, materielle wie immaterielle, vernachlässigen?

An diesen Beispielen ist zu sehen, wie sehr mangelnde Distinktionen in der Zugangsperspektive der Ethik zu persuasiven Strategien genützt werden können. Je weniger die Ethik korrekt angewandt wird, um so mehr kann sie zum Schmiermittel ethisch problematischer Interessen werden. In der folgenden Prüfung einer moralbezogenen Argumentation im Bereich der Humangenetik klammere ich diese Gesichtspunkte bewußt aus.

6. Natur – Lebenswelt – Menschenwürde. Eine Begründungsstruktur moralischer Argumente am Beispiel des Klonierens

Im Zusammenhang mit dem Klonen des Menschen werden folgende Argumente diskutiert: das Argument mit der Natur (1), das Argument mit der Lebenswelt (2) und das schon erwähnte Argument mit der Menschenwürde (3).

(1) Beginnen wir mit dem Argument, das die Natur betrifft. Christen begreifen die Natur im Glauben als Schöpfung. Doch wenn sie den Begriff Schöpfung in öffentlichen Diskussionen verwenden, müssen sie ihn in eine normale, kommunikable menschliche Sprache übersetzen. Sie kön-

nen sich nicht mit theologischen Worten, deren Bedeutung nicht für andere erklärbar wäre, in bloße Deklamationen retten. »Schöpfung« meint theologisch nicht Natur im Status quo. Sie meint auch nicht einfach eine göttliche Starthilfe zur Welt, sondern den »liber creaturarum«, gleichsam ein sich immer neu schreibendes Buch, in welchem doch Linien zeichenhafter Kontinuität zu erkennen sind. Außerdem meint »Schöpfung« Endlichkeit und Abhängigkeit der Kreaturen in ihrem Dasein und Sosein. Die Anerkennung von Linien zwischenhafter Kontinuität, von Endlichkeit und wechselseitiger Angewiesenheit kann auch ohne das theologische Motiv kommunikabel sein.

Was heißt verantwortlicher, ethischer Umgang mit der Natur als »Schöpfung«, wobei Schöpfung als säkularer Begriff im Sinne kommunikabler Gehalte verstanden wird? Es ist auf der einen Seite klar, daß der Mensch immer schon die Natur gestaltet und manipuliert hat. Unsere Kultur baut darauf auf, daß wir die Natur gestalten, daß wir sie verändern, daß wir sie manipulieren. Das Wort »manipulieren« hat übrigens im Hebräischen wie auch im Englischen oder Französischen keineswegs die negative Bedeutung wie im Deutschen. Die Hand (manus) des Menschen kann auch schonend, sie muß nicht zerstörerisch wirken. Naturgestaltung entspricht der Schöpfungsverantwortung.

Der amerikanische Ethiker Tristram Engelhardt führt gewisse Vorbehalte der Deutschen gegen technische Entwicklungen darauf zurück, daß sie seit dem 19. Jahrhundert wie kein anderes Volk eine bestimmte Art von Naturromantik pflegen (vgl. Engelhardt 1986 und 1989).[5] Man optiert dafür, den Wald als schöne Natur zu schonen und zu schützen, und vergißt dabei, daß der Schwarzwald oder die hessischen Wälder angepflanzte Wälder sind, Kulturwälder, die vorher zum Teil nicht da waren. Wo früher Wald war, ist heute freie Fläche oder eine Anbaufläche, und wo früher freie Flächen waren, ist heute Wald. Ist das noch Natur oder etwas anderes, nämlich Kultur?

Die Frage ist freilich, ob wir alles, was mit »Natur« gemeint ist, letztlich auf die früheren Kulturen des Menschen zurückführen können – abgesehen von so einer Art Restnatur, die aus den Vulkanen besteht, den Erdbeben in Mittelitalien oder der Flora in einigen entfernten Ländern der Südsee. Ist da noch »unberührte« Natur? Wir wissen es nicht. Vielleicht haben wir ja mit unseren Einwirkungen in Klima und Atmosphäre diese Natur ebenfalls unentdeckt beeinflußt.

Wir alle haben dafür jedoch ein Empfinden, daß das Wort »Natur«, hinter dem das Wort »Schöpfung« steht, etwas verbirgt, was in irgendeiner Weise Gegenstand unserer Verantwortung sein könnte. Nicht in der Weise, daß wir von einem geheiligten Rest sprechen, in den wir noch nicht eingegriffen haben. Es ist vielleicht eher die Form oder Struktur, in der sich uns die Natur oder die Schöpfung gibt: Wir brauchen sie, um durch sie gestaltend mit ihr leben zu können.

Überall dort, wo unser Wissen und unser Können zunimmt, wo wir mehr machen können als früher, nimmt zugleich unsere Einsicht in das Nichtwissen, das Nichtkönnen, in das Nichtmachbare zu. Nichts anderes ist gemeint, wenn wir ethisch sagen, daß wir »Respekt« vor dieser Struktur der Wirklichkeit haben, die wir Natur nennen, oder wenn wir theologisch sagen, daß wir Respekt vor der Schöpfung haben. Die Einsicht in die genetischen Strukturen, auch in die weiteren Strukturen von Zellen, ist ungeheuer schwierig. Wir sind nicht imstande, kausal und rational die einfachen Formen des Lebens in einer Art Simulacrum, in einer Art Wiederholung der Struktur darzustellen. Etwas in einer einzelnen Wirkung beschreiben zu können, heißt noch lange nicht, die gesamte Funktionsweise zu kennen. Die kausalen Abläufe molekularbiologischer Technik sind Reaktionsweisen, die man im Griff zu haben glaubt. Je komplexer jedoch der Eingriff, desto ungewisser ist die Aussicht einer Wiederholung. Auch beim geklonten Schaf Dolly ist die Wiederholung in diesem Sinne noch nicht gelungen. Ein Kälberexperiment amerikanischer Forscher (Januar 1998) hat die Skepsis nicht verringert, weil es mit Embryozellen arbeitete. Wir sollten uns also keine Illusionen machen: Der Zuwachs an genetischem Wissen bedeutet gleichzeitig einen Zuwachs an genetischem Nichtwissen. Wir werden zugleich gelehrter über das, was wir nicht wissen und was wir nicht können. Diese Widerständigkeit der Wirklichkeit unserem Forschen und Erkennen gegenüber bleibt bei aller Eingriffstiefe, die dieses Forschen und Erkennen inzwischen angenommen hat, erhalten.

In einer kontemplativ angelegten Biologie, wie ich sie in meiner Schulzeit mit Anschauungsunterricht über Pflanzen und Tiere erlebt habe, ist dieser Vorbehalt vielleicht leichter zu respektieren. In einer technisch-aktiven Biologie hingegen können die genannten Grenzerfahrungen durch die Anwendungen des technischen Könnens überschritten werden. Aus guten Gründen handelt es sich bei Eingriffen am menschlichen Genom um lang angelegte Forschungsprozesse, die mit Geduld und Umsicht zu betreiben sind und bei denen zugleich der Zuwachs an wissendem Nichtwissen zu beachten bleibt.

Der Respekt vor der Natur ist ein Respekt vor der Struktur unserer Wirklichkeit, und darin steckt sozusagen der Übergang zu der religiösen Grenzerfahrung, die Christen als »Schöpfung« bezeichnen. Man kann diese Grenzerfahrung auch Endlichkeit des Menschen nennen. Wo hier die Endlichkeit des Menschen liegt, hat der französische Strukturalist Michel Foucault einmal folgendermaßen beschrieben: Wenn sich der Mensch total verobjektivieren würde, wenn er sich also in einen bloßen Gegenstand der Forschung auflösen würde, dann wäre er als Subjekt nicht mehr vorhanden. Denn auf der Seite dessen, der die Fragen stellt und der die Objektivierung vornimmt, wäre niemand mehr. Er wäre ja total objektiviert. Das ist eine solche Grenzerfahrung.[6] Das, was wir »Ich« nennen, wird verschwinden, so haben es kritische Philosophen der Frankfurter Schule ausgedrückt, wenn sie diese Grenzerfahrung beschreiben wollten.

Soweit ist das Naturargument als Hinweis relevant. Doch nur als Indikator, nicht als direkter Beweis kommt dieses Naturargument in der Frage des Klonierens zum Tragen. Ich spreche dabei vom »aktiven« Klonieren, von der technischen Handlung, die wir als Klonieren bezeichnen, und nur insoweit, als sie, über das Klonieren von Zellen hinaus, menschliche Lebewesen betrifft. Wir müssen uns fragen, inwieweit uns das Klonieren in Probleme hineinführt, die den Respekt vor dieser Struktur betreffen: den Respekt vor der natürlichen Vielfalt (Biodiversität) oder vor der natürlichen Lotterie, die unser Sosein dem endlichen Zufall beläßt.

(2) Damit kommen wir zu der Frage nach der ethischen Relevanz der *Lebenswelt* des Menschen. Unsere Lebenswelt ist unsere Kultur, in der wir beispielsweise Geburt, Sexualität und Tod in bestimmter Weise gestalten. Diese Knotenpunkte menschlichen Daseins sind kulturell gestaltet und tief in unserer sozialen Assimilation verankert. So haben wir bei der Geburt eines Menschen die Vorstellung, daß dieser Mensch mit seinen biologischen Eltern als Familie zusammenleben soll. Wir haben für den Bereich von Reproduktion und Geburt eine Kultur der Ehe und Familie geschaffen. Ein Jurist schlug vor, angesichts des Klonens müßte man einen Paragraphen in das deutsche Embryonenschutzgesetz einfügen, daß sich jedes entstehende Kind einer Ei- und Samenzelle von geschlechtsverschiedenen Eltern, die das Kind gemeinsam betreuen wollen, verdanken sollte. Denn so ist bislang unsere kulturelle Norm, selbst wenn sie begrenzte Ausnahmen zuläßt. Wenn wir das Alleinerziehen als ein Manko betrachten, warum sollten wir diese und andere Situationen technisch vermehren? Auch wenn wir technisch die biologische Elternschaft, die erotische Homologie und die kindliche Nestwärme trennen

können, warum sollten wir es tun, warum sollten wir unsere kulturellen Standards gefährden und spezifische Sozialfälle schaffen, die wir sonst zu kompensieren versuchen, indem wir uns Spaltungen dessen fügen, was zu einer integrierten Kultur gehört?

Solche normativen Muster gehören zu unserer Lebenswelt. Wir haben diese Kultur geschaffen, angesichts der Zeichen in der Natur und angesichts unserer Gestaltungsverantwortung. Aber sie hat auch uns mitgeschaffen, und nicht immer haben wir sie bewußt gestaltet, in der Geschichte hat sich auch Verschiedenes entwickelt, ohne daß der Mensch es geplant hat. Aber er hat sich mit seiner Geschichte und mit seinen Gestaltungsnormen identifiziert.

Das Problem, dem wir uns stellen müssen, ist folgendes: Welche Lebenswelt wollen wir in der Zukunft haben? Fast jeder biologische, nachdenkliche Artikel, den ich in dieser Sache lese, schließt mit dieser Frage: Was wollen wir eigentlich? »What sort of people should there be?« Dies ist der Titel eines Buches von Jonathan Glover zu diesem Thema (Glover 1984).

Besteht diese Zukunft z. B. darin, daß wir die totale Emanzipation der Frau erreichen, weil die Männer die Kästen mit den Embryonen unter ihren Röcken tragen und sie ausbrüten? Dergleichen Brutpflege soll es bei männlichen Albatrossen geben. Es sollte klar sein, daß hier eine wünschenswerte Emanzipation auch auf anderem Wege möglich ist.

Welche Lebenswelt wollen wir haben? Wollen wir, daß die Sexualität immer mehr ins Hirn wandert? Dann brauchen wir im Grunde jene erotischen Prozesse, die damit verbunden sind, nicht mehr unbedingt. Das Ende der Liebeslyrik ist auch das Ende der Geborgenheit der Kinder in der Liebe ihrer Eltern. Wir können sie durch Arbeiten im Labor ersetzen. Vielleicht geht es ja auch einmal ohne den unwillkürlichen Lustgewinn des Mannes. Schon die Mönche der christlichen Frühzeit haben ja danach gestrebt; Augustinus zum Beispiel war der Meinung, daß die neuen Menschen am besten dadurch entstehen würden, daß sich die Eltern mit dem Ellenbogen berühren, und zwar ohne Lust.

Wer immer darauf besteht, daß in Fortpflanzung, Geburt und Tod kulturelle Errungenschaften wie die sinnlich-erotische Gestaltung der Sexualität oder die Einbettung der menschlichen Reproduktion in die Intensität und Kontinuität von Liebesbeziehungen stecken, die unsere Idee vom guten Leben und unserer Lebenswelt bedingen, der wirkt *wertkonservativ*. Wertkonservativ sein bedeutet nicht, daß man nicht strukturprogressiv handeln kann. Wertkonservative wollen in Zukunft nicht auf die Einbettung der Reproduktion in eine Kultur der Liebe als Hauterfahrung verzichten, die uns eine solche Menge von ästhetischer Produktion in der Vergangenheit, von Bildern, von Poesie geschenkt hat.

Hinsichtlich der Frage nach der Lebenswelt, die wir in Zukunft wollen, hat Jürgen Habermas darauf aufmerksam gemacht, daß die Entwicklung des Rechts mit davon abhängt, welche Werte die Menschen in ihrer Lebenswelt befürworten (Habermas 1994). Wenn das so ist, dann müssen wir diese Werte kultivieren und befragen. Das heißt keineswegs, jeden Fortschritt abzulehnen. Vielmehr ist es zu untersuchen, ob sich der Fortschritt mit erhaltenswerten Kulturwerten verträglich gestalten läßt. Die Entscheidung über den Erhaltenswert von Kulturwerten und Kulturnormen fällt freilich erst in der Entfaltung des Argumentes mit der Menschenwürde. Moralische Kultur und moralische Rekonstruktion stehen in einem Wechselwirkungsverhältnis.

(3) Damit komme ich zum Argument mit der Menschenwürde. Ist es gegen die Würde des Menschen, geklont zu werden, sei es durch Splitting von frühen Lebewesen, sei es durch das Einsetzen von Stammzellen in entfernte Eizellen?

Die These lautet, daß es gegen die Würde eines Menschen ist, wenn dieser auf Wunsch eines anderen die Kopie eines

Dritten geworden ist. Ein Beispiel hierfür ist, daß Eltern ein Kind bei einem Verkehrsunfall verloren haben. Sie möchten nun das gleiche Kind wiederhaben, und so wird eine Stammzelle des Kindes mit einer Eizelle zusammengefügt, es wird ein Klon erstellt. Das Kind, das dann geboren wird, stellt so etwas dar wie den Wunsch der Eltern nach einer weitgehenden Wiederholung des ersten Kindes. Dabei handelt es sich um keine reine Kopie. Durch das Hinzukommen der mütterlichen Zelle bilden sich jeweils neue Kapazitäten heraus, werden neue Potenzen eingespeist. Die Forscher aus Edinburgh haben im Fall Dolly mit Bildern gezeigt, daß die durch Embryosplitting geklonten Schafe durchaus verschiedene Färbungen auf dem Fell haben. Dennoch hätte ein so geklontes Kind eine hohe Übereinstimmung mit dem Kind, das zuvor verstorben ist. Diese hohe Übereinstimmung existiert tatsächlich, wir kennen sie ja von eineiigen Zwillingen. Nur sind Naturvorkommnisse keinerlei ethische Rechtfertigungsgründe für eine bewußte menschliche Manipulation. Die Menschen müssen nämlich die Verantwortung für ihr Handeln übernehmen, die Natur muß das nicht. Dennoch ist das Verhältnis zwischen Regel (individuelle Unverwechselbarkeit aufgrund natürlicher Lotterie) und Ausnahme ein *Indiz* der Natur.

Der ethische Einwand in unserem Beispielfall lautet, daß das künftige Kind für den Wunsch der Eltern instrumentalisiert wird. Es geht hier nicht um ein psychologisches Problem. Wenn das Kind sich später im Spiegel betrachtet, wird es vielleicht sagen: »Meine Eltern haben mich so gewollt. Sie haben mich nicht dem Spiel der Wirklichkeitsstruktur, die ›Natur‹ genannt wird, überlassen. Ich fühle mich ganz wohl als Kopie!« Um Wohlbefinden oder um das Gegenteil davon geht es jedoch nicht. Auch wenn zum Beispiel mancher damit argumentiert, jemand, der schwerkrank sei und die Kontrolle über sich verliere, habe keine Würde mehr, weil er sein Leben als Unwürde *empfinde*, so ist das Psychologie und trifft nicht das, was Menschenwürde meint.

Die Würde des Menschen meint nach Kant, daß der Mensch *nicht fähig* ist, sich selbst und andere im Sinne einer Wertebilanz zu verrechnen. »Würde« ist ein Begriff gegen den relativen »Wert«. Die Würde des Menschen besteht darin, daß er einer Bewertung durch den Menschen, sich selbst eingeschlossen, entzogen bleibt. Mit der Bewertung beginnt nämlich die Sprache des Unmenschen vom »lebensunwerten« Leben, oder man beginnt, bezogen auf den Menschen, von Wertbilanzen zu reden, von Qualitäten. Die Würdesprache hat mit dieser Sprache, mit dieser Qualitäts- und Bewertungssprache, nichts mehr zu tun. Die Würdesprache repräsentiert vielmehr das Grundprinzip: Handle so, daß du den Menschen immer auch als Zweck an sich selbst und niemals bloß als Instrument, als Mittel zum Zweck, betrachtest. Diese »Nichtinstrumentalisierung des Menschen« war das Hauptargument für die Beratergruppe von Wissenschaftsminister Rüttgers in Deutschland, sich eindeutig gegen das Klonen von Menschen im Sinne des Verbotes der Instrumentalisierung zu entscheiden.[7] Sie spiegelt sich auch in dem rechtlichen Verbot, das das im Januar 1998 unterzeichnete Zusatzprotokoll zur »Menschenrechtskonvention zur Biomedizin« enthält. Verboten ist das Erzeugen von menschlichen Wesen (*human beings*) mit der Intention, genetische Identität mit einem anderen lebenden oder verstorbenen menschlichen Wesen (*human being*) herzustellen.[8]

7. Das Eugenik-Argument

Im Zusammenhang mit den Methoden der Humangenetik – Gendiagnostik, Gentransfer, Klonieren – wird oft das Thema »Eugenik« angeschnitten. Offensichtlich handelt es sich hier um einen wichtigen Referenzpunkt moralischer Prüfung. Das Wort »Eugenik« hat freilich zunächst keinen ethisch wertenden, sondern einen deskriptiven Gehalt. Der von Francis Galton eingeführte Begriff (1883) – dem griechischen Wortlaut nach etwa »Wohlgeborenheit« – enthält ein Konzept qualitativer Beurteilung erblicher Beschaffenheiten menschlicher Lebewesen. Diese Beurteilung kann negativ oder positiv sein und sich auf Individuen oder Bevölkerungsgruppen beziehen. Sie muß nicht mit politischen Zwangsmaßnahmen verbunden sein.[9] Die Idee der Selektion, negativ des »Schlechten«, positiv des »Guten«, kann sich dieses Konzeptes bedienen. Von der Sterilisation Geisteskranker (Indiana 1907) bis zur Zwangseugenik aus rassistischen oder Volksgesundheitsgründen mit der Vernichtung »lebensunwerten« Lebens reicht eine weite Spanne des Mißbrauches. Man unterscheidet Eugenik von Euphänik (Einwirkung nur auf den individuellen Phänotyp, z. B. im somatischen Gentransfer) und Euthenik (Einwirkung auf die Umwelt- und Lebensbedingungen) (vgl. Hirschhorn/Mieth 1969). Nur bei der Eugenik geht es um Einwirkungen überindividueller Art. »Die Eugenik soll sich mit allen Bedingungen befassen, die zur Pflege von Erbeigenschaften in der Generationenfolge und zur Entfaltung der Erbanlagen im individuellen Leben zum Vorteil der Gesamtheit beitragen können« (Freye 1991, S. 294 f.).

Halten wir den Gesichtspunkt »zum Vorteil der Gesamtheit« fest, der auch als »Genpool«-Argument bekannt ist. Denn Voraussetzung dabei ist, daß über solche Einwirkungen das menschliche Genom als »Erbe der Menschheit« (UNESCO-Deklaration) beeinflußt werden kann. Man rechnet mit den beiden Möglichkeiten des genetischen Verfalls (z. B. aufgrund menschlicher Einwirkungen durch Umweltverschlechterung, Mißbrauch oder durch Unfälle) und der genetischen Verbesserung (ebenfalls aufgrund menschlicher Einwirkungen).

Auf der wissenschaftlichen Ebene streitet man sich darum, ob populationsgenetische Einwirkungen dem Zufall entzogen und steuerbar gemacht werden können. Im Ganzen wird das kaum möglich sein, aber im einzelnen dürften Rückführungen von Belastungen (Erbkrankheiten) einmal möglich sein. Die Grenze ist hier in den bioethischen Dokumenten zwischen »Health Purposes« und »Enhancement« gezogen. Mag diese Grenze auch immer wieder neu definiert werden, sie ist doch eine Option für eine Einschränkung des »Vorteils für die Gesamtheit« auf eine Reduktion von gesundheitlichen Belastungen (Haber 1993). Freilich wird hier eine ethische Verantwortung aufgetan, nach der, etwa im Sinne von Robert Edwards (1998), eine genetische Allgemeinverpflichtung der Eltern bestehen soll, möglichst gesunde Kinder zur Welt zu bringen. Damit wird freilich der Krankheitsvorbehalt durchaus auch als Selektionsrechtfertigung (von Embryonen und Föten) eingebracht. Dies schließt entweder den Gedanken ein, daß Tötung besser für ein menschliches Lebewesen sei als Krankheit oder daß die Belastung mit einem kranken Individuum, das von anderen abhängig ist, für diese als unzumutbar erachtet wird. Dabei schlägt eine in Grenzfällen plausible Ausnahmemoral leicht in das moralische Gebot um, durch den Beschluß eines interessefähigen Individuums einen indirekten Dienst am »Vorteil der Gesamtheit« zu leisten.[10] Interessen sind darüber hinaus beeinflußbar: durch ein entsprechendes Angebot, durch soziale Erwartungen und durch Ermäßigung des Würdearguments gegenüber frühen menschlichen Lebensformen auf ein Pietätsargument.

Was ist unter diesen Umständen überhaupt vom Eugenik-Argument zu halten? Es läßt sich moralisch zu einem Argument gegen einen populationsgenetischen Kollektivismus (»Vorteil der Gesamtheit«) und gegen einen Mißbrauch der Selbstbestimmung auf Kosten anderer (»indirekte Eugenik«) zusammenfassen. Unter »indirekter Eugenik« verstehe ich die soziale und rechtliche Zulässigkeit einer Selbstbestimmung von interessefähigen Personen auf Kosten (noch) nicht interessefähiger Lebewesen. »Indirekt« ist diese Eugenik insofern, als die soziale Wirkung nicht über direktes Handeln des Staates oder der Gesellschaft, sondern über das Zugestehen individueller Optionen auf Kosten anderer erfolgt. Im ersten Fall richtet sich das Argument auf den Erhalt der individuellen Menschenwürde (s. o.), im zweiten Fall auf eine Berücksichtigung des anthropologischen Status noch nicht interessefähiger menschlicher Lebewesen oder nicht mehr interessefähig erscheinender Menschen (Euthanasieproblem). Das Eugenik-Argument hängt deshalb von den Parametern ab, die das individuelle Wohl und die individuellen Rechte von allgemeinen Fürsorgeoptionen unterscheiden. Hier ist die Moral der Autonomie (Selbstbestimmung und Selbstverpflichtung) ein gutes Gegenmittel. Im Fall der indirekten Eugenik verschiebt sich freilich die moralische Diskussion auch auf die moralischen Erfordernisse des Embryonenschutzes. Diese Diskussion soll hier nicht aufgegriffen werden, wohl aber ein Argument, das in humangenetischen Fragen ebenfalls häufig auftaucht: das Argument mit der schiefen Ebene.

8. Ein nachmoralisches Argument: das Slippery-Slope-Argument

Das Argument mit der schiefen Ebene ist von Barbara Guckes (1997) in die Form gebracht worden, daß jemand eine Handlung A zwar als solche, wenn auch womöglich unter Bedenken, nicht ablehnt, aber nachzuweisen versucht, daß sich aus der Zulässigkeit dieser Handlung zwangsläufig andere Handlungen ergeben, von denen eine spätere Handlung in der Kette aus moralischen Gründen abzulehnen sei. Dadurch wird die Abwägung bei Handlung A mit eintretenden negativen Folgen belastet und die Waagschale neigt sich auch hier zum Negativen.[11]

Einwände gegen die Konsistenz dieser Argumentationsweise liegen einerseits in der Behauptung einer Zwangsläufigkeit von Folgeentwicklungen. Ein Beispiel für eine solche Kette auf der schiefen Ebene wäre die Entpoenalisierung der Abtreibung (Handlung A) bei Beibehalt der plakativen

Illegalität, dann der Schritt von der Straffreiheit zur Rechtmäßigkeit (Legalität der Abtreibung) und von dort zum Rechtsanspruch auf Abtreibung angesichts von »wrongful life«. Wer letzteres ablehne, müsse deshalb auch Handlung A ablehnen. Das ist logisch nicht zwingend, weil die Handlungskette unterbrochen werden kann, aber es mag prognostisch aufgrund von Erfahrungen plausibel sein. Die prognostische Plausibilität begründet hier jedoch eher eine Warnung vor möglicherweise eintretenden Folgen als ein allein aus sich heraus tragendes Verbotsargument. Vielmehr stabilisiert die aus analogen Erfahrungen plausibilisierte Prognostik von Folgen eine schon vorher negative Abwägung.

Im Bereich der Humangenetik gibt es negative Folgenprognosen im Gefälle der Gendiagnostik (bis zu Screening-Programmen im Interesse von Versicherungen und Arbeitgebern) und im Gefälle der Gentherapie (bis hin zur Keimbahntherapie und zu populationsgenetischen Programmen). Behauptet wird hier, daß sich in der vom wissenschaftlichen und technischen Fortschritt beschleunigten möglichen Optionenerweiterung eine Linie nur am Anfang verteidigen ließe, oder etwa, daß Gesetze, die sich auf Minimalkonsense beschränken, in der Auslegung nach unten, nach Minimalisierung des Minimum, tendieren. Ich wiederhole: Diese Argumentation ist nicht eine solche des logischen Zwanges, sondern eine solche der experientiellen Analogie. Dabei bleibt freilich der Einwand erhalten, mit welcher Begründung man in einer Kette von im Prinzip unendlichen Folgen gerade an einem negativen Punkt festhalte. Dieses Argument mit dem infiniten Regreß ließe sich aber immerhin damit entkräften, daß eine einmal in die moralisch negative Bilanz geratene Folgekette sich von diesem Absturz nicht mehr erholen könne. Dagegen aber gilt wiederum, daß in der Geschichte auch schon aus Schlechtem Gutes geworden ist.

So bleibt das Argument mit der schiefen Ebene ein relatives Argument aus der Erfahrung, das zwar auf der Waagschale der Abwägung eine Rolle spielen kann, aber eher im Sinne eines Tutiorismus im Hinblick auf Tabubrüche. Sind diese Tabubrüche aber einmal vollzogen und ist die Frage ethischer Begründung überantwortet, dann kann das Slippery-Slope-Argument nicht mehr als moralisch dezisiv, sondern nur noch als nachmoralisches Verstärkermotiv betrachtet werden. Wer sich z. B. Sorgen um eine schiefe Ebene zwischen »Health Purposes« und »Enhancement« macht, der macht sich aufgrund der gegebenen Tendenzen diese Sorgen nicht zu Unrecht, könnte aber dennoch die Handlung A (z. B. einen somatischen Gentransfer) nur dann ethisch ablehnen, wenn es dafür spezifisch ethische Gründe gäbe. Wer aber eine Handlung A ohnehin für bedenklich hält, z. B. eine Selektion von anthropologisch gleichrangigen Lebewesen nach Optionen anderer, der wird seine negative Bewertung dadurch »paränetisch« zu verstärken versuchen, daß er mit Erfahrungsanalogien eine abschüssige Bahn plausibel zu machen versucht. Freilich ist dabei darauf zu achten, daß die Ursache für die abschüssige Handlungskette, zu der Handlung A führen könnte, nicht in dieser Handlung selbst liegt, sondern in einer akzelierten Erweiterung von begünstigenden Kontexten und Umständen, z. B. in wissenschaftlicher Neugier, wirtschaftlicher Macht oder Bewußtseinsmängeln seitens der nachfragenden Menschen. Letztlich geht es hier um begründete Erwartungen möglicher Mißbräuche. Aber Mißbrauchsargumente auf empirisch-prognostischer Ebene können moralische Zulässigkeiten des Gebrauchs nicht aufheben (»abusus non tollit usum«). Sie sind freilich ein starkes Zusatzargument, wenn die Handlung A bereits als »abusus« erscheint.

Abschließend möchte ich bemerken, daß dieser Durchgang durch übliche Argumentationsformen weder auf Vollständigkeit noch auf Einbeziehung eher unterschiedlicher fundamentaler Begründungstypen ausgerichtet war. Die Unschärfe in den Alternativen der Fundamentalethik[12] betrachte ich zwar nicht als einen Vorzug dieser Ausführungen, aber doch für ihr Erkenntnisinteresse an Diskursen unterschiedlicher ethischer Richtungen in praktischer Beratungsabsicht zunächst einmal als erforderlich.

Die Unterscheidung zwischen vormoralischen (präjudikativen), moralischen und nachmoralischen (persuasiven) Argumenten erwies sich dabei als hilfreich, um die Ebenen der Auseinandersetzung auseinanderzuhalten. Denn es wäre ein Kategorienfehler, auf moralischer Ebene vormoralisch oder nachmoralisch zu argumentieren. Die Einsicht in diesen Fehler darf aber nicht dazu führen, vormoralische Argumente als nicht einschlägig oder nachmoralische Argumente als falsch einzustufen und zurückzuweisen. Sie müssen nur auf anderen Diskursebenen eingebracht werden: nicht auf der Ebene der Begründung, sondern auf der Ebene der Klärung von Vorverständnissen (hermeneutische Ebene) und auf der Ebene der strategischen Überlegungen. Persuasive Argumentationen (Paränese, Rhetorik) müssen freilich von Tricks und Heuchelei gereinigt werden. Sofern sie strategische Kontexte erörtern und isolierte Urteile und Entscheidungen vermeiden helfen, können sie durchaus sinnvoll sein. Freilich sind sie letztlich nicht ein Mittel der ethischen Begründung, sondern der Verantwortung eines praktisch-politischen Vollzuges.

Anmerkungen

1 Vgl. etwa Honnefelder 1997. Honnefelder setzt sich mit strategischen Interpretationen auseinander, ist aber selbst nicht frei von der Versuchung, eine strikte Interpretation von Formelkompromissen (z. B. im Embryonenschutz) zu unterstellen.

2 Der »Report« ist abgedruckt in *Politics and Life Sciences* 16 (September 1997) S. 309–312.

3 *Cloning Human Beings, Report and Recommendation of the National Bioethics Advisory Commission*, Rockville (Maryland) 1997.

4 Erhältlich bei der deutschen UNESCO-Vertretung in Bonn.
5 Vgl. zum Naturargument vor allem Fraling (Hrsg.) 1990, darin meinen zusammenfassenden Beitrag S. 129–141.
6 Vgl. Foucault ³1980, S. 410 ff. und 412: »In unserer heutigen Zeit kann man nur noch in der Leere des verschwundenen Menschen denken.«
7 Vgl. Eser [u. a.] 1997. Eine ähnliche, wenn auch nicht ausgeführte Argumentationsbasis findet sich in der Stellungnahme der Europäischen Beratergruppe (vgl. Anm. 2).
8 Dies und andere Verbote sind freilich im Hinblick auf das In-vitro-Klonieren von Embryonen noch unvollständig. Dazu müßte erst das Verständnis von *human being* geklärt werden.
9 Vgl. Haker 1993, S. 293 ff. Vgl. auch zur Geschichte Weingart [u. a.] 1988.
10 Haker spricht hier von »Voluntary Individual Eugenics« (Haker 1993, S. 303 ff.). Vgl. auch Mieth 1993.
11 Vgl. auch Paul 1997.
12 Vgl. dazu Steigleder 1992 und Ott 1997.

Literatur

Biotechnologie Spezial: Future II/1997 (Das Hoechst Magazin) S. 32 f.

Edwards, Robert G.: Introduction and Development of IVF and its Ethical Regulation. In: Elisabeth Hildt / Dietmar Mieth (Hrsg.): In Vitro Fertilisation in the Nineties. Towards a Medical, Social and Ethical Evaluation. Aldershot (Großbritannien) 1998. S. 3–18.

Engelhardt jun., H. Tristram: The Foundation of Bioethics. New York / Oxford 1986.

– Die Prinzipien der Bioethik. In: Hans-Martin Sass (Hrsg.): Medizin und Ethik. Stuttgart 1989. S. 96–117.

Eser, Albin [u. a.]: Klonierung beim Menschen. Biologische Grundlagen und ethisch-rechtliche Bewertung. In: Jahrbuch für Wissenschaft und Ethik. Bd. 2. Berlin 1997. S. 257–373.

Ethische Implikationen der Biotechnologie. In: Politics and Life Sciences 16 (September 1997) S. 309–312.

Ford, Norman M.: When did I begin? Conception of the Human Individual in History, Philosophy and Science. Cambridge 1988.

Foucault, Michel: Die Ordnung der Dinge. Frankfurt ³1980.
– Subversion des Wissens. München 1974.
Fraling, Bernhard (Hrsg.): Natur im ethischen Argument. Freiburg (Schweiz) / Freiburg i. Br. 1990.
Freye, Hans Albert: Eugenik. In: Philosophie und Naturwissenschaften. Bd. 1. Berlin 1991. S. 294 f.
Glover, Jonathan: What Sort of People Should There Be? Genetic Engineering, Brain Control and their Impact on our Future World. Harmondsworth: Penguin, 1984.
Guckes, Barbara: Das Argument der schiefen Ebene. Stuttgart [u. a.] 1997.
Habermas, Jürgen: Faktizität und Geltung. Beiträge zur Diskurstheorie des Rechts und des demokratischen Rechtsstaates. Frankfurt a. M. 1994.
Haker, Hille: Human Genome Analysis and Eugenics. In: H. H. / Richard Hearn / Klaus Steigleder (Hrsg.): Ethics of Human Genome Analysis. European Perspectives. Tübingen 1993. S. 290–323.
Hirschhorn, Kurt / Mieth, Dietmar: Genetische Manipulation des Menschen. In: Wort und Wahrheit 24 (1969) S. 346–371.
Honnefelder, Ludger: Das Menschenrechtübereinkommen zur Biomedizin des Europarates. Zur zweiten und endgültigen Fassung des Dokuments. In: Jahrbuch für Wissenschaft und Ethik. Bd. 2. Berlin 1997. S. 305–318.
Mieth, Dietmar: The Problem of »Justified Interests« in Genome Analysis. A Socioethical Approach. In: Hille Haker / Richard Hearn / Klaus Steigleder (Hrsg.): Ethics of Human Genome Analysis. European Perspectives. Tübingen 1993. S. 272–289.
– Geklonte Zukunft? In: Theological Quarterly 177 (1997) S. 220–224.
– Moral und Erfahrung II. 1998. Studien zur Theologischen Ethik. Freiburg (Schweiz) / Freiburg i. Br. [In Vorb.]
National Bioethics Advisory Commission: Cloning Human Beings. Report and Recommendation of the National Bioethics Advisory Commission. Rockville (Maryland) 1997.
Ott, Konrad: Ipso facto. Zur ethischen Begründung normativer Implikate wissenschaftlicher Praxis. Frankfurt a. M. 1997.
Paul, Sabine: Genetic Testing: Sliding down the Slippery Slope? In: Biomedical Ethics. Newsletter of the European Network for Biomedical Ethics 2 (1997), Heft 3, S. 69–73.

Reich, Warren T. (Hrsg.): Encyclopedia of Bioethics. New York 1995.

Sass, Hans-Martin: Methoden ethischer Güterabwägung in der Biotechnologie. In: Volkmar Braun / Dietmar Mieth / Klaus Steigleder (Hrsg.): Ethische und rechtliche Fragen der Gentechnologie und der Reproduktionsmedizin. München 1987. S. 89–110.

Steigleder, Klaus: Die Begründung moralischen Sollens. Tübingen 1992.

UNESCO: Universal Declaration on the Human Genome and Human Rights. Paris 1997.

Weingart, Peter / Krall, Jürgen / Bayertz, Kurt: Geschichte der Eugenik und Rassenhygiene in Deutschland. Frankfurt a. M. 1988.

ELISABETH HILDT

Hängt die Identität des Menschen von der Identität des Gehirns ab? Zur Problematik von Hirngewebetransplantationen

Zusammenfassung

Im Rahmen der folgenden Ausführungen wird der Frage nachgegangen, inwieweit durch Hirngewebetransplantationen Veränderungen der Identität des Transplantat-Empfängers hervorgerufen werden können. Hierzu werden philosophisch-ethische Überlegungen sowohl mit Ergebnissen der medizinisch-naturwissenschaftlichen Grundlagenforschung als auch mit im klinisch-therapeutischen Kontext an Parkinson-Patienten durchgeführten Hirngewebe-Transplantationsstudien in Beziehung gebracht. Hierbei wird deutlich, in welch hohem Maße bei klinischen Studien neuropsychologische Untersuchungen fehlen, mit Hilfe derer geklärt werden könnte, inwieweit bei transplantierten Patienten Persönlichkeitsveränderungen auftreten. Der große Mangel derartiger Untersuchungen erscheint ausgesprochen problematisch, hat doch bei operativen Eingriffen in das menschliche Gehirn neben der angestrebten Linderung der Krankheitssymptome insbesondere der Identitätserhalt der betroffenen Patienten als zentrales ethisches Ziel zu gelten.

1. Einleitung

Die Hirngewebetransplantations-Methodik gilt als neuer, vielversprechender Therapieansatz. So bestehen große Hoffnungen, daß mit ihrer Hilfe möglicherweise in Zukunft eine Behandlung neurodegenerativer Erkrankungen, wie beispielsweise der Parkinsonschen Krankheit oder der Huntingtonschen Krankheit, erfolgen könnte. Im Rahmen klinischer Forschungsstudien wurden bislang mit dieser Methodik erste Teilerfolge bei der Behandlung von Parkinson-Patienten erzielt. Die größten Erfolge werden derzeit erreicht, wenn zur Transplantation Gewebe aus dem Gehirn abgetriebener menschlicher Embryonen eingesetzt wird. Die ins Gehirn der Parkinson-Patienten implantierten embryonalen Nervenzellen sollen zur Linderung der Krankheitssymptome beitragen, indem sie eine bestimmte Substanz synthetisieren und freisetzen, die dem Gehirn der Patienten aufgrund krankheitsbedingter Degenerationsvorgänge mangelt. Angesichts dieses operativen Eingriffs in das für die Persönlichkeit eines Menschen zentrale Gehirn stellt sich insbesondere die Frage, inwieweit durch das implantierte embryonale Hirngewebe ein Einfluß auf die Identität des Empfängers ausgeübt werden kann.

Die Frage nach der Identität des Transplantat-Empfängers in diesem Zusammenhang überrascht vielleicht, wird doch häufig davon ausgegangen, daß durch die Kontinuität des Körpers einer Person in Raum und Zeit die Identität dieser Person gegeben sei. So stellt beispielsweise für Bernard Williams (1978) die raumzeitliche Kontinuität des Körpers einer Person ein für die Personenidentität entscheidendes Kriterium dar. Denn nur auf diesem Wege könne eindeutig festgestellt werden, ob es sich bei den zu zwei verschiedenen Zeitpunkten beobachteten Personen um dieselbe Person oder aber um zwei verschiedene Personen mit übereinstimmenden oder sehr ähnlichen Charakteristika handelt. Für diese Kontinuitätsrelation braucht keineswegs gefordert werden, daß sich der Körper in dem zur Debatte stehenden Zeitraum nicht verändert. Abgesehen von stoffwechselbedingten Veränderungen lassen sich daher auch Transplantationen oder andere Operationen zwanglos in dieses Konzept einordnen. Denn bei derartigen operativen Eingriffen wird jeweils nur ein vergleichsweise kleiner Anteil eines Körpers verändert, so daß auch in solchen Fällen die Identität des Gesamtkörpers nicht in Frage steht.[1]

Im Zusammenhang mit einem Gedankenexperiment, bei dem die Transplantation eines ganzen Gehirns angenommen wird, zeigt sich jedoch recht schnell die Sonderstellung des Körperorgans Gehirn. Zwar bleibt in rein quantitativer Hinsicht auch nach einer Transplantation des – auf den Gesamtkörper bezogen – relativ kleinen Gehirns die Identität des Körpers insgesamt erhalten. Hingegen muß nach einer solchen Gehirntransplantation klar mit einem Verlust dessen, was als charakteristisch für die jeweilige Person gilt, gerechnet werden. Die Auswirkungen einer solchen fiktiven Gehirntransplantation wurden von Sydney Shoemaker treffend beschrieben (Shoemaker 1963). Im Rahmen seiner Überlegungen nimmt Shoemaker an, das Gehirn von Herrn Brown würde in den Schädel von Herrn Robinson transplantiert werden. Nach dem Eingriff erwacht demzufolge eine Person, die den Körper von Herrn Robinson und das Gehirn von Herrn Brown besitzt. Die resultierende Person zeigt die Persönlichkeitscharakteristika und Interessen des früheren Herrn Brown, dessen Gehirn er ja besitzt, sein äußeres Auftreten entspricht jedoch dem des ursprünglichen Herrn Robinson. Vieles scheint nun nahezulegen, daß die resultierende Person, obwohl sie Robinsons Körper hat, eigentlich Brown ist. Shoemaker weist darauf hin, daß in diesem Zusammenhang für die Zuschreibung von personaler Identität nicht die Identität des Körpers oder des Gehirns entscheidend sei, von viel größerer Relevanz seien hingegen die jeweiligen mentalen Charakteristika. So sei es das Herrn Brown entsprechende Wesen, das uns veranlaßt, die resultierende Person als Herrn Brown zu bezeichnen, und nicht das Wissen darum, daß diese Person das Gehirn von Herrn Brown besitzt.

Meiner Ansicht nach muß auf ähnliche Weise auch im Zusammenhang mit Hirngewebetransplantationen argumentiert werden. Auch hier kann nicht allein aufgrund der Tatsache, daß in das Gehirn einer Person körperfremdes Material implantiert wurde, eine sinnvolle Aussage über die Identität der jeweiligen Person gemacht werden. Vielmehr stellt die Funktionalität des Implantates, und zwar bezogen auf den ganzen Menschen, hier das entscheidende Kriterium dar. Hierbei geht es nicht nur darum, die Voraussetzungen für physiologische Funktionsfähigkeit zu gewährleisten, sondern auch um den Erhalt der Art und Weise, in der eine Person normalerweise bestimmte körperliche oder mentale Funktionen ausübt.[2] Solange das Implantat die gleiche Funktion besitzt wie das ursprüngliche, zu ersetzende gesunde Hirngewebe, ist die Identität des Patienten nicht betroffen. Ethische Überlegungen haben dort einzusetzen, wo durch das Implantat keine funktionale Äquivalenz gegeben ist, wo also nach der Transplantation Veränderungen der Eigenschaften der jeweiligen Person eintreten.

Im folgenden möchte ich nun untersuchen, inwieweit sich Hirngewebetransplantationen auf die Identität der Transplantat-Empfänger auswirken können. Hierzu soll die Frage nach der Möglichkeit eines Transfers mentaler Charakteristika von der Frage nach dem Auftreten von Persönlichkeitsveränderungen unterschieden werden. Denn es ist durchaus ein großer Unterschied, ob im Zuge des Eingriffs individuelle Eigenschaften des Gewebedonors, also desjenigen, dessen Hirngewebe verwendet wird, auf den Empfänger übertragen werden oder ob durch den Eingriff lediglich die ursprünglichen Persönlichkeitscharakteristika des Empfängers einer Modifikation unterworfen werden. Im letzten Teil möchte ich am Beispiel der zur Behandlung der Parkinson-Krankheit durchgeführten Transplantationen die Problematik klinischer Hirngewebetransplantations-Studien verdeutlichen.

2. Zur Identität des Transplantat-Empfängers

a) Transfer mentaler Charakteristika

Mit dem Begriff »Hirngewebetransplantationen« wird sehr häufig die Science-fiction-Vorstellung verbunden, es handele sich hierbei um einen Eingriff, bei dem ein Hirngewebebereich mit für den Hirngewebespender charakteristischen individuellen Eigenschaften auf einen Empfänger übertragen wird. Eine solche Science-fiction-Transplantation hätte zur Folge, daß der Empfänger des Hirngewebes fortan quasi einen Teil der mentalen Charakteristika des Spenders exprimiert. Derartige Eingriffe werden zumeist auf intuitive Weise abgelehnt, nicht zuletzt aufgrund des großen Respekts, der normalerweise der einzigartigen, im Laufe des Lebens geprägten Individualität einer Person entgegengebracht wird.

Auch innerhalb der Tradition der Analytischen Philosophie des Geistes werden im Zusammenhang mit Fragen der personalen Identität immer wieder die Implikation eines solchen – zunächst als völlig fiktiv behandelten – Transfers mentaler Charakteristika thematisiert. So erweisen sich nach einem Transfer mentaler Charakteristika von einem Hirngewebespender auf einen Empfänger Fragen nach der Identität der nach der Transplantation erwachenden Person keineswegs als trivial. Denn in dem Maße, in dem der Anteil der auf den Empfänger transferierten Charakteristika ansteigt, entschwinden die mentalen Eigenschaften des ursprünglichen Transplantat-Empfängers. Den hypothetischen Grenzfall dieser Problematik stellt eine Hirngewebetransplantation dar, bei der 50% der mentalen Eigenschaften der nach der Transplantation erwachenden Person auf den Gewebespender, 50% auf den Gewebe-Empfänger zurückzuführen wären.

In diesem Zusammenhang sei insbesondere auf die von Derek Parfit (1984) durchgeführten Überlegungen verwiesen. So nimmt Parfit an, daß sich nach einer hypothetischen Fusion zweier Personen (bzw. deren Gehirnen) in der resultierenden Person die Eigenschaften der beteiligten Fusionspartner mischen würden. Das Weiterbestehen bestimmter Erinnerungen, Intentionen, Wünsche, Meinungen und Überzeugungen des Gewebedonors in der resultierenden Person kann – gemäß der reduktionistischen Sichtweise von Parfit – als ein partielles Überleben des Gewebedonors im Empfänger interpretiert werden. Im Gegenzug muß davon ausgegangen werden, daß auch der Transplantat-Empfänger nur in dem Maße weiterbesteht, in dem seine ursprünglichen Eigenschaften in der Fusionsperson noch erhalten sind. Demzufolge ist die resultierende Fusionsperson also mit keinem der ursprünglichen Fusionspartner identisch. Vielmehr bestehen die ursprünglichen Fusionspartner lediglich in dem Maße weiter, in dem ihre Eigenschaften in der Fusionsperson exprimiert werden. Nicht zuletzt derartige Überlegungen sind es wohl, die Detlef Linke dazu inspirierten, im Zusammenhang mit Hirngewebetransplantationen etwas voreilig über »die erste Unsterblichkeit auf Erden« zu spekulieren (Linke 1993).

Hier stellt sich die Frage, wie ein solcher direkter Transfer von Eigenschaften beschaffen sein müßte, um überhaupt in irgendeiner Weise für den Empfänger wünschenswert zu sein. Insbesondere scheint ein Transfer spezifischer mentaler Leistungen und Geschicklichkeiten – so er denn möglich wäre – große Attraktivität zu besitzen, wie z. B. ein Transfer umfangreichen Fachwissens oder der Fähigkeit zu schnellem Kopfrechnen. Demgegenüber müßte ein Transfer von Gedächtnisinhalten, die in direktem Bezug zum individuellen Lebensverlauf des Hirngewebespenders stehen, als ausgesprochen problematisch betrachtet werden. So weist Sydney Shoemaker (1970) darauf hin, welch desaströse Folgen es hätte, wenn individuell gefärbte Gedächtnisinhalte einer Person auf eine andere Person übertragen werden würden. Ausgehend von Shoemakers Gedankenexperiment nehme man an, individuell gefärbte Gedächtnisinhalte könnten im Rahmen einer Hirngewebetransplantation von einer Person auf eine andere Person transferiert werden. Nach einem derartigen Eingriff verfügt der Empfänger über zwei verschiedene Arten von Erinnerungen: einerseits über genuine Erinnerungen aus seinem eigenen Leben und andererseits über einen bestimmten Anteil von Quasi-Erinnerungen, d. h. von Erinnerungen aus dem Leben des Gewebedonors. Diese Mischung hat für den Empfänger weitreichende Folgen, da er nicht unmittelbar zwischen seinen genuinen Erinnerungen und seinen Quasi-Erinnerungen unterscheiden kann. Nur durch umfangreiches Überprüfen der Konsistenz seiner Gedächtnisinhalte kann er versuchen, diese Unterscheidung zu erschließen. Dies wird jedoch durch die für Erinnerungen charakteristische Bruchstückhaftigkeit erheblich erschwert. Hinzu kommt noch die Unmöglichkeit, die bruchstückhaften Quasi-Erinnerungen in einen raum-zeitlichen Zusammenhang zu bringen. Hieraus ergibt sich für den Empfänger eine große Unsicherheit beim Umgang mit seiner eigenen Vergangenheit, was letztlich dazu führt, daß durch den Besitz von Quasi-Erinnerungen der gesamte Entwurf seiner eigenen Vergangenheit – und damit seiner selbst – in Frage gestellt wird. Denn anders als wenn durch die Transplantation nur einige Erinnerungen ausgelöscht werden würden, kann sich der Empfänger nach einem Transfer fremder Erinnerungen nicht uneingeschränkt mit der Gesamtmenge der vorhandenen Gedächtnisinhalte identifizieren. Dies zeigt jedoch die grundsätzliche Problematik, mit der ein Transfer mentaler Charakteristika verbunden wäre, denn auch Faktenwissen kann zumeist nur schwerlich von direkten lebensweltlichen Bezügen der jeweiligen Person getrennt werden.

Auch wenn durch eine Hirngewebetransplantation ein Transfer mentaler Charakteristika möglich wäre, erschiene es daher ausgesprochen fraglich, ob für den Empfänger ein solcher Transfer wünschenswert wäre.

Inwiefern kann im Zusammenhang mit real durchgeführten Hirngewebetransplantationen von einem Transfer mentaler Charakteristika die Rede sein? Ein mittels Hirngewebetransplantation herbeigeführter Transfer mentaler Charakteristika würde zweierlei voraussetzen: Erstens müßten die zu transferierenden Eigenschaften in irgendeiner Form im zu transplantierenden Hirngewebe repräsentiert sein. Zweitens müßte bei einem derartigen Transfer gewährleistet sein, daß das zu transferierende Hirngewebe sowohl im Spender- als auch im Empfängergehirn dafür sorgt, daß diese Eigenschaften auch exprimiert werden. Beides ist jedoch bei Hirngewebetransplantationen, wie sie bislang im medizinisch-therapeutischen Kontext durchgeführt werden, nicht gegeben.

Denn im Rahmen von Hirngewebetransplantations-Studien hat sich die geringe Überlebensfähigkeit der transplantierten Nervenzellen im Empfängergehirn als eines der gravierendsten Probleme herausgestellt. Nervenzellen aus dem Gehirn erwachsener Spender sind im Gegensatz zu embryonalen Nervenzellen nicht in der Lage, eine Implantation in das Gehirn einer erwachsenen Person zu überstehen. Auch embryonale Nervenzellen überleben eine Implantation in ein adultes Gehirn nur, wenn sie sich auf einem bestimmten Entwicklungsstand befinden. Hierbei handelt es sich um ein je nach Nervenzell-Typ variierendes Zeitfenster, welches den Zeitraum nach Abschluß der letzten Zellteilung, aber vor Beginn des extensiven Neuritenwachstums, also der Bildung von Zellausläufern, umfaßt (Seiger 1985). Daher sind innerhalb von zur Transplantation geeignetem embryonalem Nervengewebe die einzelnen Nervenzellen nur in vergleichsweise geringem Ausmaß über Synapsen miteinander verknüpft. Nicht zuletzt aufgrund der geringen synaptischen Verbindungen erscheint es daher unwahrscheinlich, daß das zu transplantierende Nervengewebe inhärente Persönlichkeitscharakteristika besitzt, d. h. daß mit dem Nervengewebe bestimmte mentale Eigenschaften transferiert werden.

Darüber hinaus überstehen embryonale Nervenzellen eine solche Transplantation nur, wenn sie innerhalb kleinerer Gewebefragmente oder aber als dissoziierte Neurone transplantiert werden, wobei auch dann nur ein recht kleiner Anteil der Zellen die Transplantation überlebt. Sollte das zu transferierende Nervengewebe tatsächlich über inhärente mentale Charakteristika verfügen, so kann auch aufgrund des umfassenden Zelltods der implantierten Nervenzellen im Empfängergehirn nicht damit gerechnet werden, daß diese Charakteristika unverändert im Empfänger weiterbestehen.

Soll das Implantat im Empfänger die gleichen Persönlichkeitscharakteristika exprimieren wie im Spender, so müßte darüber hinaus angenommen werden, daß das Implantat an der seinem ursprünglichen Funktionsort entsprechenden Stelle auf umfassende Weise ins Empfängergehirn integriert wird. Dies ist jedoch nicht der Fall, da in den bisherigen Studien die implantierten embryonalen Nervenzellen nur in äußerst geringem Maße in der Lage sind, Synapsen mit den Neuronen des Empfängergehirns auszubilden.

Insgesamt ist im Rahmen der derzeit durchgeführten klinischen Hirngewebetransplantationen ein direkter Transfer von mentalen Eigenschaften daher ausgesprochen unwahrscheinlich. Sicherheitshalber wurden dennoch von verschiedenen Gremien Ethik-Richtlinien erlassen, so z. B. von der British Medical Association (BMA 1988) oder vom Europäischen Netzwerk NECTAR, einem Zusammenschluß von Forschern, die auf dem Gebiet der Hirngewebetransplantationen arbeiten (Boer 1994). Gemäß diesen Richtlinien sollen zur Transplantation nur dissoziierte Neurone oder kleinere Hirngewebefragmente eingesetzt werden, um einen Transfer von Charakteristika zwischen Embryo und Empfänger des Hirngewebes auszuschließen.

Allerdings sollte aus den obigen Überlegungen auch nicht voreilig der Schluß gezogen werden, durch Hirngewebetransplantationen sei ein Transfer von Charakteristika grundsätzlich vollständig ausgeschlossen. Denn zumindest zwei in diesem Zusammenhang hochinteressante Studien zeigen exakt das Gegenteil.

So wurden im Rahmen von Hirngewebetransplantations-Experimenten bei Hamstern fötale Gewebestücke des Hypothalamus transplantiert, die den Nucleus suprachiasmaticus enthielten. Diese Kerngruppe enthält bei Säugetieren den circadianen Schrittmacher, der für die Aufrechterhaltung der circadianen Rhythmik, d. h. der Aktivitätsschwankungen im Tag-Nacht-Rhythmus, verantwortlich ist. Nach Transplantation von fötalem Hypothalamusgewebe zwischen zwei verschiedenen Hamsterstämmen, die über einen unterschiedlichen circadianen Aktivitätsrhythmus verfügen, wurde in den Empfängertieren der circadiane Aktivitätsrhythmus des Spenderstammes beobachtet (Hurd [u. a.] 1995).

Der erste Nachweis für einen Transfer von Verhaltensweisen zwischen verschiedenen Tierarten wurde von Balaban und Mitarbeitern erbracht (Balaban [u. a.] 1988; Balaban 1997). Im Rahmen dieser Experimente wurde embryonales Hirngewebe, welches das Mittelhirn und das Zwischenhirn von Wachteln enthielt, in die entsprechenden Gehirnregionen von Hühnerembryonen implantiert. Die transplantierten Hühner zeigten Verhaltensweisen, die als Mischung des angeborenen Verhaltens von Wachteln und Hühnern zu interpretieren sind. So waren beim Krähen der Hühner Wachtel-spezifische Verhaltenskomponenten vorhanden, insbesondere zeigten die Hühner beim Krähen Wachtel-typische Kopfbewegungen sowie Komponenten des für Wachteln typischen akustischen Signals. Bei diesen Experimenten erfolgte eine umfassende, auch funktionale Integration des implantierten embryonalen Wachtelgewebes in das embryonale Hühnergehirn. Eine solche umfassende Integration des implantierten Hirngewebes ist jedoch nur bei einer Implantation in embryonale oder sehr junge Tiere möglich, bei adulten Tieren können hingegen nur vereinzelte synaptische Verbindungen zwischen embryonalem Donorgewebe und Wirtsgehirn hergestellt werden. Daher ist auch bei Xenotransplantationen, also bei Transplantationen von nichtmenschlichen Nervenzellen ins adulte menschliche Gehirn, wie sie im übrigen in jüngster Zeit auch bei Parkinson-Patienten durchgeführt worden sind (Deacon [u. a.] 1997), mit einem Transfer von Verhaltensweisen nicht zu rechnen.

Insgesamt ergibt sich: Hirngewebetransplantationen, bei denen ein direkter Transfer von Eigenschaften des Donors auf den Empfänger erfolgen würden, sind aus den oben genannten Gründen abzulehnen. Sie treten aber unter den Bedingungen von derzeit zur Behandlung neurodegenerativer Erkrankungen eingesetzten Hirngewebetransplantationen auch nicht auf. Wesentlich naheliegender und realistischer ist jedoch die Möglichkeit, im Anschluß an eine Hirngewebetransplantation könnten Persönlichkeitsveränderungen auftreten. Mit dieser Thematik möchte ich mich im nächsten Abschnitt beschäftigen.

b) Persönlichkeitsveränderungen

Personen besitzen normalerweise ein im großen und ganzen stabiles Persönlichkeitsbild. Obwohl im Lauf des Lebens, oder aber nach einschneidenden Erlebnissen, durchaus größere Veränderungen der individuellen Persönlichkeitscharakteristika eintreten können, muß – zumindest innerhalb kürzerer Zeiträume – zumeist nicht mit starken Persönlichkeitsveränderungen gerechnet werden. Unseren Alltagserfahrungen zufolge kommt einem solcherart vergleichsweise konstanten Persönlichkeitsbild eine große Bedeutung zu. Es erlaubt eine umfassende Identifikation mit der eigenen Vergangenheit sowie die sinnvolle Planung zukünftiger Projekte. Denn nur wenn davon ausgegangen werden kann, daß wesentliche Interessen, Präferenzen und Charakterzüge

weitgehend erhalten bleiben (bzw. entsprechende Veränderungen mit ihren wesentlichen Auswirkungen vorhersehbar
sind), können langfristige, in die Zukunft gerichtete Lebenspläne sinnvoll gestaltet werden.

In der philosophischen Diskussion werden diese Aspekte mit Hilfe des Begriffs der Konnektivität beschrieben.
So wird der Begriff »psychische Konnektivität« beispielsweise von Derek Parfit (1984) definiert als das Vorhandensein direkter Verbindungen, wie z. B. der Verbindungen
zwischen einem Ereignis und der späteren Erinnerung an
dieses Ereignis, oder zwischen einer Intention und der später erfolgenden Umsetzung dieser Intention in eine Handlung. Psychische Konnektivität liegt auch vor, wenn Persönlichkeitscharakteristika, Wünsche, Überzeugungen oder
Meinungen über einen bestimmten Zeitraum hinweg an-
dauern. Die psychische Konnektivität stellt eine graduelle
Relation dar. Da auch im normalen Lebensverlauf die Persönlichkeitscharakteristika eines Menschen einem gewissen
Wandel unterliegen, nimmt die Konnektivität über den
Zeitverlauf hin ab. Je höher das Ausmaß an Konnektivität
zwischen zwei Zeitpunkten ist, in desto höherem Ausmaß
kann vom Erhalt der Identität bzw. Individualität die Rede
sein.

Obwohl eine Konnektivitätsminderung zumeist als Einschränkung beschrieben wird, erscheint es durchaus sehr
fraglich, inwieweit eine Maximierung der Konnektivität,
also das Vorhandensein möglichst unveränderlicher Persönlichkeitscharakteristika und eines minutiösen Gedächtnisses, sowie die Verwirklichung aller jemals beabsichtigten
Pläne überhaupt anstrebenswert ist. So mögen viele Personen durchaus wünschen, sich einiger ihrer negativen Eigenschaften und Charakterzüge entledigen und ihre Wünsche,
anders zu sein, als sie sind, in die Wirklichkeit umsetzen zu
können (Frankfurt 1981). Andere mögen vergeblich hoffen,
ihre unangenehmen Erinnerungen könnten im Laufe der
Zeit dem Schleier des Vergessens anheimfallen.

Zur Bewertung von Konnektivitätseinbußen reichen rein quantitative Überlegungen über das Ausmaß der Konnektivität jedoch nicht aus. Vielmehr muß die Art der jeweiligen Veränderung aufs genaueste berücksichtigt werden. Insbesondere kommt den Voraussetzungen des Personseins hier eine entscheidende Bedeutung zu sowie den für eine bestimmte individuelle Person zentralen Persönlichkeitscharakteristika. Veränderungen in diesen Bereichen muß größere Aufmerksamkeit zugemessen werden als Veränderungen bei weniger relevanten Aspekten wie beispielsweise der Fähigkeit zum Durchführen diffizler Bastelarbeiten. Veränderungen der für relevant erachteten Persönlichkeitscharakteristika spielen nicht nur für die betroffene Person selbst eine Rolle, sondern können insbesondere auch im sozialen Umfeld mit gravierenden Auswirkungen verbunden sein.

Will man allgemeingültige Aussagen über die Bedeutung von Persönlichkeitsveränderungen machen, so wirkt sich erschwerend aus, daß es keine einheitliche Skala gibt, mit Hilfe derer Persönlichkeitscharakteristika und ihre Veränderungen bewertet werden könnten. Denn einzelne Persönlichkeitscharakteristika können von verschiedenen Personen auf sehr unterschiedliche Weise eingeschätzt werden. Dies führt dazu, daß sowohl die jeweils betroffene Person selbst als auch deren Mitmenschen bestimmten Veränderungen des Persönlichkeitsbildes stark unterschiedliche Bedeutung zumessen können. Abgesehen von Extremfällen ist es daher geradezu unmöglich, in allgemeingültiger Form die Folgen anzugeben, die bestimmte Persönlichkeitsveränderungen normalerweise für eine bestimmte Person haben werden. Derartige Aussagen können – wenn überhaupt – nur von der jeweils betroffenen Person selbst gemacht werden.

Krankheitsbedingte Persönlichkeitsveränderungen werden nicht zuletzt deshalb als so gravierend empfunden, weil sie nicht nur zur Minderung der Konnektivität führen, sondern weil sie zumeist höchst unangenehme Veränderungen mit sich bringen. Hingegen werden Konnektivitätseinbußen, wie sie beispielsweise eintreten, wenn nach langer Erkrankung therapiebedingt eine Besserung der Krankheitssymptome eintritt, meist in hohem Maße begrüßt. Persönlichkeitsveränderungen, die dem gewünschten therapeutischen Effekt entsprechen und den Patienten dem angestrebten Normalzustand näherbringen, werden daher häufig völlig anders bewertet als Veränderungen, die als unvorhergesehene negative Auswirkungen oder als unerwünschte Nebenwirkungen gelten. Bei Konnektivitätsminderungen ist darüber hinaus von Bedeutung, inwieweit sie mit Langzeitinteressen und langfristigen Plänen interferieren. So werden Veränderungen, welche die Umsetzung langfristiger Lebenspläne in Frage stellen, aus Sicht der betroffenen Person als besonders gravierend empfunden.

Außerdem spielt für die Bewertung von Persönlichkeitsveränderungen eine große Rolle, innerhalb welchen Zeitraumes sie stattfinden. Ein langsamer, auf kontinuierliche Weise erfolgender Verlauf ermöglicht der betroffenen Person, sich nach und nach auf die Veränderungen einzustellen und ihr Lebensumfeld planend mitzugestalten. Demgegenüber ist eine Person nach abrupt auftretenden Veränderungen mit einem unvorhergesehenen und um Umständen recht starken Einschnitt des Lebensverlaufs konfrontiert. Dies ist für die betroffene Person um so schwerer zu verkraften, je weniger sie darauf vorbereitet war.

Darüber hinaus muß bei solchen Überlegungen bedacht werden, daß sich einzelne Persönlichkeitscharakteristika nicht wie Mosaiksteinchen austauschen lassen, ohne zu Folgen am gesamten Persönlichkeitsbild zu führen. Denn angesichts der engen und vielfältigen Vernetzung von Charaktermerkmalen, Erinnerungen, Meinungen und Intentionen untereinander muß mit vielfältigen Veränderungen des gesamten Systems gerechnet werden, sollte einer dieser Aspekte eine Veränderung erfahren. Die Folgen von Veränderungen einer bestimmten Eigenschaft auf die gesamte Persönlichkeit eines Menschen sind daher in ihrer Komplexität im allgemeinen nicht vorhersagbar.

Überlegungen zur Konnektivität dürfen sich daher nicht darauf beschränken, das Ausmaß der psychischen Verbindungen zu betrachten. Vielmehr muß auch die Art der eintretenden Veränderungen sowie die Bedeutung, die diese Veränderungen für die hiervon betroffene individuelle Person besitzen, berücksichtigt werden. Allgemeingültige Aussagen lassen sich hier nur schwerlich treffen. Von dieser grundsätzlichen Problematik ist jede Therapieform, die möglicherweise von Persönlichkeitsveränderungen begleitet ist, betroffen.

Unter dem Blickwinkel der Konnektivität betrachtet ergibt sich daher für Krankheiten, die von Persönlichkeitsveränderungen begleitet sind, die Forderung, möglichst früh mit geeigneten Therapiemaßnahmen einzusetzen, um so dem Auftreten krankheitsbedingter Konnektivitätsminderungen entgegenzusteuern. Auch für Hirngewebetransplantationen müßte daher ein möglichst frühzeitiger Einsatz angestrebt werden, bevor bei den entsprechenden neurodegenerativen Erkrankungen Persönlichkeitsveränderungen auftreten. Allerdings erscheint – nicht zuletzt angesichts der Problematik knapper Ressourcen – für einen solch aufwendigen Eingriff wie es eine Hirngewebetransplantation darstellt, eine derartige, teilweise prophylaktisch einzusetzende, frühzeitige Behandlung auf breiter Ebene nicht durchführbar. Anders als pharmakologische Behandlungsformen werden Hirngewebetransplantationen in Zukunft wohl höchstens nach Ausschöpfen aller klassischen pharmakologischen Behandlungsmöglichkeiten eingesetzt werden. Für den Fall des Erfolgs kann – für den Fall des Mißerfolgs muß – dann mit entsprechenden Persönlichkeitsveränderungen gerechnet werden, die anders als bei pharmakologischer Therapie jedoch kaum steuerbar sind.

Inwieweit können nun bei Hirngewebetransplantationen Persönlichkeitsveränderungen auftreten? Einerseits sind von

Hirngewebetransplantationen ähnliche Wirkungen zu erwarten wie von pharmakologischen Therapieformen. Denn bezüglich des Wirkmechanismus von Hirngewebetransplantationen wird derzeit zumeist angenommen, daß die vom Implantat abgegebene therapeutisch aktive Substanz per Diffusion ins umliegende Hirngewebe gelangt. Jedoch sei darauf hingewiesen, daß große Unklarheit über den genauen Wirkmechanismus besteht und daß auch eine Reihe anderer Mechanismen für die Transplantatwirkung verantwortlich gemacht werden (Lindvall 1991; Björklund 1992). Mit Persönlichkeitsveränderungen muß sowohl bei pharmakologischer Therapie als auch bei Hirngewebetransplantationen immer dann gerechnet werden, wenn die zugeführte Substanz im Gehirn Veränderungen hervorruft, die sich auf der Ebene des Verhaltens bemerkbar machen.

Allerdings zeigen sich hier auch schon wichtige Unterschiede zwischen Hirngewebetransplantationen und pharmakologischen Therapiekonzepten. Während bei pharmakologischer Behandlung das Medikament systemisch verabreicht wird und so in weite Teile des Körpers und des Gehirns gelangt, kann bei einer Hirngewebetransplantation der Wirkstoff gezielt in einen bestimmten Gehirnbereich eingebracht werden. Darüber hinaus setzt eine pharmakologische Behandlung die regelmäßige, zur Vermeidung von Wirkungsschwankungen oft mehrmals täglich erfolgende Medikamentenzufuhr voraus. Hierdurch kann eine für den individuellen Patienten optimale Medikamenteneinstellung erreicht sowie die erforderliche Dosis an den fortschreitenden Krankheitsverlauf angepaßt werden. Möglicherweise auftretenden unerwünschten Nebenwirkungen kann häufig in gewissem Umfang durch Veränderung der Medikation begegnet werden.

Demgegenüber stellt eine Hirngewebetransplantation einen quasi irreversiblen operativen Eingriff dar. Befindet sich das Implantat erst einmal im Gehirn, so besteht praktisch keine Möglichkeit mehr, das Verhalten und damit die Wirkung des Implantates im Empfängergehirn zu steuern. Weder eine Feinabstimmung der Freisetzung der therapeutisch aktiven Substanz noch eine Anpassung der abgegebenen Menge an den Krankheitsverlauf ist daher möglich. Es kann dann kein Einfluß mehr darauf genommen werden, wieviel therapeutisch aktive Substanz ins umliegende Gehirngewebe abgegeben wird, noch kann beeinflußt werden, in welchem Ausmaß die implantierten Zellen anderweitige Substanzen an umliegende Gehirnbereiche abgeben. Möglichen Langzeitfolgen der Transplantation ist der Patient weitgehend hilflos ausgeliefert. Hierbei ist insbesondere an das Auftreten von Immunreaktionen, an starke Veränderungen der Abgaberate der therapeutisch aktiven Substanz oder das Absterben des Implantates zu denken.

Nach diesen allgemeinen Überlegungen zur Problematik von Hirngewebetransplantationen möchte ich nun die vorangegangenen Überlegungen in Beziehung bringen mit den Erfahrungen der bisher durchgeführten klinischen Hirngewebetransplantations-Studien.

3. Hirngewebetransplantationen

Klinische Hirngewebetransplantations-Studien wurden bisher fast ausschließlich bei Patienten durchgeführt, die unter Morbus Parkinson, der sog. Parkinson-Krankheit, leiden. Daher mag dieses Beispiel dazu dienen, die Problematik von Hirngewebetransplantationen näher zu beleuchten.

Die Parkinson-Krankheit ist eine der häufigsten Erkrankungen des Zentralnervensystems: etwa 1% der über sechzigjährigen Bevölkerung ist hiervon betroffen. Das Krankheitsbild wird dominiert von Bewegungsstörungen, insbesondere verminderter Bewegungsfähigkeit (Hypokinesie), Steifheit der Muskeln (Rigidität), Zittern der Extremitäten (Tremor) sowie Haltungsinstabilitäten. Abgesehen von diesen für Parkinson-Patienten typischen motorischen Störungen treten in gewissem, jedoch äußerst geringem Maße psychopathologische Veränderungen und kognitive Störungen auf.

Die Symptome der Parkinson-Krankheit werden verursacht durch den Mangel des Neurotransmitters Dopamin in den Basalganglien, d. h. in grauen Kernkomplexen, die in der Tiefe der Hemisphäre liegen. Dieser Mangel kommt zustande durch das Absterben einer bestimmten Zellgruppe des Mittelhirns, und zwar der Dopamin-synthetisierenden Neurone der Substantia nigra. Das von diesen Nervenzellen gebildete Dopamin gelangt normalerweise über die sog. nigrostriatale Projektion in die Basalganglien, insbesondere ins Striatum. Dort ist der Transmitter Dopamin im komplexen Zusammenspiel mit anderen Neurotransmittern vor allem für die Koordination von Bewegungsabläufen von Relevanz. Bei Dopamin-Mangel wird das komplexe Transmitter-Gleichgewicht gestört, es treten die für Parkinson-Patienten charakteristischen Symptome, insbesondere Bewegungsstörungen, auf (Thümler 1988; Kupsch [u. a.] 1991).

Bislang ist eine kausale Therapie der Parkinson-Krankheit nicht möglich. Durch die therapeutischen pharmakologischen Maßnahmen, die zumeist auf der Verabreichung von L-DOPA, der direkten Vorstufe des Dopamins, beruhen, kann lediglich vorübergehend eine Milderung der Symptome erreicht werden (Ransmayr [u. a.] 1992). Auf der Suche nach einer langfristig wirksamen Therapiemöglichkeit der Parkinson-Krankheit stellt die Hirngewebetransplantations-Methodik eine erfolgversprechende Alternative dar. Bei dieser Therapieform wird angestrebt, dopaminhaltiges Material in die Basalganglien, d. h. in den Ort des größten Dopaminmangels, zu implantieren. Hierzu wird derzeit meist Gewebematerial aus dem Mittelhirn abgetriebener menschlicher Embryonen verwendet. Zellsuspensionen oder aber kleinere Gewebefragmente werden mit Hilfe einer Kanüle in das Gehirn der Parkinson-Patienten implantiert (Kupsch [u. a.] 1991).

Im Rahmen dieses Beitrags kann ich leider nicht auf die mit der Verwendung von Gewebematerial abgetriebener menschlicher Embryonen verknüpfte Problematik eingehen. Es sei daher lediglich verwiesen auf sowohl ethisch als auch gesellschaftlich höchst brisante Themen. Hierzu gehört die Problematik, menschliche Embryonen für therapeutische Zwecke zu »verbrauchen«, sowie der enge Zusammenhang zwischen Transplantation und Schwangerschaftsabbruch, der die Art und Weise, auf die ein Schwangerschaftsabbruch durchgeführt werden wird, in vielerlei Hinsicht beeinflussen kann, wobei hier insbesondere die Gefahr zu nennen ist, ein Schwangerschaftsabbruch könnte auf diesem Wege legitimiert, wenn nicht sogar gefördert werden (Strong 1991; Boer 1994).

Weltweit wurden im Rahmen klinischer Forschungsstudien bisher etwa 200 derartige Hirngewebetransplantationen bei Parkinson-Patienten durchgeführt, insbesondere in Schweden, Mexiko, den USA, Spanien, Großbritannien und China. Äußerst problematisch ist, daß die verschiedenen Forschergruppen stark differierende Versuchsprotokolle verwendeten und sehr unterschiedliche Methoden zur Evaluation ihrer Patienten einsetzten. Daher können die einzelnen Studien nur sehr schlecht miteinander verglichen werden, was zu der paradoxen Situation führt, daß trotz einer Vielzahl klinischer Studien bislang keinerlei gesicherte Aussagen über den therapeutischen Erfolg von Hirngewebetransplantationen gemacht werden können. In den Forschungsstudien wurde zur Transplantation Gewebematerial von 1 bis 8 Embryonen pro Patient verwendet, das Alter der Embryonen lag zwischen der 7. und 19. Schwangerschaftswoche, zumeist wurden jedoch Embryonen der 8. bis 10. Woche eingesetzt. Auch über den genauen Implantationsort in den Basalganglien besteht keinerlei Einigkeit: In einigen Studien wurde in den Nucleus caudatus, in anderen in das Putamen oder aber in beide Strukturen implantiert, wobei an zwischen 2 und 14 Injektionsstellen im Gehirn

Zellmaterial plaziert wurde (Kupsch [u. a.] 1991; Lindvall 1991; Linke 1993; Hildt 1996).

Trotz der großen methodischen Unterschiede ähneln sich die von den verschiedenen Forschergruppen erzielten Ergebnisse. Bei den meisten der Eingriffe wurden nach der Transplantation bei den Patienten geringfügige bis gemäßigte Verbesserungen der körperlichen Beweglichkeit festgestellt. In keinem der Fälle konnte jedoch ein vollständiges Verschwinden der Symptome erreicht werden.

Nur äußerst selten finden sich detaillierte neuropsychologische Untersuchungen, die sich damit beschäftigen, inwieweit durch die Transplantation mentale Charakteristika der Patienten beeinflußt wurden. Häufig wird die Problematik möglicher Persönlichkeitsveränderungen gar nicht erwähnt. In einigen Publikationen finden sich zwar Hinweise auf derartige Untersuchungen, genaue Angaben über die durchgeführten Tests sowie über deren detaillierte Ergebnisse wurden jedoch nur äußerst selten gemacht. In einigen Studien wurde ohne Angabe von Daten festgestellt, signifikante Veränderungen neuropsychologischer Parameter seien nicht aufgetreten. In anderen Studien wurden Milderungen von Defiziten der räumlichen Wahrnehmung, Verbesserungen des visuellen und verbalen Gedächtnisses sowie IQ-Erhöhungen festgestellt. Des weiteren wurde vom Auftreten von Panikanfällen und depressiven Episoden berichtet. Darüber hinaus finden sich Berichte wie: eine Patientin könne nach der Transplantation wieder kochen, stricken und häkeln, ein Patient habe seinen Führerschein wiedererhalten, ein Patient könne wieder mit seinem fünfjährigen Sohn Fußball spielen, sowie ein anderer Patient könne wieder pfeifen. Diese Beschreibungen vermitteln auf anschauliche Weise, in welchem Maße sich die verbesserte körperliche Beweglichkeit auf die Lebensqualität der Patienten auswirkte. Detaillierte neuropsychologische Untersuchungen können sie jedoch nicht ersetzen (Hildt 1996).

Insgesamt ist dieser Mangel an neuropsychologischen Untersuchungen äußerst problematisch. Denn nach einer Transplantation dopaminhaltiger Zellen in die Basalganglien kann angesichts der vielfältigen Auswirkungen des Neurotransmitters Dopamin auf das menschliche Verhalten das Auftreten von Persönlichkeitsveränderungen keineswegs völlig ausgeschlossen werden (Cloninger 1987; Menza [u. a.] 1990). So wird durch den Transmitter Dopamin ein weiter Bereich von Verhaltensweisen beeinflußt, ohne daß dabei die Motivation für einzelne Handlungen verändert wird. Im Zusammenspiel mit anderen Transmittern in den Basalganglien stellt Dopamin die Balance her sowohl zwischen spontanem Umschalten und Weiterführen von gerade ablaufendem Verhalten als auch zwischen dem Gebrauch von endogener und exogener Information (Schmidt 1990). Aufgrund des Dopamin-Mangels liegt bei Parkinson-Patienten eine verstärkte Abhängigkeit von externen Stimuli vor, spontanes Umschalten zwischen verschiedenen Verhaltensweisen ist erschwert. Insbesondere wurden bei Parkinson-Patienten vermehrt bestimmte Persönlichkeitscharakteristika festgestellt, die als Ausdruck des Dopaminmangels im Gehirn angesehen werden. So wurden Parkinson-Patienten häufig als pflichtbewußt, introvertiert, stoisch und emotional überkontrolliert beschrieben. Diese Beschreibung stimmt gut mit einer von C.R. Cloninger entwickelten Skala überein, bei der Persönlichkeitscharakteristika eines Menschen in Abhängigkeit der dopaminergen Aktivität im Gehirn dargestellt werden (Cloninger 1987; Menza [u. a.] 1990). Demgemäß wird Personen mit hoher dopaminerger Aktivität ein hohes Ausmaß an explorativem Verhalten zugeschrieben, das sich häufig in leicht erregbarem, impulsivem, launenhaftem und extravagantem Verhalten zeigt. Gemäß dieser Skala nimmt die Intensität dieser Charakteristika mit sinkender Dopamin-Aktivität ab, so daß am unteren Ende der Skala Personen mit geringer dopaminerger Aktivität und geringer Neigung zu explorativem

Verhalten stehen, die als nachdenklich, rigide, stoisch, loyal und bescheiden beschrieben werden.

Diese Charaktereigenschaften stellen wichtige Aspekte der individuellen Persönlichkeit der betreffenden Parkinson-Patienten dar. Steigt nun im Rahmen einer Hirngewebetransplantation die Dopamin-Konzentration in den Basalganglien, beispielsweise im Nucleus accumbens oder im ventralen Nucleus caudatus, drastisch an, so kann dies durchaus zu relevanten Veränderungen der mentalen Charakteristika führen. Derartige Konzentrationsveränderungen des Transmitters Dopamin können daher nicht nur eine Linderung der motorischen Symptomatik der Parkinson-Patienten mit sich bringen, sondern sie besitzen unter Umständen auch Auswirkungen auf deren Persönlichkeit und können daher möglicherweise zu weitreichenden Veränderungen des gesamten Lebensstils führen. Nicht zuletzt aufgrund der bislang äußerst geringen Wirksamkeit der Implantate wurden derart große Effekte im Zusammenhang mit Hirngewebetransplantationen bisher jedoch nicht beobachtet.

Außerdem stellt der bei Parkinson-Patienten benutzte Implantationsort, das Striatum, eine Komponente der sog. striato-nigro-thalamocorticalen Schleifen dar, welche Basalganglien und Thalamus mit weiten Teilen des Cortex verbinden (Alexander [u. a.] 1986). So ist der am häufigsten benutzte Implantationsort, der Nucleus caudatus, Bestandteil der sog. »komplexen Schleife«, an der insbesondere auch Regionen des frontalen und präfrontalen Cortex beteiligt sind. Ein Einfluß der Transplantation auf kognitive Funktionen, wie sie dem Frontallappen zugeschrieben werden, kann daher in keiner Weise ausgeschlossen werden.

4. Fazit

Insgesamt wird deutlich, wie wenig im Umfeld von Hirngewebetransplantationen bisher die Frage nach möglicherweise auftretenden Persönlichkeitsveränderungen berücksichtigt wurde. So wurden bei den meisten der bislang durchgeführten Transplantations-Studien vorrangig die motorischen Krankheitssymptome der Parkinson-Patienten untersucht, während die mentalen Charakteristika weitgehend vernachlässigt wurden. Dies erscheint um so problematischer, kann doch gerade bei operativen Eingriffen in das für die Persönlichkeit eines Menschen zentrale Gehirn das Auftreten von Persönlichkeitsveränderungen keineswegs generell ausgeschlossen werden.

Daher muß neben dem angestrebten Therapieziel, die jeweiligen Krankheitssymptome zu lindern, auch der Identitätserhalt der betroffenen Patienten als zentrales ethisches Ziel gelten. Für eine ethische Bewertung der Hirngewebetransplantations-Methodik ist daher von großer Bedeutung, inwieweit im Zuge des Eingriffs mit dem Auftreten von Persönlichkeitsveränderungen gerechnet werden muß. Ob derartige Persönlichkeitsveränderungen speziell bei Hirngewebetransplantationen zur Behandlung der Parkinson-Krankheit auftreten oder nicht, kann nur anhand dringend benötigter, umfassender neuropsychologischer Untersuchungen ermittelt werden. Die Tatsache, daß Publikationen derartiger Untersuchungen weitgehend fehlen, macht auf erschreckende Weise deutlich, in welch geringem Maße bisher im Rahmen der Hirngewebetransplantations-Studien die Identität der betroffenen Patienten berücksichtigt wurde.

280   *Elisabeth Hildt*

Anmerkungen

1 Vgl. hierzu die von Joseph Butler eingeführte Unterscheidung zwischen Identität im strengen philosophischen Sinne und Identität im lockeren populären Sinne (Butler 1736, in: Perry 1975).
2 Den Begriff »mental« verwende ich Peter Bieri folgend als Terminus technicus für alle Phänomene, »die in einem ontologischen Dualismus als nicht-physisch gelten: von Körperempfindungen wie Schmerz über emotionale Zustände wie Zorn bis zu kognitiven Phänomenen wie Gedanken und Meinungen« (Bieri 1981, S. 4).

Literatur

Alexander, Garrett E. / DeLong, Mahlon R. / Strick, Peter L.: Parallel Organization of Functionally Segregated Circuits Linking Basal Ganglia and Cortex. In: Annual Reviews of Neurosciences 9 (1986) S. 357–381.

Balaban, Evan: Changes in Multiple Brain Regions Underlie Species Differences in a Complex, Congenital Behavior. In: Proceedings of the National Academy of Sciences USA 94 (1997) S. 2001–2006.

– / Teillet, Marie-Aimée / LeDouarin, Nicole: Application of the Quail-Chick Chimera System to the Study of Brain Development and Behavior. In: Science 241 (1988) S. 1339–1342.

Bieri, Peter (Hrsg.): Analytische Philosophie des Geistes. Hain 1981.

Björklund, Anders: Dopaminergic Transplants in Experimental Parkinsonism: Cellular Mechanisms of Graft-induced Functional Recovery. In: Current Opinion in Neurobiology 2 (1992) S. 683–689.

Boer, Gerard J.: Ethical Guidelines for the Use of Human Embryonic or Fetal Tissue for Experimental and Clinical Neurotransplantation and Research. In: Journal of Neurology 242 (1994) S. 1–13.

British Medical Association: BMA Guidelines on the Use of Fetal Tissue. In: Lancet (1988) S. 1119.

Butler, Joseph: Of Personal Identity. In: John Perry (Hrsg.): Personal Identity. Berkeley 1975. S. 99–105.

Cloninger, C. Robert: A Systematic Method for Clinical Description and Classification of Personality Variants. In: Archives Gen. Psychiatry 44 (1987) S. 573–588.

Deacon, Terrence / Schumacher, James / Dinsmore, Jonathan [u. a.]: Histological Evidence of Fetal Pig Neural Cell Survival After Transplantation Into a Patient With Parkinson's Disease. In: Nature Medicine 3 (1997) S. 350–353.

Frankfurt, Harry G.: Willensfreiheit und der Begriff der Person. In: Peter Bieri (Hrsg.): Analytische Philosophie des Geistes. Hain 1981. S. 287–302.

Hildt, Elisabeth: Hirngewebetransplantation und personale Identität. Berlin 1996.

Hurd, Mark W. / Zimmer, Krystyn A. / Lehman, Michael N. / Ralph, Martin R.: Circadian Locomotor Rhythms in Aged Hamsters Following Suprachiasmatic Transplant. In: American Journal of Physiology 269 (1995) S. R 958–R 968.

Kupsch, Andreas [u. a.]: Transplantation von Dopamin-herstellenden Nervenzellen: Eine neue Therapiestrategie gegen das idiopathische Parkinson-Syndrom? In: Nervenarzt 62 (1991) S. 80–91.

Lindvall, Olle: Prospects of Transplantation in Human Neurodegenerative Diseases. In: Trends in Neurosciences 14 (1991) S. 376–384.

Linke, Detlef B.: Hirnverpflanzung – Die erste Unsterblichkeit auf Erden. Reinbek 1993.

Menza, Matthew A. / Forman, Nancy E. / Goldstein, Harris S. / Golbe, Lawrence I.: Parkinson's Disease, Personality, and Dopamine. In: Journal Neuropsych. Clin. Neurosci. 2 (1990) S. 282–287.

Ransmayr, G. / Künig, G. / Gerstenbrand, F.: Modern Therapy of Parkinson's Disease. In: Journal of Neural Transmission Supplement 38 (1992) S. 129–140.

Parfit, Derek: Reasons and Persons. Oxford 1984.

Schmidt, Werner J.: Behavioural Pharmacology of Brain Glutamate. In: L. Deecke / J. C. Eccles / V. B. Mountcastle (Hrsg.): From Neuron to Action. Berlin 1990. S. 427–432.

Seiger, A.: Preparation of Immature Central Nervous System Regions for Transplantation. In: Björklund, A. / Stenevi, U. (Hrsg.): Neural Grafting in the Mammalian CNS. Amsterdam 1985. S. 71–77.

Shoemaker, Sydney S.: Self-knowledge and Self-identity. Ithaca 1963.

Shoemaker, Sydney S.: Persons and Their Pasts. In: Philosophical Quarterly 7 (1970) S. 269–285.

Strong, Carson: Fetal Tissue Transplantation: Can It Be Morally Insulated From Abortion? In: Journal of Medical Ethics 17 (1991) S. 70–76.

Thümler, Reiner: Morbus Parkinson. Nürnberg 1988.

Ulm, G.: Psychopathologische Veränderungen beim Morbus Parkinson. In: Deutsche Parkinson-Vereinigung. Mitgliederheft Oktober 1991. S. 22–24.

Williams, Bernard: Personenidentität und Individuation. In: B. W.: Probleme des Selbst. Stuttgart 1978. S. 7–36.

EVE-MARIE ENGELS

Ethische Problemstellungen der Biowissenschaften und Medizin am Beispiel der Xenotransplantation

Zusammenfassung

Die Erfolge der Transplantationsmedizin und die steigende Nachfrage nach Spenderorganen haben zu einer immer größer werdenden Organknappheit geführt. Als eine Alternative zur Allotransplantation wird die Xenotransplantation, definiert als artüberschreitende Transplantation lebender Zellen, Gewebe und Organe, ins Auge gefaßt. Obgleich sich mit der Verwendung von Tierorganen für Transplantationszwecke einige ethische Probleme der Transplantationsmedizin erübrigen würden, stellt uns die Xenotransplantation vor neue, nicht minder schwerwiegende ethische Fragen, die daher im Vorfeld klinischer Versuche öffentlich zu diskutieren sind. Im Zentrum dieses Beitrages stehen die Fragen, ob mittels Xenotransplantation das Ziel einer Behebung des Organmangels zwecks Lebensverlängerung und Verbesserung der Lebensqualität realisierbar ist und ob die Xenotransplantation ein ethisch vertretbares Mittel hierzu darstellt. Anhand der Xenotransplantation wird die Komplexität ethischer Probleme deutlich, welche durch die heute mögliche Vernetzung verschiedener Techniken entstehen kann. Auch gewinnen hier tierethische Aspekte vor dem Hintergrund der den Menschen betreffenden ethischen Probleme in besonderem Maße an Gewicht.

1. Xenotransplantation als neues Problem der Bioethik

a) Definition und übergeordnete Zielsetzung der Xenotransplantation

Die Transplantationsmedizin gehört zu den bedeutendsten medizinischen Errungenschaften dieses Jahrhunderts. Seit ihrer Einführung vor dreißig Jahren ist die Transplantation von Organen, Geweben und Zellen in zahlreichen Ländern zur Routineanwendung geworden, die mit großem Erfolg praktiziert wird. Viele Patientinnen und Patienten[1] setzen in ihrer Verzweiflung ihre ganze Hoffnung auf diese Behandlungsmethode, nicht nur, um dem vorzeitigen Tod zu entrinnen, sondern auch um des berechtigten Wunsches willen, ihre Lebensqualität zu verbessern und ein von Leiden unbeschwertes oder zumindest unbeschwerteres Leben führen zu können. Die Erfolge der Transplantationsmedizin und die steigende Nachfrage nach Spenderorganen haben zu einer immer größer werdenden Organknappheit geführt. In dieser Situation ist der Ruf nach *Alternativen zur traditionellen Transplantationsmedizin* laut geworden, die diese ergänzen bzw. ersetzen könnten. Als eine Möglichkeit, das Problem des akuten Organmangels zu bewältigen, wird die *Xenotransplantation* diskutiert. Xenotransplantation wird definiert als *artüberschreitende Transplantation von lebenden Zellen, Geweben und Organen*. Während in der bereits etablierten Transplantationsmedizin bei der *Autotransplantation* auf Transplantate des eigenen Organismus zurückgegriffen wird und bei der *Allotransplantation* auf solche eines anderen menschlichen Organismus, bedeutet Xenotransplantation die Verpflanzung von Zellen, Geweben und Organen nichtmenschlicher Lebewesen in den menschlichen Organismus, also z. B. die eines Schweineherzens in den Menschen. Auf den ersten Blick scheint die Xenotransplantation im Falle ihrer Realisierbarkeit eine Perspektive für die Lösung einer Reihe von Problemen zu eröffnen. Mit der

Überwindung des Organmangels könnte sich das Problem der gerechten Organverteilung (Allokationsproblem) und damit der in vielen Ländern florierende Organhandel sowie sonstiger Mißbrauch von Menschen zum Zweck der Organgewinnung erübrigen.[2] Ließe sich die Xenotransplantation zudem nicht nur als *Ergänzung*, sondern als *Ersatz* zur herkömmlichen Allotransplantation einführen, würden sich weitere der mit der Allotransplantation verbundenen Probleme nicht mehr stellen. Patienten, Angehörige und das Pflegepersonal Hirntoter wären von den psychischen und ethischen Problemen entlastet, die für viele mit dem komplexen Thema des Hirntodes verbunden sind.

Die *übergeordnete Zielsetzung* der Xenotransplantation ist also die *Behebung des Organmangels zwecks Lebensverlängerung und Verbesserung der Lebensqualität*. Bei einer ethischen Beurteilung der Xenotransplantation wird daher erstens zu überprüfen sein, ob sich mittels der Xenotransplantation diese *Zielsetzung realisieren* läßt, und zweitens, ob die Xenotransplantation ein *ethisch vertretbares Mittel* hierzu darstellt. Dabei gehe ich zunächst einmal davon aus, daß die Transplantation von Zellen, Geweben und Organen mit dem Ziel der Lebensverlängerung und der Verbesserung der Lebensqualität als solche ein legitimes medizinisches Anliegen ist.

Derzeit ist die Xenotransplantation von Organen jedoch weder medizinisch realisierbar, noch ist sie in ethischer Hinsicht unbedenklich. Alle Versuche einer Transplantation von Tierorganen in Menschen, die im Laufe dieses Jahrhunderts gelegentlich unternommen wurden, verliefen bisher erfolglos.[3] Sie führten entweder zu einer letalen Abstoßung des artfremden Organs infolge mangelhafter Immunsuppression oder zu einer tödlichen Infektion infolge einer zu starken Immunsuppression (vgl. Hammer 1997a, S. 716).[4] Die Xenotransplantation befindet sich daher zur Zeit noch im Stadium der *Grundlagenforschung*. Systematische klinische Versuche der xenogenen Transplantation von

Organen werden nach Literaturangaben in den Transplantationsgemeinschaften der Vereinigten Staaten und vieler europäischer Länder derzeit nicht durchgeführt, geschweige denn ihre routinemäßige Anwendung praktiziert. Allerdings gibt es in einigen der genannten Länder bereits dokumentierte klinische Versuche der Xenotransplantation von *Zellen* und *Geweben.* Hierzu gehört die Verwendung von Inselzellen des Schweines zur Behandlung von Diabetes, von Pavianknochenmark bei einem AIDS-Patienten und von neuronalen Schweinezellen zur Behandlung der Parkinsonschen Krankheit.[5] Die Transplantation von Schweineherzklappen wird in der Herzchirurgie seit Jahrzehnten routinemäßig ohne erkennbare Risiken praktiziert. Hierbei handelt es sich jedoch nicht mehr um lebendes Gewebe, sondern um bereits mit Glutaraldehyd chemisch verarbeitetes Gewebe. Daher wird diese Transplantationsform häufig gar nicht unter die Xenotransplantation subsumiert[6] und soll hier auch nicht weiter diskutiert werden.

In den letzten Jahren ist die Xenotransplantation zu einem Gegenstand avanciert, der Beratergruppen und Kommissionen auf nationaler und internationaler Ebene beschäftigt und bereits zu ausführlichen Berichten, Empfehlungen, Anfragen, Appellen und Forderungen nach nationalen und globalen Richtlinien, verschiedentlich zur Forderung nach einem Moratorium und zum vorläufigen Verbot der Xenotransplantation am Menschen geführt haben.[7] Die geforderten Moratorien beziehen sich meist jedoch nicht auf die Forschungen zur Xenotransplantation, sondern auf verfrühte Versuche am Menschen, wie bei dem Immunologen Fritz Bach und seinen Kollegen (Bach [u. a.] 1998a, 1998b). Bach und seine Kollegen stellen sich in die Tradition jener Wissenschaftler, die sich angesichts der durch die Gentechnologie eröffneten Möglichkeiten artüberschreitender Neukombination von genetischer Information vor gut zwei Jahrzehnten auf der berühmt gewordenen Konferenz von Asilomar (1975) zu einer freiwilligen

Selbstkontrolle durch die Einhaltung bestimmter Sicherheitsvorkehrungen verpflichteten.

In mehreren anderen Ländern, wozu Großbritannien, die USA und die Schweiz gehören, ist die Diskussion offensichtlich bereits viel weiter fortgeschritten als bei uns. Die zahlreichen Stellungnahmen verdeutlichen, daß es ein ausgeprägtes Bewußtsein bezüglich der ethischen Fragen und möglichen Risiken dieser Transplantationsmethode gibt. Xenotransplantation wird offensichtlich nicht nur als eine wünschenswerte Alternative zur Allotransplantation betrachtet, sondern löst bei vielen ernsthafte Bedenken und Befürchtungen aus. Worin liegt diese skeptische Haltung begründet? Bevor ich auf diese Frage eingehe, werde ich zunächst darstellen, warum sich die Xenotransplantation besonders gut dazu eignet, in bioethische Fragestellungen einzuführen.

b) Xenotransplantation als exemplarischer Gegenstand
   bioethischer Reflexion

Die Xenotransplantation nimmt sowohl hinsichtlich der Brisanz als auch der Vielfalt der mit ihr verbundenen ethischen Fragen eine Schlüsselstellung ein. Die wichtigsten Aspekte seien im folgenden genannt:

Erstens führt das Beispiel der Xenotransplantation besonders deutlich die *Vernetzung verschiedener Forschungs- und Praxisfelder* und damit auch die *ethisch relevanten Konsequenzen* vor Augen, die Entscheidungen in einem Bereich für andere Kontexte nach sich ziehen können. Sie zeigt auch, wie die Erfolge in einem bestimmten Bereich, hier der Transplantationsmedizin, die Suche nach neuen Techniken hervorrufen. Die Xenotransplantation setzt eine Vielfalt biologischer und medizinischer Kenntnisse, Handlungsweisen und Techniken voraus, die für ihr erfolgreiches Funktionieren als Transplantationsmethode notwendig sind.

Diese konfrontieren uns mit wichtigen Fragen der *anwendungsbezogenen Ethik*, welche bereits in anderen Kontexten diskutiert werden und sich in der Xenotransplantation verdichten. Sie sind zudem verknüpft mit Fragen, die unser Menschen- und Naturbild, die Stellung des Menschen zu seinen Mitmenschen sowie seine Position in der Natur in seiner Beziehung zu anderen Lebewesen betreffen. Hier zeigt sich besonders deutlich, daß ethische Problemstellungen von Biologie und Medizin nicht nur Fragen der anwendungsbezogenen Ethik sind, sondern daß sie eng verknüpft sind mit *naturphilosophischen*, *anthropologischen*, *psychologischen*, *sozialethischen* und anderen Themenbereichen. In diesem Zusammenhang sei daran erinnert, daß die Erfolge der Transplantationsmedizin nicht nur auf technik- und wissenschafts*internen* Fortschritten beruhen, sondern ganz entscheidend auf eine *Änderung der Todesdefinition* von der Herztod- zur Hirntoddefinition zurückzuführen sind, womit zentrale Aspekte unseres menschlichen Selbstverständnisses berührt sind. Es ist zu erwarten, daß die Befürwortung oder Ablehnung der Xenotransplantation ihrerseits Konsequenzen für andere Forschungsbereiche sowie für unser Menschen- und Naturverständnis haben wird. Einige Wissenschaftler fassen bereits die Züchtung von Organen aus embryonalen menschlichen Stammzellen ins Auge. Transplantationsmedizin, Reproduktionsmedizin und Gentechnik, die ursprünglich zur Lösung ganz unterschiedlicher Probleme eingeführt wurden, erscheinen nun als ein auf fast unentwirrbare Weise miteinander verknüpfter Komplex von Techniken, die alle in ethischer Hinsicht diskussionsbedürftig sind.

Zweitens verdeutlicht das Beispiel der Xenotransplantation die zunehmende Bedeutung des bioethischen Diskurses in unseren Gesellschaften (vgl. auch Beckmann 1997). Während die Öffentlichkeit in der Vergangenheit häufig durch wissenschaftliche und technische Innovationen überrascht wurde und die ethische Diskussion somit erst nach deren

Einführung begonnen werden konnte (Beispiel: In-vitro-Fertilisation mit Embryo-Transfer), kommt der ethischen Diskussion nun im *Vorfeld* eines möglichen Eintritts der xenogenen Organtransplantation in das klinische Stadium die wichtige Funktion eines *Sensors* möglicher Gefahren und Risiken zu, so daß unter ihrem Einfluß auch politische Weichenstellungen stattfinden können. Damit wäre sie auch *mehr* als eine *Begleitreflexion* wissenschaftlicher Entwicklungen. Diese soll in ihrer Bedeutung für die lebendig bleibende Auseinandersetzung mit einmal etablierten Techniken keineswegs heruntergespielt werden, da nur auf diese Weise das Bewußtsein für die ethisch relevanten Aspekte von Wissenschaft und Technik wachgehalten werden kann. Doch käme auch eine bioethische Diskussion als *Begleit*reflexion zu spät, wenn bestimmte Techniken aufgrund der damit verbundenen Probleme gar nicht erst zu etablieren wären.

Drittens ist die Xenotransplantation ein Paradebeispiel für die Notwendigkeit des *interdisziplinären Dialoges* zwischen Natur-, Geistes- und Sozialwissenschaften. Die hier sich stellende Problemlage ist so komplex, daß nicht erst für die Suche nach Lösungen, sondern bereits für die *Erfassung* und *Formulierung bestimmter Probleme* eine disziplinübergreifende Kompetenz notwendig ist, die jedoch nur durch eine interdisziplinäre Kooperation realisierbar ist.

c) Themenstellungen im Umkreis der Xenotransplantation

Eine intensive ethische Diskussion der Xenotransplantation setzte zunächst einmal Mitte der achtziger Jahre im Anschluß an den erfolglosen Versuch einer xenogenen Herztransplantation bei einem einige Wochen zu früh geborenen Mädchen ein. Baby Fae kam mit einem schweren Herzfehler zur Welt, der normalerweise nach wenigen Wochen zum Tode führt (hypoplastisches Syndrom der linken Herzhälfte). In einer Xenotransplantation wurde das kranke

Herz gegen ein Pavianherz ausgetauscht. Nach zwanzig Tagen verstarb Baby Fae jedoch aufgrund von Abstoßungsreaktionen des Körpers gegen das artfremde Organ.

Baby Faes Tod löste eine ethische Diskussion aus, in der zahlreiche Fragen angeschnitten wurden. Im *Hastings Center Report* erschienen 1985 unter dem Schwerpunktthema »The Subject is Baby Fae« sechs Kommentare von Autoren unterschiedlicher Disziplinen, die den Fall von vielen Seiten beleuchteten. Im Anschluß daran folgte ein Artikel mit dem Titel »Baby Fae: ›The Anything Goes‹ School of Human Experimentation«, in dem viele Bedenken und Befürchtungen zur Sprache kamen, die auch heute nach wie vor Gegenstand der ethischen Diskussion sind.[8]

Die mit der Xenotransplantation verbundenen *tierethischen* Problemstellungen kristallisierten sich als ein spezieller Schwerpunkt in den anschließenden ethischen Diskussionen heraus. Die bereits seit den siebziger und achtziger Jahren in der Ethik intensiv geführten Diskussionen um den moralischen Status nichtmenschlicher Lebewesen hatten den Boden für eine Sensibilisierung gegenüber tierethischen Fragestellungen bereitet, die nun am Beispiel der Xenotransplantation aufgegriffen und vertieft diskutiert wurden. Nahezu jeder Beitrag zu ethisch relevanten Aspekten der Xenotransplantation nimmt bis heute zu diesem Thema Stellung. Bemerkenswert ist auch, daß nicht nur professionelle Ethiker, sondern auch an Xenotransplantation beteiligte Forscher selbst ethische Fragen unterschiedlichster Art thematisieren.

Die *medizininternen* Diskussionen um die Xenotransplantation waren jahrzehntelang vom Problem der Kompatibilität von Empfängerorganismus und Tierorgan beherrscht. Der menschliche Organismus zeigt gegenüber Tierorganen auf verschiedenen Ebenen besonders heftige *Abstoßungsreaktionen*, die zu den Problemen der anatomischen Passung zwischen Tierorgan und menschlichem Organismus noch hinzutreten.

Das *Infektionsrisiko* spielte in den medizinischen und ethischen Diskussionen Mitte der achtziger Jahre noch keine Rolle. In einem vom Council of Scientific Affairs verfaßten Überblicksartikel zur Literatur und dem damaligen Stand der Xenotransplantation aus dem Jahre 1985 wurde diese Möglichkeit im letzten Satz kurz angesprochen (Council of Scientific Affairs 1985, S. 3356).

Auch Ende der achtziger und Anfang der neunziger Jahre wurde dieses Risiko nur gelegentlich erwähnt.[9] Seit Mitte der neunziger Jahre ist es jedoch zu einem der dominanten Diskussionsthemen geworden.

Mit diesem Risiko gewinnt die Xenotransplantation auch in ethischer Hinsicht eine *neue Problemdimension*. Das Infektionsrisiko ist nicht nur ein medizinisches Problem. Seine Relevanz erstreckt sich auf alle Bereiche des privaten und öffentlichen Lebens. Es fordert die Reflexion auf unser Verständnis von Lebensqualität und unsere Verantwortung für zukünftige Generationen heraus. Zahlreiche Naturwissenschaftler haben eindringlich auf die *ethische Dimension dieses Risikos* aufmerksam gemacht. Viele von ihnen plädieren für eine umfassende Überprüfung der Xenotransplantation unter ethischen Aspekten, *bevor* die Wissenschaft schließlich Fakten geschaffen hat.[10] Dies ist als Indiz für die zunehmende Relevanz des bioethischen Diskurses in unseren Gesellschaften zu deuten.

Im folgenden werde ich die mit der Xenotransplantation verbundenen ethischen Fragen und Probleme diskutieren. Da die anwendungsbezogene Ethik von ihrem Ansatz her *interdisziplinär* ist, sind in ihr neben abstrakten Prinzipien empirische Aspekte von Wissenschaft und Lebenspraxis, theoretische und philosophische Hintergrundannahmen sowie mögliche Konsequenzen der Einführung der Xenotransplantation für unser Natur- und Menschenbild zu berücksichtigen.

In der *anwendungsbezogenen* Ethik sind *Güterabwägungen* bei der Beurteilung neuer Technologien unverzichtbar. Darunter sind nicht einfach ökonomische Kosten-Nutzen-Analysen zu verstehen, sondern Abwägungen über Vor- und Nachteile der Xenotransplantation im darüber hinausgehenden Sinne, in die *alle* von einer Entscheidung Betroffenen mit einbezogen werden, also *Menschen* und *Tiere*. Güter sind in diesem Kontext auch *Werte*, die wir für wichtig oder gar für unveräußerlich halten. Zu berücksichtigen sind daher auch die Konsequenzen der Einführung neuer Technologien für den Bereich des *Sozialen*, für unser *Menschen-* und *Naturbild*, für unser *Selbstverständnis* als *Individuum* und als *Spezies* sowie andere Aspekte.

Der allgemeine ethische Rahmen, den ich hier voraussetze, ist der einer *Verantwortungsethik*, wobei diese für mich keinen Gegensatz zu bestimmten anerkannten Prinzipien der Gesinnungsethik darstellt. Die Verantwortungsethik betrachtet die Konsequenzen wissenschaftlich-technischen Handelns unter dem Aspekt der Vereinbarkeit mit den grundlegenden ethischen Prinzipien des Respekts vor der Menschenwürde und anderen anerkannten Prinzipien. Hierzu gehören zunächst einmal die Prinzipien der biomedizinischen Ethik. Dabei handelt es sich um die Prinzipien des Respekts vor Autonomie oder Selbstbestimmung (»respect for autonomy«), der Schadensvermeidung (»nonmaleficence«), des Wohltuns oder der Fürsorge (»beneficence«) und der Gerechtigkeit oder Fairneß (»justice«).[11] Diese Prinzipien begründen sich nicht nur in der philosophischen Tradition, sondern sie liegen auch unseren Alltagsintuitionen zugrunde und werden zumindest als idealtypische Orientierungsmuster anerkannt, auch wenn ihre Realisation im einzelnen häufig problematisch ist. Das Prinzip der Achtung vor der Autonomie des Patienten betrifft unter anderem die Möglichkeit seiner freien und aufgeklärten Zustimmung zu bestimmten Behandlungsmethoden, die Achtung seiner Privatsphäre sowie die vertrauliche Behandlung bestimmter persönlicher Informationen. Die Prinzipien der Schadensvermeidung und der Fürsorge sind bereits Bestandteile des Hippokratischen Eides. Die Maxime *primum non nocere* beinhaltet nicht nur die Forderung, Schaden zu vermeiden, sondern darüber hinaus auch die der *Vermeidung unvernünftiger Risiken*. Das Gerechtigkeitsprinzip wird bei der *Allokation* auf der *Mikro-* und *Makroebene* relevant, bei der Ermöglichung des Zugangs individueller Patienten zu bestimmten Therapieformen, bei der Zuteilung finanzieller Ressourcen zum Gesundheitssystem insgesamt und bei der Auswahl der zu fördernden Behandlungsmethoden innerhalb des Gesundheitssystems. Die Prinzipien der biomedizinischen Ethik beinhalten also auch *sozialethische* Maximen.

Die Diskussion der Xenotransplantation unter tierethischen Aspekten soll sowohl unter Berücksichtigung des heute erreichten tierethischen Diskussionsstandes als auch unter Einbeziehung der übrigen ethisch relevanten Aspekte der Xenotransplantation erfolgen.

2. Ethische Problemstellungen der Xenotransplantation

Die Xenotransplantation ist im größeren Rahmen der Transplantationsmedizin zu beurteilen. Der übergeordnete Anspruch ist dabei die *Lösung des Problems des Organmangels* zwecks *Lebensverlängerung* und *Verbesserung der Lebensqualität*. Bei meiner ethischen Diskussion der Xenotransplantation werde ich mich von den beiden eingangs bereits formulierten Fragen leiten lassen: (1) Ist das Ziel der Behebung des Organmangels zwecks Lebensverlängerung und Verbesserung der Lebensqualität mittels Xenotransplantation *realisierbar*? (2) Ist Xenotransplantation ein *ethisch vertretbares Mittel* zur Lebensverlängerung und Verbesserung der Lebensqualität? Weist sie, unter ethischen Gesichtspunkten betrachtet, möglicherweise sogar Vorzüge gegenüber der Allotransplantation auf? Wie sind beide gegeneinander abzuwägen, und welche ethischen Konsequenzen ergeben sich daraus im Licht möglicher Alternativen zur Xenotransplantation und gegebenenfalls zur Transplantationsmedizin überhaupt?

Die Frage nach der *Realisierbarkeit der Zielsetzung* spielt eine entscheidende Rolle für die ethische Beurteilung der Xenotransplantation. In der anwendungsbezogenen Ethik sind, wie bereits erwähnt, *Güterabwägungen* von besonderer Relevanz. Würde sich nun herausstellen, daß die übergeordnete Zielsetzung der Xenotransplantation, die Behebung des Organmangels, nicht oder nur sehr unzureichend erfüllbar ist, so wäre gegebenenfalls schon aus pragmatischen Gründen eine Weiterentwicklung und Anwendung dieser Methode fragwürdig. Wären zudem ethische Probleme mit ihr verbunden, so würde sich im Sinne einer Güterabwägung die Frage stellen, ob es gerechtfertigt ist, in eine derart aufwendige Methode zu investieren und diese anzuwenden statt *Alternativen* nachzugehen, die in ethischer Hinsicht unbedenklicher sind. Die Frage nach der *ethischen Akzeptierbarkeit* der Xenotransplantation stellt sich jedoch auch unabhängig von deren Realisierbarkeit als einer medizinischen Technik. Steht diese Realisierbarkeit aber in Frage, so gewinnen die ethischen Argumente im Rahmen einer Güterabwägung um so mehr an Gewicht.

a) Ethische Aspekte, die den Menschen betreffen

*Zur Frage der Realisierbarkeit des Anspruchs der Xeno-
transplantation, das Problem des Organmangels zu lösen*

Im folgenden soll daher zunächst einmal nach den *Bedingungen* gefragt werden, die erfüllt sein müssen, damit sich die Zielsetzung der Behebung des Organmangels realisieren läßt. Diese sind folgende:

(1) *Angebot* und *Nachfrage* hinsichtlich der Art der benötigten Transplantate müßten einander entsprechen.

(2) Xenotransplantate müßten in der Lage sein, ihre *Funktion* mindestens ebenso gut zu erfüllen wie Allotransplantate. Andernfalls könnte man nicht von einer wirklichen Alternative sprechen.

(3) Es müßte gewährleistet sein, daß alle, die ein Transplantat benötigen, gleichberechtigten Zugang zu Xenotransplantaten haben.

Zu (1) Das Problem der Organknappheit wäre nur *in eingeschränktem Maße* gelöst, wenn nur bestimmte Organarten als Xenotransplantate zur Verfügung stünden, nicht aber *alle lebenswichtigen Organe*, an denen *akuter Mangel* besteht. Die Frage stellt sich daher, wie realistisch kurz- oder mittelfristig die Möglichkeit der Xenotransplantation von Organen ist, die in Aufbau und Funktion hochkomplex sind und über die Erfüllung rein mechanischer Funktionen hinausgehen, wie z. B. die dringend benötigten Nieren und Lebern (Hüsing 1997b). Hier ließe sich erwidern, daß es für die Rettung einzelner Menschenleben auch schon von Bedeutung ist, wenn nur eine bestimmte Organart, wie das Herz, als Xenotransplantat zur Verfügung steht und nicht alle benötigten. Da die Xenotransplantation andererseits in ethischer Hinsicht aus verschiedenen Gründen nicht unproblematisch ist, wäre unter dem Aspekt einer umfassenden, sowohl ethische als auch ökonomische Aspekte berücksichtigenden Güterabwägung zu fragen, ob es gerechtfertigt ist, für eine oder nur wenige Transplantatarten diese spezielle Alternative zur Allotransplantation zu forcieren.

Zu (2) Xenotransplantate sollen eine *kürzere Lebensdauer* als Allotransplantate haben (Nuffield Council 1996, S. 92; Winter 1997). Würde nun die Xenotransplantation als *Ersatz* zur Allotransplantation eingeführt, so wären damit wiederholte Transplantationen notwendig, die von der Medizin als sehr belastende operative Eingriffe beschrieben werden. Da eine Allotransplantation in vieler Hinsicht besser als eine Xenotransplantation wäre, würde die Xeno-

transplantation vermutlich als eine *Überbrückungstherapie*
praktiziert werden, bis ein Allotransplantat zur Verfügung
stünde. In der Literatur zur Xenotransplantation wird die
These vertreten, daß sich die Lebenserwartung von Patienten durch die Belastung einer wiederholten Operation verkürzt und daß der Körper nach der Xenotransplantation
gegen das Allotransplantat sensibilisiert sein wird (Steele/
Auchincloss 1995, S. 15) und das nachfolgende allogene Organ schneller zerstört wird (Hammer 1995, S. B-102). Stellen wir all diese Nachteile in Rechnung, so würde mit der
Xenotransplantation als Überbrückungstherapie das *Allokationsproblem* nicht gelöst, sondern es würde sich möglicherweise auf *verschärfte Weise* stellen. Denn es wird dann
darüber zu entscheiden sein, welche der auf einer Warteliste
stehenden Patienten in die privilegierte Position kommen,
das bessere Allotransplantat zu erhalten, und welche zunächst einmal das in vieler Hinsicht problematische Xenotransplantat mit allen die Lebensqualität beeinträchtigenden
Konsequenzen bekommen sollen. Eine Verschärfung gegenüber der augenblicklichen Allokationsproblematik wäre
möglicherweise deshalb gegeben, weil sich der einzelne Patient angesichts der vorhandenen Alternative zweier qualitativ unterschiedlicher Transplantate durch die Selektion degradiert fühlen könnte. Auch wäre zu fragen, nach welchen
Kriterien diese Entscheidung zu treffen wäre (Steele/Au-
chincloss 1995, S. 15).

Es ist verschiedentlich die Auffassung vertreten worden,
daß sich das Problem des Organmangels auf absehbare Zeit
nicht durch die Xenotransplantation beheben läßt, ja daß es
sich vielmehr durch Xenotransplantation zunächst einmal
noch verschärfen wird, da sich durch das »bridging« die Anzahl der Wartenden noch vergrößern wird.[12]

Hinzu kommt die Befürchtung, daß die Einführung der
Xenotransplantation zu einem *Rückgang der Spendebereitschaft* führen könnte.[13] Sollte sich Xenotransplantation
letztlich als nur eine von mehreren Alternativen zur Verlän-

gerung des Lebens innerhalb der Transplantationsmedizin erweisen und die Allotransplantation weiterhin favorisiert werden, so wäre ein Rückgang der Spendebereitschaft fatal.

Würde Xenotransplantation aber als *Ersatz* zur Allotransplantation eingeführt werden, so könnte dies neben den bereits genannten medizinischen Problemen weitere ethische Probleme mit sich bringen. Die Akzeptanz eines Tierorgans hängt beim einzelnen wesentlich von dessen kulturellem, religiösem und individuell-ethischem Hintergrund ab. Würde ein Patient ein Xenotransplantat aus prinzipiellen Gründen ablehnen, so wäre er im Falle fehlender Alternativen zur Xenotransplantation gegenüber anderen benachteiligt und in seiner Autonomie beeinträchtigt. Es wäre daher zu fragen, ob die Einführung der Xenotransplantation als Ersatzmethode zur Allotransplantation nicht die biomedizinischen Prinzipien der Patientenautonomie und der Gerechtigkeit verletzt.

Zu (3) Sollte die Xenotransplantation tatsächlich als gleichwertige Alternative zur Allotransplantation realisierbar sein, so müßten alle, die ein Xenotransplantat benötigen und dieses auch akzeptieren würden, gleichberechtigten Zugang dazu haben. Es müßte also durch das Gesundheits- und Versicherungssystem gewährleistet sein, daß niemand von der Möglichkeit der Inanspruchnahme der Xenotransplantation, etwa aus ökonomischen Gründen, ausgeschlossen ist. Andernfalls wäre das *Allokationsproblem*, dessen Lösung durch die Xenotransplantation möglich sein soll, nicht behoben.

Fragen der personalen Identität, religiöser und kulturspezifischer Überzeugungen und Reaktionen auf Xenotransplantation

Die hier angeschnittenen Fragen berühren nicht nur die ethische Problematik der Xenotransplantation, sondern ihre Einschätzung ist auch für die mögliche *Akzeptanz* dieser Transplantationsmethode in der Gesellschaft relevant.[14]

Es ist wiederholt die Frage aufgeworfen worden, ob gegen die mit der Xenotransplantation verbundene *Überschreitung von Artschranken* prinzipielle Einwände erhoben werden können und zu erwarten sind.[15] Hierzu bedürfte es unter anderem eingehender Untersuchungen über die Stellung der Hauptreligionen zur Xenotransplantation sowie Recherchen über die möglichen Auswirkungen dieser Transplantationstechnik auf die Psyche von Patienten. Eine Xenotransplantation könnte Probleme hervorrufen, die mit dem Selbstbild des Patienten und mit seiner Stellung in seinem sozialen Umfeld nach einer Xenotransplantation zu tun haben. Es sind zwei Formen möglicher *Identitätsveränderung* durch Transplantation voneinander zu unterscheiden. Zum einen hängt die Identität einer Person ganz konkret von bestimmten Hirnteilen und ihrer Funktionsweise ab, so daß es unter dem Einfluß von Veränderungen des Gehirns auch zu Identitätsveränderungen der Person kommen kann. Zum anderen ist die Identität einer Person von Selbstzuschreibungen und -deutungen mitbestimmt sowie von der Weise des Wahrgenommenwerdens durch andere in einem sozialen Kontext. Dabei spielt auch die *symbolische Bedeutung* einzelner Organe eine zentrale Rolle. In diesem Sinne ist Identität eine Konstruktion. Da es bei der Xenotransplantation nicht um identitätsverändernde Eingriffe in das menschliche Hirn geht,[16] können wir uns auf die Diskussion von Identitätsfragen der zweiten Art beschränken.

Da das Selbstbild eines Menschen von der Wahrnehmung seines Körpers mitbestimmt ist, lassen sich Identitätsprobleme durch Xenotransplantation nicht ausschließen. Allerdings wird hierbei sowohl die symbolische Bedeutung eines speziellen Organs in einer Kultur oder Religion eine Rolle spielen als auch die des Tieres, dem dieses Organ entnommen ist. Für Mitglieder von Kulturen, in denen der Hirntod und die Entnahme von Organen aus Hirntoten ein Problem darstellt,[17] könnte die Xenotransplantation eine Erleichterung und Entlastung bedeuten. Auch würden sich Gewissensbisse und Schuldgefühle erübrigen, die in dem Bewußtsein entstehen können, das eigene Leben dem Tod eines anderen, auf den möglicherweise noch gewartet wurde, zu verdanken.

In unseren pluralistischen Gesellschaften dürfte es sich als problematisch erweisen, in bezug auf diese Fragen zu einer einheitlichen Beurteilung der Xenotransplantation zu gelangen. Ebenfalls wird die tierethische Problematik, die transgene Erzeugung, Haltung und Tötung von Tieren eigens zum Zweck der Xenotransplantation, für viele einen Grund für die Ablehnung der Xenotransplantation darstellen. Ich werde hierauf in einem eigenen Abschnitt zurückkommen.

Im Falle der Einführung der Xenotransplantation halte ich es für geboten, neben der xenogenen Transplantationsmethode *Alternativen* für diejenigen bereitzuhalten, die aus den genannten Gründen Xenotransplantation ablehnen. Die rigide Festlegung auf Xenotransplantation würde den ethischen Grundsätzen des *Respekts vor Autonomie* und der *Gerechtigkeit* widersprechen.

In der Literatur ist häufig von *Chimärismus* die Rede, womit nicht nur die Überschreitung von Artgrenzen durch die xenogenen Organe gemeint ist, sondern auch die Verteilung von Tierzellen im menschlichen Organismus nach der Transplantation von Organen.[18] Das Argument des Chimärismus erscheint mir jedoch kein spezielles Problem der Xenotransplantation zu sein. Auch im Falle der Allotransplantation von Organen kann es zu einer Verteilung der Zellen des Allotransplantats im Empfängerorganismus kommen, ohne daß in diesem Fall das Identitätsproblem aufgeworfen würde. Da derartige Probleme dennoch nicht auszuschließen sind, hat der Mediziner den Patienten nicht nur über diese mit Xenotransplantation möglicherweise verbundenen Probleme aufzuklären, sondern die prä- und postoperative Betreuung hat auch eine *psychologische Betreuung* miteinzuschließen.

Ethisch relevante Aspekte des Infektionsrisikos

Das mit der Xenotransplantation verbundene Infektionsrisiko ist in der Diskussion in zunehmendem Maße in den Vordergrund getreten. Es wird nicht nur als ein naturwissenschaftliches Problem behandelt, sondern in fast allen Beiträgen zur Xenotransplantation der letzten Jahre, in denen ethische Aspekte angesprochen werden, auch unter den ethischen Problemen diskutiert. Dabei ist zu bemerken, daß vor allem die in irgendeiner Form am Projekt Xenotransplantation beteiligten Wissenschaftler hierzu Stellung beziehen. Es handelt sich also nicht um den Entwurf von Horrorszenarien durch Außenstehende, sondern um Warnungen von Experten aus Wissenschaft und Medizin.

Die Xenotransplantation birgt die Gefahr der Übertragung von Mikroorganismen (Bakterien, Viren usw.) in den menschlichen Organismus in sich, welche dort als Krankheitserreger wirksam werden können.[19] Bei der Xenotransplantation ist der menschliche Organismus diesen Erregern aus zwei Gründen besonders ausgeliefert: Um Abstoßungsreaktionen gegen das artfremde Organ zu verhindern, wird der Transplantatempfänger mit starken Immunsuppressiva behandelt, die sein Abwehrsystem schwächen, so daß im Vergleich zum gesunden Menschen schon geringe Virenmengen für die Auslösung einer Infektion ausreichen. Darüber hinaus werden die für die Transplantation verwendeten Tiere transgen verändert, indem das menschliche Gen für die Produktion menschlicher Antikomplement-Proteine in das Genom des betreffenden Tieres eingeschleust wird, so daß der menschliche Organismus das artfremde Organ als solches nicht »erkennt«. Damit haben Viren aber um so leichteren Zugang zum menschlichen Organismus, da auch sie diese Proteine in ihre Hülle einbauen und folglich vom Organismus nicht abgestoßen werden (Denner 1998). Als eine besondere Gefahr gelten *endogene Retroviren*. Im Unterschied zu den exogenen Retroviren, welche von außen in den Organismus gelangen, sind endogene Retroviren Bestandteil des Genoms eines Organismus und befinden sich in allen seinen Körperzellen. Sie werden wie Gene vererbt. Im Laufe der Evolution haben sich in den Organismenarten zahlreiche endogene Retroviren angesiedelt, die jedoch für ihren jeweiligen Wirtsorganismus nicht gefährlich sein müssen. Auch der menschliche Organismus beherbergt eine Menge endogener Retroviren. Die Übertragung endogener Retroviren von einer Spezies in eine andere birgt aber besondere Gefahren in sich. Daß sich endogene Retroviren des Pavians und des Schweins auf menschlichen Zellen in vitro vermehren können, ist nachgewiesen (Patience [u. a.] 1997). Dringt nun ein endogenes Retrovirus mit dem Xenotransplantat in den menschlichen Organismus ein und infiziert dessen Zellen, so besteht nicht nur die Gefahr der Tumorbildung, sondern auch die der Hervorrufung AIDS-ähnlicher Erkrankungen, da die meisten Retroviren immunsuppressiv wirken.[20] Weiterhin besteht die Gefahr der Virenübertragung auf andere Menschen (horizontale Infektion) und der Infizierung der Nachkommen (vertikale Infektion). Endogene Retroviren würden wie Gene an diese weitervererbt.

Wie lassen sich diese Probleme bewältigen? Zunächst einmal ist es schwierig, alle endogenen Retroviren des Wirtsorganismus aufzuspüren. Dazu bedürfte es besonderer diagnostischer Methoden, da die herkömmlichen Tests zur Aufdeckung von Viren nicht ausreichen (Schüpbach 1997). Es ist aber fraglich, daß die bisher entwickelten zusätzlichen Testmethoden zur Aufdeckung aller möglichen endogenen Retroviren ausreichen. Viren können daher als »blinde Passagiere« mit dem Xenotransplantat in den Patienten eindringen und sich in dessen Genom einnisten (Tönjes 1997).

Zweitens besteht die Möglichkeit, daß Viren erst nach einer längeren Latenzzeit aktiv werden, so daß möglicherweise bereits eine Infektion anderer stattgefunden hat. Drittens entfalten Viren ihre gefährliche Aktivität möglicherweise erst in Kombination mit Viren des Empfängerorganismus (Weiss 1998).

Sollten bei der Xenotransplantation tatsächlich Viren mit AIDS-ähnlichen Wirkungen übertragen werden, so befände sich die Transplantationsmedizin in der paradoxen Situation, eine Behandlungsmethode zur Lebensrettung und zur Steigerung der Lebensqualität einzelner Patienten zu wählen, die sich nicht nur für diese selbst als tödlich erweisen kann, sondern darüber hinaus eine Epidemie oder gar Pandemie auslösen kann. Die Perspektiven von Virologen und Mikrobiologen einerseits und die der Transplantationsmediziner andererseits scheinen hier nicht zur Deckung zu kommen:

> »The transplant surgeon can therefore sleep with a clear conscience that he is helping his patient. We microbiologists, on the other hand, wish to alert society to the more remote but possible risk of setting off a new human epidemic« (Weiss 1998, S. 328).

Fritz Bach [u. a.] beschreiben die mit der Xenotransplantation verbundene Problematik der Unsicherheit als »individual benefit versus collective risk« (Bach [u. a.] 1998). Diese Sichtweise erscheint mir jedoch in einer Hinsicht inadäquat. Auch für den *individuellen Patienten* verbinden sich mit der Xenotransplantation Gefahren und Risiken, so daß bereits hier eine Güterabwägung stattfinden muß. Ist es im Lichte der oben angeführten Prinzipien der biomedizinischen Ethik gerechtfertigt, eine Behandlungsmethode einzuführen, die beim Patienten Krankheiten auslösen kann, um deren Bekämpfung seit langem verzweifelt gerungen wird?

Wie läßt sich das mit Xenotransplantation verbundene *Infektionsrisiko* aber *ermitteln*? In der Literatur besteht weitgehend Einigkeit darüber, daß wir es bei der Xenotransplantation mit einem *realen*, wenn auch *nichtquantifizierbaren Risiko* zu tun haben. Wie bei anderen neuen Technologien greift hier der traditionelle formal-quantitative Risikobegriff zu kurz. Nach der herkömmlichen Formel wird ein Risiko als Produkt aus Eintrittswahrscheinlichkeit eines Schadens und Schadensausmaß berechnet, was eine empirische Bestimmung beider Komponenten voraussetzt.[21] Da bei neuen Technologien die Erfahrungswerte fehlen und die Gefahr oder das Risiko somit nicht quantifizierbar ist, sind wir zur Beurteilung des Risikos auf *analoge Fälle* angewiesen sowie auf *vorhandene Möglichkeiten des Experimentierens in vitro* an menschlichen Zellen. Daher wird in den Diskussionen um das mit Xenotransplantation verbundene Infektionsrisiko auf andere, bereits bekannte Vireninfektionen verwiesen. Die Einkalkulation von Worst-case-Szenarien ist somit keineswegs irrational, denn die Unsicherheit bei der Bestimmung des Risikos ist von der Sache her gegeben. Es gibt weder ausreichende diagnostische Möglichkeiten zur Identifizierung aller Retroviren noch läßt sich die Entstehung neuer Krankheitserreger durch Rekombination von Wirts- und Empfängerviren ausschließen. Es wäre zu fragen, ob die Xenotransplantationsforschung damit nicht an eine *prinzipielle Grenze* stößt, die sowohl durch die *Ethik* als auch durch die *Logik und Empirie* gesetzt wird. Ist es *ethisch vertretbar*, eine Gefährdung der Menschheit in Kauf zu nehmen, um eine vergleichsweise geringe Anzahl von Individuen mit einer Methode zu behandeln, die selbst für diese voraussichtlich mit großen Problemen verbunden sein wird? Hier wäre zu fragen, ob damit nicht gegen die Prinzipien der Schadensvermeidung, der Fürsorge und der Gerechtigkeit verstoßen würde.

Erschwerend hinzu kommt eine *Beeinträchtigung der Lebensqualität* durch die notwendige Einhaltung rigider Sicherheitsmaßnahmen zur Vermeidung des Risikos der Infektion anderer, der Angehörigen, Freunde usw. In den

Stellungnahmen zur Xenotransplantation wird immer wieder auf die Notwendigkeit eines nachoperativen »*Monitoring*«, einer langfristigen ärztlichen Aufsicht über den Patienten, hingewiesen, welche unter Umständen die Qualität einer Quarantäne hätte.[22] Zu den gesundheitlichen Problemen kommen somit massive Entbehrungen im persönlichen und sozialen Bereich hinzu. Denn diese Kontrollmaßnahmen und Restriktionen tangieren die ureigenste Privat- und Intimsphäre der Patienten und ihrer Angehörigen. Da Viren lange Zeit latent bleiben können, stellt sich zudem das Problem der Zeiträume des Monitoring. Während bei traditionellen Behandlungsmethoden in der Regel der individuelle Patient von einem experimentellen oder operativen Eingriff betroffen ist und sich das medizinethische Prinzip des »*informed consent*« auf das Verhältnis zwischen Arzt und Patient bezieht, stehen wir hier vor einer ganz anderen, neuen Situation.[23] Durch das Infektionsrisiko sind nicht nur die Angehörigen und das Pflegepersonal mitbetroffen, sondern letztlich die Bevölkerung, ja die gesamte Menschheit. Es wäre daher zu fragen, ob eine Entscheidung über die Xenotransplantation nicht nach dem *Maximin-Prinzip* zu treffen ist, wonach bei einer Entscheidung über Alternativen diejenige gewählt werden soll, »deren schlechtestmögliches Ergebnis besser ist als das jeder anderen« (Rawls 1988, S. 178 und Anm. 18a). Betrachten wir als Alternativen den Verzicht auf Xenotransplantation und deren Einführung, so ist das schlechtestmögliche Ergebnis beim Verzicht auf Xenotransplantation das Versterben der Patienten auf den Wartelisten, während bei der Einführung der Xenotransplantation in die medizinische Praxis das schlechtestmögliche Ergebnis die Auslösung einer Pandemie wäre. Damit würden jedoch weit mehr Menschen gefährdet als diejenigen, welche auf ein Transplantat warten. Doch auch bei anderen zahlenmäßigen Verhältnissen wäre zu fragen, ob es gerechtfertigt ist, Nichtpatienten dem Infektionsrisiko und damit ernsthaften Gefahren für Gesundheit und Leben auszusetzen.

Das Individualrecht auf Gesundheit und das Prinzip der Selbstbestimmung und des Respekts vor Autonomie würden verletzt, wenn Nichtpatienten ohne ihre Zustimmung diesem Risiko ausgesetzt würden und es womöglich zu einer Infektion käme.[24] Daher ist eine Beteiligung der Öffentlichkeit an den Entscheidungsprozessen pro oder contra Xenotransplantation unbedingt erforderlich.

Und es ist *logisch nicht haltbar,* auf die Sicherheit der Xenotransplantation zu schließen, wenn eine Zeitlang keine nachweisbare Infektion stattgefunden hat, da die Entstehung neuer Viren durch Rekombination nicht ausgeschlossen ist. Die Probleme, die sich bei der Bekämpfung von AIDS und Krebs stellen, sollten Grund genug sein, sich derartige Risiken vor Augen zu halten.

Hinzu kommt, daß bei dieser Beurteilung die möglichen lebensverlängernden und die Lebensqualität steigernden *Alternativen* zur Xenotransplantation und zur Transplantationsmedizin als solcher noch zu berücksichtigen sind, ebenso weitere *problematische Konsequenzen der Xenotransplantation,* wozu ihre ökonomischen, sozialen und tierethischen Kosten gehören. Auf diese Aspekte werde ich später zurückkommen.

b) Tierethische Aspekte

Da bei der Xenotransplantation Tiere eigens zum Zweck der Organgewinnung gezüchtet, transgen verändert, unter spezifisch pathogenfreien Bedingungen gehalten und schließlich getötet werden, hat sich eine intensive Diskussion um die Frage entzündet, ob die Verwendung von Tieren in diesem Zusammenhang ethisch zu rechtfertigen ist, und wenn dies der Fall ist, für welche Tiere dies zutrifft. Da Tiere keine freie Zustimmung zur Organspende geben können, wurde der Vorschlag gemacht, in diesem Kontext von »source animals« statt von »donor animals« zu sprechen.

Ich werde hierfür im folgenden den Ausdruck »xenogene Nutztiere« verwenden, um damit zu verdeutlichen, daß Tiere hier eigens zum Zwecke der xenogenen Transplantation verbraucht werden sollen.

Die Beurteilung der Verwendung xenogener Nutztiere vor dem Hintergrund der aktuellen tierethischen Diskussion

Die allgemeine tierethische Diskussion der Gegenwart, die insbesondere durch die Arbeiten von Peter Singer und Tom Regan ausgelöst wurde, ist ausführlicher Gegenstand anderer Beiträge dieses Sammelbandes.[25] Obwohl diese Diskussion keineswegs entschieden und beendet ist, läßt sich doch vorläufig das folgende Ergebnis als wichtigstes Resultat der Diskussion über den moralischen Status von Tieren[26] zusammenfassen: Die lange Zeit gängige Annahme der moralischen Relevanz von Speziesgrenzen zwischen dem Menschen und nichtmenschlichen Lebewesen ist fragwürdig geworden, wie auch die Einführung des Begriffs »Speziesismus« in die Diskussion zeigt. Tiere können heute nicht mehr ohne erheblichen argumentativen Aufwand als Objekte menschlicher Instrumentalisierung betrachtet werden. Auch diejenigen, welche *ausschließlich* für den Menschen und für *alle* Menschen einen moralischen Status in Anspruch nehmen, der in Abgrenzung vom Tier dessen Schutzwürdigkeit begründen soll, müssen Kriterien angeben, an welchen diese Schutzwürdigkeit festzumachen ist. Sind es bestimmte Eigenschaften wie Empfindungsfähigkeit, das Interesse an Wohlbefinden u. a., so werden damit auch viele nichtmenschliche Lebewesen in die Schutzwürdigkeit eingeschlossen. Werden die Kriterien dagegen so eng gewählt, daß sie alle nichtmenschlichen Lebewesen ausschließen sollen (Sprachfähigkeit, Abstraktionsfähigkeit auf höchstem Niveau usw.), so fallen auch zahlreiche Menschen, die zu den sog. Grenzfällen gehören, aus dem Schutzbereich heraus. Die in der Literatur diskutierte Konsequenz ist die

Alternative, entweder nichtmenschliche Lebewesen vor Experimenten zu bewahren oder aber auch Menschen, die diesen Grenzfällen zuzuordnen sind, in Experimenten zu verwenden. Diejenigen, für welche letzteres ethisch nicht akzeptabel ist, haben auch dem Tier einen moralischen Status zuzusprechen, der es vor fremdnütziger Verwendung bewahrt. Das Argument vom menschlichen Grenzfall (»marginal case argument«)[27] verdeutlicht damit besonders prägnant den Stand der gegenwärtigen Diskussion.

Selbst wenn wir annehmen, daß die Interessen oder gar Rechte von Tieren gleicherweise wie die von Menschen zu berücksichtigen sind, bedeutet dies nicht, daß Menschen und Tiere im Einzelfall auch auf gleiche Weise zu behandeln sind. Dies gilt sowohl im utilitaristischen Ansatz von Peter Singer als auch im erweiterten kantischen Rahmen des Tierrechtlers Tom Regan, der für Tiere einen inhärenten Wert anerkennt. Im Konfliktfall scheinen unsere Alltagsintuitionen für den Menschen zu sprechen. Tom Regan diskutiert dieses Argument als den »lifeboat case«-Einwand. Wären Tier und Mensch tatsächlich in allen Situationen gleich zu behandeln, müßte dann nicht in einer Konfliktsituation, in der eine Entscheidung zwischen Leben und Wohl des Menschen und dem des Tieres zu treffen ist, gewürfelt werden, wer von beiden verschont bleibe? Wenn z. B. nach einem Schiffsunglück vier Personen und ein Hund gerettet werden können, welche alle denselben Raum ausfüllen, im Rettungsboot jedoch nur für vier von ihnen Platz ist, müßte es nach nichtspeziesistischer Auffassung nicht ungerecht sein, sich gegen das Tier zu entscheiden? Regan weist dieses Argument zurück, indem er aus dem Prinzip der Achtung vor dem inhärenten Wert *aller* beteiligten Individuen einschließlich des Hundes ein Prinzip ableitet, das er als »*worse-off principle*« bezeichnet. Dieses besagt, daß in Fällen, in denen der *Schaden* für die beteiligten Individuen *nicht vergleichbar*, da unterschiedlich groß ist, die Rechte desjenigen Individuums, welches einen größeren Schaden davontragen würde, den Rechten des anderen übergeordnet sind. Der Tod von M wäre z. B. ein größerer Schaden als die Migräne von N, so daß im Konfliktfall ersteres zu verhindern wäre (Regan 1985, S. 309).

Nach Regan gilt dieses Prinzip unabhängig von der *Anzahl* der Betroffenen, so daß im Konfliktfall der Tod eines Individuums eher zu verhindern wäre als die Migräne von Hunderten. In Anwendung auf den »lifeboat case« bedeutet dies, daß zwar alle im Boot denselben inhärenten Wert haben und dasselbe Prima-facie-Recht, nicht zu Schaden zu kommen. Da jedoch das Schadensausmaß, das jemandem durch den Tod zugefügt wird, nach Regan von den Möglichkeiten der Lebenserfüllung (»opportunities for satisfaction«) abhängt, die durch den Tod vereitelt werden, wäre der Tod für jeden der vier Menschen ein größeres Übel als für den Hund. Daher wäre nach Regan der Hund zu opfern. Gleichwohl konfligiert diese Opferung seines Erachtens nicht mit der Anerkennung der Gleichwertigkeit seines inhärenten Wertes und seines Prima-facie-Rechtes, nicht geschädigt zu werden.

Anwendung auf das Beispiel der Xenotransplantation

Läßt sich mit Hilfe dieses Prinzips der Tierverbrauch für die Xenotransplantation rechtfertigen? Dies ist meines Erachtens aus folgenden Gründen nicht möglich: Erstens ist das »lifeboat case«-Beispiel so konstruiert, daß es keinerlei Alternativen gibt als die Wahl, einen Menschen oder das Tier zu opfern. Diese Entscheidung ist also unentrinnbar. Da die Alternativen zur Xenotransplantation und zur Allotransplantation jedoch längst nicht ausgeschöpft sind, liegt hier kein »lifeboat case« vor. Zweitens besteht beim »lifeboat case«-Beispiel keinerlei Risiko für die menschlichen Individuen, daß sie durch die Lebensrettung zu Schaden kommen könnten. Vielmehr wird davon ausgegangen, daß ihr Leben reich und erfüllt ist. Dies trifft jedoch für die Betroffenen nach einer Xenotransplantation nicht zu. Auch Virologen gehen von einem Infektionsrisiko und der Möglichkeit einer Pandemie aus. Der Tierverbrauch für die Xenotransplantation ist also im größeren Rahmen einer Güterabwägung zu beurteilen. Drittens – und hier scheint die Grenze des Beispiels besonders deutlich zu werden – diskutiert Regan später unter Zuhilfenahme einer Variante des »lifeboat case«-Beispiels selbst die Frage, ob Tierexperimente für Forschungszwecke zu rechtfertigen sind, und kommt zu dem Ergebnis, daß auf verfügbare Alternativen zurückzugreifen ist bzw. nach solchen zu suchen ist (Regan 1985, S. 386 f.).

Auch wenn in der Literatur in bezug auf Tiere kein strenges Tötungsverbot formuliert wird, so wird generell doch anerkannt, daß ihnen ein moralischer Status zukommt, der ihre beliebige Instrumentalisierung verbietet. Die Interessen und Bedürfnisse von Tieren sind auch um der Tiere selbst willen zu berücksichtigen, unabhängig von externen menschlichen Nützlichkeitserwägungen. Viele Autoren bedauern daher die Verwendung von Tieren auch dort, wo dies der letzte Ausweg zu sein scheint.[28] Der vorherrschende Tenor in der Literatur zu den tierethischen Aspekten der Xenotransplantation ist daher ein Plädoyer für die sorgfältige Überprüfung möglicher *Alternativen* zur Xenotransplantation. Die ethische Begründungslast liegt auf der Seite derjenigen, welche Xenotransplantation favorisieren. Sie haben zu beweisen, daß es bei der Xenotransplantation um Leben und Tod geht (Rothman 1989, S. 333).[29]

Kritische Diskussion der Auswahlkriterien für xenogene Nutztiere

Obwohl sich Primaten aufgrund ihrer evolutionären Nähe zum Menschen in mancher Hinsicht besser als andere Tierarten für die Xenotransplantation eignen würden, wird dieses Kriterium im allgemeinen angeführt, um ethische Bedenken gegen die Verwendung von Primaten zu begründen. Allerdings erscheint es vielen als ethisch akzeptabel, sie für klinische Versuche zur Erprobung der Xenotransplantation in Anspruch zu nehmen. Diese Praxis erscheint mir nicht nur inkonsistent, sondern angesichts der bereits angeführten ethischen Bedenken fragwürdig, zumal die am »Tiermodell« gewonnenen Ergebnisse nur bedingt aussagekräftig und auf den Menschen übertragbar sind. Die in der Xenotransplantation und anderen Forschungsbereichen zum Ausdruck kommende Einstellung zu nichtmenschlichen Lebewesen ist von *theoretischen und moralischen Doppelstandards* geprägt. Einerseits wird heute allgemein anerkannt, daß der Mensch mit den übrigen Lebewesen in einem Evolutionszusammenhang steht und daß Tiere über kognitive und soziale Kompetenzen sowie über Leidensfähigkeit verfügen, die ihre Instrumentalisierung verbieten sollten. Andererseits wird gerade von dieser Ähnlichkeit zwischen dem Menschen und anderen Wirbeltieren, insbesondere Säugetieren, profitiert, um sie für Versuchszwecke und als xenogene Nutztiere in Anspruch zu nehmen.

Da die Verwendung von Primaten als xenogene Nutztiere aus ethischen Gründen abgelehnt wird, konzentriert man sich nun auf andere potentielle Organquellen, wobei sich die Forschung hier auf Schweine konzentriert. Ein häufig angeführtes Argument zur Rechtfertigung dieser Praxis und zur Begründung der gesellschaftlichen Akzeptanz der Xenotransplantation unter tierethischen Aspekten ist der Hinweis darauf, daß Schweine seit langem als Nutztiere zu Nahrungszwecken dienen.[30] Neben dem »present usage«-Argument sind noch zwei andere, in der Öffentlichkeit weit verbreitete Argumente angeführt worden, die erwarten lassen, daß die Verwendung von Schweinen für Xenotransplantation nicht auf öffentliche Kritik stoßen wird: das »just-pigs«-Argument und das »human-life-and-health priority«-Argument (Hilhorst 1996, S. 29).

Ganz unabhängig von der zu erwartenden gesellschaftlichen Akzeptanz wäre nach der Haltbarkeit dieses Argumentes unter tierethischen Aspekten zu fragen. Gerade die heute übliche Form der Nutztierhaltung ist in dieser Hinsicht problematisch, und eine neue Technologie läßt sich nicht mit einer zur Gewohnheit gewordenen, aber nichtsdestoweniger ethisch fragwürdigen Praxis rechtfertigen. Hinzu kommt, daß das »just-pigs«-Argument unter biologischen Gesichtspunkten nicht greift. Auch Schweine gelten als hochsensible, intelligente und gesellige Tiere. Daher ist zu erwarten, daß die artfremde Haltung der Schweine unter spezifisch pathogenfreien Bedingungen Leiden und zumindest große Entbehrungen und dauerhaftes Unwohlsein für sie hervorruft. Dies sowie die Züchtung und Tötung der Tiere zum Zwecke der Xenotransplantation wäre daher kritisch zu hinterfragen. Im Nuffield Council Report findet sich das Argument, daß es angesichts der beim Schwein anzutreffenden, mit denen von Primaten vergleichbaren kognitiven, psychischen und sozialen Eigenschaften von einem »sentimental anthropomorphism« zeugt, »to limit reservations to those species closest to human beings« (Nuffied Council Report 1996, S. 47). Die Willkür in der Abgrenzung von Primaten und Schweinen wird hier zu Recht kritisiert. Als konsequente Schlußfolgerung würde sich jedoch eine andere als die von den Autoren gezogene anbieten: Statt Primaten für Forschungszwecke zu akzeptieren, wäre zu fragen, ob das Verbot der Instrumentalisierung nicht auch für Schweine gilt.

Als wichtigstes Ergebnis der tierethischen Diskussion gilt es festzuhalten, daß Vertreter anthropozentrischer und nichtanthropozentrischer Ansätze gleicherweise nicht um Güterabwägungen herumkommen. Da in einem anthropozentrischen Ansatz die *Menschenwürde* in jedem Fall dem Wert des Tieres übergeordnet wird, ist in einer beide Ansätze der Ethik überprüfenden Argumentation an *erster Stelle* zu fragen, ob die Xenotransplantation mit der Idee der Menschenwürde vereinbar ist, d. h. ob unter der Voraussetzung der Menschenwürde als höchstem Gut Xenotransplantation ethisch akzeptabel und wünschbar ist. Dabei müßten in einer Güterabwägung die Einwände berücksichtigt werden, die bereits in Abschnitt 2a) ausführlich diskutiert wurden. Es wäre daher zu fragen, ob es der Eigenwertigkeit eines jeden Menschen und damit seiner Menschenwürde nicht widerspricht, mit einer Methode behandelt zu werden, die die beschriebenen Risiken und negativen Konsequenzen beinhaltet. Unter der Voraussetzung einer umfassenden Güterabwägung wäre im *zweiten Schritt* zu fragen, ob es von daher nicht auch den inzwischen anerkannten tierethischen Prinzipien widerspricht, Tiere zum Zweck der Xenotransplantation zu verbrauchen. Auch *innerhalb* eines *anthropozentrischen* Beurteilungsrahmens läßt sich diese Art der Verletzung tierlicher Interessen oder gar Rechte also nicht unbedingt rechtfertigen.

Daneben gibt es noch weitere, außertierethische Gesichtspunkte bei der ethischen Beurteilung der Xenotransplantation, auf die ich nun zu sprechen komme.

3. Allokationsproblematik und Alternativen

Im Rahmen einer Güterabwägung ist auch die Frage zu stellen, inwieweit durch Forschung und Entwicklung der Xenotransplantation andere, ebenfalls wichtige und erfolgversprechende Entwicklungen in diesem Bereich behindert oder vereitelt werden. Zu diesen gehören nach Auffassung des im vergangenen Jahr verstorbenen Transplantationsmediziners Pichlmayr die *Gentherapie*, die *Prophylaxe von Erkrankungen*, die Herstellung künstlicher Organe, hier vor allem das *Bioengineering*, worunter die Produktion bioartifizieller Organe zu verstehen ist, die eine Synthese aus artifiziellen und menschlichen, im besten Fall eigenen Zellen darstellt (Pichlmayr 1997, S. 11).[31] Ein Großteil des Organmangels ließe sich beheben, wenn es gelänge, die zu ihrem Versagen führenden Krankheiten im Frühstadium aufzuhalten oder zu heilen (Frick 1997). Hier würde sich also eine Erforschung dieser Krankheiten mit Hinblick auf eine kurative Therapie anbieten. Auch Untersuchungen zur Erforschung der Gründe für die mangelnde *Spendebereitschaft* und zur Erhöhung ihrer Motivation gehören zu den Alternativen.

In derartige Überlegungen sind auch die *Zeitdimensionen* einzubeziehen, die noch für die Entwicklung der Xenotransplantation zu einer sicheren und unproblematischen Methode erforderlich wären und mit entsprechenden Zeitperspektiven alternativer Forschungen zu vergleichen. In die Kalkulation der Zeithorizonte für die Xenotransplantation müssen auch Überlegungen eingehen, die sich auf das Problem der Infektionsrisiken beziehen. Angesichts der im 2. Abschnitt angestellten Überlegungen scheint mir eine Abschätzung der Zeiträume, innerhalb derer sich dieses Risiko bewältigen läßt, aber nicht möglich zu sein. Es wäre daher zu fragen, ob nicht auch unter diesem Aspekt die Suche nach Alternativen so stark wie möglich zu forcieren wäre.

Einige der zur Zeit diskutierten prospektiven Perspektiven der Transplantationsmedizin bedürften einer eigenen ethischen Bewertung. Hierzu gehört die Züchtung von Organen aus *embryonalen Stammzellen*. Diese würde eine ganze Reihe ethischer Fragen aufwerfen, welche bereits in anderen Kontexten diskutiert werden. Die Züchtung von Organen aus den *somatischen Stammzellen* eines bzw. des eigenen Organismus erscheint mir – zumindest auf·den ersten Blick – ethisch unproblematisch. Falls es aber tatsächlich möglich ist, Organismen nach der Methode zu klonen, der das Schaf Dolly sein Leben verdanken soll, so wären die Grenzen zwischen somatischen und embryonalen Stammzellen fließend. Denn wenn es möglich ist, auch aus einer Körperzelle bei entsprechender Herstellung der Ausgangsbedingungen einen Gesamtorganismus entstehen zu lassen, muß darüber diskutiert werden, unter welchen Bedingungen sich die Frage nach dem moralischen Status einer Zelle stellt. Eine ethische Diskussion derartiger Alternativen kann jedoch nicht Gegenstand dieses Beitrages sein.

Immer müßte aber die Frage gestellt werden, wie sich derartige Entwicklungen auf unser Natur- und Menschenbild auswirken und dieses langfristig mitprägen. Auch im Hinblick auf die Xenotransplantation ist die meines Erachtens berechtigte Befürchtung geäußert worden, daß Tiere in weitaus größerem Maße als bisher als *Ressourcen* für den Menschen betrachtet werden und sich die Einstellung gegenüber der Natur, als reines Instrument menschlicher Bedürfnisbefriedigung dienen zu müssen, verstärken wird. Da jedoch gerade diese Anspruchshaltung zu unseren ökologischen Krisensituationen geführt hat, ist die Forcierung einer derartigen Grundhaltung unter ethischen und pragmatischen Aspekten problematisch.

Die Frage nach möglichen Alternativen ist nicht nur unter Aspekten der Sicherheit und Funktionalität relevant, sondern auch in bezug auf das *Allokationsproblem*, welches sich auf der Mikro- und Makroebene stellt. Es wäre zu fragen, welche Kosten durch die Xenotransplantation auf das Gesundheitswesen zukommen würden, die vermutlich zu Einbußen an anderen Stellen führen würden. Auch würde sich die Kluft zwischen den armen und reichen Ländern vertiefen und das Problem des Organhandels möglicherweise noch verschärfen. Eine mögliche Konsequenz der Xenotransplantation, die im Nuffield Council Report thematisiert und befürchtet wird, ist der Rückgang der Bereitschaft zur Organspende. Wenn Xenotransplantation aber kein Ersatz, sondern Bestandteil einer ganzen Reihe von Strategien zur Behandlung des Organversagens werden soll, zu der nach wie vor die Allotransplantation gehört, wäre dies fatal.

4. Schlußbemerkungen

Nach dem bisherigen Forschungsstand ist nicht davon auszugehen, daß durch Xenotransplantation das Problem des
Organmangels lösbar wird. Mit der traditionellen Allotransplantation wurden im Laufe ihrer dreißigjährigen Geschichte zahlreiche ethische Probleme aufgeworfen (z. B.
Hirntodproblematik,[32] Allokationsprobleme). Diese ließen
sich möglicherweise nur lösen, wenn die Xenotransplantation als reale Alternative, als Ersatz zur Allotransplantation,
eingeführt würde. Allerdings wirft die Xenotransplantation
neue, nicht minder schwerwiegende ethische Probleme auf.
Ob sie ein adäquates Mittel der Lebensverlängerung und
Lebensverbesserung darstellt, erscheint angesichts der diskutierten Probleme beim gegenwärtigen Stand der Forschung fragwürdig. Daher sollte die Suche nach unproble-
matischeren Alternativen motiviert und unterstützt werden.

Anmerkungen

An dieser Stelle danke ich allen, die mich durch Gespräche, Litera-
turhinweise und -materialien bei meiner Arbeit an diesem Aufsatz
unterstützt haben. Hierzu gehören insbesondere Prof. Dr. Gotthard
M. Teutsch (Päd. Hochschule Karlsruhe, Bayreuth), Dr. Klaus Korn
(Institut für klinische und molekulare Virologie, Erlangen), Prof.
Dr. W. Scharmann (Bundesinstitut für gesundheitlichen Verbrau-
cherschutz und Veterinärmedizin, Berlin), Prof. Dr. Reinhard Kurth
(Paul-Ehrlich-Institut für Sera und Impfstoffe, Langen, und Ro-
bert-Koch-Institut, Berlin), Dr. Joachim Denner und Dr. Ralf
R. Tönjes (Paul-Ehrlich-Institut, Langen). Meine Mitarbeit am Pro-
jekt »Technologiefolgen-Abschätzung Xenotransplantation« (März
1997 bis März 1998) in der Projektgruppe des Fraunhofer Instituts
Systemtechnik und Innovationsforschung ISI (Karlsruhe) unter der
Leitung von Frau Dr. Bärbel Hüsing, das im Auftrage des TA-
Programms des Schweizerischen Wissenschaftsrates durchgeführt
wurde, ist diesem Aufsatz in besonderem Maße zugute gekommen.

Er ist eine kürzere und modifizierte Fassung meines Beitrages im Projektgesamtbericht (Hüsing/Engels/Frick/Menrad/Reiß 1998). In den Sitzungen der TA-Projektgruppe und -Begleitgruppe »Xenotransplantation« beim Schweizerischen Wissenschaftsrat (Bern), die unter der Leitung von Dr. Sergio Bellucci, Prof. Dr. Thomas Leisinger und Dr. Adrian Rüegsegger stattfanden, hatte ich die Gelegenheit, Thesen meiner Arbeit zur Diskussion zu stellen. Nicht zuletzt danke ich meinen Mitarbeiterinnen und Mitarbeitern Frau Dr. Luminita Göbbel, Frau Dipl.-Biol. Silke Schicktanz, Herrn Frank Meixner und Herrn Jens Clausen, die mich zu verschiedenen Zeiten durch bibliographische Arbeiten und Literaturbeschaffung unterstützt haben. Frau Esme Winter danke ich für ihre Hilfe beim Korrekturlesen.

1 Der Begriff »Patient« wird im folgenden beide Geschlechter einschließen.
2 Zum Problem des Organhandels siehe Fuchs 1996.
3 Als Überblicksdarstellungen siehe Taniguchi/Cooper 1997; Marino/Doyle/Nour/Starzl 1997; Nuffield Council 1996, S. 27.
4 Für die Abstoßungsreaktionen, welche sich auf den verschiedenen Ebenen des Organismus vollziehen, wird in der Literatur eine evolutionstheoretische Erklärung angeboten (Hammer 1989 und 1997a; Institute of Medicine 1996; Frick 1997). Zur ethischen Relevanz dieses Argumentes siehe Engels 1998.
5 Siehe hierzu die Beiträge in Teil X »Clinical Experience« des Sammelbandes von Cooper/Kemp/Platt/White 1997; Institute of Medicine 1996, S. 7 f.; ebenso den Artikel des Editorial in *Nature Medicine* 3 (1997), Heft 9, S. 935.
6 Vgl. etwa die *Draft Public Health Service Guideline* vom August 1996: »Xenograft products do not include nonliving animal products, many of which are regulated as devices (porcine heart valves), drugs (porcine insulin), and other biologicals (bovine serum albumin).«
7 Erwähnt seien hier für Großbritannien die Ergebnisse des Nuffield Council on Bioethics von 1996 und der *Report of the Advisory Group on the Ethics of Xenotransplantation* unter der Leitung von Ian Kennedy von 1996, erschienen 1997, welcher die britische Regierung dazu veranlaßte, ein vorläufiges Verbot der Xenotransplantation am Menschen auszusprechen. Im Januar 1997 erfolgte »The Government Response«, eine Stellungnahme

zum Kennedy-Report. Für die Europäische Gemeinschaft sind die Empfehlungen der Minister des Europarates Nr. R (97) 15 vom 30. September 1997 sowie der Bericht von Michael Alivertis »Xenotransplantation. State of the Art« vom März 1997 zu nennen. Für die Schweiz siehe den Bericht von Hüsing [u. a.] 1998, der als Basis zur Information einer breiteren Öffentlichkeit dienen und einen Beitrag zur Gesetzgebung im Bereich Transplantationsmedizin leisten soll. Für die USA sind der Bericht des Institute of Medicine, Committee on Xenograft Transplantation: *Ethical Issues and Public Policy* von 1996 (mit Anhang 126 Seiten) und vom Public Health Service die *Draft Public Health Service (PHS) Guideline on Infectious Disease* zu nennen. Empfehlungen der WHO sind zur Zeit in Arbeit. Auch die Organisation for Economic Cooperation and Development (OECD) legte 1996 einen Bericht vor. Einige maßgeblich an Grundlagenforschungen zur Xenotransplantation beteiligte Wissenschaftler unter der Leitung von Fritz H. Bach und Harvey V. Fineberg forderten im Januar 1998 ein Moratorium für die Xenotransplantation beim Menschen. Fishman, Mitautor dieser Forderung, hat sich inzwischen davon distanziert und glaubt nun, daß die potentiellen Vorteile der Xenotransplantation eine Rechtfertigung für »cautious advances of such studies« bieten (Fishman 1998). In Deutschland richtete die Fraktion Bündnis 90 / DIE GRÜNEN im Oktober 1997 eine kleine Anfrage zur Xenotransplantation (29 Fragen) an die Bundesregierung. Gegen die Xenotransplantation haben sich verschiedene Tierschutzgesellschaften ausgesprochen, so die Dutch Society for the Protection of Animals und die britische Gesellschaft Uncaged Campaigns.

8 Die Autoren der Artikel zum Thema »The Subject is Baby Fae« im *Hastings Center Report* (Februar 1985) sind Alexander Morgan Capron, Tom Regan, Keith Reemtsma, Richard Sheldon, Richard A. McGormick, Albert Gore und George J. Annas (siehe Literaturverzeichnis). Im Artikel von R. A. Wright 1991 sind zahlreiche weitere Beiträge zum Thema »Baby Fae« aufgeführt.

9 So etwa von Hammer 1989, S. 122 und 1991.

10 Siehe z. B. Bach [u. a.]. 1998; Daar 1997; Pichlmayr 1997; Weiss 1998 sowie die Hinweise in Hammer 1996.

11 Diese Prinzipien werden ausführlich von Beauchamp und Childress unter Berücksichtigung der philosophischen Traditio-

318   *Eve-Marie Engels*

nen und unserer Alltagsintuitionen diskutiert (Beauchamp/
Childress 1994). In einigen Beiträgen zur ethischen Beurteilung
der Xenotransplantation werden sie erwähnt bzw. finden sie
Anwendung, so z. B. bei Mepham/Moore/Crilly 1996, bei
Wright 1991 und bei de Ortúzar / Soratti / Velez 1997. Zur Diskussion dieser Prinzipien allgemein und zu verschiedenen Problemstellungen der Medizinethik siehe den instruktiven Beitrag
von Schöne-Seifert 1996.

12 Nuffield Council 1996, S. 92 f.; OECD 1996, S. 15; Hammer
   1995, S. B-101; Hammer 1996, S. 375.

13 So z. B. Nuffield Council 1996, S. 106 f., 121; Daar 1997, S. 978 f.

14 Siehe Mohacsi/Blumer [u. a.] 1995, S. 434 als Antwort auf
   Reemtsma 1990, S. 1043.

15 Religiöse, kulturelle und psychologische Aspekte werden u. a.
   thematisiert in Fullbrook/Wilkinson 1996; Hammer 1997b;
   Nuffield Council 1996; Pichmayr 1997; Veatch 1986.

16 In wissenschaftlichen Beiträgen zur Xenotransplantation gibt es
   derzeit keine Hinweise darauf, daß die xenogene Transplantation identitätsrelevanter Hirnteile als attraktive und realistische
   Option der Transplantationsmedizin betrachtet wird. Hammer
   erklärt bestimmte Eingriffe für tabu, wozu für ihn auch die xenogene Hirntransplantation gehört (Hammer 1997b, S. 769). Da
   andererseits selbst die Frage, inwieweit im Anschluß an eine *Al-
   lo*transplantation dopaminproduzierender Neuronen Persönlichkeitsveränderungen auftreten können (vgl. den Beitrag von
   Elisabeth Hildt in diesem Band), bislang nur äußerst selten thematisiert wurde, gibt es hier Diskussions- und Klärungsbedarf.

17 Die kulturellen Probleme, die sich mit dem Hirntodverständnis
   verbinden können, haben Lock und Honde am Beispiel Japans
   dargestellt (Lock/Honde 1990).

18 Vgl. hierzu z. B. Koechlin 1996.

19 Siehe hierzu die Arbeiten von Reiprich [u. a.] 1997; Patience
   [u. a.] 1997; Tönjes 1997, 1998; Weiss 1998; Denner 1998; Schüpbach 1998 sowie das Gutachten von Thomas Frick 1997.

20 Das AIDS auslösende HIV gehört zu den exogenen, d. h. von außen kommenden Retroviren. Immunsuppression wird aber sowohl von exogenen als auch von endogenen Retroviren ausgelöst (Denner 1998).

21 Siehe Banse/Bechmann 1998, S. 28 ff.

22 So z. B. bei Bach [u. a.] 1998; Daar 1997; McCarthy 1995.

23 Vgl. Daar 1997; McCarthy 1995.

24 Zur »Ethik des Risikos« siehe auch Nida-Rümelin 1996b.

25 Siehe insbesondere die Beiträge von Jean-Claude Wolf und Konrad Ott.

26 Siehe hierzu z. B. DeGrazia 1991; Donnelley/Nolan 1990; Krebs 1997 b; Wolf 1990; Wolf 1992.

27 Dieses Argument wird u. a. diskutiert bzw. erwähnt in Baertschi 1996; Caplan 1992; DeGrazia 1991; Frey 1996; McCarthy 1995; Nelson 1993; Singer 1992.

28 Beispielhaft hierfür siehe die Argumentation von Baertschi 1996 und sein Ergebnis (S. 294).

29 Vgl. auch Baertschi 1996; Cartwright 1991, S. 525 f. und Veatch 1986.

30 Dieses Argument wird diskutiert bzw. angeführt in Caplan 1992; Hilhorst 1996; McCarthy 1995; Mepham [u. a.] 1996; Nuffield Council Report 1996; Sanfilippo 1989.

31 Vgl. auch Daar 1997, S. 978; Frick 1997.

32 Siehe hierzu den Beitrag von Stephan Rixen.

Literatur

Ach, Johann S. / Quante, Michael (Hrsg.): Hirntod und Organverpflanzung. Ethische, medizinische, psychologische und rechtliche Aspekte der Transplantationsmedizin. Stuttgart-Bad Cannstatt 1997.

Ach, Johann S.: Ersatzteillager Tier. In: J. A. / Michael Quante (Hrsg.) 1997. S. 291–312.

Advisory Group on the Ethics of Xenotransplantation: Animal Tissue into Humans. A Report. [1996]. Leitung: Ian Kennedy. Norwich 1997.

Alivertis, Michael: Xenotransplantation. State of the Art. Report for the Steering Committee on Bioethics (CDBI). Council of Europe, Straßburg, 6. März 1997.

Allan, Jonathan S.: Xenotransplantation at a Crossroads: Prevention versus Progress. In: Nature Medicine 2 (1996), Heft 1, S. 18–21.

Annas, George J.: Baby Fae: The »Anything Goes« School of Human Experimentation. In: The Hastings Center Report (Februar 1985), S. 15–17.

Anon.: Xenotransplant Risks To Be Aired at Forum. In: Science 275 (Februar 1997), Heft 7, S. 743.

Bach, Fritz H. / Fishman, J. A. / Daniels, N. / Proimos, J. / Anderson, B. / Carpenter, C. B. / Forrow, L. / Robson, S. C. / Fineberg, H. V.: Uncertainty in Xenotransplantation: Individual Benefit versus Collective Risk. In: Nature Medicine 4 (1998), Heft 2, S. 141–144. [Zit. als: Bach, u. a., 1998a.]

– / Forrow, L. / Daniels, N. / Fineberg, H. V.: Reply. In: Nature Medicine 4 (1998), Heft 4, S. 372 f. [Zit. als: Bach, u. a., 1998b.]

Baertschi, Bernard: Les Xénogreffes et le Respect de l'Animal. In: International Journal of Bioethics 7 (1996), Heft 4, S. 289–295.

Banse, Gerhard / Bechmann, Gotthard: Interdisziplinäre Risikoforschung. Eine Bibliographie. Opladen/Wiesbaden 1998.

Beauchamp, Tom L. / Childress, James F.: Principles of Biomedical Ethics. 4. Aufl. New York / Oxford 1994. [1. Aufl. 1979.]

Beckmann, Ian P.: Xenotransplantation. Ethische Fragen und Probleme. Europäische Akademie zur Erforschung von Folgen wissenschaftlich-technischer Entwicklungen. Bad Neuenahr-Ahrweiler 1997. (Graue Reihe. Nr. 7.)

Bondolfi, Alberto / Lesch, Walter / Pezzoli-Olgiati, Daria (Hrsg.): »Würde der Kreatur«. Essays zu einem kontroversen Thema. Zürich 1997.

Bonß, Wolfgang: Vom Risiko. Unsicherheit und Ungewißheit in der Moderne. Hamburg 1995.

Caplan, Arthur L.: Is Xenografting Morally Wrong? In: Transplantation Proceedings 24 (1992), Heft 2, S. 722–727.

Capron, Alexander Morgan: When Well-Meaning Science Goes Too Far. In: The Hastings Center Report (Februar 1985), S. 8 f.

Cartwright, W.: The Ethics of Xenografting in Man. In: Walter Land / John B. Dossetor (Hrsg.): Organ Replacement Therapy: Ethics, Justice, Commerce. First Joint Meeting of ESOT and EDTA / ERA. München Dezember 1990. Berlin / Heidelberg / New York 1991. S. 519–527.

Chadwick, Ruth / Schüklenk, Udo: Organ Transplants and Donors. In: Encyclopedia of Applied Ethics 3 (1998), S. 393–398.

Chapman, Louisa E. / Folks, Thomas M. / Salomon, Daniel R. / Patterson, Amy P. / Eggerman, Thomas E. / Noguchi, Philip D.: Xenotransplantation and Xenogeneic Infections. In: The New England Journal of Medicine 333 (1995), Heft 22, S. 1498–1501.

Chiche, Laurence / Adam, René / Caillat-Zucman, Sophie / Castaing, Denis / Bach, Jean François / Bismuth, Henri: Xenotransplantation: Baboons as Potential Liver Donors? In: Transplantation 55 (1993), Heft 6, S. 1418-1421.

Cooper, D. K. C. / Kemp, E. / Reemtsma, K. / White, D. J. G. (Hrsg.): Xenotransplantation. The Transplantation of Organs and Tissues between Species. Berlin / Heidelberg / New York 1991.

Cooper, D. K. C.: Xenotransplantation: Benefits, Risks and Regulation. In: Annals of Royal College of Surgeons of England 78 (1996), S. 92–96.

– / Kemp, E. / Platt, J. L. / White, D. J. G. (Hrsg.): Xenotransplantation. The Transplantation of Organs and Tissues between Species. 2. Aufl. Berlin / Heidelberg / New York 1997. [¹1991.]

Council of Europe: Recommendation No. R (97) 15 of the Committee of Ministers to Member States on Xenotransplantation. 30. September 1997.

Council of Scientific Affairs: Xenografts. Review of the Literature and Current Status. Journal of the American Medical Association 254 (1985), Heft 23, S. 3353–3357.

Daar, A. S.: Ethics of Xenotransplantation: Animal Issues, Consent, and Likely Transformation of Transplant Ethics. In: World Journal of Surgery 21 (1997) S. 975–982.

DeGrazia, David: The Moral Status of Animals and Their Use in Research: A Philosophical Review. In: Kennedy Institute of Ethics Journal (März 1991), S. 48–70.

De Ortúzar, M. G. / Soratti, C. / Velez, I.: Bioethics and Organ Transplantation. In: Transplantation Proceedings 29 (1997), S. 3627–3630.

Denner, Joachim: Immunsuppression durch exogene und endogene Retroviren: Implikationen für die Xenotransplantation. Abstract des Vortrages auf dem Minisymposium Xenotransplantation. 20. Februar 1998. Paul-Ehrlich-Institut Langen.

Donnelley, Strachan: Commentary on: The Heart of the Matter. In: The Hastings Center Report (Januar/Februar 1989), S. 26 f.

– / Nolan, Kathleen: Animals, Science and Ethics. In: The Hastings Center Report (Mai/Juni 1990), Suppl. 32 S.

Downie, Robin: Xenotransplantation. In: Journal of Medical Ethics 23 (1997) S. 205 f.

Drees, Gabriele / Deng, Mario C. / Scheld, Hans H.: Psychologische Probleme bei Herztransplantationen. In: Johann S. Ach / Michael Quante (Hrsg.), 1996. S. 189–195.

Dutch Society for the Protection of Animals (DSPA) / I. J. Hamakers: Xenotransplantation. Animals Reduced to Spare Organ Suppliers. Den Haag, Januar 1997.

Editorial: Have a Pig's Heart? In: The Lancet 349 (1997), S. 219.

Editorial: Guidance on Xenotransplantation Sought. In: Nature Medicine 3, (September 1997), Heft 9, S. 935.

Engels, Eve-Marie: Zur Frage der ethischen Vertretbarkeit der Xenotransplantation. In: Der Tierschutzbeauftragte 2 (1998).

Evans, Roger W.: Xenotransplantation: A Panel Discussion of some Non-clinical Issues. In: Mark H. Hardy (Hrsg.): Xenograft 25. Proceedings of the International Congress, Xenograft 25, held at Arden House, Harriman (New York). 11.–13. November 1988. Amsterdam / New York / Oxford 1989. S. 359–371.

Fishman, Jay A.: To the Editor. In: Nature Medicine 4 (1998), Heft 4, S. 372.

Fox, Renée C.: The Institute of Medicine's Workshop and Report on Xenotransplantation: A Participants Observer's Account. Making the Rounds in Health, Faith, & Ethics. 23. September 1996. S. 8–15.

Francione, G. L.: Xenografts and Animal Ethics. In: Transplantation Proceedings 22 (1990), Heft 3, S. 1044–1046.

Frey, R. G.: Medicine, Animal Experimentation, and the Moral Problem of Unfortunate Humans. In: Social Philosophy and Policy 13 (1996), Heft 2, S. 181–211.

Frick, Thomas W.: Gutachten zu medizinisch-wissenschaftlichen und Sicherheitsaspekten der Xenotransplantation im Hinblick auf eine klinische Anwendung. Cambridge/Karlsruhe Dezember 1997.

Fuchs, Richard: Tod bei Bedarf. Das Mordsgeschäft mit Organtransplantationen. Frankfurt a. Main / Berlin 1996.

Fullbrook, Suzanne D. / Wilkinson, M. B.: Animal to Human Transplants: The Ethics of Xenotransplantation (Part 1). In: British Journal of Theatre Nursing 6 (1996), Heft 2, S. 28–32; (Part 2) 6 (1996), Heft 3, S. 13–18.

– Xenotransplantation and the Law. In: British Journal of Theatre Nursing 7 (1997), Heft 2, S. 21–23.

Goodall, Jane: Ethical Concerns in the Use of Animals as Donors. In: Mark A. Hardy (Hrsg.) 1989. S. 335–349.

Gore, Albert Jr.: The Need for a New Partnership. In: The Hastings Center Report (Februar 1985) S. 13 f.

Hammer, Claus: Evolutionary Considerations in Xenotransplantation. In: Mark A. Hardy (Hrsg.) 1989. S. 115–123.

– Xenografting: Its Future Role in Clinical Organ Transplantation. In: Walter Land / John B. Dossetor (Hrsg.) 1991. S. 512–518.

– / Molloy, B.: Ethical Aspects in Xenotransplantation. In: Transplantation Proceedings 25 (3. August 1993), Heft 4, Suppl., S. 38–40.

– Xenotransplantation. Kann sie halten, was sie verspricht? In: Deutsches Ärzteblatt 92. (20. Januar 1995), Heft 3, S. B-99–B-103.

– Xenogene Akzeptanz, eine realistische Wunschvorstellung? In: Langenbecks Archiv Chir. Suppl. II (Kongreßbericht 1996) S. 371–375.

– Evolution: Its Complexity and Impact on Xenotransplantation. In: D. K. C. Cooper [u. a.] (Hrsg.) 1997. S. 716–735. [Zit. als: Hammer 1997a.]

– Comments on Ethics in Human Xenotransplantation. In: D. K. C. Cooper [u. a.] (Hrsg.) 1997. S. 766–773. [Zit. als: Hammer 1997b.]

Hanson, Mark J.: The Seductive Sirens of Medical Progress. The Case of Xenotransplantation. In: The Hastings Center Report (September/Oktober 1995) S. 5 f.

Hardy, Mark A. (Hrsg.): Xenograft 25. Proceedings of the International Congress, Xenograft 25, held at Arden House, Harriman (New York). 11.–13. November 1988. Amsterdam / New York / Oxford 1989.

Hilhorst, M.: Will the Xenografting Imperative Become an Issue in Public Debate? In: Peter Wheale (Hrsg.): The Social Management of Biotechnology. Tilburg April 1996. S. 29–41.

Hüsing, Bärbel: Zeithorizonte der möglichen künftigen Entwicklung der Xenotransplantation. Manuskript im Rahmen des Projektes Technikfolgenabschätzung Xenotransplantation des Fraunhofer-Instituts Systemtechnik und Innovationsforschung (ISI). Karlsruhe Dezember 1997. [Zit. als: Hüsing 1997a.]

– Wissenschaftliche Publikationen als Indikatoren für die Entwicklung der Xenotransplantation innerhalb der Transplantationsmedizin. Manuskript im Rahmen des Projektes Technikfolgenabschätzung Xenotransplantation des Fraunhofer-Instituts Systemtechnik und Innovationsforschung (ISI). Karlsruhe Dezember 1997. [Zit. als: Hüsing 1997b.]

Hüsing, Bärbel / Engels, Eve-Marie / Frick, Thomas / Menrad, Klaus / Reiß, Thomas: Technikfolgenabschätzung Xenotransplantation. Schweizerischer Wissenschaftsrat Programm TA 30/1998. Bern 1998.

Institute of Medicine: Xenotransplantation. Science, Ethics, and Public Policy. Washington 1996.

Jochemsen, H.: Genes and Identity: A Study of their Relationship in the Context of Transgenic Husbandry Animals. In: Peter Wheale (Hrsg.) 1996. S. 17–28.

Jones, Ian: 2010 – A Pig Odyssey. In: Nature Biotechnology 14 (1996), Heft 6, S. 698–700.

Kennedy, Ian: Xenotransplantation: Ethical Acceptability. In: Transplantation Proceedings 29 (1997) S. 2729 f.

Kleine Anfrage der Abgeordneten Dr. Manuel Kiper [u. a.] und der Fraktion BÜNDNIS 90/DIE GRÜNEN. Übertragung von Tierorganen auf den Menschen (Xenotransplantation). Bt.-Drs. 13/8926, 31. Oktober 1997 und Antwort der Bundesregierung Bt.-Drs. 13/9275.

Koechlin, Florianne: 93% Mensch, 7% Schwein? Xenotransplantationen bringen neue Gefahren und ethische Probleme. In: Wechselwirkung (Juni 1996) S. 7–11.

Krebs, Angelika (Hrsg.): Naturethik. Grundtexte der gegenwärtigen tier- und ökoethischen Diskussion. Frankfurt a. M. 1997. [Zit. als: Krebs 1997a.]

– Naturethik im Überblick. In: A. K. (Hrsg.) 1997a. S. 337–379. [Zit. als: Krebs 1997b.]

Land, Walter / Dossetor, John B. (Hrsg.): Organ Replacement Therapy: Ethics, Justice, Commerce. First Joint Meeting of ESOT and EDTA/ERA, München Dezember 1990. Berlin / Heidelberg / New York 1991.

Le Tissier, Paul / Stoye, Jonathan P. / Takeuchi, Yasuhiro / Patience, Clive / Weiss, Robin A.: Two Sets of Human-tropic Pig Retrovirus. In: Nature 389 (1997), Heft 6652, S. 681 f.

Lock, Margaret / Honde, Christina: Reaching Consensus about Death: Heart Transplants and Cultural Identity in Japan. In: George Weisz (Hrsg.): Social Science Perspectives on Medical Ethics. Dordrecht/Boston/London 1990. S. 99–119.

Marino, I. R. / Doyle, H. R. / Nour, B. / Starzl, T. E.: Baboon Liver

Transplantation in Humans: Clinical Experience and Principles Learned. In: D. K. C. Cooper [u. a.] (Hrsg.) 1997. S. 793–811.

McCarthy, Charles R.: Ethical Aspects of Animal-to-Human Xenografts. In: Institute of Laboratory Animal Resources (ILAR) Journal 37 (1995), Heft 1, S. 3–9.

– A New Look at Animal-to-Human Organ Transplantation. In: Kennedy Institute of Ethics Journal 6 (1996), Heft 2, S. 183–188.

McGormick, Richard A.: Was There Any Real Hope for Baby Fae? In: The Hastings Center Report (Februar 1985) S. 12 f.

Menrad, Klaus: Zur ökonomischen Beurteilung der Xenotransplantation. Manuskript im Rahmen des Projektes Technikfolgenabschätzung Xenotransplantation des Fraunhofer-Instituts Systemtechnik und Innovationsforschung (ISI). Karlsruhe Dezember 1997.

Mepham, T. B. / Moore, C. J. / Crilly, R. E.: An Ethical Analysis of the Use of Xenografts in Human Transplant Surgery. In: Bulletin of Medical Ethics (März 1996) S. 13–18.

Michaels, Marian G. / Simmons, Richard L.: Xenotransplant-Associated Zoonoses. In: Transplantation 57 (1994), Heft 1, S. 1–7.

Michaels, Marian G.: Infectious Concerns of Cross-Species Transplantation: Xenozoonoses. In: World Journal of Surgery 21 (1997) S. 968–974.

Mohacsi, Paula J. / Blumer, Charles E. / Quine, Susan / Thompson, John F.: Aversion to Xenotransplantation. In: Nature 378 (30. November 1995) S. 434.

Müller, Albrecht: Ethische Aspekte der Erzeugung und Haltung transgener Nutztiere. Stuttgart 1995.

Murphy, Frederick A.: The Public Health Risk of Animal Organ and Tissue Transplantation into Humans. In: Science 273 (9. August 1996) S. 746 f.

Nelson, James Lindemann: Moral Sensibilities and Moral Standing: Caplan on Xenograft »Donors«. In: Bioethics 7 (1993), Heft 1, S. 315–322.

Nida-Rümelin, Julian (Hrsg.): Angewandte Ethik. Die Bereichsethiken und ihre theoretische Fundierung. Ein Handbuch. Stuttgart 1996. [Zit. als: Nida-Rümelin 1996a.]

– Ethik des Risikos. In: Nida-Rümelin (Hrsg.) 1996a. S. 806–830. [Zit. als: Nida-Rümelin 1996b.]

Nuffield Council on Bioethics: Animal-to-Human Transplants. The Ethics of Xenotransplantation. London 1996.

Organisation for Economic Co-operation and Development (OECD): Advances in Transplantation Biotechnology and Animal to Human Organ Transplants (Xenotransplantation). Elettra Ronchi. Biotechnology Unit. Paris 1996.

Patience, Clive / Takeuchi, Yasuhiro / Weiss, Robin A.: Infection of Human Cells by an Endogenous Retrovirus of Pigs. In: Nature Medicine 3 (1997), Heft 3, S. 282–286.

Pichlmayr, R.: Medizinische Ethik und medizinischer Fortschritt am Beispiel der Xenotransplantation. In: Niedersächsisches Ärzteblatt 7 (1997) S. 6–14.

Public Health Service: Draft Public Health Service (PHS) Guideline on Infectious Disease. Issues in Xenotransplantation. August 1996.

Rachels, James: Created from Animals. The Moral Implications of Darwinism. Oxford / New York 1990.

Ratner, Adam J. / Michler, Robert E. / Rose, Eric A.: Xenografts. In: Encyclopedia of Bioethics. Neubearb. Aufl. 5 (1995) S. 2593–2597.

Rawls, John: A Theory of Justice [1971]. – Dt.: Eine Theorie der Gerechtigkeit. 4. Aufl. Frankfurt a. M. 1988.

Reemtsma, Keith: Clinical Urgency and Media Scrunity. In: The Hastings Center Report (Februar 1985) S. 10 f.

– Ethical Aspects of Xenotransplantation. In: Transplantation Proceedings 22 (1990), Heft 3, S. 1043 f.

– Xenotransplantation: A Historical Perspective. In: Institute of Laboratory Animal Resources (ILAR) Journal 37 (1995), Heft 1, S. 9–12.

Regan, Tom: The Case for Animal Rights. Berkeley / Los Angeles 1983. [Taschenbuchaufl. 1985.]

– The Other Victim. In: The Hastings Center Report (Februar 1985) S. 9 f.

Reiprich, Stefan / Gundlach, Bjorn A. / Fleckenstein, Bernhard / Überla, Klaus: Replication-Competent Chimeric Lenti-Oncovirus with Expanded Host Cell Tropism. In: Journal of Virology 71 (1997), Heft 4, S. 3328–3331.

Reiß, Thomas: Zur rechtlichen Beurteilung der Xenotransplantation. Manuskript im Rahmen des Projektes Technikfolgenabschätzung Xenotransplantation des Fraunhofer-Instituts für Systemtechnik und Innovationsforschung (ISI). Karlsruhe Dezember 1997.

Rothman, David J.: Xenograft: The Social and Ethical Dimensions. In: Mark. A. Hardy (Hrsg.) 1989. S. 321–333.

Sanfilippo, Fred: The Use of Non-Human Primates in Xenotransplantation. In: Mark A. Hardy (Hrsg.) 1989. S. 351–358.

Schöne-Seifert, Bettina: Medizinethik. In: J. Nida-Rümelin (Hrsg.) 1996. S. 552–648.

Schüpbach, Jörg: Xenotransplantation and Viruses – the Model of Retroviruses. Vortragsmanuskript. In: Roberto Malacrida / Sebastiano Martinoli / Roberta Wullschleger (Hrsg.): Donazioni e trapianti d'organo gli xenotrapianti. Comano 1998. S. 77–90.

Sheldon, Richard: The IRB's Responsibility to itself. In: The Hastings Center Report (Februar 1985) S. 11 f.

Singer, Peter: Animal Liberation. 2., erw. Aufl. 1990. [1. Aufl. New York 1975.]

– Xenotransplantation and Speciesism. In: Transplantation Proceedings 24 (1992), Heft 2, S. 728–732.

– Practical Ethics. 2., rev. Aufl. Cambridge 1993. [1. Aufl. 1979.] – Dt.: Praktische Ethik. Übersetzt von Oscar Bischoff, Jean-Claude Wolf und Dietrich Klose. 2., rev. und erw. Aufl. Stuttgart 1994. [1. Aufl. 1984.]

Steele, David J. R. / Auchincloss Jr., Hugh: The Application of Xenotransplantation in Humans – Reasons to Delay. In: Institute of Laboratory Animal Resources (ILAR) Journal 37 (1995), Heft 1, S. 13–15.

Stern, Paul C. / Fineberg, Harvey V. (Hrsg.): Understanding Risk. Information Decisions in a Democratic Society. Washington 1996.

Stoye, Jonathan P.: Proviruses Pose Potential Problems. In: Nature 386 (13. März 1997) S. 126 f.

Taniguchi, S. / Cooper, D. K. C.: Clinical Experience – A Brief Review of the World Experience. In: D. K. C. Cooper [u. a.] (Hrsg.) 1997. S. 776–784.

Teutsch, Gotthard M.: Mensch und Mitgeschöpf unter ethischem Aspekt. Literaturbericht 1994/95, 18. Folge. In: Alternativen zu Tierexperimenten 12 (1995), Heft 4, S. 203–215; Literaturbericht 1995/96, 19. Folge. In: Alternativen zu Tierexperimenten 13 (1996), Heft 4, S. 195–217; Literaturbericht 1996/97, 20. Folge. In: Alternativen zu Tierexperimenten 14 (1997), Heft 4, S. 175–205.

The Government Response to »Animal Tissue into Humans«. The

Report of the Advisory Group on the Ethics of Xenotransplantation. Januar 1997.

Tönjes, Ralf R.: Transplantation von Organen aus Schweinen – Gefahren durch endogene Retroviren. In: Spektrum der Wissenschaft 7 (1997) S. 15–17, 21.

– Xenozoonosen: Infektionsrisiken durch porcine endogene Retroviren bei xenogener Transplantation? Abstract des Vortrages auf dem Minisymposium Xenotransplantation. 20. Februar 1998. Paul-Ehrlich-Institut Langen.

Uncaged Campaigns / Beddard, S. / Lyons, D.: The Science and Ethics of Xenotransplantation. A Report by Uncaged Campaigns. Sheffield 1997.

Veatch, R. M.: The Ethics of Xenografts. In: Transplantation Proceedings 18 (1986), Heft 3, Suppl. 2, S. 93–97.

Vesting, Jan-W. / Müller, Stefan: Xenotransplantation: Naturwissenschaftliche Grundlagen, Regelung und Regelungsbedarf. In: Medizinische Rundschau Heft 5 (1997) S. 203–209.

Weiss, Robin A.: Transgenic Pigs and Virus Adaptation. In: Nature 391 (22. Januar 1998) S. 327 f.

Wheale, Peter (Hrsg.): The Social Management of Biotechnology. International Centre for Human and Public Affairs. Tilburg April 1996.

– Introduction: The Social Management of Biotechnology. In: P. W. (Hrsg.) 1996. S. 1–9.

– The Ethical Implications of Cross-Species Transplantation. In: P. W. (Hrsg.) 1996. S. 47–59.

WHO Press Office: Xenotransplantation Offers Exciting Opportunities but must be Carefully Monitored. Pressemitteilung WHO/80. 30. Oktober 1997.

Winter, Stefan: Interview mit Ärzte-Zeitung. 30. September 1997.

Wolf, Jean-Claude: Tierethik. Neue Perspektiven für Tiere und Menschen. Freiburg (Schweiz) 1992.

Wolf, Ursula: Das Tier in der Moral. Frankfurt a. M. 1990.

Wright, R. A.: An Ethical Framework for Considering the Development of Xenotransplantation in Man. In: D. K. C. Cooper [u. a.] (Hrsg.) 1991. S. 511–527.

Zwart, Huub: The Moral Value of Animals: Philosophical Considerations regarding Ethical Issues in Biotechnology. In: Peter Wheale (Hrsg.) 1996. S. 11–15.

REINER WIMMER

Ethische Aspekte des Personbegriffs

Zusammenfassung

Im ersten Hauptteil wird eine einfache und klare Bestimmung des Begriffs der Person vorgelegt: Eine Person ist ein Lebewesen, das sich nicht nur zu sich selbst (z. B. indem es seine Bedürfnisse befriedigt), sondern auch zu seinem eigenen Verhalten verhält oder wenigstens zu verhalten vermag. Im zweiten Hauptteil wird versucht, einige ethische Probleme zu klären, die die Anwendung des Personbegriffs auf die Anfangs- und Endphasen menschlichen Lebens sowie auf gewisse Grenzsituationen für ihre moralische Beurteilung aufwirft.

1. Einleitung .

Der Begriff der Person und mit ihm der Begriff der personalen Würde spielen eine zentrale Rolle in Ethik und Recht. Die aus der englischen, der amerikanischen und der Französischen Revolution hervorgegangenen modernen Verfassungsstaaten oder die Allgemeine Erklärung der Menschenrechte durch die Vereinten Nationen vom 10. Dezember 1948 berufen sich auf den Begriff der Würde des Menschen bzw. der menschlichen Person. Was diese Berufung aber im einzelnen und konkret besagt und fordert, ist manchmal nicht nur schwer zu bestimmen, sondern oft auch strittig. Unstrittig ist, daß Versklavung, Folterung, Vergewaltigung, Geiselnahme, Kollektivbestrafung, ethnische Säuberungen, Verfolgung und Vernichtung von Minderheiten, Rassismus und Sexismus Menschenrechtsverletzungen, also Verletzungen der personalen Würde von Menschen darstellen. Wie aber haben wir Situationen moralisch zu beurteilen, in denen es zwar um Menschen oder um menschliches Leben geht, der Personbegriff aber anscheinend nicht anwendbar ist? Ich denke da einerseits an Handlungsweisen, die um den Beginn menschlichen Lebens angesiedelt sind, wie die Zeugung von Leben im Reagenzglas (In-vitro-Fertilisation, IVF), die genetische Manipulation von Ei und Samenzelle, die künstliche Befruchtung, den Schwangerschaftsabbruch, andererseits an Handlungsweisen, die am Ende eines Lebens stattfinden, wie die Transplantation von Organen zur Rettung des Lebens eines anderen Menschen oder die künstliche Lebensverlängerung. Ich denke aber auch an die Behandlung von Menschen, ob jung oder alt, die so geschädigt sind, daß sie die üblicherweise als Kennzeichen menschlicher Subjektivität und Personalität angesehenen Vermögen wie Selbstbewußtsein, Entscheidungsfreiheit und Kontaktfähigkeit nicht mehr besitzen, z. B. extrem Hirngeschädigte oder im Koma liegende Patienten.

Naheliegenderweise gliedern sich meine Ausführungen so, daß im ersten Teil der Begriff der Person näher bestimmt und entfaltet wird. In einem zweiten Teil soll auf das Problem der Anwendbarkeit des Personbegriffs auf Menschen oder auf menschliches Leben in besagten Anfangs-, End- oder Grenzsituationen eingegangen werden.

2. Zum Begriff der Person

Als kürzeste, prägnanteste und das Entscheidende hervorhebende Definition des Ausdrucks »Person« bietet sich die folgende an: Eine Person ist ein Lebewesen, das sich zu sich zu verhalten vermag. Ich erläutere diese Formel. Jedes Lebewesen verhält sich zu etwas anderem; durch seine lebendige Aktivität setzt es – selbstverständlich nicht notwendig bewußt – einen Unterschied zwischen sich und allem übrigen. Jedes Lebewesen hat insofern zumindest eine Umwelt. Aber gewisse Aktivitäten dienen, indem sie auf anderes aus sind, häufig auch dem Lebewesen selbst, z. B. wenn es, von Hunger getrieben, sich um Nahrungsaufnahme kümmert. In diesen Fällen verhält es sich, indem es sich zu anderem verhält, auch, ja primär zu sich selbst. Es ist auf seine Selbsterhaltung, auf sein Wohlbefinden aus. Die genannte Persondefinition scheint also schon erfüllt zu sein. Nach ihr wären alle Tiere Personen. Aber im allgemeinen gehen wir davon aus, daß die meisten Tiere keine Personen sind und die meisten Tierarten auch nicht dazu in der Lage sind, personale Fähigkeiten wie Selbstverantwortung zu entwickeln. Die vorgeschlagene Bestimmung des Personbegriffs ist also noch zu weit. Was fehlt noch? Ich erweitere die Formel: Eine Person ist ein Lebewesen, das sich zu sich selbst zu verhalten vermag und das sich zu seinem eigenen Verhalten zu verhalten vermag. Ein solches Verhalten zu sich selbst ist offenbar ein auf sich selbst bezogenes, ein reflexives Verhältnis, das sowohl eine im ursprünglichen Wortsinn »theoretische«, d. h. wahrnehmend-erkennende als auch eine im weitesten Sinne »praktische«, nämlich stellungnehmend-wertende Seite hat. Ein Lebewesen, das Person ist, nimmt sich selbst wahr und nimmt zu sich selbst Stellung. Was heißt hier »sich selbst«?

Es ist zunächst das momentane eigene Verhalten gemeint, also das Verhalten in der Gegenwart, dann aber auch das eigene vergangene Verhalten, dessen Betrachtung und Bewertung Orientierung für zukünftiges Verhalten bieten können. Stellungnahme setzt Freiheit voraus, zumindest die Freiheit, die in der Fähigkeit besteht, Wertgesichtspunkte anzuwenden, woher sie auch immer stammen mögen. Solche Freiheit verwirklicht sich 1. als Handlungsfreiheit – d. h. in größerem oder geringerem Umfang ungehindert von äußeren oder inneren Zwängen das tun zu können, was man zu tun fähig ist und was man zu tun beabsichtigt –, 2. als Wahlfreiheit – d. h. zwischen Handlungsweisen als Mitteln und Wegen zu vorgegebenen oder selbstgesetzten Zwecken wählen zu können – und 3. als Entscheidungsfreiheit – d. h. Ziele und Zwecke des eigenen Handelns selbst bestimmen zu können. Begrifflich impliziert die Fähigkeit zu handeln, zu wählen und zu entscheiden die Zurechenbarkeit und die Verantwortbarkeit der entsprechenden Vollzüge: Handlungen, Wahlen und Entscheidungen sind demjenigen zuzurechnen, der sie vollzieht; sie verdanken sich ja keinen naturgesetzlichen Abläufen, wonach, was geschieht, ohne unser Zutun geschieht, sondern diese Vollzüge (sowie die physischen und eventuell psychischen Abläufe, deren materielle Substrate im Sinne notwendiger, jedoch wesentlich nicht hinreichender Bedingungen sie sind) finden nicht ohne uns statt. Wir verstehen uns als solche, die sie initiieren und durchführen und dafür in der Regel auch Gründe zu benennen vermögen. In diesem Sinne sind wir für unsere Handlungen, Wahlen und Zwecksetzungen verantwortlich – das Wort hier in einem umfassenden, nicht auf das Moralische eingeschränkten Sinne genommen.

Aber die Frage ist, ob diese Freiheiten nicht relativ sind, d. h. ob die Regeln, die Grundsätze, die Zwecke, die wir unseren Handlungen zugrunde legen, sich nicht Gesetzmäßigkeiten, Antrieben, Bestrebungen, Wünschen, Zwecken verdanken, die wir nicht mehr in der Hand haben (obwohl wir dies vielleicht meinen und uns sogar glauben machen wollen), die sich unserem Zugriff, ja unserem Bewußtsein entziehen. Noch grundsätzlicher gefragt: Stoßen wir nicht mit Notwendigkeit in unserem erkennenden, wertenden und handelnden Verhältnis zu uns selbst an eine Grenze? Zwar läßt sich diese Grenze durch Bewußtmachung und Stellungnahme immer wieder um einen Schritt zurückverlegen, aber was es mit dem Antrieb zu solcher Reflexion und Stellungnahme selber auf sich hat, läßt sich auf keiner Stufe *im Ganzen* vergegenständlichen. Die Objektivierung seiner selbst und die wertende Stellungnahme zu sich selbst kommen also grundsätzlich an kein Ende und zeitigen grundsätzlich kein endgültiges Resultat. Es gibt keine letzten Gewißheiten über sich selbst, ob und in welchem Sinne und wieweit man frei ist oder wes moralischen Geistes Kind man ist. So gehört zwar die Aufforderung des delphischen Gottes »Gnothi sauton« (»Erkenne dich selbst!«) zur begrifflichen Basis der Moral; aber eigentümlicherweise – oder vielleicht sogar: paradoxerweise – läßt sich dieser Aufforderung grundsätzlich nicht völlig genügen. In freier Transposition des von Sokrates angesichts der göttlichen Aufforderung und seines Versuchs, ihr zu gehorchen, Geäußerten mag man sagen: »Ich weiß, daß ich mich in moralischer Hinsicht nicht kenne. Ich weiß nicht, ob ich in moralischer Hinsicht ein Mensch bin oder ein Ungeheuer. Ich weiß, daß ich in dieser höchst bedeutsamen, ja einzig wesentlichen Hinsicht nichts oder zumindest nichts Endgültiges weiß!« Zu fragen wäre, was der Sinn dieser menschlichen Grundsituation ist. Ich vermute, daß es ein religiöser ist. Doch dies soll jetzt nicht mein Thema sein. Mein Thema ist der Begriff der Person und seine ethischen bzw. moralischen Aspekte.

Ich halte fest: Jedes Lebewesen läßt sich als ein Wesen verstehen, das sich zu sich selbst verhält. Eine Person im oben definierten Sinne ist darüber hinaus dadurch charakterisiert, daß sie sich zu solchem Sich-zu-sich-selbst-Verhalten noch einmal verhält. Sie kann sich von ihren Antrieben, Strebungen, Regungen usw. distanzieren. Sie kann sich weiterhin von der Basis solcher Antriebe – also von dem, was wir gemeinhin ihre »Natur« nennen – distanzieren, ja sie kann sich von allem ihr Vorgegebenen, ihrer Umwelt, ihrer Mitwelt, von der sie umgebenden äußeren Natur und von der Gesellschaft distanzieren; schließlich kann sie sich, wie angedeutet, von ihrem eigenen von ihr selbst initiierten und zu verantwortenden Gewordensein, ihrer sog. »zweiten Natur« also, sowie ihren aktuellen Stellungnahmen, mithin also vom Gesamt ihres Daseins und Lebens distanzieren, mit Ausnahme des nicht distanzierten Grundes oder Antriebs dieses Distanzierens selbst.

Diese grundsätzliche Grenze personaler Selbstobjektivation macht auch die definitive Beantwortung der Frage unmöglich, ob der Mensch auch in vorreflexiver, nichtobjektivierbarer Hinsicht frei ist, sich selbst zu bestimmen, oder diese Fähigkeit zur totalen Selbstbestimmung nicht hat. Zwar vermag er zumindest der Tendenz nach den Spielraum seiner Stellungnahmen, wie es scheint, beliebig auszudehnen, da jede Grenze, sobald sie als solche in den Blick kommt, auch schon gedanklich überwunden ist. Aber ob es Grenzen gibt, die wir nicht mehr zu objektivieren und zu distanzieren vermögen, unerkannte, ja vielleicht unerkennbare Notwendigkeiten unserer Natur, die als unerkannte wirkmächtig bleiben und unsere Selbstbestimmung ihrerseits bestimmen und sie so zu einer letztlich nur scheinbaren machen, oder ob wir auch in der letzten, wesentlichen Hinsicht frei sind und fähig zu solcher – dann aber im wesentlichen vorreflexiven – Selbstbestimmung – die Beantwortung dieser Frage müssen wir dahingestellt sein lassen. Zwar läßt sich zeigen, daß die These des universalen Determinismus sich schon als These selbst aufhebt, weil ihr Anspruch auf Wahrheit pragmatisch selbstwidersprüchlich wäre, ja vorab schon ihr Sinn – der Sinn der Worte, die zur Formulierung der These Verwendung finden – verloren wäre. Trotzdem könnte die letzte Wirklichkeit des Menschen von der Art sein, wie diese These behauptet. Zugleich aber sieht man, daß der Beweis der Unbeweisbarkeit der Determinismus-These noch kein Beweis für ihre Antithese, nämlich die Freiheitsthese ist. Hier müssen wir unser Nichtwissen bekennen. Zwar können wir nicht anders, als für weite Bereiche unseres Alltags und unserer Wissenschaft von unserer Freiheit überzeugt zu sein und uns von dieser Überzeugung leiten zu lassen; denn ohne sie wären sowohl unser alltägliches als auch unser wissenschaftliches Tun und Lassen, zumal und vor allem die Identifizierung physischer oder sozialer Zwänge und Gesetzmäßigkeiten, begrifflich nicht mehr möglich. Insofern können wir, solange wir denkend leben, hinter diese Überzeugung nicht zurücktreten. Wir könnten uns z. B. von der Wahrheit eines mechanistischen Determinismus in bezug auf uns selbst, daß wir nichts anderes als – wenn auch hochkomplexe – Maschinen sind, aus begrifflichen (nicht etwa nur aus psychologischen) Gründen nicht überzeugen. Aber diese Beweise der begrifflichen Unmöglichkeit der Überzeugung von der eigenen Unfreiheit ist kein Beweis der eigenen Freiheit. Während jedoch die Überzeugung von der eigenen fundamentalen Unfreiheit logisch-begrifflich unmöglich ist, ist die Überzeugung von der eigenen Freiheit sinnvoll und unwiderleglich, obwohl es für sie keinen Beweis gibt, ja gezeigt werden kann, daß es einen solchen nicht geben *kann*.

Die Überzeugung von der eigenen Fähigkeit zur Selbstbestimmung kann deshalb rechtens als ein »unbedingtes Vertrauen« oder »Überzeugtsein«, vielleicht auch als ein »notwendiger, weil unvermeidlicher (aber nicht-religiöser) Glaube« bezeichnet werden. Ohne diese Überzeugung gibt es keine lebendige menschliche Person, selbst wenn sie sich faktisch von den mächtigsten physischen, psychischen und sozialen Zwängen umzäunt und verfolgt erfährt. Allerdings ist dieser Glaube zerstörbar. Die Zwänge und Gewalten können – z. B. in der Folter – so übermächtig werden, daß die Person unter ihnen zusammenbricht. Ihr ist in solchen Situationen die Fähigkeit zur Selbstdistanzierung und zur Selbstbestimmung, zumindest für eine gewisse Zeit, genommen. Wie der oben entwickelte Begriff einer vorreflexiven Fähigkeit zu freier Selbstbestimmung bzw. der Begriff einer vorreflexiven Selbstbestimmung des näheren zu denken ist, sei hier nicht erörtert. Es dürfte aber einleuchten, daß in dem reflexiven Selbstverhältnis, das das Personsein des Menschen ausmacht, der Grund der *Möglichkeit* einer jeden Moral oder Ethik liegt. Allerdings – so scheint mir – muß folgende Bedingung als erfüllt unterstellt werden, damit eine Moral oder Ethik auch *wirklich* wird, d. h. damit sie für eine Person verbindlich, also verpflichtend wird, nämlich daß ebendiese Person sich selbst aufgrund ihres Personseins – und damit auch ihresgleichen, also alle übrigen Personen! – als von unbedingtem Wert und damit als mit Würde begabt ansieht und dementsprechend sich und allen anderen Personen allein aufgrund ihres Personseins bedingungslose Achtung entgegenbringt.

Am Anfang einer (verbindlichen) Moral oder Ethik könnte natürlich auch ein anderes Grundprinzip stehen, etwa das der Abwägung zwischen den Bedürfnissen und Interessen von Lebewesen. Sofern dieses Prinzip das erstgenannte ausschließt, insofern es Personen keinen unbedingten moralischen Status einräumt, wäre es inadäquat. Sofern es das Personprinzip einschließt, könnte man es als dessen Erweiterung verstehen: Nicht nur Personen und deren Interessen, sondern auch die Interessen von nicht-personalen Lebewesen sind moralisch zu berücksichtigen. Allerdings müßte in Konfliktfällen das Prinzip so verstanden werden, daß es die Würde betroffener Personen in jedem Fall zu wahren gebietet. Insofern kann das zweitgenannte Prinzip der Interessenabwägung als sinnvolle Ergänzung des Personprinzips gelten.

3. Zur Anwendung des Begriffs der Person

Das moralische Personprinzip sagt natürlich nichts über das Ob und das Wie seiner Anwendungen in Situationen, in denen unklar oder strittig ist, ob personal zu nennendes menschliches Leben vorliegt. Und wie sind Situationen moralisch zu beurteilen, in denen es zwar um Menschen oder um menschliches Leben geht, der Personbegriff aber allem Anschein nach nicht anwendbar ist, sei es, daß Personalität noch nicht vorliegt, sei es, daß sie nicht mehr vorliegt, sei es, daß sie zu keinem Zeitpunkt eines menschlichen Daseins unterstellt werden kann?

Die meisten dieser Problemsituationen sind erst in neuerer Zeit mit den Fortschritten in der Genetik und der Medizintechnik entstanden. Entsprechend – so scheint es und so redet man häufig – ist neuer ethischer Regelungsbedarf entstanden; die alten moralischen Begriffe sind – angeblich – nicht mehr anwendbar. Sie sind – so meint man – einer grundsätzlichen Revision zu unterziehen oder doch gewisser Korrekturen. Vor allem in bezug auf den Begriff der Person plädiert man dann häufig für seine Empirisierung und Gradualisierung: Es sollen Merkmale angegeben werden, an denen man eine Person erkennen kann, so daß man in der Lage ist, einem Lebewesen – sei es Mensch oder Tier – das Personsein zu- oder abzusprechen bzw. zwischen unterschiedlichen Graden oder Ausprägungen von Personalität zu unterscheiden. Die überkommene Auffassung, wonach alle Menschen Personen sind und noch dazu in gleicher Weise, sei zu differenzieren, weil man sonst das Offensichtliche ignoriere, daß etwa zwischen einem Fötus und einem gesunden Erwachsenen hinsichtlich ihres Personseins bzw. ihres Personstatus ein moralisch relevanter, ja gravierender Unterschied bestehe. Zwar war man auch früher nicht der Meinung, Menschsein und Personsein wären intensional und extensional *äquivalent* (d. h. die Ausdrücke »Mensch« und »Person« seien von gleicher Bedeutung und bezeichneten die gleichen Individuen, seien also inhaltlich und umfänglich *identisch*); man *definierte* auch nicht das Menschsein durch das Personsein oder umgekehrt, so daß auf diese Weise ihre Bedeutungsgleichheit sichergestellt worden wäre. Aber man betrachtete das Personsein als notwendige, wenn auch nicht als hinreichende Bedingung des Menschseins, das Menschsein aber als hinreichendes, wenn auch nicht notwendiges Kriterium des Personseins. So waren alle Menschen als Personen anzusehen und zu behandeln, wenn auch nicht alle Personen Menschen sein mußten. Konkret dachte man hier an die Personalität Gottes und an die Personalität nicht-leibgebundener Geistwesen.

Zunächst sollte man festhalten, daß es einen logischen Fehler darstellt, aus der Existenz von (alten oder neuen)

moralischen Problemen, die sich allem Anschein nach nicht
oder noch nicht zur Zufriedenheit aller ernsthaft moralisch
Interessierten vernünftig lösen oder beilegen lassen, auf die
generelle Unangemessenheit unserer moralischen Grundbegriffe und Grundüberzeugungen und auf die generelle Untauglichkeit philosophisch-anthropologisch-ethischer
Überlegungen zu schließen. Nicht die anthropologisch-
ethischen Grundkategorien unseres Selbst- und Lebensver-
ständnisses sind unsicher geworden – so ein Teilergebnis
unserer Darlegungen im ersten Teil –, sondern die Neuheit
oder die Unübersichtlichkeit oder die Vieldeutigkeit unserer
durch Wissenschaft und Technik erweiterten Handlungs-
möglichkeiten erzeugt Situationen, von denen oft unklar ist,
wie wir in ihnen unsere moralischen Grundüberzeugungen
zur Geltung bringen können. Diese moralischen Grundori-
entierungen, wie z. B. das Tötungsverbot oder das Gebot,
Mitmenschen in Notlagen zu helfen, gehören zur moralischen Basis einer jeden Kultur. Sie machen von der allen Menschen gemeinsamen Grundbefindlichkeit Gebrauch,
sich als Person und als Leib zu dem damit gegebenen Potential der Gefährdung personaler und leiblicher Integrität
entscheidend und handelnd in ein Verhältnis zu setzen und
dies auch für jeden anderen Menschen zuzulassen. Von den
Situationen *zweifelsfreier* moralischer Beurteilung kann
dann zur Beurteilung *strittiger* Fälle übergegangen werden,
so wenn es um die Konkurrenz von Rechten, Gütern und
Werten geht, so daß Abwägungen erforderlich werden, z. B.
zwischen dem Recht auf Leben und dem Recht auf Vermeidung unerträglichen Leidens; zu denken wäre hier etwa an
schwerstbehinderte und schwer leidende Neugeborene oder
an Todkranke.

Des weiteren ist zu bedenken, daß der Begriff der Person
bzw. der personalen Würde keine Eigenschaft oder Fähigkeit des Menschen neben anderen Eigenschaften oder Fähigkeiten bezeichnet, und er ist auch nicht deren Zusammenfassung. Seine Anwendung auf einzelne Menschen steht

und fällt auch nicht damit, daß sie mit bestimmten Eigenschaften und Fähigkeiten ausgestattet sind oder nicht bzw. nach dem Grad dieser Ausstattung. Solche Zuordnungen und Einstufungen sind sogar vom Personprinzip her moralisch untersagt, besteht doch ein Hauptgesichtspunkt des Ethos der Achtung der Menschenwürde gerade im Schutz der personalen Rechte der Schwachen, der physisch, psychisch oder mental Beeinträchtigten oder noch nicht Entwickelten. Man kann nur sagen, daß wir solche Eigenschaften und Fähigkeiten, die wir *im allgemeinen* mit dem Personsein verbinden – wie z. B. Selbstbewußtsein, Sprachlichkeit, Handlungs-, Wahl- und Entscheidungsfähigkeit – *im allgemeinen*, d. h. in einer gewissen Breite und Unbestimmtheit, als Kriterien für Personalität ansehen. Das kann bedeutsam werden bei der Frage, ob wir andere Arten von Lebewesen – z. B. höherentwickelte Tiere oder Wesen, die vielleicht von einem anderen Stern kommen – als Personen anzusprechen haben. Aber auch dann würde es primär nicht darum gehen, einzelne Exemplare dieser Arten als Personen, die zu achten sind, auszuzeichnen, andere dagegen nicht, sondern zu entscheiden, ob die ganze Art als in dieser wesentlichen Hinsicht uns gleich und deshalb als mit uns gleichrangig und gleichwertig anzusehen und zu behandeln ist. In bezug auf unsere Mitmenschen benötigen wir diese Kriterien nicht, weil wir (anthropologisch) immer schon mit dem Personsein oder mit dem Personwerden von allem, was Menschenantlitz trägt, vertraut sind und dies auch spontan und ganz selbstverständlich in jeder Begegnung mit unseresgleichen voraussetzen.

Was nun die Abwägung bei der Konkurrenz von Rechten oder von Gütern oder von Werten betrifft, so ist danach zu fragen, was es in der betreffenden Situation *konkret* bedeutet, die Beteiligten *als Personen* in ihren Rechten – z. B. auf Leben, auf Autonomie, auf Minderung von Leiden – und in ihrer *Würde* zu achten. Die Rechte bzw. die ihnen korrespondierenden Pflichten sind im allgemeinen abstrakt, nur in generellem Situationsbezug, formuliert. Sie müssen jeweils konkret, nämlich situationsspezifisch, bestimmt werden. Diese ihre Situationsspezifität beschränkt nicht den *Charakter* ihrer Geltung, nämlich unbedingt gültig zu sein, sondern nur den *Bereich* ihrer Geltung. Ohne diese Situationsbestimmtheit bliebe sie abstrakt. So kann es z. B. mit der unbedingten Geltung des Rechts auf Leben verträglich sein, einem Menschen in einer extremen Leidenssituation bei der Selbsttötung zu helfen. Daß das Lebensrecht unter bestimmten Umständen kaum noch oder gar nicht mehr relevant und sinnvoll anwendbar ist, heißt nicht, daß die betreffende Person dadurch ihr Recht auf Leben und damit ein Stück weit ihr Personsein verlieren würde. Im Gegenteil – eine solche Mithilfe bei der Selbsttötung läßt sich überhaupt nur dadurch moralisch rechtfertigen, daß es aufgrund der Achtung und Verpflichtung gegenüber der *Person* des Anderen, etwa aufgrund seines ausdrücklichen Willens, geschieht und nicht dadurch, daß ihm das Personsein abgesprochen würde.

Aber was ist mit jenen Menschen, die eindeutig keine Personen sind? Um unsere diesbezügliche moralische Praxis zu verstehen, schlage ich vor, zwischen dem Zu- und Absprechen des Person*seins* und dem Zu- und Absprechen des Person*status* zu unterscheiden. Zwar ist es illegitim, das Personsein sowie die ihm gebührende Achtung zu graduieren; aber es gibt eben Fälle, in denen Menschen Personsein eindeutig nicht oder nicht mehr oder noch nicht zukommt, wie bei Verstorbenen oder menschlichen Föten, ihnen aber trotzdem Personstatus zugesprochen wird mit den entsprechenden praktischen Konsequenzen, z. B. Pietätspflichten gegenüber einem Leichnam oder den Rechtspflichten gegenüber einer letztwillentlichen Verfügung oder in bezug auf eine zukünftige Person das Verbot von Experimenten oder die elterliche Verpflichtung, alles zu unterlassen, was die Leibesfrucht gefährdet, und eine für das Gedeihen des Neugeborenen förderliche Umgebung bereitzustellen. Ja, selbst wenn ein Kind erst geplant und noch gar nicht gezeugt ist, gehen die Eltern ihm gegenüber bereits moralische Verpflichtungen ein. Sie antizipieren sein Personsein, indem sie jene Ansprüche des Kindes respektieren, deren Nicht-Erfüllung ihnen von ihm selbst später oder von anderen anstelle des Kindes zum Vorwurf gemacht werden kann. Dazu gehört nicht allein das Recht, nicht getötet zu werden, sondern vor allem auch das Recht auf Fürsorge und Vorsorge für menschenwürdige materielle, psychische und soziale Bedingungen des Aufwachsens.

Die hier nur skizzierte Verwendung der Unterscheidung zwischen Personsein und Personstatus setzt voraus, daß zwar das Personsein eines Menschen einen zeitlichen Anfang und ein zeitliches Ende hat, nicht aber sein Personstatus. Des weiteren ist vorausgesetzt, daß von einem Personstatus nur dort sinnvoll gesprochen werden kann, wo Wesen von ihrer Art her zur Personwerdung grundsätzlich und im allgemeinen, nämlich im Normalfall, fähig sind. Das verhindert, die Zusprechung des Personstatus davon abhängig sein zu lassen, ob Menschen *willens* sind, einem ihrer Nachkommen diesen Status zuzuerkennen bzw. ihm die Möglichkeit zur Personwerdung einzuräumen und zu gewährleisten. Zwar ist die Personwerdung eines Menschen immer von solcher Anerkennung und Zuwendung abhängig. Aber die im moralischen Personbegriff formulierte Achtungspflicht bezieht sich nicht nur auf existente Personen, sondern, wie angedeutet, auch auf solche Lebewesen einer Art, deren Mitglieder normalerweise, d. h. bei normaler, ungehinderter Entwicklung, zu Personen werden, wenn sie auch im Einzelfall per accidens, z. B. aufgrund physischer Defekte oder sozialer Defizite, nicht zum Personsein gelangen können. – Allerdings glaube ich nicht, daß mit der vorgetragenen Unterscheidung zwischen Personsein und Personstatus sich alle uns hier quälenden moralischen Probleme lösen lassen. Immerhin aber scheint sie mir einen Weg zu weisen, von dem mir freilich noch unklar ist, wie weit er führt.

Der skizzierte begriffliche Zusammenhang zwischen Personsein bzw. Personwerdung und Personstatus schließt aus, menschlichen Ei- oder Samenzellen *vor* ihrer Vereinigung personalen Status zuzuerkennen; *nach* ihrer Vereinigung kommt ihnen aber ein solcher Status zu. Deshalb sind gegen Experimente mit solchen Zellen vor ihrer Vereinigung keine Einwände vom moralischen Personbegriff her möglich, ausgenommen natürlich jene Versuche, wo genetisches Material aus einer menschlichen Körper-, Ei- oder Samenzelle in eine menschliche oder tierische Eizelle transferiert und weiterentwickelt wird. Klonierung und Chimärenbildung, d. h. Bildung von Mensch-Tier-Wesen, sind vom Personprinzip her untersagt, weil sie eine Totalinstrumentalisierung der möglicherweise entstehenden Person bedeuten. Selbstverständlich berührt die Art der Entstehung eines Lebewesens nicht sein Sein. Auch das genetische Duplikat eines Menschen ist (nach den üblichen Entwicklungsschritten) Person. Personalität darf nämlich nicht mit Individualität (z. B. im Sinne von ›Persönlichkeit‹) gleichgesetzt werden. Die Personen spezifische und unvergleichliche Einzigartigkeit besteht, wie im ersten Teil ausgeführt, in ihrem sich zu sich selbst verhaltenden Selbstverhältnis. Zwei Personen können in allen Hinsichten, unter denen sie sich beschreiben lassen, identisch sein – außer natürlich bezüglich ihres Ortes, wenn sie einen Leib haben, und bezüglich ihrer numerischen Differenz. Damit ist auch gezeigt, daß Personalität keine Eigenschaft von Wesen neben anderen Eigenschaften ist, sondern die gekennzeichnete spezifische Weise ihres Selbstvollzugs.

Ein toter Mensch ist keine Person mehr. Aber es fragt sich, wann der Mensch tot ist. Bei der Organtransplantation spielt diese Frage eine große Rolle. War man bis vor wenigen Jahren noch ziemlich einhellig der Meinung, der Tod des Menschen sei mit dem Erlöschen aller Hirnaktivitäten gleichzusetzen, so hat eine eingehende öffentliche Diskussion dazu geführt, zwischen dem partiellen Tod von Organen, auch des Gehirns, und dem Gesamttod des Organismus zu unterscheiden. Solange er noch lebt – gleichgültig, ob auf natürliche oder auf künstliche Weise am Leben erhalten –, unterscheidet sich auch ein hirntoter Mensch von seinem Leichnam, so daß sein Hirntod als ein Übergangszustand im Prozeß seines Sterbens anzusehen ist. Moralisch und grundrechtlich ist auch das verlöschende menschliche Leben zu schützen. Trotzdem bleibt die Organtransplantation möglich, wenn zwei Voraussetzungen erfüllt sind: Bei dem Spender muß einerseits der irreversible Ausfall aller meßbaren Hirnfunktionen festgestellt worden sein; die Diagnose des Hirntods gilt dabei aber nicht mehr als materielles Todeszeichen, sondern lediglich als formelles Kriterium für eine Organentnahme. Andererseits muß der Spender in die Organentnahme eingewilligt haben für den Fall, daß sein Gehirn irreversibel versagt.

Mit der oben eingeführten Terminologie formuliert, verliert der Mensch mit dem Tod seines Gehirns zwar sein Personsein, weil ein funktionierendes Gehirn notwendige Bedingung personaler Vollzüge des Menschen ist; aber er verliert dadurch nicht seinen Status, als Person behandelt zu werden. Des weiteren gilt: Der Hirntod bezeichnet zwar nicht den Tod des Menschen, aber doch einen spezifischen todesnahen Zustand, der die Grenze markiert, jenseits derer dem Arzt weder die Pflicht noch das Recht zukommt, den Sterbenden weiter zu behandeln. Der Hirntote hat einen sowohl moralisch als auch verfassungsrechtlich fundierten Anspruch darauf, nicht gegen seinen Willen weiter am Leben erhalten zu werden, aber er kann auch einen anderen Modus des Sterbens wählen. Mit der Einwilligung in eine Organspende gibt er sein Einverständnis, daß sein Leben bzw. Sterben für die medizinische Vorbereitung der Organentnahme um eine kurze Zeitspanne verlängert wird im Interesse einer Lebensrettung oder Leidensminderung eines anderen Menschen. Weil die Achtung der personalen Würde des Sterbenden vorrangig ist, kann eine Organentnahme

nur an sein Einverständnis geknüpft werden. Liegt keine
schriftliche Erklärung von seiner Seite vor, so läßt sich wohl
auch einer gesetzlichen Regelung zustimmen, wonach eine
dem Betreffenden nahestehende Person Auskunft über dessen Bereitschaft zur Organspende gibt. Damit ist nicht gemeint, der fehlende Wille eines Betroffenen lasse sich durch
die Willenserklärung eines ihm nahestehenden Menschen
ersetzen; es muß vielmehr eine Willensbekundung eindeutig
positiver Art vorliegen. Die kontrafaktische Unterstellung
einer solchen Kundgabe wäre paternalistisch, widerspräche
also dem Personprinzip, auch wenn der konkrete Nutzen
erheblich wäre, nämlich die Rettung eines Menschenlebens.
Zwar ist die Organspende in den hier in Betracht kommenden Fällen moralisch nicht nur zulässig, sondern empfeh-
lenswert, wenn nicht sogar geboten. Aber andererseits hat,
wer nur durch eine Organspende am Leben erhalten werden kann, kein moralisches Anrecht auf sie, das er gegenüber einem potentiellen Spender geltend machen könnte. So
zwingt auch diese Überlegung zu dem Schluß, daß, entgegen einer weitverbreiteten Überzeugung bzw. moralischen
Grundhaltung, das Leben des Menschen nicht der Güter
höchstes ist, sondern seine Personalität und ihr Vollzug in
einem selbstbestimmten Dasein. Das diese Autonomie und
Würde zu achten gebietende moralische Personprinzip ver-
stattet keine Ausnahme, nicht einmal gegenüber dem, der
sich durch verbrecherische, Personen und Leben verach-
tende und vernichtende Taten an Individuen oder an Volks-
gruppen oder an der Menschheit vergangen hat oder sich
mit seinen amoralischen oder antimoralischen Einstellungen
außerhalb der menschheitlichen Basiskultur gestellt hat. So
sind auch (umgekehrt) Achtung und Würde, die einem
Menschen aufgrund seiner moralischen Güte zukommen,
von jener Achtung und Würde zu unterscheiden, die ihm
schon aufgrund der Tatsache zukommen, daß er Person ist.

Weshalb – so sei abschließend gefragt – wäre es inadäquat, das Personprinzip nicht als oberstes Prinzip der Mo-

ral anzuerkennen? Der Grund dafür liegt im Personsein
selbst. Es ist einer Person zwar begrifflich möglich, ihr Erst-
geburtsrecht für ein Linsengericht zu verkaufen oder die
Personwürde bzw. den Personstatus anderer Menschen zu
mißachten – solche Akte wären (formal) Vollzüge ihrer
Freiheit, Akte der Selbstbestimmung –; zugleich jedoch widersprechen sie (inhaltlich) dem eigenen oder dem fremden
Personsein, weil sie relative Güter absolut setzen und damit
die einzigen absoluten Güter, die es in dieser Welt gibt
(nämlich die menschlichen Personen), relativieren. Aber
dieses absolute Gut ist nicht vollkommen und kann sich
deshalb nicht selbst genügen. Es ist aus auf ein schlechthin
vollkommenes absolutes Gut, von dem es erfüllt zu werden
vermag. So liegt die Erfüllung menschlichen Personseins
jenseits seiner selbst. Sie wird in Platons Idee des Guten
geträumt. Die theistischen Religionen fassen diese Idee personal und erfassen so deutlicher, wessen die menschliche
Person bedarf bzw. worauf sie letztlich aus ist. Doch diesen
Bezug genauer zu entfalten ist nicht mehr Aufgabe der Moralphilosophie; bei unserer Themenstellung ging es ja nur
um die ethischen Aspekte des Personbegriffs, nicht aber um
seine religiösen.

STEPHAN RIXEN

Ist die Hirntodkonzeption mit der Ethik des Grundgesetzes vereinbar?
Anmerkungen zum offenen Menschenbild des Grundgesetzes

Zusammenfassung

Der Streit um die Tragfähigkeit der Hirntodkonzeption hat die Entstehung des Transplantationsgesetzes dominiert. Die These, daß ein Mensch im Zustand des sogenannten Hirntodes nicht mehr lebe, war – und ist – grundrechtlichen Einwänden ausgesetzt. In einer plural verfaßten Gesellschaft kommt der grundrechtlichen Kritik des Hirntodkonzepts entscheidende Bedeutung zu. Sie bemüht sich, Argumente zu entwickeln, die für die gegebene Gesellschaft als Ganzes normativ plausibel sein können. Das »offene Menschenbild des Grundgesetzes« gebietet es, bei der Bestimmung des Menschseins vom biologischen Existieren auszugehen. Das Grundgesetz favorisiert damit keinen substantiellen Biologismus, sondern einen methodischen Biologismus, der die vom Grundgesetz gewollte Gleichschutzwürdigkeit aller Menschen sichern soll. Mit dem offenen Menschenbild des Grundgesetzes ist die Hirntodkonzeption nicht vereinbar.

1. Einleitung[1]

Daß der Tod ein Grundrechtsproblem ist, darf als gewöhnungsbedürftige These gelten.[2] Daß der Tod ein Thema der Philosophie ist, klingt weitaus vertrauter. Die Philosophie – nicht das Recht – gilt dementsprechend als »Euthanatologie« (Sloterdijk 1993, S. 173). So wird man den Tod auch als praktisch-philosophisches, als ethisches, genauer: als medizinethisches Thema begreifen wollen, denn der Tod ist ohne medizintechnische Überformung heute nicht denkbar. Ohne den Prozeß der Medikalisierung des Todes wäre auch der »Hirntod« genannte Zustand nicht bekannt geworden – doch dazu später. An das Ereignis des Todes knüpft die konkrete Rechtsordnung vielfältige Rechtsfolgen, gewiß. Aber man schreckt doch davor zurück, das Erbrecht oder die Verpflichtung der Angehörigen, ihren Verstorbenen zu bestatten, mit den höheren Weihen einer mehr philosophisch, mehr theologisch grundierten (Medizin-)Ethik zu versehen.[3] Anordnungen des positiven Rechts mögen nützliche Instrumente zur routinierten Bewältigung der lebenspraktischen Implikationen eines Todesfalls sein, aber mit Ethik als Reflexionstheorie der Moral, die die Differenz von richtig und falsch, von vorzugswürdig und nicht vorzugswürdig, von gut und böse für einzelne Individual- und Sozialbereiche ausbuchstabiert, dürfte das pragmatisch arbeitende Normativsystem des Rechts wenig gemein haben – so eine weitverbreitete Auffassung.

Aus der Binnenperspektive der konkreten Rechtsordnung, genauer: der Perspektive der grundrechtlichen Teilrechtsordnung, stellt sich die Lage durchaus differenzierter dar. Der folgende Beitrag will verdeutlichen, daß die gerade skizzierte Sicht der Dinge die Aufgabe des geltenden Rechts, konkret: der Grundrechtsordnung, verkennt. Auch beim Tod ist das positive Recht in Gestalt der Grundrechtsordnung keineswegs nur Ornament, das sich dekorativ um das eigentlich Ethische rankt. Was damit gemeint ist, soll der Blick auf eine aktuelle Fragestellung illustrieren. Beispielhaft bezieht sich der Beitrag auf die Debatte um die Bedeutung des Hirntod-Zustands, die in den letzten Jahren die Entstehungsgeschichte des deutschen Transplantationsgesetzes öffentlichkeitswirksam begleitet hat.[4] Die grundrechtliche Kritik der Ineinssetzung des Hirntodes mit dem

Tod des Menschen wird in ihren Grundzügen vorgestellt (3.). Zuvor ist die Aufmerksamkeit auf das Verhältnis von Recht und Ethik zu richten (2.). Diese Ankündigung scheint auf ein bedrohlich prinzipielles Prolegomenon hinauszulaufen, und in der Tat: der Eindruck trügt nicht ganz. Gängige Vorurteile, die ein unverstelltes Verständnis der Grundrechtsfrage nach dem Hirntod bedrohen, dürften sich nur so aus dem Weg räumen lassen. Da aber der Raum – auch der Raum fürs Prinzipielle – hier sehr begrenzt ist, darf sich der *horror principii* in Grenzen halten.

2. Positive Grundrechte und pluralisierte Ethik

a) Das »Recht« der Philosophen

Die Philosophie, so hat Michel Foucault beobachtet, lasse sich nicht wirklich auf andere Disziplinen ein (vgl. Broekman 1992, Sp. 324). Folge in moralphilosophischen Debatten ist häufig ein Rechtsverständnis, das mit dem Selbstverständnis des konkreten Rechtssystems unvereinbar ist. Nicht selten projizieren Philosophen »das positive Recht nur als Idee in ihre eigenen transzendentalen Ordnungen« (Broekman 1992, Sp. 324) und reden von »dem« Recht, das es in Reinform bei den prominenten Repräsentanten rechtsphilosophischen Räsonnements, nicht aber in einer ausdifferenzierten Rechtsordnung modernen Zuschnitts gibt. Philosophen fragen in der Regel nicht, wie sich dieses Recht der philosophischen Verfremdung zum »Recht der juristischen Positivität« (Broekman 1992, Sp. 324) verhält. Man hat vielmehr den Eindruck, die Ethikerin hier und der Moralphilosoph dort verkürzten das positiv geltende Recht der konkreten Gesellschaft auf ein Konglomerat gesetzespositivistischer Unanständigkeiten. Das gesamte Recht wird unterschiedslos auf die – selbstverständlich vorhandenen – bloß technisch-wertneutralen Regeln reduziert.[5] Sie gelten als typische Konkretion pauschal erhobener und selten substantiierter Positivismusvorwürfe. Gewünschtes Resultat ist das Phantom eines ethikimmunen »juristischen Solipsismus« (Luhmann 1993, S. 30), dem man ganz leicht ein hehres Idealrecht entgegenstellen kann, das strahlt und blitzt und funkelt »wie die Sterne selbst« (Schiller 1804/ 1982, S. 46) und das jedes positive Recht in den Schatten stellt.[6]

b) Grund und Grenzen der Ethik des Grundgesetzes

Allein: Die Ethikerin hier und der Moralphilosoph dort favorisieren eine Sichtweise, die selbst jenen Juristen fremd sein dürfte, die über den rechtsmethodologischen und grundrechtstheoretischen Erkenntnisfortschritt seit Ausgang des 19. Jahrhunderts nur notdürftig informiert sind. Insoweit scheint folgendes der Erinnerung wert:

(1) Positives Recht erschöpft sich nicht in Gesetzen, es wird auf der Grundlage geschriebener Gesetzes- bzw. Normtexte interpretatorisch gewonnen. Normtext und Norm sind nicht identisch (Müller 1994, 1995). Bestimmungen positiven Rechts sind auch die Grundrechtsnormsätze des Grundgesetzes (GG). Schon von ihrer Textgestalt sind sie so wortkarg und auslegungsbedürftig gefaßt, daß man mit einem Gesetzespositivismus, der an substantiell anwesende und ethisch belanglose Bedeutungen in den Worten selbst glaubt, nicht sonderlich weit käme.

(2) Grundrechte schützen – das ist der axiomatische Fixpunkt im hermeneutisch-interpretatorischen Zirkel – Möglichkeitsbedingungen der Persönlichkeitsentfaltung, die kraft positiver Entscheidung zu grundsätzlich unantastbaren Freiheitsräumen des einzelnen erhoben wurden. Dort kann der einzelne sein vorgängig gedachtes »Recht auf Eigentümlichkeit schlechthin« (Cassirer 1916/1991, S. 329) realisieren.

(3) Die Grundrechtsnormtexte, aus denen die Freiheitsgarantien abgeleitet werden, wurden von den Vätern und Müttern des Grundgesetzes bewußt in sprachlich offener Weise formuliert. Sie haben die Grundrechte damit »in die Zeit hinein« (Bäumlin 1961, S. 15; Bundesverfassungsgericht 1987, S. 252) geöffnet. Das heißt: Wenn der Normtext der Grundrechte es irgend zuläßt, muß das Schutzpotential der Grundrechte je neu in der Zeit interpretatorisch aktualisiert werden. Die Grundrechtsnormtexte werden so zu Sensoren für neu bedeutsam werdende »Schutzbedürftigkeiten« (Bethge 1985, S. 362) des einzelnen, die dazu dienen, modo interpretationis aus Schutz*bedürftigkeiten* real wirksame, äußerstenfalls gerichtlich beanspruchbare Schutz*garantien*, also Grundrechte zu kreieren.

(4) Dieser Mechanismus ist Folge der natur- bzw. vernunftrechtlichen Herkunft der Grundrechte. Nicht von ungefähr bezeichnet man die Grundrechte des Grundgesetzes als »positiviertes Naturrecht« (Dreier 1996, Randnummer 33; vgl. auch Alexy 1994, S. 121). Kennzeichnend für positiviert-naturrechtliche, also grundrechtliche Diskurse ist das – thematisch auf unterschiedliche Schutzbereiche – begrenzte Bemühen, die konkrete Rechtsordnung mit basalen (interpretatorisch eruierbaren) Gerechtigkeitspostulaten in Einklang zu halten. Damit wird »das Rechtssystem ein gegenüber der Moral offenes System« (Alexy 1986, S. 494), wobei »Moral« bzw. – synonym – »Ethik« Inbegriff für alle gesellschaftlichen (nicht nur die professionell produzierten) Reflexionen über moralisch Gebotenes ist.

(5) Das Rechtssystem ist nicht nur moraloffen, es ist auch moralkreierend. Es schafft nämlich in den Lebensbereichen, die von den jeweiligen Grundrechtsnormen geschützt werden, eine in juristische Verbindlichkeitsform gebrachte bereichsspezifisch begrenzte »Minimalmoral« (Ropohl 1996, S. 332).[7] Hier ist nun genau zu unterscheiden. Es geht nicht um eine detaillierte Morallehre, die Präferenzen für die sozial erhebliche Gesamtlebensführung des einzelnen aufstel-

len würde. Die »immanente Moral des Grundgesetzes« (Alexy 1990, S. 97) oder – synonym – die »Ethik des Grundgesetzes« (Knoche 1997, S. 16432) ist eine Minimal-moral für den sozialen Kontakt zwischen Individuum und Individuum, zwischen Individuum und dem (in vielfältige Hoheitsträger ausdifferenzierten) Staat.[8] Sie legt fest, welche basalen Freiheiten – Freiheiten von der Ingerenz der Mit-menschen und des Staates – der einzelne (als real geschützte, *wirkliche* Freiheiten) genießt. Wenn von einer – durch die Grundrechte vermittelten – »Materialisierung des Rechts«, seiner »Remoralisierung'« gesprochen wird (Habermas 1992, S. 301),[9] dann darf die thematische Begrenztheit dieser sogenannten »Remoralisierung« und damit auch die nur *be-grenzte* Aufhebung der Unterscheidung von Recht und Moral bzw. Ethik nicht unterschlagen werden.

(6) Der Umfang der Garantien dieser basalen Grund-rechtsethik wird in einem Prozeß selbstreflexiv aneinander anschließender Interpretationsakte ermittelt, in dem je neu das Axiom des Freiheitsschutzes, den die Grundrechte lei-sten sollen, in seiner aufgrund der vorgehenden Interpreta-tionsakte gewonnenen Gestalt loyal-kreativ weiter- und zu Ende gedacht wird. Theoretisch ist dieser Interpretations-prozeß – schon wegen der Facetten der regelungsbedürfti-gen Lebenswirklichkeit – endlos, praktisch wird er jedoch durch argumentativ begründete Dezisionen unterbrochen, die sich im Rückblick als Akte bloß vorläufiger Endgültig-keit erweisen können.[10] Zurückgegriffen wird in diesem In-terpretationsprozeß auf die Impulse der richtungweisenden Judikatur des seit vier Jahrzehnten entscheidenden Bundes-verfassungsgerichts, ergänzend auch auf bewährte Argu-mentationsmuster, die die Grundrechtslehre entwickelt hat. Der Interpretationsprozeß bekommt so Form und Halt und immunisiert sich gegen den nominalistischen Irrtum, den Texten der Grundrechtsgarantien könne irgendeine Be-deutung – egal welche – zugewiesen werden.[11]

(7) Daß es bei der interpretatorischen Konkretisierung der Grundrechtsnormsätze zu Kontroversen über die Reichweite des Schutzes kommen kann, ist ein unvermeidbares Kennzeichen aller juristischen Gesetzesinterpretation, auch der Interpretation verfassungsgesetzlicher Grundrechtsvorschriften. Das Faktum eines jederzeit möglichen »Kampf[es] um die Definition« (Bryde 1987, S. 384, S. 391), das Faktum des Deutungskampfs ist unvermeidbare Folge des grundlegend agonalen Charakters jeder – nicht nur der auf Texten aufbauenden – Rechtsordnung (vgl. Huizinga 1938/1994, S. 91). Es kommt entscheidend darauf an, die Plausibilität des eigenen Auslegungsvorschlags durch den Nachweis zu steigern, daß man mit seinem Vorschlag zur interpretatorischen Fortbildung des jeweiligen Grundrechts gleichsam »näher dran« ist an der *idée directrice*, die nach bewährter Auslegungstradition dem fraglichen Grundrecht im Kontext der Grundrechtsordnung zugrunde liegt. Konzeptionell ungewöhnliche Auslegungsvorschläge tragen eine höhere Argumentationslast, denn sie müssen darlegen, wieso sie sich schlüssig als Fortsetzung des zuvor Gedachten darstellen, also zu keinem Kontinuitätsbruch führen. Sie müssen gegebenenfalls auch darlegen, wieso argumentative *Dis*kontinuität angezeigt erscheint. Für (sozial-)philosophische Vorverständnisse gleich welcher Provenienz, die explizit (häufiger: implizit) zur Fortentwicklung der Grundrechtsgehalte herangezogen werden (vgl. Brugger 1996), gilt dies entsprechend: Sie müssen mit der gewordenen normativen Gestalt eines Grundrechts kompatibel sein. Andernfalls sollten auslegungsleitende Hintergrundannahmen, um Gehör zu finden, verständlich machen, wieso ausgerechnet sie zur – traditionswidrigen – Fortbildung einer Grundrechtsgarantie nötig erscheinen.

c) Fazit

Trägt man dem Rechnung, dann steht fest: Unter den genannten Voraussetzungen sorgen die Grundrechte (genauer: die Menschen, die ihre Schutzgehalte interpretatorisch erarbeiten und vor allem in den Gerichten zur Geltung bringen) dafür, daß das positive Recht auf der Höhe aktuell-möglicher und konkret-realisierbarer Gerechtigkeit bleibt. Die Grundrechte garantieren also, daß die Rechtsordnung dem einzelnen über die in der Jetzt-Zeit möglichst optimale (eben: grundrechtliche) Einhegung seiner Freiheitsräume »hic et nunc menschen-gerecht« (Rixen 1994, S. 425) begegnet. Die geschichtsträchtige Frage nach der Gerechtigkeit des Rechts ist damit als Frage nach der interpretatorisch vermittelten Gewährung grundrechtlichen Schutzes in die Grundlagen der positiven Rechtsordnung selbst eingeschrieben. Die Frage der Gerechtigkeit des Rechts ist eine positivrechtliche Frage, eine Frage der grundrechtsorientierten Auslegung positiver Gesetzesbestimmungen.

Fest steht auch, daß Grundrechte gewissermaßen schon von Hause aus nicht ethikimmun sind. Die kontradiktorische Entgegensetzung von Recht und Ethik, wie sie nicht selten von Philosophen oder Theologen gepflegt wird, huldigt einem ethikimmunen Rechtsbegriff, der die in die konkret-geltende Rechtsordnung implantierte »ethische Unruhe‹« (Dürig 1958, Randnummern 16, 39) nicht zur Kenntnis nimmt. Allerdings – und dies ist immer im Blick zu halten und daher zu wiederholen: Das mit »Ethik« im grundgesetzlichen Kontext Gemeinte ist nicht mehr als eine Basalmoral, die die für die Integration eines plural ausdifferenzierten Gemeinwesens grundlegenden, freiheitsschützenden Normen bereithält. Nicht akzeptabel ist daher auch das – zuweilen von Juristen gepflegte – Modell einer harmonischen Ergänzung von Recht und Ethik, schon deshalb, weil es »die« Ethik nicht gibt (vgl. Luhmann 1993, S. 25): Die »Landschaft der Ethik verschweizert« (von Festenburg

1996). Wo ein Flickenteppich konzeptioneller Kantone aneinandergrenzt und die normative Lage sich – um im Bild zu bleiben – anders darstellt, je nachdem, ob man im Tessin, in Uri oder Basel-Stadt über sie nachdenkt, macht die real existierende Pluralität der binnengesellschaftlich vertretenen ethischen Auffassungen eine juristisch verwaltete Basalmoral unabdingbar. Die Grundrechtsordnung als Grundordnung einer plural ausdifferenzierten Gesellschaft muß ein Angebot zur Beantwortung aller Grundfragen unterbreiten, deren Beantwortung im Interesse der sich unter dem Grundgesetz versammelnden Allgemeinheit für sie als ganze nachvollziehbar und akzeptabel ausfällt. Das Allgemeinverbindliche darf sich dabei nicht auf eine Partikularmoral stützen, sondern muß einen Begründungsansatz wählen, der unabhängig von privatmoralischen Präferenzen in der einen, durch die für alle geltenden Grundrechte verklammerten Confoederatio Ethica Befolgung erwarten läßt.

Eine dieser Grundfragen ist die Frage nach dem Lebendigsein eines Menschen, denn Lebendigkeit ist Bedingung für den Genuß grundrechtlichen Schutzes, also die Rechtsfolge, die an den Tatbestand, ein lebendiger Mensch zu sein, geknüpft wird. Wann und warum dem einzelnen grundrechtlicher Schutz verweigert, er also als Grundrechtssubjekt inexistent wird, ist eine Frage von allgemeinem Interesse. Die allgemeine Bedeutung der Frage nach der Lebendigkeit eines hirntoten Menschen offenbart ihren Charakter als Grundrechtsfrage.

3. Der Streit um die grundrechtliche (Be-)Deutung des Hirntod-Zustands

Der Streit um die normative Bedeutung des Hirntod-Zustands war das beherrschende Thema in der Debatte um die Regelungsgestalt des Transplantationsgesetzes (TPG). Die Frage war wichtig, weil die Entnahme lebenswichtiger Organe »großzügiger« erfolgen kann, wenn der Explantierte eine Leiche und kein Lebender mehr ist. In der Diskussion ging es freilich nicht nur um die Frage: Ist der irreversible Ausfall des gesamten Gehirns als Tod des Menschen zu qualifizieren? Stets mitverhandelt wurden stillschweigend mitlaufende Fragen von prinzipieller Brisanz – einerseits erkenntnistheoretische, andererseits normative Fragen. Sie sind unauflöslich miteinander verkoppelt. Wieso?

a) Die Hirntodkonzeption

Treffend auf den Begriff gebracht ist die Hirntodkonzeption, die stillschweigend auch dem geltenden Transplantationsgesetz unterlegt wurde,[12] in Erklärungen des Wissenschaftlichen Beirats der Bundesärztekammer. Auf sie nehmen die meisten Ethiker und Juristen ausdrücklich oder stillschweigend Bezug. Es heißt dort:

> »Der Hirntod ist der Tod des Menschen« (Bundesärztekammer 1982, A/B-45; 1986, B-2940; 1991, B-2856). Er ist »der vollständige und irreversible Zusammenbruch der Gesamtfunktion des Gehirns bei noch aufrechterhaltener Kreislauffunktion im übrigen Körper. Dabei handelt es sich ausnahmslos um Patienten, die wegen Fehlens der Spontanatmung kontrolliert beatmet werden müssen« (Bundesärztekammer 1982, A/B-45; 1986, B-2940).

Genauerhin sind zwei Begründungsansätze zu unterscheiden, mit denen die Gleichung »Hirntod = Tod des Menschen« als plausibel ausgewiesen werden soll: die sog. Geistigkeitstheorie und die – hier so genannte – biologisch-zerebrale »Theorie«.[13] Mit dem biologisch-zerebralen Ansatz ist folgendes gemeint (Bundesärztekammer 1993, C-1975):

»Der Tod eines Menschen ist – wie der Tod eines jeden
Lebewesens – sein Ende als Organismus in seiner funktionellen Ganzheit, nicht erst der Tod aller Teile des
Körpers. [...] Der Organismus ist tot, wenn die Einzelfunktionen seiner Organe und Systeme sowie ihre
Wechselbeziehungen unwiderruflich nicht mehr zur
übergeordneten Einheit des Lebewesens in seiner funktionellen Ganzheit zusammengefaßt und unwiderruflich nicht mehr von ihr gesteuert werden. Dieser Zustand ist mit dem Tod des gesamten Gehirns eingetre-
ten. Denn der vollständige und endgültige Ausfall des
gesamten Gehirns bedeutet biologisch den Verlust der
– Selbst-Ständigkeit als Funktionseinheit, als Ganzes
  (Autonomie als Organismus)
– Selbst-Tätigkeit als Funktionseinheit, als Ganzes
  (Spontaneität als Organismus)
– Abstimmung und Auswahl von Einzelfunktionen
  aus der Funktionseinheit des Ganzen (Steuerung
  durch den Organismus)
– Wechselbeziehung zwischen dem Ganzen als Funktionseinheit und seiner Umwelt (Anpassung und
  Abgrenzung als Ganzes)
– Zusammenfassung der einzelnen Funktionen und
  ihrer Wechselbeziehungen zum Ganzen als Funk-
  tionseinheit (Integration).«

Beim Menschen bedeute der irreversible Ausfall des gesamten Gehirns außerdem – so die Geistigkeitstheorie – »den
Verlust der unersetzlichen physischen Grundlage seines
leiblich-geistigen Daseins in dieser Welt. Darum ist der
nachgewiesene irreversible Ausfall der gesamten Hirnfunktion (›Hirntod‹) [...] ein sicheres Todeszeichen« (Bundesärztekammer 1993, C-1975). Denn beim

»Menschen ist das Gehirn [...] die notwendige und
unersetzliche Grundlage für das stofflich nicht faßbare
Geistige. Wie auch immer der menschliche Geist, die

menschliche Seele und die menschliche Person verstanden werden: Ein Mensch, dessen Gehirn abgestorben ist, kann nichts mehr aus seinem Inneren und aus seiner Umgebung empfinden, wahrnehmen, beobachten und beantworten, nichts mehr denken, nichts mehr entscheiden. Mit dem völligen und endgültigen Ausfall der Tätigkeit seines Gehirns hat der betroffene Mensch aufgehört, ein Lebewesen in körperlich-geistiger oder in leiblich-seelischer Einheit zu sein. Deshalb ist ein Mensch tot, dessen Gehirn völlig und endgültig ausgefallen ist« (Deutsche Gesellschaft für Anästhesiologie und Intensivmedizin u. a. 1995, S. 7).

Kurz: »Mit dem Organtod des Gehirns sind die für jedes personale menschliche Leben unabdingbaren Voraussetzungen, ebenso aber auch alle für das eigenständige körperliche Leben erforderlichen Steuerungsvorgänge des Gehirns endgültig erloschen. Die Feststellung des Hirntodes bedeutet damit die Feststellung des Todes des Menschen. Eine weitere Fortsetzung der Behandlung ist deshalb nach Feststellung des Hirntodes zwecklos« (Bundesärztekammer 1982, A/B-50; 1986, B-2945; aktuell zusammenfassend: 1997, C-957 ff.). Wenn das Gehirn als »Zentrum personalen Lebens« (Vilmar/Bachmann 1991, B-2855) ausgefallen ist, dann ist der Mensch nach Maßgabe der Hirntodkonzeption (Geistigkeitstheorie und biologisch-zerebrale Theorie) tot.

b) Grundrechtliche Kritik der Hirntodkonzeption

Unbehagliche Kontraintuitionen: Zeichen des Lebens beim hirntoten Menschen

Nimmt man diese Äußerungen etwas näher unter die Lupe, dann stellt man fest: Es gibt Menschen, deren Gehirnfunktionen so schwer geschädigt sind, daß sie von Medizinern und – ihnen folgend – von Ethikern und Juristen als »hirntot« bezeichnet werden. Der Zustand »Hirntod« läßt nach gegenwärtigem Wissen keine Besserung mehr erwarten, ist also irreversibel. Der »Hirn-Tod« kann nur bei Menschen diagnostiziert werden, die intensivmedizinisch versorgt, insbesondere künstlich beatmet werden. Dies ist bekannt, seitdem die französischen Ärzte Mollaret und Goullon den heute so bezeichneten Hirntod-Zustand 1959 zum ersten Mal bei Langzeit-Intensivpatienten beschrieben (Mollaret/ Goulon 1959). In einem konstant voranschreitenden Rezeptionsprozeß, in dem zunächst das Problem des zulässigen Behandlungsabbruchs beim »austherapierten« Patienten und dann – ab Ende der sechziger Jahre – die ersten Herztransplantationen eine tragende Rolle spielten, konnte sich das Hirntodkonzept auch in Deutschland als maßgebliches Todesverständnis unter Medizinern, Ethikern und Juristen durchsetzen.

Der Hirntote ähnelt anderen schwerstgeschädigten Intensivpatienten (vgl. in der Schmitten 1994, S. 77; Hoff / in der Schmitten 1995, S. 193 f.; Roth 1995, S. 16 f.; Geisler 1996a, S. 7 f.): Der Kreislauf des Hirntoten ist in Gang, seine Haut ist warm und rosig. Das Herz des hirntoten Menschen schlägt selbständig, seine Vitalfunktionen, also die klassischen Kennzeichen biologischen Lebens, sind erhalten: Blutkreislauf, im physiologischen Sinne auch die Atmung (nur den Atemantrieb, das Atemholen, also die Zwerchfelltätigkeit, besorgt eine Maschine) und Stoffwechsel (Verdauung und Ausscheidung, regulierter Wasser- und Mineralhaushalt). Erhalten sind überdies das Immunsystem und die reproduktiven Vitalfunktionen (Erektions-, Ejakulations- und Zeugungs- bzw. Empfängnisfähigkeit). Nicht zuletzt der Umstand, daß hirntote Schwangere ein Kind austragen bzw. einen Spontanabort erleiden können, deutet darauf hin, daß die hirntote Schwangere über jene Vitalität verfügt, die unabdingbare Voraussetzung für die Vitalität des Kindes ist. Die am Phänomen der Schwangerschaft, jener besonders gearteten Beziehung zwischen Mutter und Kind, für die es in anderen Lebenssachverhalten keine Parallele gibt, entwickelte Formel der »Zweiheit in Einheit« (Bundesverfassungsgericht 1993, S. 253, S. 276) illustriert den Zusammenhang zwischen der Vitalität der Mutter und der Vitalität des Ungeborenen, dessen biologisches Leben von dem der Mutter abhängt, deren Vitalität also die biologische Einheit der Schwangeren-Nasciturus-Beziehung konstituiert.

Auch mit der gängigen Vorstellung einer Leiche ist der Zustand des hirntoten Menschen nicht vereinbar. Hält man die Formulierungen »ein toter Mensch« und »Leiche« für Synonyma in dem Sinne, daß der tote Körper eines Menschen gemeint ist und Totsein irreversible Abwesenheit von Zeichen des Lebendigseins bedeutet, dann wird man den hirntoten Menschen aufgrund der erwähnten Indikatoren für Lebendigkeit kaum als »Leiche« bezeichnen wollen. Kennzeichnend für eine Leiche sind die sog. klassischen Todeszeichen (und damit die Abwesenheit bestimmter Lebenszeichen): namentlich Totenflecke und Totenstarre (als frühe postmortale Veränderungen) fehlen beim hirntoten Menschen. Trotz der Fülle vorhandener Lebenszeichen von einem »leblosen Körper« zu sprechen, fällt nicht leicht. Um es – im typischen Ton der unter Juristen verbreiteten pathologischen Lehrbuchkriminalität – zu verdeutlichen:

Man stelle sich vor, bei Erbonkel O sei der Hirntod diagnostiziert worden. Eine Organentnahme zu Transplantationszwecken wird erwogen. Den Hirntod kann man – was der erbschleichende Neffe T allerdings nicht weiß – nur unter den Bedingungen intensivmedizinischer Versorgung, namentlich einer künstlichen Beatmung, erleiden. Der zur Organentnahme vorgesehene Hirntote wird nach erfolgter Hirntoddiagnostik intensivmedizinisch weiterversorgt, denn prinzipiell werden die Organe, um deren Lebensfrische und damit den Erfolg einer Transplantation zu erhöhen, während des künstlichen Kreislaufs entnommen. T betritt nun – in tarnende Arztkleidung gehüllt – die Intensivstation, er sieht dort den Körper von Onkel O. Er bemerkt

weiter die rosige Hautfarbe, er berührt Os Körper, er spürt,
daß die Haut warm ist, er sieht, wie das Beatmungsgerät O
atmen macht – und T, der von der erfolgten Hirntod-Dia-
gnostik nichts weiß, kommt zu dem Schluß, daß O wohl
schlafe bzw. im Koma liege, jedenfalls noch nicht tot sein
könne. Sodann befördert er ihn mit einem gezielten Schuß
ins Herz aus dieser in eine andere Welt (das glaubt T zumindest). Noch das aus der Schußwunde herausspritzende
Blut wird T in dem Glauben bestätigen, O habe zum Tat-
zeitpunkt gelebt. Er wird vielleicht überrascht sein, später
im Besucherraum der Untersuchungshaftanstalt von seinem
Verteidiger zu hören, der vermeintlich Getötete habe in
Wahrheit schon nicht mehr gelebt, und der Verteidiger wird
den ungläubigen T womöglich damit trösten, die Vorstellung einer verblutenden »Leiche« sei tatsächlich gewöh-
nungsbedürftig. Aber damit nicht genug. Man stelle sich al-
ternativ vor, T habe O mangels hinreichender Erfahrung im
Umgang mit Schußwaffen bloß durch einen Streifschuß verletzt. Die hinzueilenden Ärzte nehmen nicht nur T vorläufig fest, sie wenden sich auch flugs O zu und erkennen, daß
es sich bloß um eine ungefährliche Verletzung handelt. Sie
legen O einen Verband an und schaffen es derweil, den intensivmedizinisch kontrollierten Kreislauf stabil zu halten.
Vor ihnen läge dann ein verletzter Hirntoter, ein (vermeintlich) Toter, dessen Schußwunde verheilt – denn Hirntote
können »[s]elbst Wunden [...] noch ausheilen« (Wodarg
1997, S. 16409). Ein lebloser, toter Körper?

Der Tod: Interpretationsfester oder interpretations-
abhängiger Sachverhalt?

Unübersehbar wird hier deutlich, daß die Grenze zwischen
Leben und Tod – und damit die Grenze des grundrechtlichen Lebensschutzes – nicht *vor*gegeben, sondern *auf*gegeben ist. Zu einer bewußt vollzogenen, einer – wenn man so
will – »konstruktivistischen« Grenzziehung gibt es keine

Alternative,[14] denn sie ist die unentrinnbare Konsequenz der biowissenschaftlich-technologisch bedingten Entnaturalisierung von Leben und Tod (Höfling 1995, S. 357 f.).[15] Deren Grenze hat sich im Zuge des intensivmedizinischen Fortschritts verflüssigt (vgl. Beck 1986, S. 339 f.). Die vordem als selbstverständlich geltenden Grenzen zwischen Leben und Tod sind verschwunden. Der Moment im biologischen Prozeß der abnehmenden Stoffwechselprozesse, der Tod und nicht mehr Leben sein *soll*, muß aktiv bestimmt werden, und zwar unter Rückgriff auf Wertungen, genauer: *grundrechtliche* Wertungen, denn es geht um die Gewährung oder den Entzug der Basis aller Freiheitsausübung, das Leben.[16] Gerade deshalb – als die aller menschlichen Freiheitsverwirklichung vorgelagerte Bedingung – ist das Leben, der lebendige Körper eines Menschen selbst, als Grundrecht geschützt.

Zumindest stillschweigend wird diese ebenso banale wie basale erkenntnistheoretische Weichenstellung auch durch die Apologeten der Hirntodkonzeption anerkannt, denn andernfalls wären sie nicht bemüht zu erläutern, wieso ein physischer Zustand bestimmte metaphysische Qualitäten aufweist, denn das im Gehirn anatomisch lokalisierte »stofflich nicht faßbare Geistige« ist kein physischer, sondern ein metaphysischer Sachverhalt, der sich allein über medizinisch-diagnostische Beobachtung nicht feststellen läßt. Im irreführenden Gewand indikativischer Aussagen, die suggestiv auf reine Deskription verweisen, wird die stillschweigend mitlaufende Normativität der Aussagen verschleiert. Aber der Hirntod *ist* der Tod des Menschen, weil er es aus bestimmten Gründen sein *soll*. Dies – die Unterscheidung von Sollen und Sein, den Umstand, daß beobachtbare medizinische Gegebenheiten am Körper eines Menschen »keine metaphysische Natur oder Sollenstruktur in sich [>haben‹]«, sondern »sie [...] zugewiesen [bekommen]« (Rüthers 1989, S. 203 – unabhängig von der Hirntodfrage) – darf man nicht aus dem Auge verlieren. Können die

Gründe, kraft derer die Hirntodkonzeption zu dem Schluß gelangt, daß der hirntote Mensch tot sei, aus grundrechtlicher Sicht, also unter Rückgriff auf die Wertungen, die aus der Sicht des Grundgesetzes über die Lebendigkeit eines Menschen entscheiden sollen, überzeugen?

Das offene Menschenbild des Grundgesetzes als Interpretament des Lebensgrundrechts

Schlüssel zur Beantwortung der Frage ist das sogenannte »offene Menschenbild« des Grundgesetzes (Höfling 1987, S. 116–118; Morlok 1993, S. 283). Gemeint ist damit ein Menschenbild, das darauf verzichtet, irgendein materiales Wesenskriterium zu benennen, an dem sich die Menschlichkeit eines Menschen ablesen läßt. Nicht Geistigkeit, nicht Personalität, nicht Selbstbewußtsein, nicht Kognitivität, nicht Kommunikativität (oder wie auch immer die semantisch diffusen Wesenserklärungsangebote lauten mögen) machen (lebendiges) Menschsein im Sinne des Grundgesetzes aus. Für das Menschsein genügt es, ein biologisch existierendes Individuum der Spezies Homo sapiens (sapiens) zu sein. Das ist keineswegs ein substantieller Biologismus, wie man vorschnell vermuten könnte, sondern ein kriteriologischer bzw. ein methodischer Biologismus. Denn in ihm spiegelt sich adäquat die Offenheit des Menschenverständnisses des Grundgesetzes. Für sie optiert das Grundgesetz, weil es die gleich große Freiheit und Achtung – die Gleich-Wertigkeit – aller biologisch existierenden Menschen sichern will. Der Verweis aufs Biologische ist also kein Selbstzweck, sondern er bezweckt größtmögliche und gleiche Freiheit aller im Geltungsbereich des Grundgesetzes existierenden Menschen, ist also Mittel zum Ziel, in diesem Sinne methodischer Biologismus.

Dabei geht das Grundgesetz von der hinlänglich bekannten Erfahrungstatsache aus, daß es biologische Entitäten gibt, die man Homines sapientes nennt. Für eine Verfassung, die in einer anthropozentrischen Rechtstradition steht, nicht ungewöhnlich, ist dies die reale Voraussetzung allen grundrechtlichen Argumentierens. Das empirisch nachweisbare Vorhandensein biologisch existierender Menschen macht sich das Grundgesetz nun zunutze, um ein Gemeinwesen zu verfassen, in dessen Mittelpunkt »der« Mensch stehen soll, und zwar »der« Mensch in der Vielfalt aller real existierenden Unterschiede, die Menschen erfahrungsgemäß auszeichnen. Diese Menschen werden so gedacht, daß ihnen allen ein gleiches Maß an Achtung und Freiheit zuerkannt wird. Am optimalsten und praktikabelsten läßt sich das gewünschte Gleichmaß an Achtung und Freiheit verwirklichen, wenn man alle Menschen (= »den« Menschen) im Ansatz nur als körperlich-lebendig gegebene Individuen begreift, denn diese biologische Verfaßtheit ist allen Menschen – ungeachtet ihrer Ähnlichkeit oder Ungleichheit im übrigen – gemeinsam. Für alle biologisch-lebendigen Menschen ist das »Leben« (die Lebendigkeit ihres Körpers) die gleichheitsverbürgende Basis, die basale Bedingung, die ein gleiches Maß an Achtungs- und Freiheitsschutz ermöglicht.[17] Das Grundgesetz konzeptualisiert sein Verständnis vom achtungs- und freiheitswürdigen Menschsein also *inklusiv*, indem es – in einem ersten Schritt – voraussetzt, daß Menschen biologisch-lebendige Individuen der Spezies Homo sapiens (sapiens) sind, und – in einem zweiten Schritt – genau diese biologische Lebendigkeit zum Kriterium erhebt, in dem die Gleichwertigkeit aller (biologisch existierenden) Menschen authentisch zum Ausdruck gelangt. Dieses Verständnis von der bei der biologischen Lebendigkeit ansetzenden Gleichheit der Menschen ginge verloren, würde man sich anschicken, etwa nach Maßgabe psychischer, emotionaler oder sozialer Bewertungen das »Leben« (die körperlich-biologische Lebendigkeit) als alleinige Bedingung der Gewährung von Achtungs- und Freiheitsschutz in Frage zu stellen. Eine derartige *exklusive* Konzeptualisierung von (lebendigem) Menschsein lehnt das Grundgesetz ab.

Daß möglichst allen biologisch-lebendigen Menschen der im Ansatz gleiche Grad größtmöglicher Achtung und Freiheit garantiert sein soll und daß zu diesem Zwecke an die Gewährleistung der biologisch-realen Basis für alle Freiheitsausübung anzuknüpfen ist, ist eine Folge der Entstehungsgeschichte des Grundgesetzes. Das Grundgesetz ist eine bewußte Antwort auf die historisch erfahrenen Achtungs- und Freiheitsverluste, kraft derer – unter Rückgriff vor allem auf psychisch, rassistisch oder sozial motivierte Unterscheidungen – bestimmte (biologisch existierende) Menschen von der Gleichachtung, Gleichwertigkeit, Gleichwürdigkeit, Gleich*schutz*würdigkeit ausgeschlossen wurden, gerade indem diese biologisch vorhandenen Menschen zu nicht-gleichachtungswürdigen, nicht-gleichwertigen Menschen umqualifiziert, in diesem Sinne zu Nicht-Menschen transformiert wurden. Dieser Gedanke der immer schon gegebenen Gleichwertigkeit und Gleichschutzwürdigkeit aller Menschen ist die Regelungsidee des Lebensgrundrechts, die vom Verfassungsgeber gewissermaßen wie ein Kompaß »in die Zeit hinein« entlassen wurde, auf daß sie je neu ihre normative Direktionskraft entfalte angesichts neuer Fragen, die zu Unklarheit über die Qualifikation menschlich-körperlicher Zustände führen. Die Idee des offenen Menschenbildes wird dementsprechend auch zum leitenden Gesichtspunkt bei der Beantwortung der Frage, ob der hirntote Mensch lebt oder tot ist.

Folgen für die Hirntodkonzeption

Was die Geistigkeitstheorie anbelangt, ist die Konsequenz eindeutig. Mit dem offenen Menschenbild des Grundgesetzes ist sie nicht vereinbar. Die Geistigkeitstheorie spricht einem »Intellektualspeziesismus« (Linke 1996, S. 439) das Wort, in dem die Menschlichkeit des Menschen von seinem Vermögen abhängt, gehirnvermittelte intellektuelle, emotionale, kognitive oder kommunikative Leistungen – für einen anderen nachweisbar – zu erbringen. Es kommt aber – wie erläutert – für die Zuteilung des Status des lebendigen Menschseins auf derartige Qualifikationen nicht an. Sie sind für die Zuerkennung der grundrechtlich geschützten Lebendigkeit eines Menschen schlechthin unbeachtlich.

Nichts anderes gilt im Ergebnis für die biologisch-zerebrale Theorie. Auch sie ist mit dem offenen Menschenbild des Grundgesetzes nicht vereinbar. Zunächst könnte man Gegenteiliges annehmen, denn die biologisch-zerebrale Theorie stellt allein auf die Funktion des Gehirns im Organismus ab, der (angeblich) zusammenbreche, wenn das Gehirn irreversibel ausgefallen sei. Die biologisch-zerebrale Theorie scheint also »rein« biologisch zu argumentieren und auf jegliche Wertung zu verzichten. Biologische Grundlagenforscher bestreiten jedoch die Möglichkeit eines »wertfreien« Lebensbegriffs (vgl. – unabhängig von der Hirntod-Frage – Toellner 1980), und Hirnforscher lehnen die biologisch-zerebrale Theorie als unplausibel ab (Roth/Dicke 1995). Sie bestreiten zwar nicht, daß das Funktionieren des Organismus für die Lebendigkeit eines menschlichen Körpers maßgeblich sein soll, sind aber der Ansicht, daß das Gehirn (genauer: der Hirnstamm) keineswegs die Integrations- und Koordinationszentrale des biologischen Organismus sei. Sie verweisen auf die funktionellen Wechselwirkungen, die im Körper eines hirntoten Menschen nachweisbar sind: Die funktionelle Einheit des Organismus als die Gesamtheit der funktionell verbundenen und sich gegenseitig beeinflussenden Organe sei zwar beeinträchtigt, aber noch nicht aufgehoben. Auch die künstliche Beatmung des hirntoten Menschen stehe dem Funktionieren des Organismus nicht entgegen, denn Vitalfunktionen würden auch bei anderen nicht-hirntoten Menschen ersetzt, ohne daß man diese Menschen, etwa dialysepflichtige Nierenkranke, als tot qualifizieren würde. Die Hervorhebung des Gehirns als »Zentrale« des biologischen Organismus durch die biologisch-zerebrale Theorie sei vielmehr die Folge eines gehirnzentrierten Vorverständnisses vom Funktionieren eines menschlichen Organismus. Dieser werde als hierarchisch gegliedert gedacht, an der »Spitze« stehe das Gehirn bzw. der Hirnstamm, von dem die Lebendigkeit des Organismus (als funktionelle Ganzheit) abhänge. Offenbar steht dahinter das »vulgäranthropologische« (Möllering 1977, S. 32) Vor-Urteil, ein Mensch sei eben nur dann und so lange ein wirklich lebendiger Mensch, wenn und so lange das Gehirn – genauer: der Hirnstamm – seinen Anteil an der Integration des Organismus spontan, also ohne (intensiv)medizinische (»künstliche«) Kompensation erbringe.

Gegen all diese Erwägungen mag man anführen, es sei nicht Aufgabe des Rechts, eine biologisch-grundlagentheoretisch geprägte Kontroverse zu entscheiden. Das ist gewiß richtig, und doch kommt das Recht an dieser Kontroverse über die Frage des zutreffenden Organismus-Verständnisses nicht vorbei, weil es ihr auf dem Hintergrund des offenen Menschenbildes als Grundrechtsfrage nachgehen muß. Man stellt dann fest, daß das Recht hinsichtlich der Realdaten mit Ungewißheit konfrontiert ist: Die biologisch-zerebrale Theorie, die mit einem gehirnzentrierten Organismus-Verständnis operiert, wird mit nachvollziehbar erscheinenden Argumenten namentlich von Vertretern der biologischen Grundlagentheorie und der Hirnforschung in Frage gestellt. Die Richtigkeit der biologisch-zerebralen Theorie ist insoweit jedenfalls beachtlichen Zweifeln ausgesetzt. Das Verfassungsrecht kann die biologisch-grundlagentheoretisch geprägte Kontroverse selbstverständlich nicht als biologisch-grundlagentheoretisches Problem entscheiden. Aber es muß, weil der Grundrechtsschutz ein biologisches Verständnis von Leben zum Medium rechtlichen Achtungs- und Freiheitsschutzes erhebt, die Situation der faktischen Ungewißheit in eine Situation normativer Eindeutigkeit überführen. Dies hat unter Rückgriff auf die Wertungen des – dem Lebensgrundrecht zugrunde liegenden – offenen Menschenbildes zu geschehen.

Selbst wenn »nur« begründete Zweifel dahingehend bestehen, ob ein Mensch im Zustand des Hirntodes noch über einen funktionsfähigen Organismus verfügt (also noch lebt), dann dürfen vor dem Hintergrund des offenen Menschenbildes diese Zweifel nicht zu Lasten des hirntoten Menschen gehen. Dazu muß man die Überlegung größtmöglicher gleicher Garantie von Achtung und Freiheit für alle Menschen gleichsam in die andere Richtung zu Ende führen, indem man bedenkt, daß das gleiche, größtmögliche Maß an Freiheit und Achtung nur dann gewährleistet ist, wenn die reale Grundlage gleicher, größtmöglicher Achtung und Freiheit – das biologische Leben, das Funktionieren eines Organismus – großzügig als gegeben anerkannt wird. Das offene Menschenbild verlangt somit, daß der Grundstatus »Leben« von der Rechtsordnung extensiv zuerkannt wird. Infolgedessen ist grundrechtlich geschütztes Leben schon dann als gegeben anzunehmen, wenn vielfältige empirische Anzeichen auf das Vorhandensein eines lebendigen – zur funktionellen Ganzheit integrierten – Organismus (also auf die biologische Existenz eines Menschen) hindeuten.

Das Bestreben, zur Verwirklichung des offenen Menschenbildes lebendiges Menschsein großzügig zuzuerkennen, liegt auch der vom Bundesverfassungsgericht mit Blick auf den Lebensanfang formulierten Auslegungsregel zugrunde, wonach in Zweifelsfällen diejenige Auslegung zu wählen ist, welche die juristische Wirkungskraft der Grundrechtsnorm am stärksten entfaltet (Bundesverfassungsgericht 1975, S. 37 f.), eine Auslegungsregel, die man verkürzt in die Formel »in dubio pro vita« gekleidet hat (vgl. Höfling/Rixen 1996, S. 74). Sprachlich variiert, gelten die Ausführungen, die das Bundesverfassungsgericht für den Lebensbeginn gefunden hat, auch für das Lebensende: Sinn und Zweck des Lebensgrundrechts ist es, den Lebensschutz auch auf das verlöschende menschliche Leben auszudehnen. Die Sicherung der menschlichen Existenz wäre unvollständig, wenn sie nicht auch die »Endstufe« des menschlichen Lebens, das verlöschende Leben, das Sterben, umfaßte. In Fällen, in denen problematisch ist, ob ein Ausschnitt aus der Wirklichkeit als verlöschendes »Leben« zu qualifizieren ist, ist daher eine extensive Auslegung des Lebensgrundrechts zu befürworten, also eine Auslegung, welche die Wirkungskraft der Grundrechtsnorm am stärksten entfaltet. Das ist in concreto nur gewährleistet, wenn man den Körper eines hirntoten Menschen als lebendigen Organismus eines Menschen, den hirntoten Menschen folglich als Lebenden im Grundrechtssinne qualifiziert.

4. Resümee

Ob der auf der Grundlage der grundrechtlichen Normtexte des Grundgesetzes gewonnene Auslegungsvorschlag Anerkennung finden wird, hängt nicht unwesentlich vom *Willen* des unter dem Grundgesetz versammelten Gemeinwesens ab, die – gerade wegen ihres Verzichts auf partikularmoralische Spezialitäten Gemeinsamkeit ermöglichende – thematisch begrenzte »Anthropologie des Grundgesetzes« (Herzog 1992, S. 28; vgl. auch Gröschner 1996, S. 639) anzunehmen. Natürlich kann man der hier unterbreiteten Position vorwerfen, sie weise Affinitäten mit dieser oder jener philosophisch-moralischen oder theologisch-ethischen Ansicht auf. Ähnlichkeiten festzustellen ist gewiß interessant, nur wird so das Problem verfehlt, um das es geht: Die reale Basis aller Freiheitsausübung – das menschliche Leben, genauer: die Lebendigkeit des menschlichen Körpers – unter Rückgriff auf Gründe zu schützen (und gerade ihretwegen Leben großzügig als gegeben anzunehmen), die in einer pluralen Gesellschaft potentiell für alle plausibel sind. Das Konzept des offenen Menschenbildes hält Gründe, die allgemeine Plausibilität erzeugen können, bereit. Man mag der hier favorisierten Auffassung gleichwohl nicht folgen wollen, etwa weil man die ihr zugrunde gelegte Anthropologie für zu »schwach« hält oder weil zu viele sogenannte letzte Fragen unbeantwortet bleiben. Es ist indes nicht Aufgabe des Verfassungsrechts, säkulare Eschatologie zu betreiben oder sich in die Autopoiesis des ewigen Gesprächs von Theologen und Philosophen zu verstricken. Verfassungsrecht – genauer: die grundrechtliche Teilrechtsordnung – hat Bescheideneres und zugleich Basaleres im Sinn.[18] Das Verfassungsrecht will – sozusagen für den Alltagsgebrauch der gegebenen Gesellschaft – die Conditio sine qua non aller Grundrechte sichern, die fundamentale Möglichkeitsbedingung von Achtung und Freiheit. Anders als über eine großzügige Zuerkennung menschlichen Lebens kann dies nicht gelingen. Mit der Ethik des Grundgesetzes ist die Hirntodkonzeption daher nicht vereinbar. Der hirntote Mensch ist kein Toter, sondern im Sinne des Lebensgrundrechts (Artikel 2 Absatz 2 Satz 1 Grundgesetz) ein Mensch, der lebt.

Anmerkungen

1 Der folgende Beitrag stützt sich auf meine im Sommersemester 1998 vom Fachbereich Rechtswissenschaft der Justus-Liebig-Universität Gießen als Dissertation angenommene Studie »Lebensschutz am Lebensende. Das Grundrecht auf Leben und die Hirntodkonzeption – Zugleich ein Beitrag zur Autonomie rechtlicher Begriffsbildung« (Rixen 1999). Siehe auch Höfling/Rixen 1996. Um Mißverständnissen vorzubeugen, sei ausdrücklich klargestellt, daß meine Ausführungen im vorliegenden Band schon aus Platzgründen nicht in der bei diesem Thema eigentlich gebotenen Weise in die Tiefe gehen können. Die Ausführungen wollen und können daher nicht mehr sein als eine Heranführung an die grundrechtliche Kritik der Hirntodkonzeption. Auch Folgefragen, wie etwa die nach der Bestimmung von Todeszeichen, die dem offenen Menschenbild des Grundgesetzes entsprechen, können hier nicht beantwortet werden. Auch das Problem, ob man mit der gegenwärtigen Diagnostik den irreversiblen Ausfall der

gesamten Hirnfunktion überhaupt zuverlässig feststellen kann, muß hier unbehandelt bleiben; siehe dazu Klein 1995; Truog 1997.

2 Die immer noch weitverbreitete Auffassung, der Tod werfe nicht sachlich-rechtliche, sondern allenfalls beweisrechtliche Probleme auf, kommt in den bekannten Sätzen Savignys zum Ausdruck, die auch hier zitiert werden sollen: »Der Tod, als die Gränze der natürlichen Rechtsfähigkeit, ist ein so einfaches Naturereigniß, daß derselbe nicht, so wie die Geburt, eine genauere Feststellung seiner Elemente nöthig macht. Nur allein die Schwierigkeit des Beweises hat hierin einige positive Rechtsregeln veranlaßt« (Savigny 1840, S. 17). »Das Leben ist meist Gegenstand sinnlicher Wahrnehmung, kann also wie jede andere Thatsache durch gewöhnliches Zeugniß ohne Gefahr erwiesen werden; [...]« (Savigny 1840, S. 395).

3 Man könnte freilich fragen, ob sich in der positivrechtlich verankerten Bestattungspflicht der Angehörigen nicht grundlegende philosophische Einsichten spiegeln, etwa jene, daß es »die unbestrittene Auszeichnung menschlicher Lebewesen« ist, »daß sie ihre Toten bestatten« (Gadamer 1983/1994, S. 86). Folglich könnte in der »Bestattung der Toten vielleicht das Grundphänomen der Menschwerdung« (Gadamer 1976, S. 61) authentisch zum Ausdruck kommen, so daß von einem »Gerechtigkeitsgrundsatz [...], Verwandte würdig zu bestatten« (Höffe 1985/1988, S. 15) auszugehen ist. »Schon immer war der Umgang einer Kultur mit dem toten Leib ein verläßlicher Indikator für das vorherrschende Menschenbild. Seine wirklich humanen Züge entfaltete der Homo sapiens in dem Augenblick, als er sich nicht nur altruistisch um seine Artgenossen bemühte, sondern begann, seine Toten zu beerdigen« (Geisler 1996, S. 387). (Rechts-)Philosophische oder grundrechtsdogmatische Reflexionen über das positiv geltende Bestattungsrecht sind – soweit ersichtlich – eine Seltenheit. Eine gewisse Ausnahme bildet Rolf Gröschners 1995 erschienene Arbeit, die nach den kulturstaatlichen Grenzen der Privatisierung (konkret: der Privatisierung der Leichenkremierung) im positiven Bestattungsrecht fragt.

4 Zu dieser Debatte vgl. die Beiträge bei Hoff / in der Schmitten 1995. Vgl. außerdem Feuerstein 1995, die Beiträge in Ach/Quante 1997 sowie Schöne-Seifert 1996, S. 613 ff.

5 Gemeint sind »nur ordnende Vorschriften ohne Eigenwert der garantierten Ordnung (z. B. Straßenverkehrsvorschriften)« (Ja-

kobs 1991, S. 107); diese Regeln sind »bloße Vehikel der Rechtstechnik« (Jakobs 1991, S. 372). Naucke merkt zu diesen Regeln an, sie enthielten »lediglich verfestigte Informationen über Machtverhältnisse, nicht Informationen über gerechtes Recht« (Naucke 1986a, S. 178).

6 Es handelt sich um die berühmte Passage (Vers 1275–1288; zitiert wird hier Vers 1281), in der Stauffacher für die unveräußerlichen »ew'gen Rechte« als naturrechtliche Grenze der »Tyrannenmacht« wirbt.

7 Erinnert sei an Georg Jellineks geflügeltes Wort vom »ethische[n] Minimum« (Jellinek 1878/1967, S. 48). Schmoller hat dem entgegengesetzt, das Recht sei »ein ethisches Maximum, nämlich an Kraft, an Wirksamkeit, an Resultaten« (Schmoller 1923, S. 57).

8 Das gilt entsprechend auch für kollektiv verbundene bzw. organisierte Individuen; vgl. nur Artikel 19 Absatz 3 des Grundgesetzes (GG), der die Grundrechtsgeltung auf »juristische Personen« im Sinne der Verfassung erstreckt, sowie Artikel 8 Absatz 1 und Artikel 9 Absatz 1 GG, die die Versammlungsfreiheit und die Vereinigungsfreiheit garantieren.

9 Habermas 1992, S. 554 f.: »Die Verfassungsinterpretation nimmt [...] eine mehr und mehr rechtsphilosophische Gestalt an.« Kritisch zu dieser »juristische[n] Verwaltung des Naturrechts« der Jurist Naucke (1986, S. 206): »Was man heute in der Verfassung findet, war ehedem von den Inhabern der Lehrstühle des Naturrechts zu lehren.«

10 So gesehen, sind die Grenzen der »juridische[n] Sphäre [...] nie sicher« (Derrida 1991, S. 57).

11 Alexy 1986, S. 502: »Mit dem Wortlaut der Grundrechtsbestimmungen ist vieles, aber nicht alles vereinbar.«

12 Das ergibt sich aus § 3 Absatz 1 Nr. 1 des Transplantationsgesetzes (Bundesgesetzblatt Teil I 1997, S. 2631 ff. [2632]), der anordnet, daß die Todesfeststellung »nach Regeln, die dem Stand der Erkenntnisse der medizinischen Wissenschaft entsprechen«, erfolgen muß. Ausdrücklich wird der Hirntod hier zwar nicht mit dem Tod des Menschen gleichgesetzt; es liegt also keine unmittelbare, formelle Legaldefinition vor. Die Norm ist aber als materiell-konkludente Legaldefinition zu begreifen, denn der Verweis auf den gegenwärtigen medizinischen Erkenntnisstand ist ein mittelbarer Verweis auf den Hirntod als den Tod des Men-

schen. Nach Ansicht des Wissenschaftlichen Beirats der Bundesärztekammer, der für Deutschland den Stand der Erkenntnisse
der medizinischen Wissenschaft zumindest in der Hirntod-
Frage repräsentiert, zeigt der Hirntod-Zustand den Tod des
Menschen an. Es ist also unrichtig zu sagen, das Transplantationsgesetz (TPG) definiere den Tod des Menschen nicht und
setze ihn keineswegs mit dem Hirntod gleich. Das Gegenteil ist
der Fall. Man darf sich nur nicht von dem rechtstechnischen
Umweg in die Irre führen lassen, den das TPG wählt, um den
Hirntod – verdeckt – mit dem Tod des Menschen gleichzusetzen. Daß sich gesetzliche Definitionen oft erst im Wege der Interpretation zeigen (gerade wenn – wie im TPG geschehen – der
rechtskonstruktive Weg der Verweisung auf außerrechtliche
Standards gewählt wird), ist im übrigen eine juristische Binsen-
weisheit.

13 Dem juristischen Sprachgebrauch folgend, meint »Theorie« hier
nichts anderes als eine (kraft Auslegung gewonnene) Lehrmei-
nung bzw. ein Normtexten erläuternd unterlegtes Interpreta-
ment (vgl. Canaris 1993, S. 378; Röhl 1994, S. 160 f.).

14 Kurz: Der Tod ist ein »value-based construct« (Pernick 1988,
S. 17).

15 Dementsprechend hat Albury – mit Blick auf das moderne
Hirntodkriterium – festgestellt: »The criterion of death is tech-
nological rather than biological« (Albury 1993, S. 272).

16 Wenn es heißt, der Tod sei ein »biologically based social status«
(Lachs 1988, S. 239), dann muß man sich vergegenwärtigen, daß
das Recht – genauer: die Grundrechtsordnung – die Wertungs-
maßstäbe bereithält, mit deren Hilfe bestimmbar wird, welche
biologischen Gegebenheiten für den Status des lebendigen
Menschseins ausschlaggebend sein sollen und welche nicht.

17 Man muß unwillkürlich an Hegels bekanntes Diktum aus der
Rechtsphilosophie denken: »[D]er Leib [...] ist das Dasein der
Freiheit.« (Hegel, Rechtsphilosophie, § 48, 1821/1989, S. 111)

18 Dem Verfassungsstaat »geht es gewissermaßen darum, ›letzte
Fragen‹ zu vermeiden und sich in der Praxis der Bewältigung
vorletzter Fragen zu bewähren« (Preuß 1995, S. 178).

Literatur

Ach, Johann S. / Quante, Michael (Hrsg.): Hirntod und Organverpflanzung. Ethische, medizinische, psychologische und rechtliche
Aspekte der Transplantationsmedizin. Stuttgart-Bad Cannstatt
1997.

Albury, W. R.: Ideas of Life and Death. In: W. F. Bynum / Roy Por-
ter (Hrsg.): Companion Encyclopedia of the History of Medicine, Bd. 1. London / New York 1993, S. 249–280.

Alexy, Robert: Begriff und Geltung des Rechts. 2. Aufl. Freiburg
i. Br. / München 1994.

– Die immanente Moral des Grundgesetzes. In: Franz Bydlinski /
Theo Mayer-Maly (Hrsg.): Rechtsethik und Rechtspraxis. Inns-
bruck/Wien 1990, S. 97–117.

– Theorie der Grundrechte. Frankfurt a. M. 1986.

Bäumlin, Richard: Staat, Recht und Geschichte. Zürich 1961.

Beck, Ulrich: Risikogesellschaft. Frankfurt a. M. 1986.

Bethge, Herbert: Aktuelle Probleme der Grundrechtsdogmatik. In:
Der Staat 24 (1985) S. 352–382.

Broekman, Jan M.: Rechtsphilosophie. In: Joachim Ritter / Karlfried Gründer (Hrsg.): Historisches Wörterbuch der Philosophie.
Band 8. Darmstadt 1992. Sp. 315–327.

Brugger, Winfried (Hrsg.): Legitimation des Grundgesetzes aus
Sicht von Rechtsphilosophie und Gesellschaftstheorie. Baden-Baden 1996.

Bryde, Brun-Otto: Der Kampf um die Definition von Artikel 14
GG. In: Jahrbuch für Rechtssoziologie und Rechtstheorie 11
(1987) S. 384–394.

Bundesärztekammer / Wissenschaftlicher Beirat: Kriterien des
Hirntodes. Entscheidungshilfen zur Feststellung des Hirntodes.
In: Deutsches Ärzteblatt 79 (1982) A/B-45–55.

– Kriterien des Hirntodes. Entscheidungshilfen zur Feststellung
des Hirntodes – Fortschreibung der Stellungnahme des Wissenschaftlichen Beirates »Kriterien des Hirntodes« vom 9. April
1982. In: Deutsches Ärzteblatt 83 (1986) B-2940–2946.

– Kriterien des Hirntodes. Entscheidungshilfen zur Feststellung
des Hirntodes – Zweite Fortschreibung. In: Deutsches Ärzteblatt
88 (1991) B-2855–2860.

– Der endgültige Ausfall der gesamten Hirnfunktion (»Hirntod«)
als sicheres Todeszeichen. In: Deutsches Ärzteblatt 90 (1993) C-
1975–1977.

Bundesärztekammer / Wissenschaftlicher Beirat: Kriterien des Hirntodes. Entscheidungshilfen zur Feststellung des Hirntodes (Dritte Fortschreibung 1997). In: Deutsches Ärzteblatt 94 (1997) C-957–964.

Bundesgesetzblatt Teil I, Nr. 74, Bonn, 11. November 1997. Darin: Gesetz über die Spende, Entnahme und Übertragung von Organen (Transplantationsgesetz – TPG) vom 5. November 1997. S. 2631–2639.

Bundesverfassungsgericht: Urteil des Ersten Senats vom 25. 2. 1975 (1 BvF 1–6/74) In: Amtliche Sammlung der Entscheidungen des Bundesverfassungsgerichts 39 (1975) S. 1–68.

– Beschluß des Ersten Senats vom 25. 2. 1987 (1 BvR 47/84) In: Amtliche Sammlung der Entscheidungen des Bundesverfassungsgerichts 74 (1987) S. 244–256.

– Urteil des Zweiten Senats vom 28. 5. 1993 (2 BvF 2/90 und 4,5/92) In: Amtliche Sammlung der Entscheidungen des Bundesverfassungsgerichts 88 (1993) S. 203–337.

Canaris, Claus-Wilhelm: Funktion, Struktur und Falsifikation juristischer Theorien. In: Juristen-Zeitung 48 (1993) S. 377–391.

Cassirer, Ernst: Freiheit und Form. Studien zur deutschen Geistesgeschichte [1916]. 5. Aufl. Darmstadt 1991.

Derrida, Jacques: Gesetzeskraft. Der »mystische Grund der Autorität«. Frankfurt a. M. 1991.

Deutsche Gesellschaft für Anästhesiologie und Intensivmedizin / Deutsche Gesellschaft für Neurochirurgie / Deutsche Gesellschaft für Neurologie / Deutsche Physiologische Gesellschaft: Hirntod. Erklärung deutscher wissenschaftlicher Gesellschaften zum Tod durch völligen und endgültigen Hirnausfall. September 1994. 2. Aufl. Neu-Isenburg 1995. (Broschüre der Deutschen Stiftung Organtransplantation / Arbeitskreis Organspende.)

Dreier, Horst: Vorbemerkungen vor Artikel 1. In: H. D. (Hrsg.): Grundgesetz. Kommentar. Bd. 1. Tübingen 1996. Randnummer 1–100.

Dürig, Günter: Kommentierung zu Artikel 1 Absatz 1 (1958). In: Theodor Maunz [u. a.]: Kommentar zum Grundgesetz. Bd. 1. Stand: 32. Lieferung / Oktober 1996. Randnummer 1–54.

Feuerstein, Günter: Das Transplantationssystem. Dynamik, Konflikte und ethisch-moralische Grenzgänge. Weinheim/München 1995.

Gadamer, Hans-Georg: Die Erfahrung des Todes. [1983] In: H.-G. G.: Über die Verborgenheit der Gesundheit. 3. Aufl. Frankfurt a. M. 1994. S. 84–94.

Gadamer, Hans-Georg: Was ist Praxis? Die Bedingungen gesellschaftlicher Vernunft. In: H.-G. G.: Vernunft im Zeitalter der
Wissenschaft. Frankfurt a. M. 1976. S. 54–77.

Geisler, Linus S.: Das Verschwinden des Leibes. In: Universitas 51
(1996) S. 386–397.

– Schriftliche Stellungnahme. In: Bundestagsausschuß für Gesundheit. Ausschuß-Drucksache 13/582 vom 5. 9. 1996. S. 7–11. [Zit.
als: Geisler 1996a.]

Gröschner, Rolf: Menschenwürde und Sepulkralkultur in der
grundgesetzlichen Ordnung. Die kulturstaatlichen Grenzen der
Privatisierung im Bestattungsrecht. Stuttgart/München [u. a.]
1995.

– Freiheit und Ordnung in der Republik des Grundgesetzes. In: Juristen-Zeitung 51 (1996) S. 637–646.

Habermas, Jürgen: Faktizität und Geltung. Frankfurt a. M. 1992.

Hegel, Georg Wilhelm Friedrich: Grundlinien der Philosophie des
Rechts [1821]. In: G. W. F. H.: Werke. Bd. 7. 2. Aufl. Frankfurt a. M. 1989.

Herzog, Roman: Die Bedeutung des Verkehrsrechts in der mobilen
Gesellschaft. In: Deutsche Akademie für Verkehrswissenschaft
e. V. (Hrsg.): 30. Deutscher Verkehrsgerichtstag. Hamburg 1992.
S. 25–33.

Höffe, Otfried: Soll der Philosoph König sein? [1985] In: O. H.:
Den Staat braucht selbst ein Volk von Teufeln – Philosophische
Versuche zur Rechts- und Staatsethik. Stuttgart 1988. S. 8–23.

Höfling, Wolfram: Offene Grundrechtsinterpretation. Grundrechts-
auslegung zwischen amtlichem Interpretationsmonopol und pri-
vater Konkretisierungskompetenz. Berlin 1987.

– Plädoyer für eine enge Zustimmungslösung. In: Universitas 50
(1995) S. 357–364.

– / Rixen, Stephan: Verfassungsfragen der Transplantationsmedizin. Tübingen 1996.

Hoff, Johannes / in der Schmitten, Jürgen (Hrsg.): Wann ist der
Mensch tot? Organverpflanzung und »Hirntod«-Kriterium. Erw.
Taschenbuch-Neuaufl. Reinbek bei Hamburg 1995.

– Kritik der »Hirntod«-Konzeption – Plädoyer für ein men-
schenwürdiges Todeskriterium. In: – / – (Hrsg.): Wann ist
der Mensch tot? Organverpflanzung und »Hirntod«-Kriterium.
Erw. Taschenbuch-Neuaufl. Reinbek bei Hamburg 1995. S. 153–
252.

Huizinga, J.: Homo Ludens. Vom Ursprung der Kultur im Spiel. Reinbek bei Hamburg 1994. [1. niederl. Aufl. 1938.]

In der Schmitten, Jürgen: Der »Hirntod« – ein sicheres Todeszeichen? In: Gymnasialpädagogische Materialstelle der Evangelisch-Lutherischen Kirche in Bayern (Hrsg.): »Mitten im Leben sind wir vom Tod umfangen« – Tod und Leben (Themenfolge 101). Erlangen 1994. S. 76–80.

Jakobs, Günther: Strafrecht. Allgemeiner Teil. 2. Aufl. Berlin / New York 1991.

Jellinek, Georg: Die sozialethische Bedeutung von Recht, Unrecht und Strafe. Nachdr. der Ausgabe Wien 1878. Hildesheim 1967.

Klein, Martin: Hirntod: Vollständiger und irreversibler Verlust aller Hirnfunktionen? In: Ethik in der Medizin 7 (1995) S. 6–15.

Knoche, Monika: Rede vor dem Plenum des Deutschen Bundestages. In: Deutscher Bundestag. Stenographischer Bericht der 183. Sitzung (13. Wahlperiode) am 25. 6. 1997. S. 16431–16433.

Lachs, John: The Element of Choice in Criteria of Death. In: Richard M. Zaner (Hrsg.): Death: Beyond Whole-Brain Criteria. Dordrecht/Boston/London 1988. S. 233–251.

Linke, Detlef B.: Irratiozid. Die vernünftige Tötung der Unvernünftigen. In: Universitas 51 (1996) S. 437–442.

Luhmann, Niklas: Das Recht der Gesellschaft. Frankfurt a. M. 1993.

Möllering, Jürgen: Schutz des Lebens – Recht auf Sterben. Zur rechtlichen Problematik der Euthanasie. Stuttgart 1977.

Mollaret, P. / Goulon, M.: Le Coma Dépassé (Mémoire préliminaire). In: Revue Neurologique 101 (1959) S. 3–15.

Morlok, Martin: Selbstverständnis als Rechtskriterium. Tübingen 1993.

Müller, Friedrich: Strukturierende Rechtslehre. 2. Aufl. Berlin 1994.

– Juristische Methodik. 6. Aufl. Berlin 1995.

Naucke, Wolfgang: Versuch über den aktuellen Stil des Rechts. In: Kritische Vierteljahresschrift für Gesetzgebung und Rechtswissenschaft 1 (1986) S. 189–210.

– Rechtsphilosophische Grundbegriffe. 2. Aufl. Frankfurt a. M. 1986. [Zit. als: Naucke 1986a.]

Pernick, Martin S.: Back from the Grave: Recurring Controversies over Defining and Diagnosing Death in History. In: Richard M. Zaner (Hrsg.): Death: Beyond Whole-Brain Criteria. Dordrecht/Boston/London 1988. S. 17–74.

Preuß, Ulrich K.: Die Weimarer Republik – ein Laboratorium für neues verfassungsrechtliches Denken. In: Andreas Göbel / Dirk van Laak / Ingeborg Villinger (Hrsg.): Metamorphosen des Politischen. Grundfragen politischer Einheitsbildung seit den Zwanziger Jahren. Berlin 1995. S. 177–187.

Rixen, Stephan: Die Bestattung fehlgeborener Kinder als Rechtsproblem. In: Zeitschrift für das gesamte Familienrecht 41 (1994) S. 417–425.

– Lebensschutz am Lebensende. Das Grundrecht auf Leben und die Hirntodkonzeption – Zugleich ein Beitrag zur Autonomie rechtlicher Begriffsbildung. Berlin 1999.

Röhl, Klaus F.: Allgemeine Rechtslehre. Köln/Berlin/Bonn/München 1994.

Ropohl, Günter: Ethik und Technikbewertung. Frankfurt a. M. 1996.

Roth, Gerhard: Schriftliche Stellungnahme. In: Bundestagsausschuß für Gesundheit. Ausschuß-Drucksache 13/137 vom 27. 6. 1995. S. 16–18.

– / Dicke, Ursula: Das Hirntodproblem aus der Sicht der Hirnforschung. In: Hoff, Johannes / in der Schmitten, Jürgen (Hrsg.): Wann ist der Mensch tot? Organverpflanzung und »Hirntod«-Kriterium. Erw. Taschenbuch-Neuaufl. Reinbek bei Hamburg 1995. S. 51–67.

Rüthers, Bernd: Entartetes Recht. Rechtslehren und Kronjuristen im Dritten Reich. 2. Aufl. München 1989.

Savigny, Friedrich Carl von: System des heutigen Römischen Rechts. Bd. 2. Berlin 1840.

Schiller, Friedrich: Wilhelm Tell [1804]. Stuttgart 1969 [u. ö.].

Schmoller, Gustav: Grundriß der Allgemeinen Volkswirtschaftslehre, Erster Teil. Unveränderter Neudr. der 2. Aufl. München/Leipzig 1923.

Schöne-Seifert, Bettina: Medizinethik. In: Julian Nida-Rümelin (Hrsg.): Angewandte Ethik. Die Bereichsethiken und ihre theoretische Fundierung. Stuttgart 1996. S. 552–648.

Sloterdijk, Peter: Weltfremdheit. Frankfurt a. M. 1993.

Toellner, Richard: Artikel »VI. Der biologische Lebensbegriff«. In: Joachim Ritter / Karlfried Gründer (Hrsg.): Historisches Wörterbuch der Philosophie. Bd. 5. Darmstadt 1980. Sp. 97–103.

Truog, Robert D.: Is It Time to Abandon Brain Death? In: Hastings Center Report 27 (1997) S. 29–37.

Vilmar, Karsten / Bachmann, Klaus-Ditmar: Vorwort. Kriterien des Hirntodes (Zweite Fortschreibung 1991). In: Deutsches Ärzteblatt 88 (1991) B-2855.

Von Festenburg, Nikolas: Worte zum Samstag. In: Süddeutsche Zeitung. Wochenendbeilage 29./30. Juni 1996. S. VIII.

Wodarg, Wolfgang: Rede vor dem Plenum des Deutschen Bundestages. In: Deutscher Bundestag, Stenographischer Bericht der 183. Sitzung (13. Wahlperiode) am 25. 6. 1997. S. 16407–16410.

Zu den Autorinnen und Autoren der Beiträge

DIETER BIRNBACHER

Geboren 1946 in Dortmund. Studium der Philosophie, der Anglistik und der Allgemeinen Sprachwissenschaft in Düsseldorf, Cambridge und Hamburg. B. A. (Cambridge) 1969, Promotion (Hamburg) 1973, Habilitation (Essen) 1988. Tätigkeit als wissenschaftlicher Assistent an der Pädagogischen Hochschule Hannover und als Akademischer Rat an der Universität GH Essen. Von 1974 bis 1985 Mitarbeit in der Arbeitsgruppe Umwelt Gesellschaft Energie an der Universität Essen (Leitung: Klaus Michael Meyer-Abich). Seit 1993 ordentlicher Professor für Philosophie an der Universität Dortmund, seit 1996 an der Universität Düsseldorf. Erster Vizepräsident der Schopenhauer-Gesellschaft, Frankfurt a. M., Mitglied des Vorstands der Akademie für Ethik in der Medizin, Göttingen, Mitglied der »Philosophisch-Politischen Akademie«, Bonn.
Wichtigste Publikationen: Die Logik der Kriterien. Analysen zur Spätphilosophie Wittgensteins. Hamburg 1974. – Verantwortung für zukünftige Generationen. Stuttgart 1988. – Tun und Unterlassen. Stuttgart 1995. – (Hrsg.) Ökophilosophie. Stuttgart 1997.

EVE-MARIE ENGELS

Geboren 1951 in Düsseldorf. Studium der Philosophie und Romanistik (1. Staatsexamen), zeitweise der Anglistik und – nach erfolgter Promotion – der Biologie an der Ruhr-Universität Bochum. Promotion (1981) und Habilitation (1988) in Philosophie. Wissenschaftliche Assistentin in Bochum. Vertretungsprofessuren an den Universitäten Bielefeld, Göttingen und Hamburg. Heisenberg-Stipendiatin. Forschungsaufenthalte in den USA. 1993–96 Universitätsprofessorin an der Universität Gesamthochschule Kassel mit dem Schwerpunkt Theoretische Philosophie (Erkenntnis- und Wissenschaftstheorie, Naturphilosophie). Seit April 1996 Inhaberin des Lehrstuhls für Ethik in den Biowissenschaften in der Fakultät für Biologie der Universität Tübingen. Kooptiertes Mitglied der Philosophischen Fakultät und Mitglied des Zentrums für Ethik in den Wissenschaften der Universität Tübingen.
Wichtigste Publikationen: Die Teleologie des Lebendigen. Berlin 1982. – Erkenntnis als Anpassung? Eine Studie zur Evolutionären

Erkenntnistheorie. Frankfurt a. M. 1989. – (Hrsg.) Die Rezeption von Evolutionstheorien im 19. Jahrhundert. Frankfurt a. M. 1995. – (Hrsg., zus. mit Thomas Junker und Michael Weingarten) Ethik der Biowissenschaften. Geschichte und Theorie. Berlin 1998. – Zahlreiche weitere Veröffentlichungen zur Erkenntnistheorie, Wissenschaftstheorie, Philosophie der Biowissenschaften, Ethik und Bioethik in Sammelbänden und Zeitschriften.

ELISABETH HILDT

Geboren 1966. Studium der Biochemie in Tübingen und München. Von 1992 bis 1995 Mitglied des Tübinger Graduiertenkollegs »Ethik in den Wissenschaften«. 1995 Dissertation über die Problematik von Hirngewebetransplantationen. Seit 1996 wissenschaftliche Koordinatorin des *Europäischen Netzwerks zur Biomedizinischen Ethik.*
Wichtigste Publikationen: Hirngewebetransplantation und personale Identität. Berlin 1996. – (Hrsg., zus. mit D. Mieth) In Vitro Fertilisation in the 1990s. Towards a Medical, Social and Ethical Evaluation. Aldershot (Großbritannien) 1998.

THOMAS JUNKER

Geboren 1957. Studium der Pharmazie in Freiburg i. Br. Staatsexamen in Pharmazie 1983. Studium der Geschichte der Naturwissenschaften in Marburg. Promotion (Dr. rer. nat.) 1989 in Marburg. Von 1992 bis 1995 Mitherausgeber der Correspondence of Charles Darwin in Cambridge (England) und Forschungsaufenthalt am Department of the History of Science der Harvard University. Seit 1996 wissenschaftlicher Assistent am Lehrstuhl für Ethik in den Biowissenschaften, Universität Tübingen.
Wichtigste Publikationen: Darwinismus und Botanik. Stuttgart 1989. – Zur Rezeption der Darwinschen Theorien bei deutschen Botanikern (1859–1880). In: E.-M. Engels (Hrsg.): Die Rezeption von Evolutionstheorien im 19. Jahrhundert. Frankfurt a. M. 1995. – (Hrsg., zus. mit Marsha Richmond) Charles Darwins Briefwechsel mit deutschen Naturforschern. Marburg 1996.

CARMEN KAMINSKY

Geboren 1962. Studium der Philosophie, Anglistik und Amerikanistik in Bochum. Magister 1991. Von 1992 bis 1994 Stipendiatin des

Landes NRW. Forschungsaufenthalte in den USA 1992 und 1993. Promotion 1996. Seit 1996 wissenschaftliche Angestellte am Philosophischen Institut der Heinrich-Heine-Universität Düsseldorf. *Wichtigste Publikation:* Embryonen, Ethik und Verantwortung. Eine kritische Analyse der Statusdiskussion als Problemlösungsansatz angewandter Ethik. Tübingen 1998.

DIETMAR MIETH

Geboren 1940. Studium der Theologie, Germanistik und Philosophie. Doktor der Theologie (Würzburg 1968); Habilitation in Theologischer Ethik (Tübingen 1974); Professor für Moraltheologie in Freiburg (Schweiz) 1974–81; Professor für Theologische Ethik (Tübingen, seit 1981). Sprecher des Zentrums für Ethik in den Wissenschaften an der Universität Tübingen (seit 1990); Mitglied der Ethik-Beratergruppe der Europäischen Kommission (seit 1994). *Einschlägige Publikationen:* Moral und Erfahrung I. Freiburg (Schweiz) / Freiburg i. Br. ³1983. – Moral und Erfahrung II. Ebd. 1998. – Geburtenregelung. Mainz 1990. – (zus. mit I. Mieth) Schwangerschaftsabbruch. Freiburg i. Br. 1991. – (Hrsg.) Reihe Ethik in den Wissenschaften (seit 1990). – (Hrsg., zus. mit V. Braun und A. Steigleder) Ethische und rechtliche Fragen der Gentechnologie und der Reproduktionsmedizin. München 1987. – (Hrsg., zus. mit E. Hildt) In Vitro Fertilisation in the 1990s. Aldershot (Großbritannien) 1998. – (Hrsg., zus. mit M. Düwell) Ethik in der Humangenetik. Tübingen 1998. – (Hrsg., zus. mit O. Grupe): Lexikon der Ethik im Sport. Schorndorf 1998.

KONRAD OTT

Geboren 1959. Studium der Philosophie, Geschichte und Germanistik in Frankfurt a. M. Promotion 1989. Mitglied des Graduiertenkollegs am Zentrum für Ethik in den Wissenschaften der Eberhard-Karls-Universität Tübingen. Vertretung des Lehrstuhls für Ethik in den Biowissenschaften. Mitarbeiter am Forschungsprojekt »Technikfolgenabschätzung und Ethik« des Instituts für Sozialethik der Universität Zürich. Seit 1997 Professor für Umweltethik an der Ernst-Moritz-Arndt-Universität-Greifswald. Forschungsschwerpunkte und Veröffentlichungen in den Bereichen Diskursethik, Angewandte Ethik, Umweltethik, Wissenschaftsethik, Technikfolgenabschätzung.

Wichtigste Publikationen: Ökologie und Ethik. Tübingen 1993. – Vom Begründen zum Handeln. Tübingen 1996. – (zus. mit Johannes Hoffmann, Gerhard Scherhorn [u. a.]) Ethische Kriterien für die Bewertung von Unternehmen. Frankfurt a. M. 1997. – Ipso Facto. Zur ethischen Rekonstruktion normativer Implikate wissenschaftlicher Praxis. Frankfurt a. M. 1997.

SABINE PAUL

Geboren 1968. Studium der Biologie mit den Schwerpunkten Mikrobiologie und Molekularbiologie an der Universität Tübingen von 1987 bis 1993. Grundlagenforschung am Max-Planck-Institut für Biologie, Abteilung Infektionsbiologie. Seit 1995 Arbeit an einer Dissertation am Graduiertenkolleg »Ethik in den Wissenschaften« des Zentrums für Ethik in den Wissenschaften, Tübingen, zu »Ethischen und naturwissenschaftlichen Aspekten der genetischen Diagnose von Tumorprädispositionen«.

STEPHAN RIXEN

Geboren 1967. Studium der Rechtswissenschaft in Tübingen und Löwen. Erstes Juristisches Staatsexamen im Juni 1995. Danach zunächst Wissenschaftlicher Mitarbeiter an der Tübinger Juristenfakultät, dann bis Ende September 1997 Promotionsstipendiat des Graduiertenkollegs »Ethik in den Wissenschaften« der Universität Tübingen. Thema der im Sommersemester 1998 vom Fachbereich Rechtswissenschaft der Justus-Liebig-Universität Gießen angenommenen verfassungsrechtlichen Dissertation: »Lebensschutz am Lebensende. Das Grundrecht auf Leben und die Hirntodkonzeption – Zugleich ein Beitrag zur Autonomie rechtlicher Begriffsbildung«. Zur Zeit Rechtsreferendar beim Landgericht Bonn und Wissenschaftlicher Mitarbeiter am Institut für Staatsrecht der Universität Köln.

BERNHARD VERBEEK

Geboren 1942. Studium in Bonn, Kiel und München. Habilitation (Zoologie und Didaktik der Biologie) 1977 in Dortmund. Professor an der Biologischen Fakultät der Ruhr-Universität Bochum, Lehre an der Universität Dortmund im Fachbereich Erziehungswissenschaften und Biologie.

Publikationen im Umkreis der Verhaltenswissenschaften, fachbiologisch (Reptilien, Bienenkunde) und interdisziplinär, darunter: Die Anthropologie der Umweltzerstörung: die Evolution und der Schatten der Zukunft. Darmstadt 1994.

REINER WIMMER

Geboren 1939. Professor für Philosophie an der Universität Tübingen; Mitglied des universitären Zentrums für Ethik in den Wissenschaften.
Wichtigste Publikationen: Universalisierung in der Ethik. Analyse, Kritik und Rekonstruktion ethischer Universalitätsansprüche. Frankfurt a. M. 1980. – Kants kritische Religionsphilosophie. Berlin / New York 1990. – Vier jüdische Philosophinnen: Rosa Luxemburg, Edith Stein, Simone Weil, Hannah Arendt. Tübingen 1990 / Leipzig 1997. – Zahlreiche Beiträge in Zeitschriften und Lexika zur Moralphilosophie, Religionsphilosophie und philosophischen Anthropologie.

JEAN-CLAUDE WOLF

Geboren 1953. Studium der Philosophie, Germanistik und Literaturkritik in Zürich, Bern und Heidelberg. Doktorat und Habilitation an der Universität Bern. Seit März 1993 Ordinarius für Ethik und politische Philosophie an der Universität Freiburg (Schweiz). Arbeitsgebiete: Angewandte Ethik, Rechtsphilosophie, Utilitarismus, Liberalismus.
Wichtigste Publikationen: Sprachanalyse und Ethik. Eine Kritik der Methode und einiger Folgeprobleme sowie der Anwendung des universalen Präskriptivismus von Richard Mervyn Hare. Diss. Bern/Stuttgart 1983. – Verhütung oder Vergeltung? Einführung in ethische Straftheorien. Freiburg i. Br. / München 1992. – Kommentar zu Mills »Utilitarismus«. Habilitationsschr. Freiburg i. Br. / München 1992. – Tierethik. Neue Perspektiven für Menschen und Tiere. Freiburg (Schweiz) 1992. – Utilitarismus, Pragmatismus und kollektive Verantwortung. Freiburg (Schweiz) / Freiburg i. Br. 1993. – Freiheit – Analyse, Bewertung. Wien 1995. – (zus. mit Peter Schaber) »Ethik«. Reihe Handbuch. Freiburg i. Br. / München 1997.

Ethik

Bände zur Diskussion

IN RECLAMS UNIVERSAL-BIBLIOTHEK

Birnbacher, Dieter: Tun und Unterlassen. 389 S. UB 9392 – Verantwortung für zukünftige Generationen. 297 S. UB 8447

Evolution und Ethik. 16 Aufsätze. Hrsg. v. K. Bayertz. 376 S. UB 8857

Mackie, John L.: Ethik. Die Erfindung des moralisch Richtigen und Falschen. A. d. Engl. übers. v. R. Ginters. 317 S. UB 7680

Medizin und Ethik. 17 Aufsätze und ein Dokumenten-Anhang. Hrsg. v. H.-M. Sass. 398 S. UB 8599

Ökologie und Ethik. 7 Aufsätze. Hrsg. v. D. Birnbacher. 254 S. UB 9983

Ökophilosophie. 9 Aufsätze. Hrsg. v. D. Birnbacher. 295 S. UB 9636

Pädagogik und Ethik. 20 Aufsätze. Hrsg. v. K. Beutler u. D. Horster. 309 S. UB 9456

Politik und Ethik. 16 Aufsätze. Hrsg. v. K. Bayertz. 464 S. UB 9606

Recht und Moral. Texte zur Rechtsphilosophie. Hrsg. v. N. Hoerster. 292 S. UB 8389

Singer, Peter: Praktische Ethik. A. d. Engl. übers. v. O. Bischoff, J.-C. Wolf u. D. Klose. 487 S. UB 8033

Technik und Ethik. 14 Aufsätze und ein Dokumenten-Anhang. Hrsg. v. H. Lenk u. G. Ropohl. 373 S. UB 8395

Tugendethik. 7 Aufsätze. Hrsg. v. K. P. Rippe u. P. Schaber. 218 S. UB 9740

Tugendhat, Ernst: Probleme der Ethik. 181 S. UB 8250

Wirtschaft und Ethik. 19 Aufsätze und ein Dokumenten-Anhang. Hrsg. v. H. Lenk u. M. Maring. 411 S. UB 8798

Wissenschaft und Ethik. 20 Aufsätze und ein Dokumenten-Anhang. Hrsg. v. H. Lenk. 413 S. UB 8698

Biologie und Ethik. 12 Aufsätze. Hrsg. v. E.-M. Engels. 383 S. UB 9727

Philipp Reclam jun. Stuttgart